中国科学技术协会 主编

中国大气科学学科史

中国学科史研究报告系列

中国气象学会 / 编著

中国科学技术出版社
·北 京·

图书在版编目（CIP）数据

中国大气科学学科史 / 中国科学技术协会主编；中国气象学会编著 . -- 北京：中国科学技术出版社，2025.9

（中国学科史研究报告系列）

ISBN 978-7-5046-8911-5

Ⅰ. ①中… Ⅱ. ①中… ②中… Ⅲ. ①大气科学 - 技术史 - 中国 Ⅳ. ① P4-092

中国版本图书馆 CIP 数据核字（2020）第 220642 号

策　　划	秦德继
责任编辑	余　君
封面设计	李学维
正文设计	中文天地
责任校对	焦　宁
责任印制	徐　飞

出　　版	中国科学技术出版社
发　　行	中国科学技术出版社有限公司
地　　址	北京市海淀区中关村南大街 16 号
邮　　编	100081
发行电话	010-62173865
传　　真	010-62173081
网　　址	http://www.cspbooks.com.cn

开　　本	787mm × 1092mm　1/16
字　　数	560 千字
印　　张	22.25
版　　次	2025 年 9 月第 1 版
印　　次	2025 年 9 月第 1 次印刷
印　　刷	北京顶佳世纪印刷有限公司
书　　号	ISBN 978-7-5046-8911-5 / P · 246
定　　价	138.00 元

编撰委员会

顾 问 组

组　　长　陈振林

专　　家　（按姓氏笔画排序）

丁一汇　王春乙　肖子牛　何建新　张人禾
陈海山　罗　勇　胡永云　费建芳　谈哲敏
黄建平　矫梅燕　傅　刚　管兆勇　戴永久

编 写 组

首席科学家　杨修群

主　　编　李蓓蓓　陈云峰

成　　员　张改珍　叶梦姝　魏柱灯　魏学琼　姜海如
谈　媛　涂　丹　胡　娜　朱紫阳　陈　倩
钱馨平　路雅恬　余　婧　陈慧琳

丛书序

学科史研究是科学技术史研究的一个重要领域，研究学科史会让我们对科学技术发展的认识更加深入。著名的科学史家乔治·萨顿曾经说过，科学技术史研究兼有科学与人文相互交叉、相互渗透的性质，可以在科学与人文之间起到重要的桥梁作用。尽管学科史研究有别于科学研究，但它对科学研究的裨益却是显而易见的。

通过学科史研究，不仅可以全面了解自然科学学科发展的历史进程，增强对学科的性质、历史定位、社会文化价值以及作用模式的认识，了解其发展规律或趋势，而且对于科技工作者开拓科研视野、增强创新能力、把握学科发展趋势、建设创新文化都有着十分重要的意义。同时，也将为从整体上拓展我国学科史研究的格局，进一步建立健全我国的现代科学技术制度提供全方位的历史参考依据。

中国科协于2008年首批启动了学科史研究试点，开展了中国地质学学科史研究、中国通信学学科史研究、中国中西医结合学科史研究、中国化学学科史研究、中国力学学科史研究、中国地球物理学学科史研究、中国古生物学学科史研究、中国光学工程学学科史研究、中国海洋学学科史研究、中国图书馆学学科史研究、中国药学学科史研究和中国中医药学科史研究十二个研究课题，分别由中国地质学会、中国通信学会、中国中西医结合学会与中华医学会、中国科学技术史学会、中国力学学会、中国地球物理学会、中国古生物学会、中国光学学会、中国海洋学会、中国图书馆学会、中国药学会和中华中医药学会承担。六年来，圆满完成了《中国地质学学科史》《中国通信学科史》《中国中西医结合学科史》《中国化学学科史》《中国力学学科史》《中国地球物理学学科史》《中国古生物学学科史》《中国光学工程学学科史》《中国海洋学学科史》

《中国图书馆学学科史》《中国药学学科史》和《中国中医药学学科史》十二卷学科史的编撰工作。

上述学科史以考察本学科的确立和知识的发展进步为重点，同时研究本学科的发生、发展、变化及社会文化作用，与其他学科之间的关系，现代学科制度在社会、文化背景中发生、发展的过程。研究报告集中了有关史学家以及相关学科的一线专家学者的智慧，有较高的权威性和史料性，有助于科技工作者、有关决策部门领导和社会公众了解、把握这些学科的发展历史、演变过程、进展趋势以及成败得失。

研究科学史，学术团体具有很大的优势，这也是增强学会实力的重要方面。为此，我由衷地希望中国科协及其所属全国学会坚持不懈地开展学科史研究，持之以恒地出版学科史，充分发挥中国科协和全国学会在增强自主创新能力中的独特作用。

序

大气是人类赖以生存的重要环境和资源，人类早在四千年前就开始观察和记录各种气象现象和季节变化。历经岁月积淀，近现代气象学的研究领域持续拓展，最终发展成为涵盖天气、气候及应用气象等分支的综合性的大气科学。

大气科学致力于探索大气奥秘、揭示天气与气候规律，与人类的生存和发展息息相关。作为地球科学的重要分支，大气科学以其独特的视角和方法，为理解地球系统的运行机制提供了关键维度。通过研究大气物理、化学和动力学特性，以及大气与海洋、陆地、冰冻圈、生物圈之间的相互作用，大气科学为应对全球气候变化、极端天气气候事件和环境问题提供科学依据和技术支持。从古代朴素的自然观察，到近现代科学体系的建立，大气科学的发展凝聚了无数科学家的智慧与探索。

中国气象学会1924年10月10日在青岛成立，如今是中国科学技术协会直属的全国一级学会。作为我国气象事业发展的重要推动力量，百年来，它亲历了中国气象科技从弱到强的壮阔历程，深度参与学科建设与创新发展。通过组织学术会议、出版专业期刊、开展科普活动等方式，有力地促进了国内外学术交流，推动了气象教育发展与人才培养，更为气象科技工作者搭建了展示成果、交流思想的优质平台。在中国科协的统筹规划下，中国气象学会组织开展大气科学学科史研究，旨在系统挖掘与整理我国大气科学的发展脉络，为学术界、教育界及社会各界提供珍贵的历史资料与经验借鉴。《中国大气科学学科史》作为“中国学科史研究报告系列”的重要组成部分，严格遵循学科史研究规范，全面梳理了中国大气科学的发展轨迹，既记录了历史脉络，更为未来的发展与教育实践奠定了基础。

本书旨在系统厘清大气科学学科在中国萌发、成长、壮大的历史轨迹，力求在详实史料基础上，结合高校、科研院所等多方资料调研，勾勒清晰脉络，梳理关键事件。全书分为古代、近代和现代三个篇章：古代篇聚焦中国古人对气象现象的观察和科学认识，以及我国古代气象观测机构的发展历程；近代篇探讨西方气象学的发展与传入，以及中国气象机构、气象教育与气象期刊等学科阵地的建设发展；现代篇则围绕新中国成立以来大气科学的发展和挑战，系统介绍了现代大气科学的学科体系、主要科研成果与人才培养。

中国大气科学的学科演进，深植于我们这片广袤土地的特殊需求与独特禀赋。东亚季风的狂暴与温润、青藏高原“世界屋脊”的热力与动力效应、复杂地形下暴雨洪涝与高温干旱的频发交织……这些独特的自然挑战，既是研究的巨大难点，更成为理论创新与技术突破的沃土。中国科学家在季风动力学、台风预报、暴雨机理、青藏高原气象学等领域取得的系统性成就，不仅为解决本土问题提供了钥匙，更极大地丰富了全球大气科学的认知版图。中国大气科学理论之树深深扎根于华夏大地，在国家需求牵引、国际科技竞争与合作、以及自身知识积累的复杂互动中，形成了独具特色的发展道路与研究范式。中国大气科学的每一次技术瓶颈的突破、每一个理论体系的构建，无不凝聚着中国大气科学家群体的卓越智慧和无私奉献。尽管编撰团队力求全面，但疏漏之处仍在所难免，如部分重要事件或人物的遗漏、个别章节内容深度的不足等，有待未来研究修订中进一步完善。

当前，全球气候变化正在深刻影响着人类文明的进程，“双碳”目标达成考验着我们的智慧与担当。大气科学从未像今天这样，与国家的生态安全、经济的绿色可持续发展、能源的转型和人民的高品质生活息息相关。未来，中国大气科学的发展应重点关注气候变化机制转型研究，提高气候预测的准确性；发展高分辨率数值天气预报模式，提升对极端天气事件预警和风险评估能力；加强大气成分监测与研究，为环境治理和生态保护提供科学支持；推动跨学科合作，促进大气科学与海洋、生态、环境、人工智能等领域的深度融合。

愿这部学科史能激励广大大气科学工作者，继续勇立风云变幻的时代潮头，洞察苍穹奥秘，守护山河安澜，在人类认知自然、与自然和谐共生的伟大征程中，切实肩负起支撑国家应对气候变化、服务生态文明建设、保障高质量发展的历史使命，不断谱写属于中国的辉煌篇章！

中国科学院院士、中国气象学会理事长

谈哲敏

前　言

大气科学对人类生存和社会发展起着举足轻重的作用。梳理我国大气科学的历史，总结大气科学的形成和演变的特点和规律，厘清学科发展过程中的驱动因素，有助于学科自身建设，有助于认识学科发展现状，找准学科未来发展的方向。研究大气科学学科史，还有助于优化大气科学人才培养方案，满足国家对于大气科学人才的需求，更好地服务于防灾减灾、生态文明建设以及经济社会发展。

本研究由南京信息工程大学、中国气象局公共气象服务中心、中国气象局气象宣传与科普中心、中国气象局气象干部培训学院、南京大学等单位共同完成。

本书以我国大气科学的演变为主线，梳理了我国古代气象认知和宝贵气象智慧遗存，重点分析了近代大气科学的建制、现代大气科学转变和进步，总结阶段分期和关键人物、事件，展现了现当代我国大气科学学科发展精彩的历程和丰硕的成果。

全书分为古代、近代和现代三篇，包括十三章正文和大事记。具体章节的编写人员为：第一章、第二章和第三章涂丹，第四章叶梦姝，第五章李蓓蓓、陈倩，第六章张改珍，第七章和第八章李蓓蓓、陈倩、陈云峰，第九章姜海如、谈媛，第十章魏学琼，第十一章魏柱灯、朱紫阳，第十二章李蓓蓓、叶梦姝，第十三章胡娜。顾问组专家们和项目首席科学家杨修群教授、中国气象学会原秘书长王金星指导了本书构架。全书由李蓓蓓、姜海如、陈云峰统稿。项目首席科学家杨修群教授审阅了全书。研究生钱馨平、张平、路雅恬、朱学娟、陈倩、余婧、陈慧琳和何静凡参与了资料查取、实地调研和文字校对工作。

本书编写成稿要感谢中国气象学会秘书处给予的大力支持，另外还要感谢来自南京信息工程大学、南京大学、北京大学、清华大学、中国农业大学、国防科技大学、中国科学技术大学、安徽农业大学、兰州大学、兰州资源环境学院、中山大学、广东海洋大学、复旦大学、华东师范大学、中国地质大学、中国气象科学研究院、中国科学院大气物理研究所、江苏省气象学会、上海市气象学会、南通市气象局和泰安市气象局等单位的专家学者的无私帮助。

学科发展史的研究十分有意义，同时也十分具有挑战性。对书中的疏漏和错误，敬请读者谅解和指正。

目　录

第一篇　我国古代的气象科技

第一章　我国古代气象观测预测 …… 3

第一节　古代气象观测预测内容和方法 …… 3

第二节　古代气象观测仪器 …… 7

第三节　气象典籍与观测记录 …… 11

第二章　我国古代气象科学认知 …… 16

第一节　天气现象 …… 16

第二节　物候与节气 …… 20

第三节　自然气候变迁 …… 24

第三章　我国古代气象观测机构 …… 28

第一节　气象观测机构的演变 …… 28

第二节　气象观测机构的人员设置 …… 31

第三节　气象观测机构的主要职能 …… 35

第二篇　我国近代的大气科学学科

第四章　西方大气科学学科发展脉络 …… 41

第一节　西方前学科时代的气象学 …… 41

第二节　科学革命背景下的气象学发展 …… 45

第三节　现代大气科学学科的建立与发展 …… 51

第五章　西方气象学的传入 …… 61

第一节　传教士带来气象学知识和仪器 …… 61

第二节　在华外国人的气象观测与培训 …… 67

第三节　近代气象留学生归国 …… 75

第四节　近现代大气科学传入的社会动因 …… 87

第六章　我国近代主要气象机构 …… 91
第一节　徐家汇观象台 …… 91
第二节　青岛观象台 …… 92
第三节　中央观象台 …… 95
第四节　私人自建气象台站 …… 96
第五节　地方气象机构 …… 98
第六节　中央研究院气象研究所 …… 100
第七节　中央气象局 …… 103
第八节　延安气象台 …… 104

第七章　民国时期的气象教育 …… 107
第一节　气象教育的孕育 …… 107
第二节　气象教育的初探时期 …… 110
第三节　气象教育的发展时期 …… 111
第四节　气象教育的确立时期 …… 113
第五节　气象教育的课程和分支学科 …… 114
第六节　民国时期大学气象教育的特点 …… 119

第八章　我国近代气象期刊 …… 126
第一节　气象期刊总体情况 …… 126
第二节　专业气象期刊创办过程 …… 134
第三节　气象期刊与气象学科发展的互动 …… 138

第三篇　我国现代大气科学学科

第九章　中华人民共和国成立以来大气科学学科发展脉络 …… 147
第一节　主要发展阶段和特征 …… 147
第二节　大气科学领域的突破与方法创新 …… 150
第三节　国际与地区的气象科技合作 …… 158
第四节　学术共同体的建设与成就 …… 161
第五节　大气学科发展的驱动力 …… 167

第十章　大气科学学科体系与分支学科 …… 173
第一节　天气学 …… 173
第二节　大气物理学 …… 182
第三节　大气化学 …… 191
第四节　气候学 …… 195

第五节 大气探测学 …… 201
第六节 应用气象学 …… 210
第七节 大气动力学与大气模式 …… 223

第十一章 大气科学研究进展与科研成果 …… 228
第一节 大气科学研究发展历程 …… 228
第二节 大气科学重大项目进展及成果 …… 230
第三节 主要分支领域研究进展 …… 240

第十二章 大气科学人才教育与培养 …… 262
第一节 大气科学人才培养概述 …… 262
第二节 大气科学高等院校人才培养 …… 266
第三节 大气科学科研院所人才培养 …… 287
第四节 气象行业人才培训 …… 293
第五节 大气科学教育发展动因 …… 302

第十三章 现代科技与大气科学 …… 307
第一节 大气科学相关学科的发展 …… 307
第二节 传感器技术 …… 313
第三节 遥感技术 …… 317
第四节 计算机技术 …… 323

大事记 …… 328

第一篇　我国古代的气象科技

观测天象变化是历朝统治者关心之事。气象科技在我国古代科技长河中独具光辉，既有实用的气象观测，也有辩证的气象理论。二十四节气也深刻体现了我国古人对气象的观察与巧思。古代气象值得研究，本篇研究1840年之前，我国古代气象科学技术活动。

第一章 我国古代气象观测预测

我国气象观测的历史源远流长。人们很早就已经开始注意观察记录雨、雪、风、雷、云、虹、晕等天气现象。在甲骨文中有大量关于气象的卜辞。秦汉时期已有风向与风力测量、温度测量、湿度测量、降雨测量等的记载。古代丰富的气象经验知识为近代大气科学的发展奠定了一定基础。同时，大量气象图书和气象档案，汇集了丰富的气象观测知识，记录了古代气象观测的演进历程，也为今天探究我国古代气象历史、发展当代大气科学提供了信息和借鉴。

第一节 古代气象观测预测内容和方法

先民对天气现象的认识，是从观察和记录开始的。观测天气的变化是人类较早从事的科学活动。早在几千年以前，就对风雨、云雾、霜雪、雷电等进行观察，留下了许多有关天气现象的记录。从总体上看，我国古代气象观测多为主观性和体验性的观察，其记录多凭经验，多以定性形容和概数表述总结天气变化规律，并且具有记异不记常的特点。

一、古代气象观测预测内容

大量考古文化遗迹表明，古代观察天象、地象、气象和物象是融合在一起的科学活动。如仰韶文化时期就已有太阳形象的图绘。至帝尧时代，设有专门掌管天文和气象的官职。据《尚书·尧典》记载，帝尧时，“乃命羲和，钦若昊天，历象日月星辰，敬授人时”。2003年，在陶寺发现古观象台遗址，印证了《尧典》的记载。夏代，关于天气现象的观察记录或考证资料较少，但从一些遗存的历史文献中也可推断，这一时期的气象观测活动已经出现了职业化迹象。《夏小正》相传是夏代使用的历书，它按夏代十二个月的顺序，分别记述每个月的星象、气象、物候以及所应从事的农事和政事。其星象包括“昏中星”、“旦中星”、晨见夕伏的恒星、北斗的斗柄指向、河汉的位置以及太阳在星空中所处的位置等，显然是长期观察的经验总结。

商代，天气现象观察进一步丰富，并有大量天气现象的记录。在殷商甲骨档案中，有大量关于风、雨、雷、晕、雪、晴等天气现象的详细记载。其中关于风，时人对来自东、南、西、北四种方位的风进行了区分和命名，并根据风力的大小和风况不同，将其分成大风、大掫风、飓、小风四个等级。关于雨，殷人对其移动方向的认识具体而仔细。至于雨量之区别与雨况之描写，卜辞之多，不胜枚举。例如大雨、猛雨、疾雨、足雨、多雨、毛毛雨、小雨连绵雨、久雨及雨等关于云的种类与方向，以及云和雨的关系，殷人有了初步认识，他们已经知道降雨源自云层的道理。殷代甲骨文中的气象资料，除风、雨、云等天气现象之外，还有雪、雹、霰、雾、霾、虹霓、雷电、霜、霁等。天气记录时间不等，既有一天的风雨，也有长达月旬的天气变化。

西周至战国时期，记录天气现象的文献逐渐增多，关于天气现象的解释更为深入。殷商时代的四风，扩大为八风，而且对风的物理性认识也有新的发展。据《吕氏春秋·有始》记载："何谓八风？东北曰炎风，东方曰滔风，东南曰熏风，南方曰巨风，西南曰凄风，西方曰飂风，西北曰厉风，北方曰寒风。"这是我国古代最早有八种风向名称之记载。至于云的分类方面，《吕氏春秋·应同》将云分成四类，即"山云草莽，水云鱼鳞，旱云烟火，雨云水波"。这是我国历史上最早的云状合理分类法，也是世界上最早的云之分类法。此外，时人还能够通过观察云状、云色之变化，预测晴雨，通过观察天象、星象和光象特征预测风雨变化，通过观察动物行为和特殊反映推测晴雨。

秦汉时期，气象观测技术和预测均有新的发展。据西汉《淮南子》记载，当时已有一种"俔"或"綄"的相风仪，还有利用悬土炭测量湿度的记载。汉代设有灵台并专门建造了观测风向的仪器相风铜乌。东汉王充的《论衡》对云、雨、雾、露、雷电、虹晕等许多天气现象的形成从自然观进行了比较客观的解释，例如指出雷电形成与太阳热力、季节有关，甚至有些观点从现在来看也较为科学。《风俗通义》中出现了梅雨、信风等名称。《后汉书·律历志》载有"听乐均，度晷景，候钟律，权土炭，效阴阳"等根据空气湿度变化预测天气的方法。时人对天气现象变化的认识有了较大发展。大量气象占测书籍出现，其中比较有影响的是京房的《易飞候》、崔寔的《农家谚》等。

魏晋南北朝时期，气象预测的经验不断丰富，预测天气和记述气象现象的书籍大量增加，占候术进入兴盛时期。据《隋书·经籍志》记载，魏晋南北朝时期形成的占候书籍有《风角总集》十二卷、《风角要集》十一卷、《风角望气》八卷、《风雷集》等其他气候占十多卷。在《三国志》和《魏书》中记录许多著名的占候师。农业气象知识也有了新的发展，北魏贾思勰《齐民要术》集当时农业气象之大成，提出了熏烟防霜及积雪杀虫保墒的办法；南朝宋沈怀远《南越志》最早提到台风，当时称为"飓风"或"惧风"；南朝梁宗懔《荆楚岁时记》提出冬九九为一年最冷期。

隋唐五代时期，人们对气象的认识和观测继续进步。这一时期，特别重视测天候气文献的汇集和整理，例如隋代杜台卿《玉烛宝典》，为月令的书，按月摘录隋以前各书所载节气、政令、农事、风土、典故等，保存了不少农业气象材料。唐代非常重视测风，当时的测风仪器有相风旌、羽葆、木乌、风向鸡、占风铎等。唐初天文学家李淳风的《乙巳占》载有相风木乌的构造、安装及用法，并且把风分为二十四个风向，主要根据风对树木的影响定出八个风力等级。风力分级对气象记录标准化和气象科学发展具有重要意义。1801 年英国人蒲福才在自己的航海日志中第一次记录风级，后来蒲福发明的风级表对近代气象观测记录的规范产生了重要影响。在预测天气方面，流传比较广泛的有唐代黄子发的《相雨书》，收集了唐以前的许多民间观测天气的经验，对后世影响较大。

宋元时期对天气现象的观察有了新的拓展，对气象知识的应用更加广泛。北宋沈括所著《梦溪笔谈》对气候和物候学有不少创见，书中涉及气象及节气历法的内容多达二十五则，其中有峨眉宝光、闪电、雷斧、虹、登州海市、羊角旋风、竹化石、瓦霜作画、雹之形状、行舟之法、垂直气候带、天气预报等气象知识的记载。北宋曾公亮、丁度编纂的《武经总要》，其军事气象知识应用影响较大，书中收录有丰富的占候内容，主要有天占、地占、五行占、太阳占、太阴占、日辰占、云气占、气象杂占等。南宋陈元靓的《岁时广记》，博采宋代以前的时令典籍，对一些气象问题进行专题归纳，体例较为繁杂，但书中保存了一些其他典籍比较难见的气象材料，如杏花雨、桃花水、凌解水、黄梅雨、送梅雨、落梅风、黄雀风等说法的来源。南宋秦九韶在《数书九章》中提出的测雨计算方法，被认为是我国古代雨量观测计量的一个重要例证。元代朱思本的《舆地图》，不仅是一本地理学名著，也有丰富的气象预测内容，书中《占验篇》将江南及东南沿海渔夫相传的占候经验进行了辑录，并加以韵语化，使之更利于记忆和传播。

明代气象科学技术活动继承前期经验，出现了一些具有较大影响的典籍。明初娄元礼的《田家五行》，是一部系统性的天气谚语专集，收集了元代以前各地的民间测天经验，在我国古代气象史上有较高地位。明末徐光启编著的《农政全书》卷十一《占候》篇，从正月至十二月，每月都按关键农事和季节记载占候，并按天文、气象要素、地理山水、草木花鸟、走兽鳞鱼等进行占候。郑和在1405年至1433年七次下西洋，期间充分利用海洋气象保障航行。明朝末年，西方传教士来华带来了西方气象知识的传播，如意大利传教士高一志与韩云合撰《空际格致》，介绍了气象现象及其特征和形成原理，是最早介绍欧洲气象知识的专著。熊明遇在《格致草》一书中曾依据西洋科学原理，辨析自然界变化与中国历史上所载灾异及风、云、雷、雨等气象现象之所由，他设计的《日火下降旸气上升图》，用一张图说明了对流天气的形成。

清代前期，西方气象科学技术大量传入中国，特别是定量大气观测仪器及其技术与方法的传入，对我国气象科学技术产生了一定影响。西方传教士通过进献气象仪器，以求得朝廷的认可，甚至也利用其携带来的气象仪器记录了很多早期的珍贵气象数据。其中，法国传教士白晋最早，在法国图书馆手稿档案中保存有1690年至1691年北京的气温、气压、湿度、风和天气情况的记录。西方气象知识也在国人中有所流传，并产生的一定影响。黄履庄设计制造了能分辨气候、预报晴阴的验冷热器和验燥湿器（即温度计和湿度计）。魏源的《海国图志》记述了气候带划分及地球各处昼夜不均衡的科学原理，阐述了空气、风、雷电、水、潮流等自然现象的科学成因，对大气的物理属性进行了科学介绍。从现代气象科学的整体性视角看，此时我国气象科学的水平远落后于西方。

二、古代气象预测经验与应用

先民通过观察天气现象，不断探索和找寻其规律，并进行总结，以预测未来天气变化，指导生产生活实践。虽然没有先进的气象仪器和准确的气象资料作为气象预报的工具，但先民们从日常生活的经验出发，依靠对一定天气现象的观察，比如观察云的颜色、形态及其变化，风向与风速的变化，天象、星象和光象的特征，各种动物、植物的行为和特征反映，甚至观察多种非生物体的变化，归纳出各种天气变化的规律和预报气象的方法，并广泛应用于预测天气气候变化。

观察云状、云色及其变化，预测晴雨。所有天气观象，例如雨、雹、霰、冻雨、雷电、雷雨等，皆来自云层，所以观测云状、云色的变化可以预报天气变化。在这一方面，古人很早就积累了丰富的经验。《诗经・小雅・信南山》记载："上天同云，雨雪雰雰。"说明天上出现略带红色的云时，就将下雪。在观测云形的变化预测雨势的变化方面，《管子・侈靡篇》说："云平而雨不甚，无委云，雨则遨已。"说明如果云块比较平坦时，雨不会下得很大。如果没有不断聚集的云，则雨很快就会停止。云的变化、走向也可作为天气变化的前兆，东汉崔寔《四民月令》中记载："云行东，车马通；云行西，马溅泥；云行南，水涨潭；云行北，好晒麦。"云的运动方向即高空气流的方向，气流经过不同的区域，气流和气团的寒热燥湿自然也不相同，这就影响到天气的变化，形成上述种种天气现象。

以日、月、星和银河作为背景，根据各种云的特征及变化情况绘制成云图，以供天气预报使用。宋代郑樵《通志・艺文略》《宋史・艺文志》等史料中记录有《日月晕珥云气图》一卷、《天文占云气图》一卷、《云气图》一卷、《占风云气图》一卷等云图，可惜这些云图都已失传，无法考稽。现在所能见到的有保存在明代茅元仪《武备志・载度占》中的《玉帝亲机云气占候》，其中有五十一幅云图和日、月、星象图，每幅图的下面都附有天气变化情形的说明。例如，《欲火转阴图》下所附文字为："早晨有如此天气，主当日午未时雷雨大作，如本日不应，定来日午未时震雷疾风骤雨。"明英宗正统十年（1445）刊行的《正统道藏》第五十四册《雨畅气候亲机》《雨晒气候亲机》两篇里面有三十九幅云图，也是上绘云图、天象和星象图，图下配以文字说明天气变化的情形。流行于明清之际的《白猿献三光图》，全书主要内容是描述云和天气的关系。大多数云图是结合多年观察经验的总结绘制而成的，具有预报天气的实际意义。

观察天象、星象和光象，预测风雨。先民重视天文观测，他们通过对天文和气象变化的长期观察，总结出不少短期、长期气象预报的规律。月亮是古人观察最多的天象之一，人们会通过观察月晕、月色、月形以及与其他星宿间的相对位置来预测未来天气。谚语有"日晕雨，月晕风"的说法。月晕而风，意为当天空出现月晕时，即将有低气压风暴发生。因为月晕系月光射至卷云或卷云层时，因冰晶折射或反射作用形成的，而当卷云或卷层云及月晕出现时，北方常为干燥低气压即将来临的征兆，故常能预测风雨。北宋时期，人们发现下弦月及上弦月与风雨变化有关。宋代赵令畤在《侯鲭录》描述刘师颜的成就说："刘师颜视月占水旱。问之，云：'谚有之：月如悬弓，少雨多风；月如仰瓦，不求自下。'"月如仰瓦，即下弦月时，多雨；月如悬弓，即上弦月时，少雨多风。元末明初，《田家五行》的《论月篇》也有此谚语。明代王逵的《蠡海集》中亦记载了这则气象预报谚语："月如仰瓦，不求自下；月如张弓，少雨多风。"关于利用月亮与其他星宿的位置判断天气变化的记载，见于《尚书・洪范》："星有好风，星有好雨……月之从星，则以风雨。"古人认为月亮在箕星就会大风，在毕星就会下雨，后世形成了毕雨箕风一词。《诗经》中的《小雅・渐渐之石》也有类似描述："月离于毕，俾滂沱矣！"月亮靠近毕宿时，就会下大雨。

观察虹出现的位置，进行总结以验晴雨。如《诗经》中《鄘风・蝃蝀》"朝隮于西，崇朝其雨"，记录了利用虹出现的位置预测晴雨的现象，意为如果早上太阳东升时，虹出现在西方，可以预测不久就会下雨。

观察动植物的变化，预测晴雨。先民对动物行为的观察细致入微，并归纳出动物异常行为与天气变化之关系，作为预报风雨之方法。例如，东汉崔寔《四民月令》中有"鸦浴风，鹊浴雨"的记载。南朝刘义庆在《幽明录》中亦提到："董仲舒谓：巢居知风，穴居知雨。"表示巢居之鸟能先知风之将起，风将起时，鸟已先离巢飞翔。穴居中的兽类和昆虫能先知天之将阴雨，天将阴雨，彼等乃成群出穴。古人借动物之反应和异常行为，作为预测天气之辅助。

有的植物对天气的变化也很敏感，古人据此预测天气。宋人罗愿《尔雅翼·释木一·柽》中提到“天之将雨，柽先起气以应之，故一名雨师”。起气，即产生雾气，意为柽树受到大气湿度变化的影响而又特别的反应动态，人们可以借此来预测雨天的到来。

根据空气湿度变化，来预测晴雨。除了生物对天气变化有不同反应外，生活中还有不少非生物也可以预兆天气的变化。如石头、木炭、琴弦等也会受到空气湿度变化的影响而改变形态、色泽等，据此可以预报晴雨。例如，《淮南子·本经训》记载：“风雨之变，可以音律知之。”就是根据空气湿度变化影响琴弦的松紧，进而影响音律的变化，来预测晴雨。此外，墙壁、炉灰等也可预测风雨。唐代黄子发《相雨书》曰：“壁上自然生水者，天将大雨”，“石上津润出液，将雨”。元末娄元礼《田家五行》亦云：“炉灰带湿作块，乃天将雨之兆。”无论是壁上生水、石上润津，还是炉灰带湿作块，都表示空气中水汽含量增加，吸水性强的物质湿度增加，是天将下雨的征兆。

根据雾、霜、雷电等天气现象进行风雨预报。如《相雨书》记载：“日始出，南方有雾者，辰刻雨。”“三日有雾濛濛者，狂飙大起。”“电光出西北方，雨注倾壁也。”“西北闻雷者，雨至之候也，此后二日复来。”等等。

古人对天气变化规律的总结以及对未来天气情况的成功预测，除凭借长期的经验积累外，还借助辩证的分析。例如，沈括的《梦溪笔谈》里曾记载两条天气预报的实例。一条是记别人根据经验的成功预报。“江淮间唯畏大风。冬月风作有渐，船行可以为备，唯盛夏风起于顾盼间，往往罹难。曾闻江国贾人有一术，可免此患。大凡夏月风景，须作于午后，欲行船者，五鼓初起，视星月明洁，四际至地，皆无云气，便可行；至于巳时即止。如此，无复与暴风遇矣。国子博士云：‘平生游江湖，未尝遇风，用此术。’”从这段记载来看，人们很重视行船时天气变化经验，分析风暴出现的年变化和日变化规律，因此能避免遭遇风险。另一条则记载的是沈括的亲身经历。“熙宁中，京师久旱，祈祷备至，连日重朝，人谓必雨。一日骤晴，炎日赫然，予时因事入对，上问雨期，予对曰：‘雨候已见，期在明日。’众以谓频日晦溽，尚且不雨，如此旸燥，岂复有望？次日，果大雨。是时湿土用事，连日阴者，从气已效，但为厥阴所胜，未能成雨。后日骤晴者，燥金入候，厥阳当折，则太阴得伸，明日运气皆顺，以是知其必雨。”沈括能够成功地预报此次降雨，绝非偶然，他是运用阴阳五行之关系，经过缜密分析而得出的结论。在空气水汽条件满足的条件下，如果天阴缺少太阳光的照射，地面热力上升条件不够，则不易兴云致雨。相反，如果转为晴天，在强烈的太阳照射下，就会有足够的热力上升，更容易形成降雨。沈括的推断，从现代气象学来看也是正确的。

总体来看，在中国传统社会，人们主要依靠直接观察，对天气变化的现象和规律进行总结，形成了大量的预报天气的经验。但对天气现象的认识基本上还处于定性认识阶段，其规律性的总结多是经验的积累，且有结合阴阳五行思想的自然辩证思考。

第二节 古代气象观测仪器

为了掌握各种天气变化规律，更好地应用于实际，先民不仅注意定性地总结观天经验，而且不断努力解决天气现象定量观测问题。在丰富的经验积累及长期同气象灾害的斗争中，创制了许多观察气象的仪器，如测风、湿度、量雨等测量工具，推动了气象观测及其应用。

一、测风器的发明与改进

测风的仪器很早就发明了。据传夏时有司风鸟，如《太平御览》天部卷九引“崔豹《古今注》曰：司风鸟，夏禹所作”。至汉代，风的观测工具有了新的发展，产生了多种测风器。

高悬羽毛辨风向。西汉《淮南子》卷十二《齐俗训》记载：“譬俔之见风，无须臾之间定矣。”“俔”即为“綄”。綄，候风者，楚人谓之五两。这种测风仪遇风即会转动，相当灵敏，唐代还在使用，例如开元年间进士李颀《送刘昱》诗云：“八月寒苇花，秋江浪头白。北风吹五两，谁是浔阳客。”诗中提到了五两迎北风而动。

竿头展旌旗示风向。在唐代开元年间出现了“向风旌”。据王仁裕《开元天宝遗事》记载：“五王宫中，各于庭中竖长竿，挂五色旌于竿头，旌之四垂缀以小金铃。有声，即使侍从者视旌之所向，可以知四方之风候。”在长竿上挂五色旗来测风向。此外，风向旗还被广泛运用到军队中，以利于行军与作战。宋代出现了占风旗，用于航运交通。北宋李廌在《师友谈记》中写道：“蒋颖叔之为江淮发运也，其才智有余，人莫能欺，漕运络绎。蒋，吴人，谙知风水，尝于所居公宇前立一旗，曰‘占风旗’，使人日候之，置籍焉。令诸漕纲日程亦各记风之便逆。盖雷、雨、雪、雹、雾、露等有或不均，风则天下皆有。运至，取其日程历以合之，责其稽缓者，纲吏畏服。蒋去之，占风旗废矣。”当时设置风向旗，逐日观测，并将观测结果记录在观测簿上。这种观测技术和观测作业与现今的日常气象观测相似。

古代的测风仪器相风乌，制作更为复杂，并且应是能指示达到一定风力的风及风向，故兼具风向和风力测定。汉代有“铜凤凰”和“相风铜乌”两种。铜凤凰系汉武帝太初元年（104）安装在建章宫的候风仪器。《三辅黄图》提到相风铜乌，安装在长安西北郊的灵台上，不仅能测定风向，还能观测较大的风：“上有相风铜乌，千里风至，此乌乃动。”汉代使用的铜凤凰和相风铜乌，虽然可以测风向和风力，但皆用铜铸而成，较为笨重，不够灵便，至三国时期便改用木乌代替铜乌。三国魏时，洛阳西城上原东汉灵台处，曾建有相风木乌，也叫候风木飞乌，后被雷击废坏。晋代也曾用相风木乌。清代《渊鉴类函》曾记有称颂这种测风器的赋的片段六段，为当时文人所撰。

上述三种测风仪器自汉代以来同时使用，有时名称互用。北周庾季才在《灵台秘苑》一书中，介绍了三种风向器，有相风乌和另外两种。羽葆为鸡毛编成的扇形，挂在垂直竖立长竿上。一种羽葆五两重，另一种则八两重。唐代王睿的《炙毂子》说：“舟船于樯上刻木作乌，衔幡，以候四方之风，名曰五两竿。军行以鹅毛为之。亦曰相风乌。”综合了木乌、旗、羽毛，并且即可叫五两，也可叫相风乌。唐代李淳风的《乙巳占》有候风法，详细介绍了当时的测风仪器及使用方法。“凡候风者，必于高迫平原，立五丈长竿，以鸡羽八两为葆，属于竿上，以候风。风吹羽葆，平直则占。亦可于竿首作盘，盘上作木乌三足，两足连上，而外立一足系羽，下而内转，风来乌转，回首向之。乌口钓花，花旋则占之。淳风曰：羽必用鸡，取其属巽，巽者号令之象，鸡有知时之效。羽重八两，以傚八风。竿长五丈，以傚五音。乌象日中之精，故巢居而知风，乌为先首。竿不必过长，但以出众中，不被隐蔽为限。有风即动，便可占候。常住安居，宜用乌候。军旅权设，宜用羽占。羽葆之法，先取鸡羽，中破之，取其多毛，处以细绳，逐紧，夹之，长短三四尺许，属于竿上。其扶摇、独鹿、四转、五复之风，各以形状占之。”宋元时期亦如此。《宋史·舆服志》说：“上载长竿，竿杪刻木为乌，垂鹅毛莆，红绶带，下承以小盘，周以绯裙，绣乌形。”

通常把相风乌安置在屋顶、塔顶上测风向。我国现存最古的相风乌，是山西浑源县圆觉寺砖塔上的铁凤凰。此塔建于金正隆三年（1158），明代成化年间曾修葺，塔顶铁凤凰能随风转动。

测风器帮助古人更好更快地辨识风向，这种风向记录不仅被用于日常生活，还被用于天气预测。历代观象场所多设置有测风器，作为候气的重要观测。清代汪灏的《随銮纪恩》记载康熙皇帝“每日验相风竿，窥测天文，辄知晴雨”。余金的《熙朝新语》卷四记载，康熙五十四年（1715），康熙皇帝对大学士讲的话：“朕常立小旗占风，并令直省凡起风下雨之时，一一奏报。见有京师是日西北风，而山东是日东南风者。古人云隔里不同风，此言最确。”

二、测湿器的发明与改进

古人很早注意到了空气有干燥和潮湿的变化，会观察生活环境中的湿度变化，用以预测晴雨。西汉《淮南子·本经训》中提到：“风雨之变，可以音律知之。”东汉《论衡·变动篇》说：“天且雨，琴弦缓。”空气湿度影响琴弦，借以推知风雨变化。西汉时期还有天平式湿度计的记载，把炭和羽毛等放在天平的两端，经过一段时间后视其两端的起伏，判断降雨。《淮南子·说山训》中记载：“悬羽与炭，而知燥湿之气。”因为炭的吸湿性强，也易散失水分，随空气湿度变化炭的重量变化更大，“燥故炭轻，湿故炭重”，由此便可用来测知空气湿度。《史记·天官书》中“冬至短极，悬土炭”，即悬挂土和炭的天平式湿度计。南朝宋裴骃《史记集解》引孟康曰：“先冬至三日，悬土炭于衡两端，轻重适均。冬至阳气至则炭重，夏至日阴气至则土重。”又引晋灼曰：“蔡邕《律历记》，‘候钟律权土炭，冬至阳气应黄钟通，土炭轻而衡仰。夏至阴气应蕤宾通，土炭重而衡低。’”可见，西汉时期已经使用悬羽炭、土炭等天平式湿度计测空气湿度。

唐宋时期依然使用汉代发明的天平式湿度计。清代又发明了一种用弦线制作的湿度计，利用弦线随湿度伸缩的原理，用于测量湿度变化。而这一制作原理可追溯至东汉《论衡·变动篇》中“天且雨，琴弦缓”的记载。元末娄元礼所撰写《田家五行》也提到，如果质量很好的弦线忽然变松，是因为潮湿的缘故，出现这种现象，就说明天要下雨。如果琴弹出来的声音不好听，那也说明将要下雨。

三、量雨器的发明与改进

先民很早就关注记录每年的降雨量，历代都非常重视对降雨的观测。但早期的降雨观测方法和工具则很少见有记载。《后汉书·礼仪中》就记载了东汉时期有关上报雨量的规定，即“自立春至立夏，尽立秋，郡国上雨泽”。也就是规定各郡国每年从立春至立秋的雨季期间，都要向朝廷报告降雨量。既然要上报降雨量，可见当时必定已经具备测定雨量的方法，也极有可能已经有了简单的测雨仪器，可惜史料没有具体记载。

关于量雨器的具体记载，很多学者认为最早见于南宋秦九韶的《九章算术》。书中通过解答数学题的方式，详细介绍了“天池测雨”“圆罂测雨”“峻积验雪”和“竹器验雪”四种计算雨雪量的方法，而天池、圆罂、峻积和竹器就是当时所使用的量雨雪器。根据这一记载可以推测，我国至迟在十三世纪时已较为普遍地使用量雨器和量雪器，但在全国范围内还没有统一的测量器具。故《天池测雨》中有“器形不同”之语，有用“天池盆”者，也有用“圆罂”者，又说“州郡多有天池盆以测雨水”。可见在宋代，州郡已普遍设有测雨器具，以测定雨量多少。另据此可知，时人验雪多采用竹制大型箩器。

明代十分重视雨雪的奏报。洪武年间，令天下州县，月奏雨泽。永乐时期，政府统一制定了一种量雨器，发到全国各地，命令各州、县把记录的降雨量向政府报告。乾隆年间戴源所撰《测圆图解》对当时所使用测雨器的构造、规格和测量方法进行了详细介绍。方形测雨器：“制大匣一具，或铜或锡不拘，长、阔、高皆三尺。于底角上开一小孔，入小铜管一，以木塞之，勿使渗漏。另制一小，长、阔皆三寸，高一寸。乃以大匣置院落（空）阔处，下雨时听其积存（雨水），俟雨止时拔去木塞，以小匣承之，视大匣水尽；共计有几何小匣，记之。若大匣水已满而雨未止，则以小匣承之，尽去大匣之水，或去其半，仍以木塞小管，俟满则去之。每次小匣之水，须记清。凡计算之法，假如雨止后以小匣承之，不及十小匣，则不必记。有十小匣则得雨一分，百匣则得雨一寸，千匣则得雨一尺。或大匣水满恰与口平，则不必用小匣，竟倾去之，得雨三尺。盖一大匣为三千小匣也。”从戴源的记载可见，当时的测雨器为方形，规格统一，设计合理，大匣、小匣综合使用，并以尺、寸、分作为雨量单位，使测量结果更为精确。

四、温度计的发明与改进

春秋战国时期已有冷冻、常温、高温等不同温度范围的测量工具和技术等记载，如“冰瓶”“体温比较”“火候”。

关于测量较低温度的技术在文献中很早就有记述。《礼记·月令》记载：“孟冬之月……水始冰；仲冬之月……冰方盛；行夏令……冰冻始释。”已经把季节气温的推移与冰冻的变化过程联系起来了，用冰冻的变化过程来显示气温冷暖迁移的测温方法的思想开始萌芽。战国末年成书的《吕氏春秋》明确记载：“见瓶水之冰而知天下之寒、鱼鳖之藏也。”已经能够从存水瓶中结冰的情况推知气温下降程度，以判断与温度变化有关的现象。汉初《淮南子·说山训》说：“睹瓶中之冰而知天下之寒暑。”这里用“睹”字有察看分析冷暖变化过程之意，反映了有意识地较长时间观察瓶内冰和水的消长过程。如果把一切以测量温度为目的的工具、设施和方法都包括在广义的温度计之内的话，上述记载中使用的冰瓶可看作温度计的雏形。

早在汉代已经利用律管（相当一种地温表）测定温度、季节变化。对其构造和用法，《续汉书》《隋书》中皆有记述。其中沈括《梦溪笔谈》的“候气”条引司马彪《续汉书》：“候气之法，于密室中以木为案，置十二律琯，各如其方。实以葭灰，覆以缇縠，气至则一律飞灰。”并说：“盖彪说得其略耳。唯《隋书》志论之甚详，其法：先治一室，令其地极平，乃埋律管，皆使上齐，入地则有浅深。冬至阳气距地面九寸而止，唯黄钟一管达之，故黄钟为之应。正月阳气距地面八寸而止，自太蔟以上皆达，黄钟大吕先以虚，故唯太蔟一律飞灰。如人用针彻经渠，则气随针而出矣。地有疏密，则不能无差忒，故先以木案隔之，然后实土案上，令坚密均一。其上以水平其概，然后埋律其下。虽有疏密，为木案所节，其气自平，但在调其案上之土耳。”沈括从这一条引议，可见他不仅详细阐明这种测定季节变化的方法，同时肯定了这种测定方法的基本原理是与阳气（地温）有关。沈括的这种评论，根据现在的地温资料表明，在中高纬地区，冬至以后，土壤上层温度逐渐升高，使热量向下层传导，夏至以后则相反，即土壤上层地温逐渐降低，热量是自下向上传导，这一见解符合土壤温度季节变化规律。

以上所述冰瓶、律管是先民测量空气温度的方法和工具，可以看作广义的“温度计”。

我国第一个近似于现代的温度计于顺治十年（1653）由黄履庄制造，当时称作“验冷热器”。据《虞初新志·黄履庄小传》记载：“此器能诊试虚实，分别气候，证诸药之性情，其用甚广。”仪器虽有介绍，但制作方法与仪器实物皆已失传，故黄履庄所制造的这一“验冷热器”的构造、原理及用法皆已无从探究，因能“分别气候”，则应属于温度计无疑。一般认为，世界上最早的空气温度计应诞生于十六世纪末的欧洲，黄履庄的“验冷热器”是否受西方知识影响，有待考证。

第三节　气象典籍与观测记录

我国古代气象资料种类繁多，且与人们的生产、生活有着密切联系。早在文字产生之前，古人就注意观察天气现象，神话故事和历史考古发掘为此提供了依据。文字出现之后，在甲骨、简牍、绢帛和纸张等载体上，形成了以风、云、雨、雷、晕等天气现象为主的气象观测记录，其资料类型也日渐多元，不仅有正史、志书、历书、晴雨表等官方观测资料，亦有日记、文集、游记等私人观察记录。这些不同类型的气象观测知识，广泛应用于政治活动、农业生产、军事活动、交通运输等领域，服务于古代经济生产和社会发展，汇集了先民气象观测的经验和智慧。

一、古代气象文献的类型

古代气象资料，既有以原件形式和汇编形式遗存下的气象档案，又有转记于正史、志书、私人著述等文献中的非原件形式遗存下来的气象文献。从最早的殷商时期甲骨气象档案，直至明清时期的晴雨录等纸质气象档案，都反映了官方对气象观测工作的重视。此外，大量私人著述，如文集笔记、诗词歌赋、农候杂占等书籍中亦保存了丰富的气象信息。

（一）气象档案

我国古代，气象和天文一直不分家，并称天象。古代气象档案主要是世室、明堂和灵台等处观测天象的人员记录的。

我国气象档案可追溯至殷商时期的甲骨文，连续十几天记录天气。秦汉时期，气象记录档案已趋于正规化。政府规定各地要上报农作物生长时期的雨泽。1975 年，在湖北云梦县睡虎地十一号秦墓中出土的《秦律十八种》中的《田律》中规定“稼已生后而雨，亦辄言雨少多，所利顷数”，这一记录说明秦以法律形式规定了各地需向朝廷上报雨水情况。汉代命天下郡县上报雨泽。“自立春至立夏尽立秋，郡国上雨泽”，即在整个农作物生长期间，各地都要上报降雨情况。明朝时期，朱元璋曾下令全国各州县进行雨量观测、按月奏报雨泽，凡有灾异现象，特别是风灾、雨旱等气象灾害，都必须呈奏。据顾炎武《日知录》记载：“洪武中，令天下州长吏，月奏雨泽。”明太祖和明仁宗时，曾要求北京、杭州、南京、苏州等地上报逐日晴雨。不过，这些档案没有保存下来。

存世的有清代的三类气象档案。一是晴雨录，从康熙二十四年（1685）十月开始，朝廷令钦天监和各地逐日观测阴晴、雨雪等天气现象，并将观测结果按月报送朝廷。有些晴雨录已包括阴晴、雨雪、雷电、风向等内容，关于雨雪情况还特别注明下雨和下雪的起止时间和程度，实际上已很接近现代的气象观测记录簿。二是雨雪分寸，从乾隆元年（1736）至宣统三年（1911），在全国范围内对每次下雪的积雪厚度，或者每次下雨后雨水渗入土壤的深度，均以尺寸记录，故称雨雪分寸。现存全国比较完整的雨雪分寸记录是1736年至1909年的。三是特殊天气和旱涝灾情奏报。对于特殊的天气现象如初雷情况等，钦天监要进行详细观测并以“题本”形式奏呈。此外，各地若出现旱涝、霜冻、冰雹、大风等异常天气现象，也要及时奏报。

（二）正史、志书中的气象资料

二十五史和地方志是记载中国古代气象信息的重要典籍。以二十五史为例，气象资料多保存在《天文志》《五行志》部分，也有少许记入《符瑞志》《灵征志》《灾异志》。其中《天文志》中载云气、日月晕珥等,《五行志》中则载大水、大旱、大风、大雨、大雪、雷雹、雾霜等。《明史》和《清史稿》中对各地恒寒、恒阴、雨雪、陨霜、冰雹、雷震、恒雨、恒风、大水、少雪、大雨、淫雨以及飓风等灾害性的天气和反常的气候现象，均有详细的记载。

古代典籍中有关水旱和特殊天气的记载，除二十五史保存的一部分以外，各地的地方志和风土志中的祥异、五行、风土、瑞异、灾异、杂记、灾祥等项亦有丰富记载，可补正史之不足。地方志中关于气候方面的资料有水旱、风雹、台风、冰冻、潮灾等自然灾害或各种特殊天气现象。这些史料的特点，一是时间跨度长，在数百年甚至上千年，而以明清时期记载最多；二是地域性强，主要记载本区域内发生的天气异常现象，包括发生的时间、地点和灾害的程度等。这些连续的气象资料，对研究气候变迁以及预报灾害天气的发生具有重要意义。此外，地方志及风土志中记录的异象等，对研究某些大气现象也极为重要。

（三）类书中的气象资料

古代的类书中也保存了大量的气象资料。由于古代类书的形成时间较史志等书晚，各时期的分类也有差异，保存下来的也有限。主要包括唐代的《北堂书钞》《艺文类聚》，清代的《古今图书集成》等。在《古今图书集成》中，关于气候、节令的知识主要在《历象》《方舆》两编中。特别是《庶征典》汇集了雨、阳、燠、寒、风等气象灾害，其中第七十六至七十九卷汇集了明代以前历代史籍记载的雨灾，八十六至九十二卷汇集了历代旱灾，一百二十四至一百三十二卷汇集了历代水灾。这样的分类记载，有助于后人了解历史上的洪涝和内涝状况。

（四）私人著述中的气象资料

古代文人的游记、日记、笔记、杂著、诗词歌赋、农候杂占、医书、兵书、航海类书籍等记载气象现象，补充了正史、类书和地方志的相关记载。特别是一些游记和日记中保存了大量的气象物候资料。例如，黄庭坚在《宜州乙酉家承》中记载了崇宁元年（1102）正月初一至八月二十九日的逐日天气情况。耶律楚材的《西游录》中，记载所经历的地方的重要事件，其中就包括自然气象的情况。《徐霞客游记》是旅行家徐宏祖在1613年至1639年的旅行记载，按日期记载了地理、水文、生物等各种现象，其中也包括了一些气象、物候情况，对旅游气象和洞穴小气候的描述是其他游记所没有的。

有些文人的笔记杂著、诗词歌赋中也记载了大量的气象灾异与气候反常现象，而且有的还探讨了各类天气现象的成因。例如，明人何孟春的《馀冬序录》，记载了正德七年（1512）冬天的气候异常现象，北方的燕赵燠热，而江南则异常寒冷，冰雪载途。明代王世亨所作《正德丙寅冬万州雨雪》一诗，真实记录了正德元年（1506）冬海南这场百年不遇的大寒潮及下雪的情景。明代郎瑛的《七修类稿》，探讨了风、雪、云、雨、雨夹雪、潮汐、木冰、海市蜃楼等现象的形成机制，考辨了大风、水灾、海啸、雷电、红雨、黑雨、黑云荡日、雨三寸竹针等气象灾异。此外，该书还收录了大量气候谚语。

各类专业性的典籍中也保存了大量气象相关资料。如农书和占候书有李淳风的《观象玩占》《乙巳占》、娄元礼的《田家五行》、徐光启的《农政全书》和梁章钜的《农候杂占》等，都有丰富的观云测天记录，诸如测风、测雨、测湿、观云和察看虹、晕、露、霜、雪等自然景象的记载。又如航海类记述，保存了海外多地的气象资料，记录了海洋气象、潮汐，以及水手渔民利用自然现象预测天气变化的大气经验和海上天气预报。此外，明末一些综合性的自然哲学著作，如方以智的《物理小识》涉及有诸多天气现象的内容。有关地理、水利、兵法、医学、食货等各类专业性典籍中，也保存有气象学资料。

二、古代气象观测记录的应用

古代气象知识被广泛应用于农业生产、政治活动、军事活动、治病疗疾、建筑设计等领域，对经济生产和社会发展产生了积极意义。

（一）古代对气象观测的应用

我国古代农业发达，而掌握天时是从事农业生产活动的基本要求。古代农业应用气象知识起源很早，积累丰厚。早期文献《夏小正》，记载一年中各月份的物候、天象、气象和农事等内容，同时依次记载了每月的星象、动植物的生息变化和应该从事的农业活动，全文记载气候、物候、天象、农事、生活等共计一百二十四项。《月令》也是早期的有关气候、物候和农事的重要文献。至秦汉时期，《氾胜之书》中二十四节气已被用于指导耕作栽培。北魏贾思勰的《齐民要术》提出了因天时制宜、因地制宜的先进农业思想。至宋代，“农事必知天地时宜”的思想进一步强化，《陈敷农书》强调一年的农事活动应根据天象、物候和气象来安排。明清时期，农业气象科学技术进一步发展，地区间农时和农业气候差异日渐受到重视，有关农业气象预报、占验的著作和民间谚语大量出现。

在古代，天气现象通常也是统治者加强国家统治、检验行政绩效的选择和标准。《淮南子·泰族》载：“昔者五帝三王之莅政施教，必用参伍，仰取象于天，俯取度于地，中取法于人，乃立明堂之朝，行明堂之令，以调阴阳之气，以和四时之节”。《管子·幼官》载有行政告朔内容，表明在先秦时期气象观测直接与政令相联系，各王朝根据不同的天气而采用不同的政令，否则“春行冬政肃，行夏政霜，行秋政阉”，就会事倍功半。《汉仪》规定：“太史每月朔旦上其《月令》，有司读其令，奉行其政”，并以法律的形式将《月令》颁布全国观测实行。这种思想贯穿历朝，直到清代，康熙皇帝还认为“帝王克谨天戒，凡有垂象，皆关治理”。在检验统治者功德方面，通常天朗气清，则表明行政合理，符合天意，否则气象灾害频发，则说明天帝在示谴，需要调整行政施令。中国历代保存了大量的祈雨、祈风文献，便是这一方面的表现。例如，楚简《柬大王泊旱》中的楚简王即便是身染病疥，也必须站在太阳之下暴晒自己，艰辛地完成这场祈雨祭祀活动，这便诠释了气象与行政之间的密切关系。

我国古代还有大量的军事气象文献，如《孙子兵法》、长沙马王堆出土的《天文气象杂占》《日月风雨云气占》、敦煌文献《占云气书》等。“占云候气，验用于师”即是直接指导军事行动。历代军事家都将气象作为一个影响战争结果的重要因素加以考虑。上古时期，黄帝与蚩尤大战便充分利用了风、雨、雾、旱、涝等气象现象。早期军队统御中，“股肱羽翼七十二人”中便有“天文三人，主司星历，候风气，推时日，考符验，校灾异，知天心去就之机”。孙子也将气象作为决定战役必须考量的五个基本因素之一。任何季节都可以进行战争，任何恶劣的天气、气候、地理环境都可以成为战争的手段，“风雨雪雾之际，最难用兵”。在战略部署、战役料敌及具体战术上都要掌握和运用天气条件，因其利而避其害。元代李克家所撰《戎事类占》，记载了丰富的气象内容，如天类中，对于天色、云气、天雨等记述繁多，日类中对“十辉”即大气光象的认知记载翔实。这些均可用于指导作战行动，对于作战方针、战略部署、作战技巧等有很强的指导意义。

医学气象文献更可谓浩瀚。中医注重从气候、天气、环境等因素来考察疾病，无论纯中医，还是道家医学，都非常重视医学气象的研究，这也成为中医研究发展的一个优良传统。以《黄帝内经》为例，它是集先秦医学气象之大成的一部著作，其中包含了很多气象知识，如“四时刺逆从论篇”指出，“春气在经脉，夏气在孙络，长夏气在肌肉，秋气在皮肤，冬气在骨髓中”，分析了人体适应季节变化的机理。同时，中医还认为，根据太阳运行和气温变化规律，一天中人体阳气遵循平旦生、日中盛、日西弱的运行规律，人们应顺应其规律，否则就会滋生疾病。

（二）古代气象记录的现代意义

古代丰富的气象记录在指导农业生产、政治活动、军事活动、治病疗疾等方面发挥了重要作用。其中所包含的丰富的气象数据、信息和知识，对于今人从事研究，依然具有重要的科技文化价值。

第一，应用于研究历史气候变迁。先民将奇寒、大燠的气象和气候现象记录下来，形成长期连续的气候数据，可供研究古今气候之变迁。如殷商甲骨气象档案中表明商代气候比现在温暖湿润，“今夕其雨，获象”，意为狩猎时捕获一只大象，殷代猎获的野兽中，还有竹鼠、水牛这些热带和亚热带的动物。竺可桢研究这些气象档案遗存得出了这样的结论：“殷墟时代是中国的温和气候时代，比现在平均温度高 2℃左右，正月份的平均温度高 3 ~ 5℃。”

这些记录可用于分析古代气候异常对于战乱、朝代变迁的影响。如研究发现历史上的盛世大多在温暖期，说明气候因素与人类文明进程有着重要的关联。

第二，应用于研究古代气象科技史。气象档案遗存展示了古代气象方面的纵向科技文化发展连续性，在民族文化层面上也具有重要的文化遗产价值。许多气象档案的内容代表着当时世界气象科学的先进水平。例如，甲骨气象档案中关于“晕”的记载，是目前可知世界上最早的。清代的《晴雨录》是世界上最完整系统的气象观测记录档案。《中国三千年气象记录总集》按照时间顺序，通过汇总气象档案遗存的方式展示了中国悠久的气象科学的发展脉络。

第三，应用于研究古代天命哲学思想源流。古代气象典籍往往记录有大量与五行相关的内容，且多以气象灾异为主。其大多是结合时间，记述雨水和霜雾等灾害，辅以朝廷大事。也就是说，将朝廷之事与气象的异样结为因果关系。如《后汉书》有多处描述：“建光元年

（121），京都及郡国二十九淫雨伤稼。是时羌反久未平，百姓屯戍，不解愁苦。”“灵帝建宁元年（168）夏，霖雨十余日。是时大将军窦武谋变废中官。”利用灾异天气来解释朝代的混乱，反映了当时人们的天命哲学思想。

第四，见证中外文化的交流。中国与域外的交流，从汉代开始逐渐增多，至隋唐时期不断扩大，涉及社会生活的诸多方面。许多典籍对与中国交往的域外各国的天文、气象和风土人情等做了丰富记载。如晋僧法显于399年从长安出发，历十四年，访三十余国。他所撰《佛国记》记载了河中的“恶鬼热风”，即黑风暴。有研究认为汉代的测风器相风乌、铜凤凰、铁鸾凤，沿着丝绸之路传到欧洲成了相风鸡，后在唐代传回广东怀圣寺，再后来又传到西方则成为中世纪基督教教堂尖顶上的测风鸟。元代东西方交流更是不少。明末清初，西方传入并被翻译的气象学、地理学著作从一个侧面反映了西学东渐的历史。

第五，解读气象灾害发生的规律。古代文献中关于台风、洪水、干旱、冰冻等自然灾害的气象记录，可以用来为统计气象灾害的数量，分析发生时间、条件，以便采取措施减灾、防灾。例如，邓云特在1937年著《中国救荒史》，对中国历史上发生的各种灾害统一按年次计算，认为自公元前1766年至公元1937年三千七百多年间，发生水灾一千零五十八次，旱灾一千零七十四次，蝗灾四百八十二次，雹灾五百五十次，风灾五百一十八次，等等。此外，古代丰富的气象记录也可为研究自然气候变化对动植物迁移和土地沙漠化等方面的影响提供重要依据。

参考文献

[1] 高忠严. 陶寺文化［M］. 太原：山西人民出版社，2021.

[2] 洪世年，陈文言. 中国气象史［M］. 北京：农业出版社，1983.

[3] 洪世年，刘昭民. 中国气象史：近代前［M］. 北京：中国科学技术出版社，2006.

[4] 黄卫. 一只早飞千年的鸟：中国古代气象观测与测量科技［M］. 北京：清华大学出版社，2022.

[5] 姜海如，赵同进，彭莹辉. 中国古代气象［M］. 北京：气象出版社，2017.

[6] 苏冰. 汉唐气象［M］. 西安：西北大学出版社，1996.

[7] 王鹏飞. 王鹏飞气象史文选［M］. 北京：气象出版社，2001.

[8] 王鹏飞. 清代方测雨器、方蒸发器由来考［J］. 南京气象学院学报，1991（3）：359-365.

[9] 谢世俊. 中国古代气象史稿［M］. 武汉：武汉大学出版社，2016.

[10] 訾威.《田家五行》研究［D］. 南京信息工程大学，2015.

[11] 中国科学院自然科学史研究所. 中国古代科技成就［M］. 北京：中国青年出版社，1978.

[12] 陈正洪. 气象科学技术通史［M］. 北京：气象出版社，2020.

第二章　我国古代气象科学认知

大量的气象典籍和多元的气象记录向我们展示了古人丰富的气象知识，同时也为探索古代天人合一气象观的深邃与奥秘提供了丰富资料。

第一节　天气现象

古代气象科学从观察观测气象现象为起点，逐步形成了一些对气象事实的经验描述和比较明确具体的实用性科学认识。在认识方法上，多以归纳和类比为主。古代气象科学认识经历了几千年的发展，对天气现象的成因和天气变化的规律进行探讨和总结，形成了相对完善的天气现象经验知识体系。古代气象的知识一直停留在经验阶段，与现代意义上的气象科学有所不同。

一、对云雨的认识

先民很早就探索云雨的形成原因，并在此基础上对云、雨、雪、雾、露、霜等形成及关系进行了探讨，形成了一些合理的科学认知。

现代科学认为，云是大气中的水蒸气遇冷凝结成的小水滴或凝华成的小冰晶。云的形态各异、变化多端，自古以来就吸引了人们的目光。在殷商时期，甲骨文中就有许多关于云雾的记载。这些文献不仅区分了云的种类，还记录了云的移动方向。至战国时期，人们将云分成四类。据《吕氏春秋》卷十三《应同》记载："山云草莽，水云鱼鳞，旱云烟火，雨云水波。"山云，指积雨云及积云，因其形如草莽，故称。水云鱼鳞，指鱼鳞状之卷积云，它是暖锋即将来临，天气将转阴雨之兆，故曰"水云鱼鳞"。旱云烟火，言晴天卷云如烟火，故名旱云，它是在副热带高压控制之下，干旱季节出现的卷云。碎层云和层积云颇似水波，能够带来降水，甚至可进一步变成雨层云，带来更多的雨水，故曰"雨云水波"。这些云状分类合理，是世界上最早的云状分类。

对雨的分类可追溯至殷商时期。殷商甲骨卜辞中已经出现诸多有关降水强度和降水量方面的记载，并区分雨量的大小，概括描述雨况，所用词语如大雨、小雨、猛雨、足雨、久雨、多雨、毛毛雨、连绵雨等。除此之外，还明确记载了雨的来向和移动方向，可见时人对雨的认识已具有明确的方位观念。周代，人们开始从功能方面为雨命名，同时加入了更多的感情色彩。

对于云雨形成原因，先秦时期人们已经开始了探索和认识。庄子曾指出："腾水上溢为雾。”即雾是因空气中的水汽所致。同时这句话还包括了两层含义，一是空气中水汽过多，超过饱和而溢出，二是这些水汽源于下垫面的蒸发。又据《黄帝内经·素问·阴阳应象大论》记载：“地气上为云，天气下为雨。雨出地气，云出天气。”其大意为地面水蒸气蒸发上升凝结为云，云中大水滴下降而为雨。基本符合现代天气学冷暖气团的科学原理。这一观点的意义在于，它摆脱了“帝令其雨”的迷信观念，代之以从自然大气本身来寻找降雨机制的科学思路。

从秦汉至明清，历代对云雨的成因机理进行了不懈探索，典籍有西汉刘安的《淮南子》、董仲舒的《春秋繁露》、东汉王充的《论衡》、清代游艺的《天经或问》等。综合而言，古人对行云致雨的认识一直在不断探索，得到一些比较接近科学或比较合理的解释。

一是把云雨形成归于水汽的聚合。董仲舒在《雨雹对》中说：“气上薄为雨，下薄为雾。风其噫也，云其气也。”王充在《论衡》中亦言：“云雨者，气也。”可见，汉代人们已经认识到雨水来源于地面水汽蒸发升腾后的降落。

二是对造成雨滴大小、降雨、雪、雹的认识。王充在《论衡·说日篇》中提到：“云雾，雨之微也。夏则为露，冬则为雾，温则为雨，寒则为雪。雨露冻凝者，皆由地发，不从天降也。”又说：“雨之出山，或谓云载而行，云散水坠，名为雨矣。夫云则雨，雨则云矣，初出为云，云繁为雨。犹甚而泥露濡污衣服，若雨之状。非云与俱，云载行雨也。”可见，王充已经认识到云、雨、雾、露、雪均为水汽凝结而成，而且可以相互转化。董仲舒在《雨雹对》中谈到雨滴大小的原因，认为雨滴“二气之初蒸也，若有若无，若虚若实，若方若圆，攒聚相合，其体稍重，故雨乘虚而坠”，其意为雨滴是由小云滴受风合并而变重下降而形成的，与现代气象科学中云的形成、发展到降水的理论相符合。对于雨、雪、雹、霰的区别，董仲舒说：“其寒月则雨凝于上，体尚轻微，而因风相袭，故成雪焉。寒有高下，上暖下寒，则上合为大雨，下凝为冰霰雪是也。雹，霰之流也，阴气暴上，雨则凝结成雹焉。”可贵之处在于从风力和气温的变化来探索雨、雪、霜形成的问题，使气象现象的神秘性被自然性所代替。方以智《物理小识》则以阴阳结合三际说来解释雨、雾、霜、雪、露、霰、雹的成因，如“一气升降自为阴阳，气出而冷际遏之，和则成雨”，“夜半阴气清肃而上则为雾，结则为霜。雨上冷凝为霰”，“霰坠猛风，拍开成六出片，则为雪”，“夏月火气郁蒸冲湿气而锐起，升高至冷际之深处，骤冱为雹”等。方以智发展了王充“云雾，雨之征也。夏则为露，冬则为霜，温则为雨，寒则为雪”的认知。

三是对蒸发机制和水汽冷却的认识。明末清初，随着西方科学的传入，时人对于云雨的成因有了更为深入的认识。游艺的《天经或问》运用了蒸发机制和水汽冷却原理解释云雨的形成，已接近现代科学的解释。例如，关于水循环问题，该书已经使用类似热量及热力学原理来阐明其循环机制，特别强调了太阳的蒸发机制，较之以前的论述更为准确、详细。

总体来看，自汉代以后至西方气象学传入之前，古代气象科学对云雨形成，根据经验总结出了许多合理性的解释。西方近代气象科学知识传入以后，中西气象理论互相渗透，气象科学家对云雨的成因有了更为深入和科学的认识。

二、对风形成的认识

风作为地球上最常见的一种自然现象，早在先秦时期已经被关注和记录。殷墟出土的甲骨卜辞中，已经将风与东南西北四个方向联系起来，命名为“东方曰析，风曰协”“南方曰，风曰微”“西方曰夷，风曰彝”“北方曰宛，风曰役”。春秋战国时期出现八风之说。据《吕氏春秋·有始》记载：“何谓八风？东北曰炎风，东方曰滔风，东南曰熏风，南方曰巨风，西南曰凄风，西方曰飂风，西北曰厉风，北方曰寒风。”汉代在沿用战国时期八风之说的基础上，又出现了八种季候风的称谓，即条风、明庶风、清明风、景风、凉风、阊阖风、不周风、广莫风、融风。至唐代，李淳风将风向区分为二十四个方位，而且开始依据风的变状和强度将其分成怒风、乱风、暴风、飘风、回风（即“龙卷风”）、和风等，并按照风力大小将其分成八个等级，加上无风、和风（微弱的风）共十级。古人对风的认识可分为三大类。

一是对风的成因的知识。在古代文献中对风的观察记录比较多，并已经认识风是气流。如庄子《齐物论》说：“夫大块噫气，其名为风。是唯无作，作者万窍怒呺”，其大意为大地发出的气，它的名字叫风。这风不作则已，一发作则上万种不同的孔穴都会怒吼起来。宋玉在《风赋》中谈到，楚襄王游览兰台宫时，一阵凉风吹过，楚襄王曰：“夫风者，天地之气，溥畅而至，不择贵贱高下而加焉。”宋玉对曰：“枳句来巢，空穴来风。其所托着然，则风气殊焉。”对于楚襄王提出的“风从哪里来”的问题，宋玉答曰：“夫风生于地，起于青苹之末。”可见，时人已经认识到风是存在于天地间的气流，不仅无处不在，还因地质、地貌等具体自然环境的不同而产生差异。《淮南子·天文训》说：“天之偏气，怒者为风。”《春秋繁露·五行对》说：“地出云为雨，起气为风，风雨者，地之所为。”《论衡·感虚篇》说：“夫风者，气也。”《太平御览》卷九天部引《河图帝通纪》：“风者，天地之使。”引《物理论》：“风者，阴阳乱气激发而起者也。”

二是对季风的认识。古代文献以“信风”称之。如西晋周处《风土记》说：“南中六月，则有东南长风，风六月止，俗号黄雀风。时海鱼变为黄雀，因为名也。”黄雀为候鸟，夏居东北，秋迁东南，其迁居时间接近信风时间。这里比较明确地描述了六月东南风起止时间特征。东晋时期，法显的《佛国记》中多次提到远洋航行利用季风之事。这里的季风，主要是指在赤道两边的低层大气中，由副热带高压带吹向赤道地区的风。南朝沈怀远《南越志》最早提到台风，当时称为飓风或惧风，其中明确记载：“熙安间多飓风，飓者，具四方之风也。一曰惧风，言怖惧也。常以六七月兴，未至时，三日鸡犬为之不鸣，大者或至七日，小者一二日。外国以为黑风。”南朝梁宋懔《荆楚岁时记》说：“重阳日，常有疏风冷雨。”这是对寒潮天气的记载。唐宋时期，开始出现潮信、麦信、花信风之说，这些信风多指随时令变化，定期定向而至的风。这种风的方向很少改变，年年如此，稳定出现，守信而至，故谓之“信风”。随着经验的积累，明清时期，人们对季风的认识更加准确，“信风”一词的使用也更加频繁。

三是对龙卷风的认识。这种我国东南沿海、华南、华北、东北等地时有发生的极端天气现象，早在南北朝时期已经有相关记录。据《魏书·灵征志》记载：“（世宗正始）二年二月癸卯，有黑风羊角而上，起于柔玄镇，盖地一顷，所过拔树。甲辰至于营州，东入于海。”这是我国历史上最早的龙卷风记录，描绘出了龙卷风的形状，记录了它发生的具体时间、行进路径以及造成的损害等。沈括的《梦溪笔谈》“异事篇”，对发生在山东恩州武城县的旋风的时间、路径进行了介绍，并从树木、屋舍、人员伤亡等方面对此次龙卷风造成的灾害损失进行了描述，可以称得上是我国最早的龙卷风灾害调查报告。

三、对雷电成因的认识

古人对雷电充满迷信和恐惧，但也有理性的解释。古人多从阴阳观念出发对雷电的成因进行理论探讨，主要有两种说法比较盛行。

一是摩擦起电说。认为由阴与阳相互夹持，摩擦发光而为电。最早的代表人物为先秦的慎到。《慎子》认为："阴气凝聚，阳在内者不得出，则激博而为雷；阳在外者不得入，则周旋六合而为风；阳与阴夹持，则摩轧有光而为电。"这是目前发现的最早关于雷电摩擦形成论的表述，为后世所沿用。例如，北宋思想家程颐和程颢也认为，"电者，阴阳相轧；雷者，阴阳相击也。轧者如石相磨而火光出者，电便有雷击者是也。"雷电本是云层中正负电荷相互碰撞的结果，电是碰击的火花，雷是碰击的声音，所以有雷必有电。由此可见，二程的解释有一定的科学道理。

二是爆炸起电说。认为阴气和阳气互相冲突而生，随太阳辐射强弱出现季节变化，具有季节性特征。其代表人物有庄子、王充、张载、朱熹。《庄子》说："阴阳错行，于是乎有雷有霆。"肯定雷电是一种自然现象，是由阴阳二气的矛盾所产生的，朴素地说出了雷电所产生的物理实质。《淮南子·天文训》说："阴阳相薄，感而为雷，激而为霆。"王充对雷电的成因和性质作了较为完整的论述。他驳斥了雷是"天取龙""天惩""天怒"的荒谬之说，在《雷虚篇》首次提出"实说雷者，太阳之激气也"，即雷电是由太阳辐射引起的，具有季节性特征、威力无比的一种自然现象。同时，王充还主张"爆炸起电说"，并利用简单的室内试验来模拟大自然中的雷电现象，"试以一斗水灌冶铸之火，气激㓚裂，若雷电之音矣。"这不但说明雷电产生源于阴气和阳气互相冲突引起的爆炸，还解释了产生雷声的原因，具有一定的科学性。王充的"爆炸起电说"为宋代张载、朱熹等人所继承。张载说："凡阴气凝聚，阳在内者不得出，则奋击而为雷霆；阳在外者不得入，则周旋不舍而为风。其聚有远近虚实，故雷风有小大暴缓。"张载的理论可以解释为阴电和阳电累积到一定数量时，乃爆炸成雷电，基本上和王充的爆炸起电说相似。朱熹引用张载观点，并称："雷如今之爆杖，盖郁积之极而迸散者也。"

无论是摩擦说，还是爆炸说都不可以用近代的正负电荷去解释雷电现象，古人主要用阴阳哲学理论去解说雷电的形成。如《淮南子·地形训》中提到："阴阳相薄为雷，激扬为电。"其意为阴阳二气彼此相迫产生雷，相互急剧作用产生电。历史上此类论述很多，是古代的雷电成因理论。但是，这一理论要发展成为近代物理学的雷电成因说，还有相当大的距离。作为一种文化现象，在我国民间一直流传有打雷是雷霆发怒的迷信说法。

四、对大气光象的认识

大气光象指天空中发光的大气现象。它是在太阳自然光源的照射下，由于大气分子、气溶胶和云雾降水粒子的反射、折射、衍射和散射等作用而引起的一系列光学现象，包括暮晨光、朝晚霞、虹、晕、华、宝光、极光、海市蜃楼等。先民对各种大气光象的认识经历了漫长而曲折的过程。

一是对晕的认识。古人对晕的观察和记录，可追溯至三千多年前的商代。殷墟出土的甲骨文中已经有描绘天空中晕圈围绕日、月的象形文字。在探究、解释晕的成因时，古人秉承阴阳元气说。战国时期，人们认为晕是"日旁有气"。至汉代，称晕是"天之客气""日旁之危气”“日月气”，是“阴阳之精，其本在地，上发于天者也”。东汉刘熙《释名·释天》曰：“晕，卷也。气在外卷结之也，日月俱然。”又曰：“珥，气在日两旁之名也。”可见，当时人们已经认识到日晕和月晕的形成原理是一样的，且暗含了反射和折射的朦胧概念。唐宋以来，人们更多关注晕和天气变化之间的关系，并在此基础上探究晕的成因。“日晕雨，月晕风”不仅为人们所熟知，而且人们已经认识到晕的阐释与薄云有关，指出晕的产生是因为由微风吹来的薄云与月光“相薄相荡”而产生的原理。同时，朱熹在《朱子语类》提到：“晕乃空中之气直逼日月之光围抱成环，其有缺者、有围者、抱者、背者、薄者、厚者，皆是气所注射，又有一等气在天上，外浅中深如井者，深是气厚处日光所照，一般浅系气薄日照之，故白色如井栏等。”即晕是由于日月光线透过卷层云时折射作用而形成的。大气的厚薄程度不同，日晕和月晕的形状也不同。

二是对虹的认识。先秦时期人们对于虹已经有所认识，甲骨文和《诗经》中多次提到霓虹，称为“蝃蝀”“隮”，且将虹与降雨联系在一起。至汉代，人们对虹的形状、颜色以及它与天气的关系、出现的季节、生成的条件等，都有了一定的感性认识。这一时期，人们还用传统的阴阳学说来解释虹的成因。从科学角度对虹的成因进行解释，始于唐代。孔颖达《礼记正义·虹始见》曰：“若云薄漏日，日照雨漏则虹生。”首次提到虹乃日光照射雨滴的结果，并意识到虹的产生是由于光的色散而形成的。至宋代，人们对虹的认识愈加深入，不仅对其成因、规律有广泛的讨论，还将之与其他色散现象联系起来进行研究。蔡卞的《毛诗名物解》记载了通过“以水喷日”的模拟实验制造人工霓虹，并明确指出虹和阳光之间的位置关系。明方以智对前人有关虹及色散知识作了全面的梳理，对虹的色散本质有了更加清楚的认识。明末清初，随着三棱镜等光学仪器和色散理论的传入，时人对虹的结构和成因有了更为科学的认识。

三是对海市蜃楼的认识。海市蜃楼作为一种奇异的自然现象，自古以来广受关注。古人对于蜃景成因的解释以蛟蜃吐气说为主。这一观点始于《史记·天官书》：“海旁蜃气象楼台，广野气成宫阙然。”由于地域辽阔，海市蜃楼在不同地理条件下时有发生，所以古人所记蜃景种类繁多，如“海蜃”“沙漠蜃”“山蜃”“湖蜃”“路蜃”等。随着人们对海市蜃楼研究的深入，蛟蜃吐气说在宋代以后不断遭受质疑，并逐渐被人们所摈弃。宋人沈括明确提出：“或曰‘蛟蜃之气所为’，疑不然也。”对蛟蜃吐气说表示怀疑。至明代，人们对海市蜃楼的成因、出现的气象条件等问题加以探讨，形成了多种不同的观点。其中最具代表性有陆容的光气掩映说、郎瑛的物像显现说、叶盛等的风气凝结说、方以智等人的水气映照说。

第二节　物候与节气

先秦时期，人们已经开始按月记录物候，且总数达到七十二种。与此同时，对于节气的认识也在夏商时期开始萌芽，至汉代二十四节气已被完整地提出。二十四节气和七十二物候相互结合，对古代乃至今天的农业生产一直发挥着积极的作用。

一、对物候的认知

物候是指动植物长期适应温度条件的周期性变化，形成与此相适应的生长发育节律，这种现象被称为物候现象。物候现象主要包括：各种植物的发芽、开花、落叶等周期节律；候鸟、昆虫及其他动物的初鸣、终鸣、离去等周期节律；一些水文气象现象，如初霜、结冰、初雪和解冻等周期现象。依据不同动植物年周期节律进行生产活动的时间制度，则称为物候历，在四季没有发现之前，远古祖先最初使用物候历，在《诗经》中就有以物候记载月历的篇章。

（一）物候认识的起源与应用

在原始社会末期，物候历被广泛应用于渔猎活动和早期的农业生产之中。例如，在乌苏里江沿岸生活的赫哲族人，捕大马哈鱼以秋天的“五花山”为标志，捕产卵鲤鱼以野玫瑰开花为标志；居于云南贡山的独龙族人，以桃花期和布谷鸟求偶期为标志来安排春耕春播活动，早熟小米在桃花将开时播种，晚熟小米和玉米在桃花盛开时下种，等等。

我国最早的物候记载，见于《诗经·豳风·七月》，“五月鸣蜩”，“五月斯螽动股，六月莎鸡振羽。七月在野，八月在宇，九月在户，十月蟋蟀入我床下”，这些都是对当时一些物候现象的记载。此外，《夏小正》《吕氏春秋》《礼记·月令》《王祯农书》等，在这些著述中都有各月物候现象的大量记载。《夏小正》中提及了动植物的鸟兽鱼虫和非生物等六十八种物候现象，还按月别记录了七种气候现象，十一种农事及畜牧现象。当时人们仔细观察物候和积累经验，确定了播种、采集、收获等日期，并用这些经验指导农林牧副渔等各项生产活动。

《吕氏春秋》十二纪对一年中的物候进行了归类。将每季分为孟、仲、季三月，按四季十二月分别记载具有代表性的物候，物候总数多达八十种。例如：孟春有“东风解冻，蛰虫始振；鱼上冰，獭祭鱼，候雁北”；仲春有“始雨水，桃李华，苍庚鸣，鹰化为鸠”；季春有“桐始华，田鼠化鴽；虹始见，萍始生”等。这样按季、按月的物候记载，比较完整，而且具有一定的系统性。此后，这一物候系统不断地被补充和完善，一直沿用。如《礼记·月令》《淮南子·时则训》中物候编排基本上与《吕氏春秋》相近。

到了战国末期和秦汉时代，物候与节气、月令相互结合，更加具体化。《礼记·月令》中按月份具体记录了多样的物候现象。例如，二月条中记录了如下物候现象：“仲春之月，日在奎……始雨水，桃始华，仓庚鸣……玄鸟至。至之日，以大牢祀于高禖，天子亲往……日夜分，雷乃发声，始电。蛰虫咸动，启户始出……耕者少舍，乃修阖扇，寝庙毕备。毋作大事，以妨农之事。”这正是两千年前黄河流域初春的景象。《礼记》中还按月别记录了天气和多样的物候现象，并以此作为农事准备的依据。

战国至西汉期间形成的《逸周书·时训解》，首次将一年分为七十二候，五日为一候，以此观测记录了物候的变化。以五日为候，三候为气，六气为时，四时为岁，一年二十四节气，共七十二物候。各候均以一个物候现象相应，称候应。七十二候候应的依次变化，反映了一年中的气候变化。

物候的功能主要在于预测天气和时节，用以指导古代农事活动。例如，汉代的农书《氾胜之书·耕田篇》中记到：“杏始华荣，辄耕轻土弱土。望杏花落，复耕。”这就直接将物候与耕作时期联系起来，这种依据自然征候准备农事的做法比单纯依据月令或节气等历法决定农事，明显提高了确定性和可行性。在“凡耕之本，在于趣时”的古代社会，时令对于农事显得尤为重要。古代物候，不但运用于生产活动，还被统治者用于实行有效的社会统治。例如，《淮南子·主术训》写道：“故先王之政，四海之云而至修封疆，虾蟆鸣，燕降而达路除道……昴中则收敛蓄积，伐薪木。”可见统治阶级运用物候“应时修备”来富国利民和有效地统治管理。

（二）物候认知的发展

汉代以前的物候观测，主要是编定和完善物候历，用于指导农业生产，反映的是时令和物候间的关系，着重解决“是什么”的问题。唐宋时期人们对物候的观察增加了更多思考，具有科学探究的成分，着重解决“为什么”问题。北宋时期的科学家沈括对物候就有不少创见，他在《梦溪笔谈》中对物候与高度、纬度以及植物品种之间的关系进行了研究，指出：“缘土气有早晚时有愆伏。如平地三月花者，深山中则四月花。白乐天《游大林寺》诗云：‘人间四月芳菲尽，山寺桃花始盛开’，盖常理也。此地势高下之不同也。”此外，北宋庄绰《鸡肋编》亦记载了不同地区物候和气候的差异。南宋吕祖谦的《庚子辛丑日记》可谓是现今保存下来的最早的物候实测记录。日记始于淳熙七年正月初一，止于淳熙八年七月二十八日，对浙江金华地区一年零七个月中的物候作了详细的记载。不仅记录了此地蜡梅、樱桃、杏、桃、紫荆、李、海棠、梨、蔷薇、萱草、莲、芙蓉、菊等二十多种植物的开花时间，还记录了第一次听到春禽、秋虫鸣叫的时间。这些物候资料是世界上现存最早的实际观测记录，对物候学的研究有较大参考价值。

（三）物候分布规律性认识

唐宋以来，人们对物候分布规律性认识取得一些新的进展。例如，梅雨是江南地区的一种重要物候现象，但在各地出现的时间并不相同，明代人对梅雨的地域性差异有较为清晰的认识。冯应京的《月令广义·五月令·进梅日占》记载道：“入梅黄雨，江浙四五月间梅欲黄落，则水润土，柱磉皆汗……江南梅雨将罢，而淮上梅雨，又逾河北至七月，少有霉气，而不之觉矣。以此言之，壬丙进梅，不足定拟，固当易地而论之耳。”可见，时人已经注意到梅雨系统由南到北推进的规律。对于各地物候的差异，谢肇淛的《五杂俎》卷二有详细记录，“闽距京师七千余里，闽以正月桃花开，而京师以三月桃花开，气候相去，差两月有余。然则自闽而更南，自燕而更北，气候差殊，复何纪极……历家所载二月桃始华，盖约其中言之耳。”他不仅注意到物候的差异性，而且认识到传统物候历的局限性所在。

清代物候研究以刘献廷为代表。他通过对不同地方植物生长情况的细致观察，并结合经纬度的差异，来推求各地节气的先后。《广阳杂记》曰：“长沙府二月初间，已桃李盛开，绿杨如线，较吴下气候约差三四十日，较燕都约差五六十日，五岭而南又不知何如矣。”明确指出物候分存在南北差异这一事实。同时，他还以此差异来说明历代沿用物候历的不足之处。

总之，人们对物候现象的认识在先秦时期就已经产生，在秦汉时期得到发展，并被后世所继承和提升，对农业生产起到了重要指导作用。

二、对节气的认知

二十四节气是我国传统历法的中心内容之一，大致萌芽于夏商时期，在战国时期已基本形成，并于秦汉之时趋向完善并定型。它准确地反映了由于地球公转而形成的日地关系，成为掌握农事季节的可靠依据。

在远古时代，中国先民很早就掌握了反映农业生产特点的历法知识。相传，古代有黄帝、颛顼、夏、商、周、鲁六家历法。殷墟甲骨文中已经有了历法纪年。在西周以前，一年只分春秋两季，如鲁国的编年史叫《春秋》。在甲骨文中虽已出现“冬夏”二字，但“冬”意为冰天雪地，“夏”意为暑热天，“冬夏”表示季节概念则在西周以后。《尚书·尧典》已经知道阳历性质的“日中”“日永”“宵中”和“日短”，即春分、夏至、秋分和冬至，而且记录了对应的天文现象。可见这些知识不是简单地测日影就能得出的结论，这一定是当时的职业人员长期探索的结果。

从现代文献看，我国成文历法从西周末年开始，春夏秋冬和年的时间概念被确立，可以推测在西周末年。根据《左传》记载，到了春秋时代，人们已经区分了“分至启闭”，即春分、秋分、夏至、冬至和立春、立夏、立秋、立冬这八个阳历节气。完整的二十四节气体系应是在战国时代创立的。起初，人们进行了各种尝试。《管子》把一年细分为三十个时节，部分时节的名称与后来的二十四节气相同或相似。《管子》的三十时节虽然细化了节气，但三十个时节不能与每月一致，也不能按照四季平均分配，所以当时流传的范围不广，未能被后世普遍采用。《逸周书·时则训》开始有完整的二十四个节气排列。《黄帝内经·素问·六节藏象论》以十五天为一气，一年为二十四个节气：“五日谓之候，三候谓之气，六气谓之时，四时谓之岁，而各从其主治焉。”不过，初创的二十四节气与现在的二十四节气名称有一些差异。

沿用至今的二十四节气体系，在西汉《淮南子》中最后定型。《淮南子》不仅确定了后世二十四节气的名称，而且记录了与之对应的天文现象。其《天文训》用北斗星可见的指向和不可见的在大地的对应位置作为确定二十四节气的天文学依据。北斗星在初昏时刻的指向可以用来区分四季，所谓“斗柄指东，天下皆春”是也。而《淮南子》正是利用这种天文知识来判定二十四节气。书云：“两维之间，九十一度十六分度之五而升，日行一度，十五日为一节，以生二十四时之变。斗指子则冬至，音比黄钟。加十五日指癸则小寒，音比应钟。加十五日指丑则大寒，音比无射。加十五日指报德之维，则越阴在地，故曰距日冬至四十六日而立春，阳气冻解，音比南吕……加十五日指亥则小雪，音比无射。加十五日指壬则大雪，音比应钟。”这段记载不仅包括了二十四节气之名，亦阐述了北斗星在初昏时刻的指向与全部二十四个节气的关系，是历史上关于二十四节气最早最完整的记载，二十四节气之名一直沿用至今。

二十四节气是根据对太阳和自然界的观察形成的指导农业生产和日常生活的知识体系。该体系把地球围绕太阳运转一周的轨道划分为二十四等份，每一等份为一个节气，反映气候、物候、时令、天文等方面变化的规律。反映季节变化的有立春、春分、立夏、夏至、立秋、秋分、立冬、冬至；反映物候的节气有惊蛰、清明、小满、芒种；反映降水的有雨水、谷雨、白露、寒露、霜降、小雪、大雪；反映气温变化的有小暑、大暑、处暑、小寒、大寒。

从二十四节气的形成来看，它的意义并非完全限于农业生产发展的需要，但形成以后对指导农耕生产作用是不可低估的，而且农耕生产发展应用又推动了二十四节气的不断完善。从农业气候角度分析，二十四节气推广应用对指导农业生产具有以下重大意义。

第一，为农业生产准确把握天时提供了时间尺度。种植农业生产必须准确把握天时，古代先民从千百万次的生产实践中总结了这一规律性的认识。如何掌握天时，二十四节气从日地位置变化给人们提供了比较准确的周期时间表。地球一年（365天5时48分16秒）绕太阳公转一周，古代把地球上看成是太阳一年在天空中移动一圈，其移动路线叫做黄道。春分、秋分、黄道和赤道平面相交，此时黄经分为0度、180度，太阳直射赤道，昼夜相等。夏至、冬至、太阳分别直射北纬、南纬23.5度，黄经分别为90度、270度，前者北半球白昼最长、后者北半球白昼最短。这样，一年就可划分出春分、夏至、秋分、冬至四段，大约在春秋战国时开始又把每段分成六小段，全年被分成二十四小段，每小段十五天，这样全年就共有二十四个节气，二十四节气确定了太阳直射地球的轨迹变化，这就使农业生产从总体上掌握了天时季节，各地再根据当地地理位置和当年季节临近天气情况确定生产种植时间就不难了。

第二，为农业生产提供了短期气候预测。即使是现代气候预测指导也是比较难以解决的重大自然科学难题。但古人从日与地的天文关系预测年度循环的气候变化无疑是十分了不起的。如果从气候预测的角度来解读二十四节气，那么可以说二十四节气是对一年中每半月的气候预测，用现代语言表达就相当于气候预测月历。二十四节气对指导农业生产来讲，既可认为是气候概率的总结归纳，也可以认为具有气候预测功能，其中气温和降水概率的预测对指导农业生产意义尤其重大。

第三，围绕二十四节气形成了丰富的农候经验。特别是长江、黄河流域各地根据二十四节气，结合当地实际形成了丰富多彩的与种植农业相关的农候谚语。如长江流域反映农候播种与收割的谚语有，清明前后，种瓜种豆；芒种不种，过后落空；春分浸种，清明下秧，谷雨抢插，大暑忙收；麦到小满谷到秋，寒露才把豆子收。反映年景的谚语，如立春三场雨，秋后不缺米；麦怕清明连夜雨，谷怕寒露来北风；立秋下雨万物收，处暑下雨万物丢；清明热得早，早稻一定好；晚霜伤棉苗，早霜伤棉桃；今冬大雪飘，明年收成好。在自然条件下，这些围绕二十四节气形成的农候经验非常适用，其经验知识也易于掌握和传播，至今在农业生产中仍然在发挥着重要作用。

第三节　自然气候变迁

先民在认识和适应自然的过程中，在地域气候方面积累了丰富经验。至明清时期，对气候的南北和东西差异及其西南、西北等地区的气候特点已有相当了解，并从海拔、辐射、大气环流等方面解释了各地气候差异的成因。

一、对气候变迁现象的发现

古代关于气候变迁的传说很多。沧海桑田、大海扬尘的神话故事，在先秦时期就已流传，且常常与海陆变迁结合起来讲述。例如，《诗经·小雅·十月之交》中有“高岸为谷，深谷为陵”的诗句。同时，地球上自然气候变迁所遗留下来的痕迹也引起了人们的关注，生活在十一世纪的宋人沈括就是其中之一。

沈括是目前所知世界上第一个通过化石发现气候变迁的科学家。其《梦溪笔谈·延州化石》记载：“近岁延州永宁关大河岸崩，入地数十尺，土下得竹笋一林，凡数百茎，悉化为石……延郡素无竹，此入在数十尺土下，不知其何代物，无乃旷古以前地卑气湿而宜竹耶。婺州金华山有松石，又如核桃、芦根、鱼蟹之类皆有成石者，然皆其地本有之物，不足深怪。此深地中所无，又非本土所有之物，特可异耳。”沈括根据延州永宁关（今陕西延川县一带）地下发现的类似竹子的化石，来推断过去该地区气候必定是潮湿而温暖，适宜竹子生长，而宋代该地区则已无竹子。经现代地质学研究确认，此化石是生长于三叠纪地质时期的一种名叫新庐木的古代蕨类植物的遗骸。它们繁茂地生长在地势低洼、气候温和的环境里，后因地壳变迁，这类植物在地球上消失了。沈括的见解超出前人之处，在于他能够根据化石正确地推断出古今气候的变异，得出延州地区曾经气候“地卑气湿而宜竹”的结论。此外，沈括还根据在太行山上发现的螺蚌壳及卵石，推断出该地为海滨，不仅找到了海陆变迁的证据，而且阐释了气候变化的成因。这些推论皆符合古生物学原理，与现代科学测定的远古时代的地质状况亦相吻合，而西方人以化石研究古代气候的变迁，始于十五世纪。类似沈括这样的推断，直到 1763 年才出现。

除依据化石外，先民还通过候鸟的出没判断气候变化。例如候鸟白雁，唐代以前，人们已经知道它的到来，预示着将要下霜，杜甫曾有“故国霜前白雁来”的诗句。沈括在《梦溪笔谈》卷二十四对它做了如下的叙述：“北方有白雁，似雁而小，色白，秋深则来，白雁至则霜降，河北人谓之霜信。杜甫诗云故国霜前白雁来，即此也。”

二、对气候变迁理论的探讨

如清代著名学者、地理学家刘献廷通过对湖南、广东、江苏、北京等植物生产情况的研究，肯定了各地区物候现象有南北和东西的差异，同时在《广阳杂记》中指出：“今历本亦载七十二候，本之月令，乃七国时中原之气候也。今之中原，已与月令不合，则古今历差为之。今于南北诸方，细考其气候，取其确者，不妨多存几句，传之后世，则天地相应之变迁，可以求其征矣。”这段话说明，当时所编物候历只是抄袭古代记载，已与实际情况不符，并提出古今气候有变化，而未来气候仍将有变化，进而建议多记录物候现象以作为未来气候变化研究的依据。这一论述在当时颇有创见。

对气候周期性变化规律的认识，古代有许多论述。例如,《史记·货殖列传》曰：“岁在金，穰；水，毁；木，饥；火，旱。……六岁穰，六岁旱，十二岁以大饥。”《越绝书》卷四也有类似记载：“太阴三岁处金，则穰；三岁处水，则毁；三岁处木，则康；三岁处火，则旱。”这一概括反映了我国古代水旱年景变化的规律，在近代气候资料中，也发现类似的规律性。汉代的王充从“阳极反阴、阴极反阳”的观点提出了“旸久自雨，雨久自旸”的旱涝转化规律。这是最早在气候演化过程中对周期性变化现象的解释。

三、对地域气候差异性的记载和认识

这方面先民积累了较为丰富的经验，不仅详细记录有东西南北不同地区的气候差异性及复杂性，而且对不同时期气候的差异有所关注。

汉唐时期，人们已经开始注意到不同地区气候的差异性，如法显、玄奘等人在游记中记录了他们所到之处的不同气候现象。宋代以后，对各地气候差异性的记载明显增多。据沈括《梦溪笔谈》卷二十六记载：“岭峤微草，凌冬不凋。并汾乔木，望秋先陨。诸越则桃李冬实，朔漠则桃李夏荣。此地气之不同。”在沈括看来，南方岭峤（五岭地区）微草，凌冬不凋，而北方并汾（山西中部）的树木则望秋先陨，皆因地气的不同。可见，时人已通过观察，认识到全国气候的南北差异。

金元人的游记中也记录了塞外、域外的气候。如丘处机的《长春真人西游记》中就对中亚细亚、蒙古高原地理气候有详细记载。周达观《真腊风土记》描述了柬埔寨盆地的热带季风气候。明人对中国气候分区的情况，已有比较详细的记述。

明神宗万历年间冯应京编纂的《月令广义》指出气候在东西南北方面的明显差异。冯应京的学生戴任增为此书卷一《岁令一・气候》下对《方舆高下寒热界》作注释说："天不足西北，阴也，地高多寒。地不满东南，阳也，地卑多热。故高山多雪而寒，平川多雨而热。中华地三分：一自汉蜀江南至海，二自汉江北至平遥县，三自平遥山北至蕃界北海也。南方大热，北方大寒，中央兼寒热。东西高下，亦三别：一自汧源县西至沙州（今甘肃安西和新疆吐鲁番一带），二自开封县西至汧源，三自开封东至沧海。东方大温，西方大凉，寒热不同，阴阳多少不一。"戴任增对我国气候之南北差异、东西悬殊，以及西南地区的气候特点，已有相当的了解，并且以地形高低来解释气候之差异，十分难得。《月令广义》还重点关注了中国东南、西南地区的气候特征，并分析其成因。卷二《方物》下《南北寒暑》引《五岳游》曰："南北寒暑以大河为界，不甚相远，独西南隅异。黔中多阴雨，滇中乍雨乍晴。粤中乍寒乍暖，滇中不寒不暖。黔中阴雨，以地在万山中，山川出云，故晴霁时少，语云：天无三日晴，地无三里平也。粤中土薄水浅，阳气尽泄，故顷时晴雨迭更。滇中夏不甚热，冬不甚寒。日则单夹，夜则枲絮，四时一也。"冯应京引《五岳游》，不仅介绍了西南各省的气候特点，而且还解释了这些气候形成的原因。"寒暑之故，半出于天，半出于地。风光日色出于天，气候寒暑出于地。地薄理疏，则气升多暑；地厚理密，则气敛多寒。非专为方隅南北之故也。"风光指大气的流动，日色指太阳辐射，再加上"半出于地"的下垫面。这里似乎隐含了今天所谓的气候形成的三要素：辐射、下垫面及大气环流。《月令广义》还论述东南各地的气候："东南之地，常多炎热，亦且江湖河海，众水所聚。四五月之时，阳气蒸其水脉，时复为雨而潮润。滋灌得中，以为万物。东南之气，春首三阳先动，天地气相交通，夏不贵于时雨。近湖则阳蒸水气以成烟雾，近卤则阳煎尘埃以成云霭，近山则阳蒸岚气以成昏暝，并皆遮天蔽日。春夏则东南气如烟火，秋冬则西北气如阴霾，此天道化令之道，不足以占休咎。"这里强调了江河湖海及水汽的作用，并研究了阳光对江河湖海的作用及江河湖海遮蔽阳光的反作用。

与冯应京同时代的谢肇淛在《五杂俎》里也记述不少气候情况。首先在昼长的问题上写道："夏日长，冬日短者，日，夏行天中，出于正东，入于正西，经天中而过，度数多也。冬行南陆，出于东南隅，入于西南隅，度数少也。"谢肇淛根据太阳高度来说明白昼夏长冬短的道理，符合实际情况。此外，他对全国各地气候特征写道："燕齐之地五日不风，尘埃涨天，不辨咫尺。江南人初至者，甚以为苦，土人殊不屑意也。楚蜀之地，则十日九日雨，江岸岭侧，行甚艰难。其风日晴朗者，一岁中不能三十日也，岂天地之气，固有所偏耶？""闽中无雪，然间十余年亦有之。则稚子里儿，奔走狂喜，以为未始见也。"可见，谢肇淛对华北、长江流域，特别是福建地区的气候特点，描写得十分真实，但是受到当时气象科技发展水平的限制，他只能对各地天气和气候之差异性原因提出疑问，而无法解答。

关于我国西北地区的气候情况，前人曾经记述过，但是记载不够完整。到了清代，随着国家疆域的统一，对新疆等地之气候，又有进一步的认识。清初，地理学家椿园曾经在新疆旅居多年，通过他自己的实际经历，写出了《西域记》一书，对西北各地风土环境，皆有详细的记述。他对吐鲁番的气候写道："夏极炎热，火伞当天，焰风匝地。东南一带沙山，绝无草木。日光照射，尤不可耐，俗名火焰山。冬日无奇寒大雪，土产麦、谷、胡麻、甜瓜、葡萄，种类甚多，无不佳妙。"又记塞外大风："辟展东之三间房、十三间房、布干台（今日哈密与吐鲁番之间），皆大风之处。凡风起，皆自西北来，先有声，如地震，瞬时风至，屋顶多被掀去；卵大石子，飞舞满天；千斤之重载车辆，一经吹倒，则所载之物，皆零星吹散，车亦飞去；独行之人畜有吹去数十百里之外者，有竟无踪影者。其风春夏最多，秋冬绝少。”对库车降雨情形写道：“岁不过微雨一二次，或竟终岁不雨。”可见，清初有关气候方面的记录颇为丰富。

清代中叶，由檀萃编著的《滇海虞衡志》卷十二《杂志》中谈到云南省境内的雪和风雨情况，“雪，滇山最多，不似闽粤两广，故而江雪、山雪因冻凝结成白石，雪皆不化，其势则然。至于苍山且下六月之雪，而乌蒙山七八月下雪，吹落于禄劝之撒甸。”“风，滇南多大风，凡大风之起自十一月至三四月，往往屋瓦皆飞。……滇距海遥，何此风大亦同粤？盖滇处极高，高则多风。谚云：云南高在天顶上，故滇之多风，犹黔之多雨，地气使然。……滇南一岁半在风中，半在雨中。”

四、对于不同历史时期的气候差异认识

如元代金履祥曾根据成书于秦汉时期的《礼记·月令》中的物候与元代月令的物候进行比较，发现秦汉时期的惊蛰远早于元代的惊蛰。由此可以推断元代气候较秦汉时期寒冷。宋人沈括根据延州永宁关地下发现的类似竹子的化石，来推断过去该地区气候必定是潮湿而温暖的。古人还注意到七十二候随时间改变而变化的现象。清康熙年间刘献廷在《广阳杂记》中提出了一种研究气候变化的方法，即详细记载七十二候各候的气象特征，然后比较各时代这种特征的异同，就可推断出不同时期气候变化的特征。

综而观之，先民在认识自然、改造自然的过程中，对气候变迁、区域气候差异、气候周期性变化规律的认识不断深入，并留下了官方正史、地方志书、档案、文集、日记等类型丰富的气象记录，且这些认识和记录已经初具近代气象科学知识的萌芽。先民们留下的这些有关自然气候变化的信息和丰富的气象资料，为研究历史气候变化提供了诸多实例，而且为现代人类应对全球变暖提供了借鉴。

参考文献

[1] 曾雄生. 中国农学史［M］. 福州：福建人民出版社，2012.
[2] 洪世年，刘昭民. 中国气象史：近代前［M］. 北京：中国科学技术出版社，2006.
[3] 蒋龙海. 大气环境概论：气象入门［M］. 南京：南京大学出版社，1985.
[4] 农业气象卷编辑委员会，中国农业百科全书编辑部. 中国农业百科全书：农业气象卷［M］. 北京：农业出版社，1986.
[5] 孙承晟. 观念的交织：明清之际西方自然哲学在中国的传播［M］. 广州：广东人民出版社，2018.
[6] 王建国. 探索神秘的大自然：奇妙的天气［M］. 芜湖：安徽师范大学出版社，2011.
[7] 文焕然. 历史时期中国气候变化［M］. 济南：山东科学技术出版社，2019.
[8] 吴天福. 测天谚语集［M］. 长沙：湖南人民出版社，1979.
[9] 谢世俊. 中国古代气象史稿［M］. 武汉：武汉大学出版社，2016.
[10] 竺可桢，施爱东. 天道与人文［M］. 北京：北京出版社，2011.

第三章　我国古代气象观测机构

我国古代气象观测活动源远流长，相传黄帝时代就设有专司天文气象的机构，进行天文气象观测。几千年来，虽然天文气象观象机构的名称、设置、职官的品秩、职掌的范围，历代都有过一些变化，但总体上一脉相承。通过观测星辰、气象，预测天气、气候变化，以此来制定历法、安排农事、维护统治、发展经济的基本职能，未曾有过实质性的改变。

第一节　气象观测机构的演变

相传在黄帝时代，就设有灵台，观星占候。此后，天文气象观测机构的名称、建制虽不断变化，但观测天气变化现象、总结气候变化规律一直是其主要职能。夏商周时代就设有观天的高台，夏曰“清台”，商曰“神台”，周曰“灵台”或“时台”。汉唐时期叫作“灵台”，宋元时期改称“司天台”，明清时期称“观象台”。

在古人眼中，黄帝时始设灵台作为专门的观天测候之所。《通鉴纪事本末前编》卷一《黄帝创制》说：“黄帝立占天之官。帝既受河图得其五要，乃设灵台以为候测之所，立五官以叙五事，命鬼臾蓲占星斗苞授规。规者，旋天之仪也。察其规，以正日月星辰之象。分次着应，终始相验。”近年来的考古发掘，进一步验证和丰富了史前时期的气象观测历史。最具代表性的当属 2003 年在山西襄汾发掘的陶寺古观象台。考古学家和天文学家的共同研究发现，陶寺观象台是目前世界上最早的天文观象台遗址，约建于公元前 2100 年的帝尧时代。该观象台是一处观测日出、确定季节、举行宗教仪式的建筑。根据陶寺观象台的遗址测算，当时的天文观测已掌握了太阳运动变化的周期，为后世测得回归年的精密数据打下了良好的基础，对于研究我国早期天文学和早期文明有重要意义。

夏商周时期，古人对于天象的观测尤为重视，为了清楚观测日月星辰、占候云雨风向，往往建立观测高台。夏商两代的气象观测机构，史料记载甚少，只知夏有“清台”，商有“神台”，诸多细节已无从知晓。关于周代的记载稍为详细。周天子所建的观象台称“灵台”，诸侯所建称“时台”或“观台”。郑玄《周礼注》卷十九记载：“天子有三台，有灵台所以观天文，有时台以观四时施化，有囿台所以观鸟兽鱼鳖。诸侯卑，无灵台，不得观天文，有时台、囿台。”据史料记载，周代所建的观象台有位于丰地（今陕西省户县东）的灵台和周公测景台。夏商周时期的观象台，可以说是处于初级状态的天文观测建筑。

春秋战国时期，各诸侯国基本都设有观天台，主持者有的称大夫、太史，有的称星官、司星，这些太史或司星，主要负责测候天文星象、制订历法。春秋初年，灵台的名称仍为周天子所专用。据《洪范五行传》记载："天子曰灵台，诸侯曰时台。"《春秋纬》亦曰："天子灵台，诸侯观台。"规定了诸侯不能僭用灵台的规制。例如，鲁国初建观天台时，只称观台。《左传》僖公五年记载："春王正月辛亥朔，日南至。公既视朔，遂登台以望。"然而，由于周天子逐渐式微，各诸侯国渐以灵台称之，并逐渐成为定制。《左传》僖公十五年载："秦舍晋侯于灵台。"《左传》哀公二十五年亦载："卫侯为灵台于藉圃。"各诸侯国纷纷设置灵台以观天象，其主要职掌为太史或司星。春秋战国时期的许多宝贵天象如日食、彗星、流星雨等的观测资料，都是当时太史或司星和其他星官进行观测所取得的。其中关于日食观测的记录、哈雷彗星的记载、五星运行的观测和推算，以及古四分历，皆处于同时期世界领先水平。

秦代的观象机构在继承前代的基础上有所创新。《秦会要》载："始皇三年，岁次丁巳，采北祇铜，铸二剑，铭曰定秦，小篆书，李斯刻。一埋在阿房宫阙下，一在日观台下，长三尺六寸。"汉魏丛书本《刀剑录》作"一在观台下"，无日字。如果是这样，那么，可能是秦时的"观台"。此外，秦代处于承上启下的社会变革之中，除旧布新是其在天文历法制度建设中的指导思想，在消除了战国时期各国的天文历法体制不一混乱局面的基础上，修订历法，改以十月为岁首，设立漏刻郎，以测定四时节气，一个统一的专业性观天机构诞生。

汉代的观象机构设置已比较完整，主要观测场所仍为灵台，但汉初始曰清台，后更名为灵台。《三辅黄图校证》称："汉灵台，在长安西北八里。汉始曰清台，本为候者观阴阳天文之变，更名曰灵台。郭缘生《述征记》曰：'长安宫南有灵台，高十五仞，上有浑仪，张衡所制。又有相风铜乌，遇风乃动。一曰：长安灵台，上有相风铜乌，千里风至，此乌乃动。'"东汉灵台规模宏大，从建武中元元年，到曹魏、西晋时期，连续使用二百五十多年。《东观汉记》载："中元元年初起明堂、灵台、辟雍及北郊兆域。"《玉海》引《洛阳记》载："平昌门南直大道，东是明堂，道西是灵台。"《汉宫阁疏》记："灵台高三丈，十二门。"《水经注》载："灵台，光武帝所筑，高六丈，方二十丈。"《后汉书・礼仪志》记："明帝永平二年春正月辛未，升灵台望云气，吹时律，观物变；三年春正月癸巳登灵台，见史官，正仪度；章帝建初五年春正月己酉，宗祀明堂，登灵台，望云物。"可见，汉代灵台建造雄伟，配有浑仪、相风乌、铜表等气象观测仪器。在此基础上，汉代在气象观测和天文历法革新领域取得了极大成果。

魏晋南北朝时期的观象机构，史书语焉未详。但据现有史料来看，这一时期，仍隶属太常，负责候望、颁历，主要观象场所仍为灵台。魏承汉制，占据洛阳，仍使用当时后汉的灵台进行观测。至于吴国，尚未发现有关灵台的记载。蜀国则有两条相关记载。至西晋时期仍沿用洛阳灵台。东晋没有灵台建造的史料。南北朝时期，各国大多设有天文观测机构。

隋代有两处称观台，一处称灵台的记载。《隋书・天文志上》记载："史臣于观台访浑仪，见元魏太史令晁崇所造者，以铁为之，其规有六，其外四规常定，一象地形，二象赤道，其余象二极。其内二规，可以运转。用合八尺之管，以窥星度，周武帝平齐所得。隋开皇三年（583）新都落成，以置诸观台之上。大唐因而用焉。"《隋书・律历志中》亦载："于时新历初颁。宾有宠于高祖，刘晖附会之，被升为太史令，二人协议，共短刘孝孙，言其非毁天历、率意迂怪，焯又妄相扶证，惑乱时人。孝孙、焯等，竟以他事斥罢。后宾死，孝孙为掖县丞，委官入京，又上；前后为刘晖所诘，事寝不行。仍留孝孙直太史，累年不调，寓宿观台。"两处皆以观台称之。《隋书・天文志上》记载："今案：自开皇已后，天下一统，灵台以后魏铁浑天仪，观七曜盈缩，以盖图列星座，分黄赤二道距二十八宿分度，而莫有更为浑象者矣。"又以灵台称之。

唐代继承并发展了隋代的体制。武德四年（621），太史监称太史局，隶属秘书省。在此时期，曾延聘善历者评核新历法，对校验日月食、修订历法颇为重视。太宗时期大力支持太史局的发展，太史局仍隶属于秘书省。太宗之后，天文机构改称频繁。高宗龙朔二年（662），改太史局为秘书阁局，太史令称秘书阁郎中。武则天光宅元年（684），召见道士尚献辅，以其善天文，封为太史令。十八年后，尚献辅去世，复称太史局。直至中宗景龙二年（708），又改称太史监，不属秘书省。改名最多的是唐睿宗时期，景云元年（710）七月二十八日，又复名为太史局，隶秘书省，可是到了八月十日，又改称太史监，十一月二十一日，又复称太史局，一年内三易名称；第二年闰九月十日，又改称浑仪监。玄宗即位，于开元二年（714）二月二十一日，改称太史监。开元十五年正月二十七日，又改称太史局，隶秘书省。天宝元年（742）十月三日，再改为太史监，不隶秘书省。肃宗乾元元年（758）三月十九日，将太史监改称司天台。司天台这个称号一直用到唐朝末年，共一百四十九年。唐代的天文机构名称及隶属关系虽频繁更迭，但以乾元元年（758）为界，前期多隶秘书省，设官分职大体承袭隋制，后期天学机构独立成署，其部门建制、职官品秩也都有较大的变化，这种变化对后世有一定影响。

宋承唐制，更确切地说，宋初观象机构的设官分职多循唐末五代之制。宋初在秘书省下设司天监及下属天文院、测验浑仪刻漏所、钟鼓院、印历所，后又增设翰林天文院，主要负责察天文祥异、钟鼓漏刻、写造历书等事。元丰五年（1082），实行改革，罢司天监，立太史局，隶属秘书省。改制后，太史局与司天监相比，在机构设置与职能方面并没有大的变化。《宋史·职官志》记载："太史局，掌测验天文，考定历法，凡日、月、星辰、风云、气候、祥眚之事，日具所占以闻。岁颁历于天下，则预造进呈。祭祀、冠婚及大典礼，则选所用日。……其别院有天文院，测验浑仪刻漏所，掌浑仪台昼夜测验辰象。钟鼓院掌文德殿钟鼓楼刻漏进牌之事。印历所掌雕印历书。"南宋建炎三年（1129），太史局并入翰林院，绍兴元年（1131）七月又复置。此后还有所调整。除司天监、太史局以外，宋代还设有诸多别局以供测候计时，浑仪、圭表和漏刻等仪器也大多置于这些候台，如岳台、钟鼓院、测验浑仪所、玑衡所等。

辽、金、西夏因史料记载不详，诸多情况现今难以考证。辽代的观象机构以司天监称之，以候台观测，但候台较为简陋，今已无从考证。北京有观象司天台，可以说是从金代开始。金占领北方之后，袭宋之旧制，立太史局，设候台，此台地址在今北京白云观附近。靖康二年（1122）或六年，金把掠夺于开封候台的主要天文仪器都搬到这里。其司天台隶属秘书监。

元代国家的观象机构有司天台、回回司天台和太史院等。司天台又叫汉儿司天台，建于中统元年（1260）。至元八年（1271），设立回回司天台。至元十五年，另设太史院。三大机构虽然都是专门的天文机构，但是其行政建制各有分合变化，且其职责各有侧重。至元九年十一月，设秘书监。十年，闰六月，奉圣旨，回回、汉两个司天台由秘书监管辖；十月，又奉圣旨，这两司天台合并，由扎马剌丁提点司天台，司天官冯天章、可马剌丁与台官鲜于少监等具依旧职名。但是，司天台虽合并了，回回、汉阴阳公事，各另奏说。至元十三年起，在大都置太史局，后改称太史院。至元十八年十一月，秘书监、司天台和太史院又合并，统称秘书监。由火鲁火孙守司徒，领秘书监。以平章事、枢密副使张易领秘书监、太史院、司天台事。至元十九年六月，因革罢大司徒府，司天台仍隶秘书监，与太史院并存；而太史院直接受皇帝管辖。至元二十五年，司天台不隶秘书监；回回、汉两司天台，各行其事。此后，与太史院形成三个天文机构并立局面。在职责分工方面，太史院与司天台的分工是“颁历之政归院，学校之设隶台”，即二者都承担国家天文教育工作，但司天台是主要的。据《元史·世祖本纪》和杨恒《太史院铭》的相关记载，元朝上都和大都司天台以及太史院建筑规模宏大，设备精良。

明代的观象观测机构名称经过多次变更。元至正十六年（1356），朱元璋尚未登基，便在应天府设立太史监，掌管司天、观象工作。吴元年（1367）改太史院，增设典簿、雨旸司、时叙郎、纪候郎等职官。洪武元年（1368）又改为司天监，设监令、少监、监丞、主簿、五官正、五官副、保章正、灵台郎、漏刻博士等官。并设回回司天监，负责编译西域天文著作，推算回回历法等工作。洪武三年，两监又改名为钦天监和回回钦天监，并在钦天监下设天文、漏刻、大统历和回回历四科，以监令和少监统之。洪武二十二年，又将监令、监丞改名为监正、监副。洪武三十一年，罢回回钦天监，回回科仍旧，其历法隶属钦天监。钦天监的机构设置至此成为定制，一直沿用至清朝末年。永乐年间，北京亦设立钦天监，南北二钦天监论成立时间以南京为早，论编制规模则以北京为大。钦天监的外设机构有观象台，又称观星台。

清代钦天监的机构设置，多沿袭明代旧制。但在西学东渐浪潮的影响下，以及调和满汉关系的考量，钦天监官员形成了满、汉、西洋相互交叉安排的现象。顺治元年（1644），设钦天监，分天文、时宪、漏刻、回回四科。置监正、监副、五官正、保章正、挈壶正、灵台郎、监候、司晨、司书、博士、主簿等官，以汉人充任，隶属于礼部。同年五月，汤若望上书摄政王多尔衮，请求保护天文仪器和已经刻成的《崇祯历书》书版。多尔衮因命他修正历法。他删改《崇祯历书》，压缩成一百零三卷，改名为《西洋新法历书》，并依此历书编出的日用历书《时宪历》。十一月，任汤若望为钦天监监正，开洋人任钦天监监正的先河。康熙三年（1664），增设满洲官员五人，满员入钦天监自此开始。四年，定满、汉监正各一人；满、汉左、右监副各二人。此后，满人开始入主钦天监。道光六年（1826）以后，钦天监不再任用西洋人，其职复由满汉官员担任。在西学东渐的特殊历史时期，钦天监内的中外学者，共同编制了优秀的历法和星表，制造出一些精密的仪器，对天体进行了大规模的测量工作，取得了丰硕的成就。清朝的观象台沿用明代旧址。观象台位于北京东城建国门泡子河，泡子河几经变迁，已不可见，但观象台仍然屹立，它作为清朝钦天监从事观象、测时、占候工作的外署，记录着“星象更迭、岁月推移”的年代春秋。

第二节 气象观测机构的人员设置

我国古代观象机构的人员可分为天文家和历算家两类。史传三代以前，黄帝设灵台，分五官，定其职掌。帝喾时又设“火正”官，专职司测候昏见大火星出东方，为一年春耕开始。此后，职官逐渐增加，人员分工逐渐明确，其天文观测机构的最高官职名称也经历了由昆吾、巫咸、太宰、太史、太史令、司天监、监正的演变历程，但其观天、占候、定历的主要职能一直延续。

气象观测设官分职，可追溯至上古时期。据《宋史・天文志》记载：“自上古以来，天文有世掌之官。”《尚书・胤征》记载，夏代时已经设有“羲和”，掌天地四时。商代的气象观测多与占卜相联系，由最高宗教官“巫”主持。周代承袭商代制度，但职掌官员更多，分工更为细致。太宰总揽朝政、太宗掌祭祀礼仪、太史掌历法记事、太祝掌祈祷、太士掌神事、太卜掌占卜。所有六卿都会关心天文、气象、占星、占候之事，但太史掌管天象机构。据《周礼・春官宗伯》记载，大宗伯有下属太史，太史有僚属保章氏和冯相氏。保章氏，其官署有：“中士二人，下士四人，府二人，史四人，徒八人。”主要职能是：“掌天星，以志星辰、日月之变动，以观天下之迁，辨其吉凶。……以五云之物辨吉凶、水旱降、丰荒之祲象。以十有二风，察天地之和、命乖别之妖祥。”可见，自夏代开始已经设有职掌气象观测的官员，至周代其人员设置已初具规模，观测类别也更为明确。

春秋战国时期的灵台主持者，有的称大夫、太史，有的称星官或司星。这些太史或司星，主要负责测候天文星象，制订历法。许多宝贵天象如日食、彗星、流星雨等的观测资料，都是由当时天文官署中的太史或司星和其他星官进行观测所取得的。有些观测记录，现在看来也是较准确的。在当时，他们还没有完全脱离占星职掌。他们的论述及行迹，载于《左传》《国语》和其他典籍。

秦代人员设置及职掌可从《汉书・百官公卿表》看出。当时设奉常一人，相当于周代春官宗伯，掌宗庙礼仪，丞一人；其属官有太史、小史以及令丞，并有候星气、太祝令丞、太卜令、博士等。秦朝的天文学没有太多发展，然而结束了战国时期各国的天文历法体制不一的混乱局面。同时，初建天文机构。机构中的职掌还保存祭祀的官员。设立了博士，掌礼教的任务，这是对占星的淡化，一个统一的专业性天文机构逐渐孕育诞生。

汉承秦制，设太史令、丞，统于太常。《汉书・百官公卿表》载：“奉常，秦官，掌宗庙礼仪，有丞。”汉初称太常，惠帝时改称奉常，景帝中元六年（144）更名太常。王莽时改称秩宗，东汉又改称太常。汉武帝时，始置太史公，以司马谈为之，位在丞相上。天下计书，先上太史，副上丞相。司马谈死之后，其子司马迁继任。司马迁死后，汉宣帝以其官为令，行太史公文书而已。《史通》载：“自古太史之职，虽以著述为宗，而兼掌历象、日月、阴阳、度数。司马迁既殁，后之续史记者，褚少孙、刘向、冯商、扬雄之徒，并以别职来知史务，于是，太史之署，非复记言之司，故张衡、单飏、王立等，其当官见称，惟知占候而已。”

汉初的太史令一官除掌管占候外，还兼有修史的任务，但后来其职掌范围逐渐集中于天文历法。《后汉书・百官志》载：“太史令一人，六百石，掌天时星历。凡岁将终，奏新年历。凡国祭祀丧娶之事，掌奏良日及时节禁忌。凡国有瑞应、灾异，掌记之。丞一人，明堂及灵台丞一人，二百石，二丞掌守明堂、灵台，掌候日月星气，皆属太史。”可见，汉代机构人员编制及部门设置虽较为精简，但职责分工已较明确，以编历为主要任务，兼及观测星辰、研制仪象、校测晷景漏刻的职责。

三国时期沿袭汉制，均设有太常，为九卿之一，位列三品，其属官有太史令，具体掌管天文气象。据《晋书・职官》记载，晋代设有“太常，有博士、协律校尉员，又统太学诸博士、祭酒及太史、太庙、太乐、鼓吹、陵等令，太史又别置灵台丞”。东晋咸康年间，有明确记载设有内外观象台，时称灵台。《晋书》卷一百六记载：“置女太史于灵台，仰观灾祥，以考外太史之虚实。”南北朝时期天文机构的人员设置。《宋书・百官志》记载，当时设有“太史令一人，丞一人。掌三辰时日祥瑞妖灾，岁终则奏新历。”“今之太史，则并周之太史、冯相、保章三职也。”《通典》记载：“北齐曰太常寺，置卿及少卿、丞各一人，掌陵庙、群祀、礼乐、仪制、天文、术数、衣冠之属。”

自隋代开始，太史令脱离太常管辖，隶属秘书省，此后这一规制一直沿袭至南宋。《古今图书集成·官常典·钦天监部》记载：“隋置太史曹令丞，隶于秘书省。”《隋书·百官志》亦载：“高祖既受命，改周之六官，其所制名，多依前代之法。置秘书省，监、丞各一人，郎四人，校书郎十二人，正字四人。录事二人。领著作、太史二曹……太史曹，置令、丞各二人，司历二人，监候四人。其历、天文、漏刻、眡祲，各有博士及生员。”其中负责气象观测事务的属官有监候，有昼夜在灵台轮流值日、察看天象的天文观生，有负责“教习天文气色”的天文博士，还有随天文博士学习天文的天文生若干。

唐代观象机构规模庞大，人员建制、品秩虽多有变动，但总括起来有太史监、太史局、浑天监（浑仪监）和司天台几种模式，且分工明确，制历、测候、教育、授时各司其职。据《新唐书·百官志》载：“（太史监）设监一人，正三品，原为从五品下，乾元元年才升秩；少监二人，原称太史丞，从七品下，乾元升秩为正四品上。丞一人，正六品上；主簿二人，正七品上；主事一人，正八品下。”其任务为：“太史令掌观察天文，稽定历数。凡日月星辰之变，风云气色之异，率其属而占候之。而且有专人掌管仪器图书。凡玄象器物，天文图书，苟非其任，不得预焉。每季录所见灾祥，送门下中书省，入起居注。岁终总录，封送史馆。每年预造来年历，颁行天下。”人员规模来看，盛唐时所属官员多达一千零六十七人，乾元元年（758），太史监改称司天台，司天台独立成署后又补官六十人，机构十分庞大。

北宋、南宋均设有司天台，其人员设置，据《宋史·百官志》载：“司天监设监、少监、丞、主簿、春官正、夏官正、中官正、秋官正、冬官正、灵台郎、保章正、挈壶正各一人。掌察天文祥异、钟鼓漏刻、写造历书，供诸坛祀祭，告神名牌位，画日。监及少监阙，则置判监事二人，以五官正充。礼生四人，历生四人，掌测验浑仪、同知算造、三式。”建制及职掌分工，据《宋会要辑稿·职官十八》记载：“司天监天文院掌浑仪昼夜测验星象，以白于监。测验注记二人，刻择官八人，监生无定员。押更十五人，学生三十人；钟鼓院掌钟鼓刻漏进牌之事，节级三人，直官三人，鸡唱三人，学生三十六人。”宋室南渡之后，各事草创，建炎三年（1129），太史局并入翰林院，绍兴元年（1131）七月又复置。此后南宋一朝的机构设置人员设置大体维持北宋建制，但其间也有所调整。淳熙七年（1180），诏天文官四员内差一员为“主管翰林天文局官”，专一提督该局事务。据《宋会要辑稿·职官一》记载：“诏太史局天文官四员、内差一员，充主管翰林天文局官，自是天文官止以三员为额。其原因为翰林官循习弛慢，掌事不专，皆由太史局无主管专提督官，故有是诏。”庆元五年（1199），重新制定编制。《宋会要》载：“淳熙四年，所帮九十三人，今见帮一百二十五人，比之淳熙四年，已多三十二人。若不限制，将来又恐源源不已。欲将太史局天文局钟鼓院官至局学生，通以一百人为额。”经过这样精简之后，人员各司其职。

辽金等北方的少数民族政权在与宋政权的不断接触中，其天文气象观测机构的人员设置具有一定规模。辽代司天监有太史令，有司历、灵台郎、挈壶正、五官正、丞、主簿、五官灵台郎、保章正、司历、监候、司辰、刻漏博士、典钟、典鼓。按辽朝制度，皇帝出行时，卤簿仪仗人数为四千二百三十九人，马匹一千五百二十四；其中有漏刻生两人，司天监一人，司辰一人，令史一人。金代在中都设太史局，建司天台。《金史·百官志》载：“司天台，提点，正五品。监，从五品，掌天文历数、风云气色，密以奏闻。少监，从六品。判官，从八品。教授，旧设二员，正大初省一员。系籍学生七十六人，汉人五十人，女真二十六人，试补长行。司天管勾，从九品。不限资考、员数，随科十人设一员，以艺业尤精者充。长行人五十人。未授职事者，试补管勾。天文科，女真、汉人各六人。算历科，八人。三式科，四人。测验科，八人。漏刻科，二十五人。金制，司天台属秘书监。”又有司天翰林官建制，似乎承袭宋朝翰林天文院的体制而更为完备，品秩和职掌相当明确。其旧制品秩自从七品而下止五阶，至熙宗天眷元年（1138）定制，自从四品而下，为十一阶。

元代初期建立了优越的天文历算环境，司天台、回回司天台和太史院是天文气象观测的三大机构，人员建制和职掌分工相当完备。其中司天台又叫汉儿司天台，建于中统元年（1260）。司天台建制和品秩，据《元史·百官志六》记载：“司天监，秩正四品。凡掌历象之事。提点一员，正四品；司天监三员，正四品；少监五员，正五品；丞四员，正六品；知事一员，令史二人，译史一人，通事兼知印一人。属官：提学二员，教授二员，并从九品；学正二员，天文科管勾二员，算历科管勾二员，三式科管勾二员，测验科管勾二员，漏刻科管勾二员，并从九品；阴阳管勾一员，押宿官二员，司辰官八员，天文生七十五人。中统元年，因金人旧制，立司天台，设官属。至元八年（1271），以上都承应阙官，增置行司天监。十五年，别置太史院，与台并立，颁历之政归院，学校之设隶台。二十三年，置行监。二十七年，又立行少监。皇庆元年（1312），升正四品，延祐元年，特升正三品。七年，仍正四品。”回回司天台正式成立于至元八年，其人员构成及职掌，《元史·百官志六》有详细记载：“回回司天监，秩正四品，掌观象衍历。提点一员，司天监三员，少监二员，监丞二员，品秩同上；知事一员，令史二员，通事兼知印一人，奏差一人。属官：教授一员，天文科管勾一员，算历科管勾一员，三式科管勾一员，测验科管勾一员，漏刻科管勾一员，阴阳人一十八人。世祖在潜邸时，有旨征回回为星学者，扎马剌丁等以其艺进，未有官署。至元八年，始置司天台，秩从五品。十七年，置行监。皇庆元年，改为监，秩正四品。延祐元年（1314），升正三品，置司天监。二年，命秘书卿提调监事。四年，复正四品。”太史院建于至元十五年（1279），其成立较晚，但体制更为齐全，人才荟萃。据《元史·百官志四》记载：“太史院，秩正二品。掌天文历数之事。至元十五年，始立院，置太史令等官七员。至大元年，升从二品，设官十员。延祐三年，升正二品，设官十五员。后定置院使五员，正二品，同知二员，正三品；佥院二员，从三品；同佥二员，正四品；院判二员，正五品；经历一员，从五品；都事一员，从七品；管勾一员，从九品；令史三人，译史一人，知印二人，通事一人，宣使二人，典吏二人。”最多时达九十四名之众，可见，官员的官阶较前大为提升，而且无论从规模还是从分工的细密程度看，也都较前有所提升，足见元代统治者对天文历法工作的重视与肯定。元代还有司天散官的建制。所谓散官，是指有官名而无固定职事的官，属荣誉职务。此体制可追溯到汉朝，朝廷对望高重臣，于本官之外加赐名号，而实无官守。魏、晋、南北朝继承这种体制。隋朝开始定散官制度，唐、宋、金等沿袭，元朝亦因循。

明代有北京和南京钦天监。南北二钦天监论成立时间以南京为早，论编制规模则以北京为大。洪武二十二年（1389），明代钦天监职官建制基本确定。据《明史·职官三》，正官为监正一人，正五品；监副二人，正六品，负责“掌察天文、定历数、占候、推步之事。凡日月、星辰、风云、气色，率其属而测候焉。有变异，密疏以闻”，以便朝廷及时采取补救措施。首领官为主簿厅主簿一人，正八品。属官有五官正五人，正六品；五官灵台郎八人（后革四人），从七品；五官保章正二人（后革一人），正八品；五官挈壶正二人（后革一人），从八品；五官监候三人（后革一人），正九品；五官司历二人，正九品；五官司晨八人（后革六人），从九品；漏刻博士六人（后革五人），从九品。其官各有分工，各司其责，其中“五官正推历法，定四时。司历、监候佐之。灵台郎辨日月星辰之分野，以占候天文之变。观象台四面，面四天文生，轮司测候。保章正专志天文之变，定其吉凶之占。挈壶正知刻漏。孔壶为漏，浮箭为刻，以考中星昏旦之次。漏刻博士定时以漏，换时以牌，报更以鼓，警晨昏以钟鼓。司晨佐之。”此外，钦天监还有专门的技术人员，即天文生和阴阳人，分天文科、漏刻科、回回科、历科四科供事。永乐迁都后，初设两京官制、人员如旧。南京虽然保留了包括钦天监在内的全套行政体系，但毕竟成为留都，其人员数量与职权范围大大缩减，仅设有主官监正、监副各一人，首领官主簿一人，属官不全设，到嘉靖时期仅剩五官正、五官监候、五官司历各一人，五官灵台郎二人。职掌范围仅主要保留占候天象和造历两项。

清代钦天监其人员构成及职责分工，《清史稿·职官志》及《清会典》有详细记录。钦天监，置管理监事王大臣一人，特简。监正，初制满员四品，康熙六年（1667）升三品，九年，满、汉并定正五品。左右监副，初制五品，康熙六年升四品，九年定正正六品，俱满汉各一人。其属有主簿厅主簿，正八品，满汉各一人。时宪科五官正，从六品，满汉各二人，汉军一人。春官正、夏官正、中官正、秋官正、冬官正，并从六品，满汉各一人。司书，正九品，汉一人。博士，从九品，满六人，汉军一人，汉二十五人，初设三十九人，康熙十四年裁十四人。天文科五宫灵台郎，从七品，满洲二人，蒙古、汉军各一人，汉四人。监候，正九品，汉一人。漏刻科挈壶正，从八品，满蒙各一人，汉二人。天文生，食九品俸，满、蒙各十六人，汉军八人，汉二十四人。食粮天文生，汉五十六人，食粮阴阳生，汉十人，并给九品冠带。笔帖式，满十一人，蒙四人，汉军二人、助教厅助教一人，教习二人。钦天监监正掌治术数，典历象日月星辰，宿离不贷。岁终奏新历，送礼部颁行。监副佐之。时宪科掌推天行之度，验岁差以均气节，用德人汤若望。制《时宪历书》，颁之四方。天文科掌观天象，书云物机祥，率天文生登观象台，凡晴雨风雷，云霓晕珥，流星异星，汇录册簿，应奏者送监，密疏上闻。漏刻科掌调壶漏，测中星，审纬度，祭祀、朝会、营建，奏吉日，辨禁忌。清代钦天监，处在西学东渐的特殊历史时期，钦天监内的中外学者，不仅共同编制了优秀的历法和星表，而且制造出一些精密的仪器，对天体进行了大规模的测量工作，取得了较为丰硕的成就，为我国的天文气象事业发展做出了重要贡献。

第三节　气象观测机构的主要职能

古代天文气象观测机构以观天测候、编制历法为主要职能。但先秦时期的气象观测多与占星结合在一起，充满宗教仪式和卜测巫术的成分。汉代以后，天文气象观测虽然仍与国家祭祀存在一定关系，但其气象观测的职能逐渐明确，已出现专职的天文官员从事观象和占测工作，以观测天象、望云占雨、改善历法、掌握季节，指导农业生产、交通运输、政治统治、军事征伐等。

自三皇五帝开始，气象观测历来都与节气、历法、农事紧密联系在一起。《尚书·尧典》有“日中星鸟，以殷仲春”“日永星火，以正仲夏”“宵中星虚，以殷仲秋”“日短星昴，以正仲冬”的记载，反映了当时的天文学水平已经具备了后世历法体系和宇宙观的基本形态，且明确说明了观测鸟、火、虚、昴四星，意在检定仲春、仲夏、仲秋、仲冬，也就是说，观测星辰主要是为了制定历法，分清节气，了解气候。因此，历代观象机构兼有观天象、望云气、察物候、测地动、制历法等多种职能。这一时期的气象观测信息，为后人撰写。然而，陶寺古观象台遗址的发掘，有效验证了这一时期的气象观测记载。

先秦时期的天文气象观测机构和星官职掌，史料记载甚少，诸多细节难以知晓，但可以肯定的是气象观测与天地四时相关，且多与卜筮相联系。例如，夏代羲和掌天地四时，且开始观测日食。商代气象占卜的范围非常广泛，不仅占卜短期内的晴、雨、风、雷、雹，而且非常重视贞旬、卜旬（询问和占卜十天气象预报）。周代管理天文气象的机构属于太史僚，且分工更为细致。如，冯相氏主掌观测日、月、星辰、节气时令，制定历法；保章氏掌观测占候，星变灾异；挈壶氏掌漏刻；土方氏掌土圭之法，以致日影；匠人测方位。秦代天文机构的设置承袭了周代的太史机构，周代宗伯管理天文气象职能和太卜之事，在秦代改由奉常和太卜履职，奉常职掌宗庙祭祀礼仪，太史掌天时星象，兼司记事；太卜，掌卜筮，这些属官都设有令丞。虽然，这些机构中保存有祭祀的官员，但对于占星已经较为淡化，其天文气象观测的职能更为凸显。

汉代天文机构人员编制及部门设置，比较精简，但是职掌分工已较明确，以编历为主要任务，兼及观象授时，即所谓立晷仪、下漏刻。值得一提的是，汉朝的天文历法，颇有成就。天文机构的初步建立、创造仪象以利观测、观测实践的逐步深化、新与旧体系的论争，推动和导致了更准确历法的产生，这是科学进展的必然。

魏晋南北朝是我国古代官制由三公九卿制向三省六部制过渡的时期。关于天文观象机构，据现有史料来看，魏晋南北朝时期，天学机构仍隶属太常，负责候望、颁历。据《大唐六典》卷十记载：“魏太史有灵台丞，主候望、颁历等事务，晋、宋、齐、梁、陈太史皆有灵台丞。”“魏晋太史令吏员有望候郎二十人，候都吏十五人，掌候天文并监候之任也。”“晋太史令吏员有典历四人，宋、齐、梁、陈、后魏北齐皆有典历。”这里提及的“望候郎”“候部吏”应该是职司天文、观测气象的属官，“典历”则应是掌管历法的属官。

隋代虽然仅历经文帝和炀帝两代，但在天文气象观测方面颇有建树。太史（曹）局的规模虽远逊于汉朝，然而亦属完备，除职掌编历外，还具有教习历法的新职能。机构的具体事务分工较为明确，监候负责气象观测事务，天文观生昼夜在灵台轮流值日、察看天象，天文博士负责“教习天文气色，漏刻博士掌教习漏刻生，漏刻生掌漏刻之节，以时临漏。”隋文帝知人善任，开展学术讨论，提倡观象培训，蔚然成风。隋炀帝时，又“遣宫人四十人，就太史局，别诏袁充，教习星气，业成者迁内，以参占验”。唐代的天文气象观测机构较为庞大，分工颇为专业。《旧唐书·职官志》记载：“太史令掌观察天文，稽定历数。凡日月星辰之变，风云气色之异，率其属而占候之。”唐代的观象台数量较之隋代大为增加，尤其是盛唐时期，长安就有数座天文台和气象台同时工作，东都洛阳亦有仰观台，占候者日夜守候在仪器之旁，测候、观象、记录、授时，足见当时气象观测人才荟萃，观察唯勤的昌盛景象。此外，九嫂山“一清台”、集贤院仰观台皆有观天占候之功能。

宋代是我国天文气象观测机构设置最多的朝代。在秘书省下设司天监，下属天文院、测验浑仪刻漏所、钟鼓院、印历所，后来又增设翰林天文院。前者在开封及附近地区，后者则在禁城之内进行天象观测。这不能不说是繁荣的景象，这些机构各有分工，可与盛唐时期媲美。

与宋同时期的辽、金少数民族政权，其天文气象观测机构事简事专。大同元年（947），辽太宗自晋汴京收百司僚伎术历象，迁于中京，辽始有历法。据《金史・百官志》记载，金在中都设太史局，建司天台“掌天文历数、风云气色，密以奏闻。”又设司天翰林官建制，以掌观天、测候、算历、漏刻之责。

元代天文气象观测工作进一步发展。中统元年（1260），元世祖在开平设立司天台，司天台长官掌司天监历象之事。同时，继承宋、辽、金的历法，又于至元八年（1271）在上都置回回天文台，延聘西域天文历算家，是我国用回回历之始。同时，元统治者还大力任用汉族天文历算家，采纳他们的建议，兴建规模宏大的太史院及天文观象台。至元十三年，为改订新历法需要，设太史局，至元十五年，改称太史院，掌天文历数之事。元朝的司天台设有观星户和阴阳户，主要负责司天台所统辖的社会基层观象和占候人员。此外，为制订新历法，这一时期的天文学家们研制很多性质优良的天文仪象，取得比前代更为准确的观测数据。

明代的天文气象观测机构主要是钦天监和观星台。钦天监，设监正、监副，掌察天文、定历数、占候、推步之事。凡日月、星辰、风云、气色，率其属而测候，有变异，密疏以闻。关于候气，凡每岁立春前期五日，本监官面奏差官二员，往顺天府候气，至日回监，具呈依书占奏。凡立春前期，候气官同顺天府官赴东直门外，导迎芒神春年至府。凡遇日月交食，先期算分秒时刻、起复方位以闻，下礼部。若食不及一分，以及《回回历》虽食一分以上，则奏而不报。其他官员的执掌则为：五官正，负责推算历法、定四时，司历监佐协助；灵台郎，负责辨日、月、星辰躔次、分野，以占候天文之变，观象台四面，每面四个天文生，轮司测候；保章正，专志天文之变，定其吉凶之占；挈壶正，知漏刻，以考中星、昏星之次；漏刻博士。定时以漏，换时以牌，报更以鼓，警晨昏以钟鼓，司晨佐之。洪武十七年（1384），又置稽疑司，以掌卜筮。钦天监的外设机构观象台，在明代又称观星台。其作用与前代一脉相承。《天府广记・钦天监》说：“凡日月星辰风云气色之变异，（监正、监副）率其属登观象台占焉。台四面，面四人。”日夜进行天文、气象方面的观测，一旦察其有变，占卜灾异福祸，据实以奏。

清代的天文气象观测机构大体沿袭明朝体制。钦天监监正掌治术数，典历象日月星辰，宿离不贷，岁终奏新历，送礼部颁行，监副佐之。凡遇日月交食前五日，推算将京师见食并各省所食分秒时刻、起复方位绘图进呈，请礼部颁行直省，临期一体救护。至食发生之前，本监满、汉官员赴观象台，同礼部官测验，另派本监官生赴救护，衙门置香候时、报初亏食甚、复圆等事，完毕后本监依交食原像绘图呈报。测候方面，如遇天象变异，则需进行观测呈报。凡立春前十日，旧例差本监官生前往顺天府候气；康熙八年（1669）题准停止。凡每年正旦寅时，候风起何方，据值班官所测上报。凡八节风占，曾推行新法，预行推测绘图进呈，但康熙十九年，奉旨停止，仍按旧法。时宪科掌推天行之度，验岁差以均气节，用德人汤若望，制《时宪历书》，颁之四方。天文科掌观天象，书云物机祥，率天文生登观象台，凡晴雨风雷，云霓晕珥，流星异星，汇录册簿，应奏者送监，密疏上闻。漏刻科掌调壶漏，测中星，审纬度，祭祀、朝会、营建，奏吉日，辨禁忌。总体来看，明清时期，钦天监负责掌管观象事宜，并建有观象台进行天文气象观测。此外，各地州县亦有设有司天机构，负责观象工作以及气象灾害的奏报。伴随着西学东渐浪潮的冲击，明末清初，西方的天文学气象学知识传入中国，深深吸引了皇帝和知识阶层的注意，由此带来了天文气象观测事业的革新与进步。

参考文献

[1] 沈括. 梦溪笔谈 [M]. 北京：中央民族大学出版社，2002.
[2] 柯林·罗南. 中华科学文明史上 [M]. 上海交通大学科学史系，译. 上海：上海人民出版社，2014.
[3] 陈久金. 中国古代天文学家 [M]. 北京：中国科学技术出版社，2013.
[4] 陈晓中，张淑莉. 中国古代天文机构与天文教育 [M]. 北京：中国科学技术出版社，2008.
[5] 陈遵妫. 中国天文学史 [M]. 上海：上海人民出版社，2016.
[6] 段异兵. 清代的流星观念和观测 [J]. 自然辩证法通讯，1998 (5)：39-49，68，80.
[7] 黄一农. 社会天文学史十讲 [M]. 上海：复旦大学出版社，2004.
[8] 李迪. 蒙古族科学技术简史 [M]. 沈阳：辽宁民族出版社，2006.
[9] 李勇. 世界最早的天文观象台——陶寺观象台及其可能的观测年代 [J]. 自然科学史研究，2010，29 (3)：259-270.
[10] 王吉辰. 北宋初年天文机构中的成员构成 [J]. 自然科学史研究，2019，38 (1)：26-39.

第二篇　我国近代的大气科学学科

我国的近代从1840年第一次鸦片战争到1949年中华人民共和国成立，历经清代晚期、中华民国临时政府时期、北洋军阀时期和国民政府时期。在这一时期，西方近现代大气科学知识传入我国，为1949年以后大气科学学科的发展奠定了一定基础。本篇主要分析我国近代气象科学的发展。

第四章　西方大气科学学科发展脉络

为了更好地理解我国近现代气象学科发展的时代背景，本章先梳理西方大气科学学科发展情况。

第一节　西方前学科时代的气象学

1962 年，美国科学哲学家托马斯·库恩（Thomas S. Kuhn）发表《科学革命的结构》，著作中认为：在任何一门科学的早期发展阶段，各种假说和理论相互排斥，各种学派之间也没有任何共同信念，这就是前科学时期。随着科学发展，最终一种理论观点占据上风，成为该学科的“范式”，学科由此进入常规科学时期。常规科学发展到一定阶段会经历反常与危机，最终导致科学革命，推翻旧的科学范式，确立新范式，在更高水平上回归到常规科学。其实将这种理论延伸至学科发展上，同样存在前学科发展阶段和常规学科发展阶段。西方近现代大气科学形成之前，古希腊罗马时期气象学就已经出现，故可称之为西方前科学时代的气象学。

一、古希腊罗马时期的气象学

古希腊罗马时期的气象学研究已经取得一些重要成果，包括亚里士多德和托勒密在内的古希腊和古罗马的科学巨擘，对气象学进行了较为系统的知识论述。尤其是亚里士多德，在中世纪被尊为“知识之主”，人们对他顶礼膜拜，把他的每一个字句奉为圭臬，深信不疑，认为是永恒的真理。他的自然科学著作在经过经院哲学的改造之后，被罗马天主教当作官方哲学版本，得到了广泛的传播。

（一）亚里士多德的气象学著作及其思想

古希腊巨匠亚里士多德（Aristotle，前 384—前 322）写于公元前 340 年的《气象通典》（*Meteorologica*）一书是最早的气象学专著，使关于天气现象的知识终于成为一门系统的科学。今天的 Meteorology 一词指气象学，即来自亚里士多德的著作，不过，在亚里士多德的著作中涵盖气象、天文、地理、地质等十分丰富的内容。

亚里士多德将先前各种零散的气象学思想和经验进行了系统的整理，对各种天气现象提出了独到见解。亚里士多德的气象学思想涉及了气象科学的方方面面。他是史上第一个寻找多方观察证据来验证“地球为圆形”这一观念的科学家。亚里士多德推论，地球上各个地区的可居住性与纬度有关，受到太阳长时间垂直照射的地区，要比太阳斜射地区热得多。当时，希腊人比较了解遥远的南方利比亚地区的炎热气候，因此他们推断在靠近赤道的地方会更热，甚至怀疑那是个一切生命都无法存在的地方。亚里士多德还同样推想，在远离赤道的寒带，也不适于居住，人类只能生活在这两者之间的温带地区。他甚至还推想，在赤道之南也有一个南温带，只是由于受到赤道灼热地带的阻梗，人们无法到达那里。

（二）罗马帝国时期气象学著作及其思想

古罗马人维吉尔（Virgile，前 70—前 19）是较早涉足天气预测的先驱，他试着同时利用太阳、月亮及对动物的观察来预测天气。譬如说，如果鹤从河谷地往上飞，就意味着未来可能会下雷雨。来自希腊的地理学家斯特拉博（Strabo，公元前 64/63 年—公元 24 年），撰写了《地理学》一书，书中提到"不列颠比我们这边雨雪更多，即使天气晴朗，一天中的大部分时间也被雾所笼罩，只有中午的三四个小时可以看见太阳"。这一般被认为是对英国天气最早的描述。从他的描述中可以看出，两千年来，英国的天气特点几乎没有什么改变，雾雨天气一直是其特征。

古罗马博物学家普林尼（Pline，23—79）以其编撰的《博物志》著称。这位古罗马时代的百科全书式的作家曾经提到，月亮红的时候预示着快来风了，月亮黑的时候则表明就要下雨了。古罗马地理学家庞波尼乌斯（Pomponius Mela，公元 43 年左右）著有唯一一本古典拉丁文地理学专著《论世界的概况》（*De situ orbis libri* Ⅲ），最早指出地球上存在几个基本气候带。

古罗马科学家托勒密（Claudius Ptolemaeus，90—168）非常关注对天气现象的观察和预测，他所撰写的著作《恒星星象及其对应的天气现象》（*Phases of the Fixed Stars and Collection of Weather*），不仅试图总结观测的某些天象与天气的联系规律，还试图总结出通过天文现象预测天气的种种方法。他的另一著作《占星四书》（*Tetrabiblos*）中曾经将多个天文学方面的原则应用到天气预测上，他还利用流星、固定星、彗星等位置和移动情形来预测天气。以托勒密为代表的通过观察天文现象来预测天气的方法，也为后人奉为经典，并且影响了后世的天文气象学思想一千多年。

根据天文学基础，托勒密巧妙地将世界分成几种气候带。由于温度是气候分类的主要因素，太阳辐射量对温度的影响巨大，由此可以推论出太阳辐射是气候分类的关键因素。赤道与极圈之间每一个气候带所占的宽度各不相同。托勒密分析了气候带之间的温度差异。这种以日地关系做基础、以温度分布为标准划分气候类型的方法，沿用至今。

二、中世纪的气象学

（一）中世纪前期的气象学传承

中世纪欧洲的自然科学研究进展缓慢，只有教会人员有权力从事关于自然科学的研究，而且必须在遵从圣经解释的前提下进行。从五世纪到十三世纪，有三位主教曾经致力于气象学的研究，他们是圣伊西多尔（St. Isidore of Seville，560—636）、圣阿尔伯特（St. Albertus Magnus，1193—1280）和圣托马斯·阿奎那（St. Thomas Aquinas，1225—1274）

西班牙塞维利亚大主教圣伊西多尔在自然科学方面颇有建树，著有《天文学》《自然地理》等许多作品。在《物性论》一书中，他对雷、彩虹、云、风等天气现象做了分析和探讨。他将当时人见人怕的瘟疫归因于大气的作用，认为这种疾病是"空气的腐败"造成的。

圣阿尔伯特是多米尼加天主教教士，被人们奉为无所不知的学者，他的研究领域非常广泛，涉及了人文和自然等方方面面，他对哲学、物理学、气象学、地理学等各个学科都有比较深刻的见解。在气象学的研究中，他首次提出了每一滴雨水都是一个小液滴的思想，由此推论出彩虹就是由阳光在小液滴中的折射形成的，这在当时神学主导的大背景下是非常可贵的。

巴黎大学教授圣托马斯·阿奎那是中世纪最伟大的神学家和哲学家，在他的巨著《神学总论》中，阿奎那对风暴起源进行了细致的描述，他将风暴等归因于恶魔。

（二）阿拉伯世界的气象学

在十三世纪博洛尼亚大学等正规“大学”诞生之前，在拜占庭帝国及阿拉伯帝国时期已有一些高等教育机构。在425年创办的君士坦丁堡大学，几度兴衰，几度沉浮，直到1453年东罗马帝国灭亡。在一千余年里，它是东西方文化交流与学术研究的中心。阿拉伯帝国极盛时期的阿拔斯王朝非常重视科学事业。一方面，遭受基督教迫害从罗马帝国而来的希腊学者，直接继承和光大希腊文化与学术；另一方面，把拜占庭的许多希腊典籍翻译为阿拉伯文。在九到十世纪的大翻译运动中，希腊学术与文化得以在阿拉伯帝国第一次复兴。

亚里士多德的工作得到了重视，阿拉伯气象学本质是亚里士多德学派的。他们简化了亚里士多德在解释天气现象时的复杂假设，着重于天气现象的记录而非其背后复杂机理的解释。阿尔法拉比（al Fārābī，870—950）出生于中亚突厥斯坦（现阿富汗），是喀喇汗王朝（870—1213）初期的著名医学家、哲学家、心理学家、音乐学家，他被称为继亚里士多德之后的“第二导师”。除了他个人撰写的大量科学专著之外，他还写了很多关于亚里士多德物理学、气象学、逻辑学的评论著作，之后出现的阿拉伯杰出气象学家阿维森纳（Avicenna，980—1037）的很多知识都来源于阿尔法拉比。

阿拉伯学者艾金迪（al Kindi，800—873）一生写了几百本与科学相关的书，对气象学也颇有研究，尤其是空气污染和公共卫生方面的两本书《论焚香对流行病的防治》和《论可改善刺鼻气味的药物》广为流传，艾金迪可以称得上是阿拉伯气象学的代表人物。他还写了一本水文气象方面的书籍《论潮水起落的动力因》，该书对潮汐的成因进行了讨论，认为是温度升降引发的热胀冷缩效应导致了潮起潮落的变化。

阿拉伯科学家阿尔哈森（Alhazen，965—1040）在其著作中介绍阿基米德在叙拉古海战中反射阳光击退敌人的故事，还深入讨论了大气的密度，并正确解释了光在不同密度大气中的折射现象。他认为，大气的高度是确定的，大概有五十公里，曙光和暮光是由于太阳在地平线之下时的折射造成的，由于在这个领域的杰出工作，他被后人称为光学之父。

阿维森纳（Avicenna，980—1037）是伊斯兰医学家、自然哲学家，是阿拉伯气象学另一位最重要的代表人物。他最著名的代表作是《哲学与自然科学全书》，在这本百科全书中，有六个章节用于论述气象学，涉及降水、云、彩虹、风、雷、闪电等多方面的内容。阿维森纳对彩虹进行了重复观察，但他并没有对彩虹的颜色做出令人满意的解释。在医疗气象方面，阿维森纳继承了由希波克拉底（Hippokrates of Kos，约前460—前377）、盖伦（Galen，129—199）到阿尔拉齐（al-Razi，865—925）的传统，重视良好的空气和环境对健康的影响，在他的著作《药学原理》中，给出了一些判断优质空气的标准。

伊斯兰哲学家阿威罗伊（Averroes，1126—1198）为亚里士多德的《气象通典》写了两本评论著作。阿威罗伊所有的阿拉伯文评述都被翻译成了拉丁文，亚里士多德著作的阿拉伯文译本已经失传，但是拉丁文译本却一直流传了下来。十三世纪大阿尔伯特（Albertus Magnus，约1200—1280）在研究亚里士多德的《气象通典》时，用的就是阿威罗伊的翻译本。通过阿拉伯文化的再引入，古希腊的科学文化在欧洲得到了复兴，并在整个中世纪和文艺复兴时期产生了持续、深远的影响。

（三）大学气象学教育的诞生

大约十二世纪，诞生了现代意义上的大学，如意大利的博洛尼亚大学、帕多瓦大学，法国的巴黎大学、蒙彼利埃大学，西班牙的科尔多瓦大学，英国的牛津大学和剑桥大学等。大学产生的主要原因有三个，一是中世纪初期长时间所形成的文化知识积淀，二是十一世纪以后西欧因政治经济发展而带来的教育文化知识需求，三是东西方之间的文化交流促进了西欧社会文化的新发展。最早的大学并非有计划地建设起来的，而是自发形成的。当渴望求知的学生集中于某些杰出的学者周围时，大学便产生了。

中世纪大学设有学院或系。基于教师行会和学生行会所形成的学院或系，设置正规的课程、教学大纲以及考试考核制度，教学活动有计划、有组织、有目的，人才培养更加完善。

中世纪大学一般有四个学院：神学院、法学院、医学院和艺学院。中世纪大学规定，学生首先要进入艺学系学习，学业合格可以获得学士学位。有些学生读完艺学系就离开学校了，想继续深造的学生可以留下来攻读硕士学位。无论是攻读法律、医学还是神学专业，都必须有艺学系的学术学位证书。

中世纪大学艺学系的课程来自传统上的自由七艺，即语法、修辞、逻辑、几何、算数、天文学、音乐。中世纪大学主干课程主要是逻辑和文法，核心课程为古典人文学科如希腊语、拉丁语、雄辩术、诗歌、历史、文法，经院主义哲学如逻辑学、伦理学、物理学、形而上学，以及宗教。在典型的艺学院系课程中，欧几里得的《几何原本》占去五周，亚里士多德的《物理学》占三个学期，《气象通典》占一个学期，《论动物》占六周，《伦理学》占四个月，《形而上学》则占两到三个学期。

十三世纪之后，包括亚里士多德《气象通典》在内的诸多自然哲学著作是大学艺学部的教材。例如在1254年巴黎大学文学学士和文学硕士的指定书目中，每位学生都要花上三四个月的时间学习亚里士多德的《气象通典》。

表 4-1　1254 年巴黎大学文学学士和文学硕士的指定书目

课程	教材	作者	学习时间
旧逻辑	引论	波飞利尔斯	三四个月
	范畴篇和论解释	亚里士多德	
	分论和论题篇	波伊修斯	
新逻辑	分析前篇和分析后篇	亚里士多德	六七个月
	论诡辩式的反驳		
	论题篇		
道德和应用哲学	伦理学四卷	亚里士多德	六至九个月
	政治学		四至九个月
	经济学		三周
自然哲学	物理学	亚里士多德	六至九个月
	论天国与人世		三四个月
	气象通典		三四个月

续表

课程	教材	作者	学习时间
自然哲学	论灵魂	亚里士多德	两个月
	感觉与可感事物、睡与醒、记忆与回忆、生与死		两三个月
	论生育		
	论动物		
	论植物		
形而上学	形而上学	亚里士多德	五至九个月

第二节　科学革命背景下的气象学发展

一、气象活动实践催生气象技术发展

十六至十七世纪科学革命改变了科学研究的面貌。由于宗教意识形态上的限制，学者提出的理论和方法并不是学术与文化上的主流。新知识的积累主要发生在大学之外，但是大学为科学革命提供了物质与智识基础。在科学上做出革命的人绝大多数都接受过大学教育或在大学工作过。

在气象领域，许多气象观测仪器被发明出来，大学教授们自发开展了最早的气象观测活动，气象学科基础理论逐渐完善，在传统亚里士多德气象学课程的基础上加入了新的课程和实验内容。

（一）气象观测仪器不断进步

在自然科学领域，实验成为发现新知识，发展新思想的重要源泉。罗吉尔·培根（Roger Bacon，约 1214—1293）首先提出了“实验是科学之王”的科学观念，意大利大学最早设立了自然、文物馆园或观测站，学者可以直接观察与实验。正是在这样的背景下，一大批测量温度、气压、风力和湿度的观测仪器被发明出来。

1593 年，伽利略（Galileo Galilei，1564—1642）做了简易验温器。荷兰人德赖伯尔（Cornelis Drebbel，1572—1633）在 1620 年发明了酒精温度计。1664 年，英国人胡克（Robert Hooke，1635—1703）发明了温度表，以水的冰点为温度表的定点。惠更斯（Christiaan Huygens，1629—1695）首次确定了温度目测的两个定点，即水的冰点和沸点。1714 年，荷兰物理学家华伦海特（Gabriel Fahrenheit，1686—1736）发明了水银温度表。1724 年，华伦海特制定出华氏温度的目测标准，用以通过水沸点的差异来判定大气压强。1742 年，瑞典天文学家安德斯·摄西阿斯（Anders Celsius，1701—1744）发明了摄氏温度表。摄氏和华氏温标在温度计的应用上具有里程碑的意义，正是温标的确定，温度计才真正得到了广泛使用。

意大利物理学家托里拆利（Evangelista Torricelli，1608—1647）是较为公认的气压表的发明者。但近代不少气象学史的专家在考证后认为，笛卡尔（René Descartes，1596—1650）在 1631 年已经明白地描述了气压的基本原理，比前者早了十三年。气压与高度的关系是十七、十八世纪气象学的热门话题之一。自从托里拆利发明气压计以后，很多人都仿效他做实验，其中最著名的是法国物理学家帕斯卡（Blaise Pascal，1623—1662）。帕斯卡发现气压表越往上搬，大气压力越减少，水银柱降低得越多。他因此依据水银柱升降的数值计算出空气的轻重以及气压的差异、高度的高低，由此证明了大气中存在压力。此外，他还用数学方法计算出了全球大气的重量，并通过观察，发现降水（雨或雪）经常在气压下降的时候发生。

十八世纪时，从事湿度计研究的人比较多，法国的医学教授罗依在1751年提出露点温度的概念。瑞士地质学家、物理学家、气象学家索绪尔（Horace-Bénédict de Saussure，1740—1799）发现头发的长度会随空气的干湿而发生变化，在1783年设计了一种毛发湿度计。

风速很难直接测量，早期的科学家们通过测量风的压力来记录风速。1625年，意大利帕杜亚大学的医学教授山托利（Santorio Santorio，1561—1636）设计了一种类似的压板风速仪。该风速仪由连接刻度条的扁板组成，右边的重锤可以移动，依照风速的大小而变化。1667年，罗伯特·胡克（Robert Hook）使用的风速仪和压板风速仪原理相同，都是测量风的压力推动板子移动的角度。十八世纪中期，包格根据山托利压板风速仪的基本原理，改造成一种很轻的可携带的风速仪，用来测量海上的风速。1892年，英国气象学家戴因斯（William Henry Dines，1855—1927）发明了压力管风速仪，采用一个具有直角弯曲的开口管，其开口一端垂直向下插入流动的液体中，液体在垂直截面中的上升高度即为流速之量度。1846年由英国天文学家、物理学家罗宾森（John Thomas Romney Robinson，1792—1882）发明杯型风速计，和我们现在常见的风速仪已经非常类似。

在雨量计的发明中，首先要提到的是意大利人卡斯泰利（Benedetto Castelli，1578—1643），1639年，他用自己制造的雨量计在意大利的贝鲁基亚进行试验收集降水量，开创了欧洲科学性测量雨量的先河。1662年，英国天文学家克里斯多夫·雷恩爵士（Sir Christopher Wren，1632—1723）发明了自记雨量计，并与胡克共同创造了翻斗式自记雨量计。十五年后，汤莱发明了一种雨量计，该雨量计连接了一个直径为十二英寸的漏斗，可使雨水进入管中，并测量出水的重量，汤莱（Richard Towneley，1629—1707）利用其发明的雨量计，连续二十六年（1677—1703）不间断地测量雨量，成为英国第一位实施长期雨量测量的观测者。1722年，英国天文学家霍斯利（Reverend Horsley）发明了雨量计，该雨量计为现代式雨量计的前身。后来，法国数学家拉伊尔（Phailippe de La Hire，1640—1718）从1709年1月开始做雨量统计。

（二）气象观测活动日益丰富

山地气象观测。1787年瑞士山地气象学家索斯尔（Horace Bénédictde Saussure，1740—1799）成功攀登上勃朗峰，并在山顶上的恩特立维斯冰河下方设立了山地气象观测站，在该处详细观测天文、气象，调查地质和冰河情况，撰写了《阿尔卑斯山行记》一书，在该书中指出气温确实随着高度的增加而减少，并加热铁球证明潜热的存在。索斯尔又在山上使用太阳光温度计从事观测，首次证明了太阳光的辐射作用随着高度的增加而增加。1788年7月，他和儿子在布朗克山上海拔3360米的山脊上开展了一连串的气压、气温、空气湿度等要素的观测（每两小时一次），并与查蒙尼克斯山（1050米）、日内瓦（375米）同一时间的观测记录进行比较，验证了气压随高度增加而降低。此外，还求出了布朗克山上气压的高度，发现布朗克山上每天下午两点时气压最低，但在日内瓦则是八点气压最高，下午四点气压最低，完全符合戴路克氏的理论（白天太阳光加热作用使空气膨胀，气压降低）。索斯尔根据他在阿尔卑斯山脉布朗克山上做气象观测的结果，算出当地每百米的气温平均递减率为0.64摄氏度。

风筝气象观测。1749 年，格拉斯哥大学的两位学生威尔逊（Alexander Wilson，1714—1786）和梅尔维尔（Thomas Melville，1726—1753）在苏格兰将小型温度计绑在风筝上，放到天空用以测温度随高度的变化，开启了用风筝进行高空探测的先河，后来经过不断的改进，成为十九世纪和二十世纪初期观测低空温度的最佳工具。当时，所使用的风筝是由棉布或者棉质制成，内有自制气压计，自记温度计和自记湿度计，用手摇式轱辘释放风筝的拉线，但是风力过强或过弱时都不合适，探空高度最多三千米，所以并不是理想的探空仪器。

探空气球观测。1783 年，法国物理学家查理（Jacques Charles，1746—1823）在巴黎将自记温度计和自记气压计系在自制的氢气球下面，释放至高空，因为气压降低气囊发生膨胀，达到一定高度时气球会破裂，自记气象仪器就随降落伞徐徐降落到地面。查理利用这种方法测定巴黎高空和气压的变化情形。1784 年，英国人捷弗莱也在英国做了类似的试验，虽然当时升空的高度都不大，但是他们都是进行高空气象观测的开创人。

雷电观测。1752 年，法国人达利巴德利（Thomas-Francois D'Alibard，1709—1778）用铁杆研究闪电之云是否带电的问题，发现当电云经过杆上时杆下果然有火花，而俄国圣彼得堡科学院院士利赫曼（Georg Wilhelm Richmann，1711—1753）教授却没有如此幸运，当他在屋顶上装铁杆想引导天空雷电时，却被当场击毙。后来，美国科学家富兰克林（Benjamin Franklin，1706—1790）改用风筝做实验研究雷暴云中电的性质取得了巨大的成功，发现了天空的闪电与一般电的本质相同，雷雨时的闪光本质就是电，并下结论说："雷暴云大多带负电，带正电是少见的。" 1749 年，富兰克林提出可以采用避雷针避免建筑物因雷击引起的火灾。这些较早进行的高空探测，为以后研究大气的三维结构开辟了道路。

气象日记。创立了现代原子理论的约翰·道尔顿（John Dalton，1766—1844）还是一位气象学家，他从 1787 年二十一岁时开始做气象日记，直至七十八岁去世，共留下了二十万条观测记录，对英格兰西北部湖区的气候研究有重要价值。英国向来有气象爱好者私人记录气象日记的传统，道尔顿此举也是受到了他的老师、业余气象学家罗宾森（Elihu Robinson，1734—1809）的影响，罗宾森从 1798 年至 1809 年的气象日记保存至今。耶鲁大学历届校长自 1779 年以来保存了一套康涅狄格州纽黑文市的气象记录，它记载着 1816 年 6 月是该城七十多年来最冷的一个 6 月，当月的平均气温比平常的 6 月要低 5℃（9 ℉）。

二、气象基础理论研究取得新进展

科学革命背景下，不断丰富气象观测活动和气象观测技术发展，促进了气象基础理论的发展。1662 年，爱尔兰科学家波义耳（Robert Boyle，1627—1691）发现了波义耳定律，即如果一定质量气体的温度是常数，该气体的体积和压强就成反比。1780 年，法国科学家查理首次将这个关系式表达出来，即温度每升高（或降低）1℃，其压力会增加（或减少）其在 0℃时压力的 273.15 分之一，查理也是世界上首个制造氢气球的人。这个定律现在被我们称为查理 - 盖吕萨克定律。道尔顿 1801 年独立发现道尔顿分压定律，即在互不起化学反应的混合气体内，其总压强应等于各成分气体分压强之总和。

随着十九世纪中叶热力学基本问题的解决，描述气体运动的物理学问题也更加清晰了。1834 年，克拉珀龙（Benoit Pierre Emile Clapeyron，1799—1864）对理想气体进行了研究，他将波义耳定律和查理 - 盖 - 吕萨克定律结合起来，创立了克拉珀龙方程，也叫理想气体状态方程。1851 年，他建立了计算蒸气压随温度变化系数的克劳修斯 - 克拉珀龙方程，日后成为气象学中研究气块状态的重要方程。1862 年开尔文（Lord Kelvin，1824—1907）在理论论证的基础上定量地推导出了干绝热递减率值与饱和绝热递减率值，他受到了焦耳关于饱和情况下潜热的释放必然是重要的这一关键思想的启发。

奥地利气象学家汉恩（Julius Ferdinand Hann，1839—1921）被誉为现代气象学之父。从 1867 年起，他开始研究湿空气上升过程中的绝热变化，发表了《大气中水汽含量随高度减少的规律》《上升气流中温度变化的规律及若干结论》等，解释了焚风和山谷风，他把热力学原理引入气象学，出版了《气象学地图集》（*Atlas der Meteorologie*，1887）、《气象学教科书》（*Lehrbuch der Meteorologie*，1901）等。

这一时期的数学和物理学有四项重要的科学研究成果对大气科学影响深远。第一是建立了明确的流体概念，即发现流体是一种可对固体运动产生阻力的气体或液体的连续性物质。第二是牛顿等人发现了质量、动量和机械能守恒等基本运动定律。第三是牛顿和莱布尼茨（Gottfried Wilhelm Leibniz，1646—1716）先后独立发明了微积分。第四是托里拆利、牛顿和帕斯卡用科学实验的方法发现密闭容器中流体任一部分的压强按照原来的大小由流体向各个方向传递，即著名的帕斯卡定律。

到了十八世纪，荷兰著名的数学家、物理学家丹尼尔·伯努利（Daniel Bernoulli，1700—1782）真正开辟并命名了流体动力学这一学科。1738 年，他出版了《流体力学》（*Hydrodynamica*）这一巨著，他发现流体的速度越快，流体产生的压力就越小，这就是著名的伯努利方程。由于流体力学的研究需要解决复杂的微分方程，在十八世纪，瑞士数学家欧拉（Leohard Euler，1707—1783）和法国数学家拉格朗日（Joseph Louis Lagrange，1735—1813）给出了连续性方程（1752）和流体动力学方程（1755），创立了分析力学及速度势和流函数的概念，对流体力学发展起到了重要的推动作用。到了十九世纪，英国数学家斯托克斯（George Gabriel stokes，1819—1903）研究了黏性流体的运动规律，给出黏性流体运动的基本方程组，后称纳维尔 - 斯托克斯方程，它是流体力学中最基本的方程组，也是大气运动基本方程。1845 年，德国生理学家和物理学家亥姆霍兹（Hermann Ludwig Ferdinand von Helmholtz，1821—1894）引进一系列有关涡旋的基本概念，大大地推广了无黏性流体的研究范围。

三、气象教学实验促进了学科发展

十三世纪以亚里士多德、欧几里得、托勒密及其评论家为中心，以传授“三艺”“四艺”为基础的大学形成以来，天文学、物理学、数学，以及更广泛的自然哲学，所有这些均深深植根于大学的土壤之中。那些包含强有力新理论的全新的科学基本都与大学有着密切的关系。那些完全在大学自然哲学体系之外进行的，如航海学、化学、地质学、农业等却在十八世纪末以后才逐渐得以发展和确立。

虽然亚里士多德的经院哲学在十八世纪之前一直垄断着巴黎大学的自然哲学教学，但从十七世纪初开始，巴黎大学的自然哲学教授们就毫无疑问地受到了新科学理论的影响，如 1648 年巴黎大学拉马尔什学院的亚里士多德学派教授克劳德·费拉蒙（Claude Flamand）在其教学中引入了空气压力以及其他自然科学方面的新学说。由于许多著名的自然科学教授纷纷离开大学加入各种新成立的科学协会或机构，使得大学意识到了危机，于是许多大学积极创设科研条件试图阻挡教授离开大学的潮流。

实验室最早源于十七世纪的意大利。十八世纪，在荷兰、英国、法国等国家陆续出现了一些私人性质的实验室。而实验室与教学相结合则始于德国。1824 年，德国化学家李比希（Justus von Liebig，1803—1873）在吉森大学创办与教学相结合的化学实验室，被认为是史无前例的创举。在教学中，李比希一改以往大学只讲授教材并根据教材进行实验的做法，而是建立一个专门的教学实验室，使所有学生都能亲自参加实验。

根据气象科学发展需要，气象学会和学术刊物也相继出现。1780 年，罗马帝国的西奥多（Charles Theodor，1724—1799）王子决定在慕尼黑科学院成立气象部，9 月 5 日发布了一道气象观测规范通令，要求在领地范围内（包括巴伐利亚以及欧洲内外的一些地区）每天同一时间进行气象观测，并为此提供经费及仪器设备，还命令驻外使节向驻在国提供仪器设备，开展气象观测，测得的资料通过外交途径送到慕尼黑科学院气象部。

为协调和利用监测结果，慕尼黑科学院气象部和巴伐利亚所有观测站都由曼海姆巴拉丁气象学会统一管理。1779 年至 1780 年神圣罗马帝国的宫廷牧师约翰·雅各布·哈默尔（Johann Jakob Hemmer，1733—1790）在曼海姆组织建立世界上最早的气象学会巴拉丁气象学会（Societas Meteorologica Palatina）。1781 年，第一卷《巴拉丁气象学会杂志》出版，并成为全世界最早出版的气象刊物。

曼海姆气象观测网曾经一度在欧洲、格陵兰岛和北美洲拥有三十九个观测站，其中德国有十四个，两个站是山地观测站，有两百多年历史的霍恩派森贝格山气象站是其中之一。这些观测站使用同样的设备、统一的观测程序，并在当地时间每天 7 时、14 时和 21 时进行观测，这也被称为曼海姆观测时间。1790 年，哈默尔去世。在法国大革命的政治动荡中，气象观测制度也日益崩溃。1793 年，曼海姆巴拉丁气象学会解散。

世界上第一张天气图也是利用曼海姆气象观测网的数据绘制而成的。1816 年，德国物理学家布兰德斯（Heinrich Wilhelm Brandes，1777—1834）开始研究 1783 年至 1795 年间曼海姆气象学的一日三次定时气象观测记录，利用《巴拉丁气象学会杂志》刊载的气象观测资料，绘制出了这些年间的每天综观气象图，将各地的气压和风向值填入地图，并绘出等压线，以研究云量、风和气压系统之间的关系。天气图范围从俄国的乌拉尔山到西班牙的比利牛斯山。1820 年，他出版了所绘制的天气图和说明书。由于当时没有电报和电话之类的信息传递工具，各气象站之间的资料交换只能靠邮运，所以这一技术没有能够立即用于天气预报。即使如此，天气图的出现为分析气压、风和云雨之间的关系以及建立天气系统的概念做出了贡献。布兰德斯当时根据天气图的分析认为，风向与气压的高低有关，并且认为高气压区一般天气良好，低气压区一般天气恶劣。天气图的出现是近代气象学研究起点的标志，布兰德斯也因此被誉为气象学的先驱。

四、航海气象研究和人才培养

十七世纪以来，关于海上航行、地理学、农业、矿业等科学探索活动积累了许多新的知识，这些活动都是在大学自然哲学大纲之外进行的，处于大学学术之外或边缘，当时并没有得到学术界强有力的理论支持，但也由此孕育了许多新的学科。

在大气科学相关的领域，航海活动一方面带来了前所未有的极大需求，另一方面也为人类的天气和气候观测带来了全球视野，大大促进了气象学知识的积累和理论研究的开展，也为十九世纪末的地学革命奠定了基础。

航海气象研究的两大进展，在大气环流研究领域，在原来亚里士多德假设基础上，更多丰富的环流现象被发现和记录下来，并逐渐提炼出了新的环流理论。在动力气象研究领域，科学革命后逐渐发展的流体力学理论、空气热力学理论、电学理论被应用到了大气现象的研究中，动力气象、天气学和大气电学等领域开始萌芽。

（一）大气环流研究

十七世纪之后，人们逐渐抛弃了沿袭自中古时代的对风场的错误认识。哈雷彗星的发现者英国天文学家哈雷（Edmond Halley，1656—1742）同时也是地理学家、数学家和气象学家。1686年，在远洋航行中，他系统研究了信风和季风，认为太阳辐射是大气运动的根本动力，并注意到了气压读数的变化和风场差异的问题，阐述了环流理论，1688年，哈雷又将海上风场的资料绘制成信风与季风的分布图。首次提出了地球表面主环流风场这一概念，并绘成主环流风场的分布地图，倡导信风和季风的环流理论，首先决定作用在大气上的力，求出最早的测高公式，因此后世的气象学家尊称他为“动力气象学之父”。

环流理论的另一位杰出科学家是英国天文学家哈得来（George Hadley，1685—1768）。1735年，他发表《关于一般信风之起因》的著作，虽然只有一千字，但此文不仅奠定了大气环流的基础，而且他讨论气流受到地球自转产生偏折的现象比十九世纪数学家、物理学家科里奥利斯讨论科氏力要早约一百年。在该文中，哈得来用“热量可产生每一个半球的直接性径向环流胞”来解释信风和盛行西风，他认为底层吹向赤道的气流由于受到地球旋转而偏折的结果，乃形成信风，高空向极地气流的回转也会受到偏折作用影响，形成高空西风带，又由于下沉作用又成为地面的西风带。他强调这种环流是热力对流形式之一，因赤道极区的太阳受热不均而引起，太阳热对地球的照射可使低纬度空气产生上升运动，在较高纬度则产生下沉运动，然后重新流回赤道，径向环流就可以完成低层空气向赤道的运动和高空空气向极区的运动。

（二）动力气象研究

法国著名的数学家、物理学家和哲学家达朗贝尔（Jean le Rond d’Alembert，1717—1783）曾写过《宇宙体系的几个要点》一文，提出不同于哈雷和哈得来的理论。他认为地球表面的太阳热只能影响几英尺厚的大气而已，因此不能形成风，风实际上是日月的吸引力所造成的。他利用复杂的数学方程式和牛顿的地心引力来论述大气的运动。达朗贝尔曾想一次性解决大气风场的成因及计算，但随之了解到影响风的因素很多，绝不限于太阳和月球的引力，他指出：由于缺乏大气动力性质方面的知识，所以要将影响风的因素以方程式表示出来是不太可能的。但他相信自己的理论和计算是最容易解决这一问题的成功之路，正如哈雷一样，他最后也绘出了中低纬风场的分布图。

英国地质学家赫顿（Hutton James，1726—1797）1784年发表雨暴的形成理论，认为两团不同温度的空气混合在一起时，空气中的水汽即有一部分变成雨水而降落在地面，因此暖风（气流）和冷风（气流）交汇，从而形成雨暴。按照赫顿所提的暖风和冷风的交汇为雨暴形成的原因，该阐述仅仅说对了一部分，因为雨暴的成因有好几种，赫顿分析的仅为其中一种。此外，赫顿所提的雨暴一词即为现在所说的气旋雨（或锋面雨），两团不同温度的空气即为现今的锋面两边的冷暖空气，可见赫顿已经看出锋面两边空气温度有异，只可惜他没有更加深入地观测和研究，所以没有能够发展出锋面的相关理论。

威廉·汤姆森（William Thomson，1824—1907），一般被称为开尔文男爵，是苏格兰数学家、物理学家、工程师。他是英国历史上由于在科学技术方面的贡献而被封为男爵的第一人。开尔文十一岁时进入格拉斯哥大学，二十二岁就成了该大学的自然哲学教授，他研究兴趣广泛，在热学、电磁学、流体力学、光学、地球物理、数学、工程应用等方面都做出了贡献。开尔文在热力学、流体力学和电学方面取得了无可比拟的成就，并且同时在这三个方向上，对气象科技的发展做出了不可替代的贡献。因为他是热力学温标（绝对温标）的发明人，著名的斯托克斯定理最早是由开尔文给斯托克斯的信中给出的，1869 年他发现了开尔文绝对环流定理，即正压无黏性的流体中，绝对速度的环流守恒。在大气电学方面，开尔文在 1860 年首先提出，高层大气中存在一个与大气电有关的传导层，他认为地球和导电层的作用好似一个巨大的球形电容器，其内层导体是地球，外层导体是导电层，电介质是空气。他的发现引出了人们对这个巨大电容器的充电机制的研究，直到 1925 年，苏格兰物理学家、气象学家查尔斯·威尔逊（Charles Wilson，1869—1959）提出雷暴可能引发大气层的核反应。

第三节　现代大气科学学科的建立与发展

一、西方现代大气科学学科发展概述

十九世纪末二十世纪初，发生了第二次科学革命，自然科学得到迅速发展，新学科不断分化涌现，并取得了巨大进步。与此同时，十六世纪以来，三百年的科学革命成果，终于进入高等教育的框架中：从 1855 年牛津大学建立了第一个科学博物馆以来，将以物理、医学、化学、动物学、解剖学、工程和机械科学实验室为代表的新科学研究和教学方法引入大学，开设了化学系、生物系、地学系、大气科学系等一批新的院系，并设立了自然科学相关学位，包括大气科学学会在内的诸多科学组织和社团也相继成立，现代“学科”的基本结构和运行机制逐渐成型。

在大气科学领域，十九世纪末美国约翰霍普金斯大学建立了一个大气科学的研究生培养和科研计划，克利夫兰·阿贝（Cleveland Abbe，1938—1916）和其他气象局官员与吉尔曼总统和霍普金斯大学教员的合作，于 1891 年与该大学合作成立了马里兰州气象局，也是集教学、研究与公共服务于一体的机构。包括格拉斯哥大学等许多欧洲很多大学在十九世纪末也开设了动力气象学等气象学课程，魏格纳（Alfred Lothar Wegener，1880—1930）等著名科学家在大学里开展气象学相关研究。

二十世纪是气象科学技术史辉煌和具有里程碑意义的时代。从大气科学发展的历史看，在近百年来随着探测技术、通信装备和计算工具的发展，以及数学、物理学和化学知识的应用，人类对大气现象的探索才逐步发展为科学的气象学或大气科学。进入二十世纪尤其是五十年代以来，大气科学发展进入黄金时代。二十世纪的上半叶，大气科学取得了三方面的重大成就。一是二十年代的锋面学说，为建立短期预报的天气图方法提供了理论依据；二是三十年代长波理论的出现，为后来的数值天气预报奠定了理论基础；三是四十年代关于云中过冷水和冰晶共存的论证，促进了人工影响局部天气的发展。

二十世纪初，以皮叶克尼斯父子为首的挪威学派创建了极锋理论，它将数学和物理学引

入对大气科学复杂现象的研究中，使气象学科脱离了过去全凭经验从事天气预报的状况，标志着现代意义上大气科学学科的建立。

三十年代，以罗斯贝（Carl-Gustaf Rossby，1898—1957）和查尼（Jule Gregory Charney，1917—1981）为代表的芝加哥气象学派将挪威学派的地面分析拓展到了高空，创立了长波理论、斜压不稳定理论和准地转理论等，获得了关于大气运动机理更加深刻和全面的认识，标志着现代动力气象学取得了重要突破。

五十年代，冯·诺依曼（John von Neumann，1903—1957）领导的数值预报小组的成功，帮助大气科学实现了由定性向定量科学的划时代转换，自此大气运动和状态都可以用方程来表示，并借助计算技术的发展，推动数值天气预报和历史天气再分析不断取得突破性进展，成了二十世纪大气科学发展的核心动力。

从二十世纪五十年代至今，随着整个自然科学与工业技术的发展，尤其是在以原子能、空间技术和电子计算机技术为标志的第三次新技术革命的影响下，大气科学与技术在广度与深度方面均加快了步伐。五十年代短期数值天气预报的成功使大气科学在大尺度气象学领域内出现了一场革命；六十年代以来大气环流数值模拟蓬勃发展；七十年代以来中期数值天气预报取得成功；八十年代以来，大气科学在大气遥感、数值模拟和数值天气预报、气候学研究、中尺度气象学、热带气象学、大气化学及中层大气科学等许多前沿领域均取得显著进步。

进入二十一世纪，大气科学发展有四个最显著的特征。一是强调不同时空尺度基本大气过程及其相互作用，其时间尺度从几十分钟的对流云团到几百年的气候变化，空间尺度从局地环流到全球大气环流研究；二是重视应用现代观测、探测、实验和信息技术对海量数据的系统采集、积累与分析；三是强调气候系统的整体行为、各圈层的相互作用、气候系统中的物理、化学、生物过程和人文因素的耦合以及全球与区域等紧密结合，建立大气、冰雪、陆地（海洋）生物过程相耦合的完整的天气和气候动力学模式系统，注重系统中各组成成分相互作用的研究，尤其是其中物理、化学和生物过程的相互作用以及人类活动的影响；四是大气科学的复杂性和探测技术、实验技术以及信息技术的广泛应用，使前沿基础研究与高新技术发展融为一体。

未来，大气科学发展以提高大气科学观测能力、研制新的观测手段、发展新的动力性理论、发现新的物理与化学机理、使用巨型计算机、开展全球合作、地球科学融合、智能智慧气象等为特征。近年来，国际大学科学研究更重视大气圈同水圈、冰雪圈、岩石圈、生物圈以及人类活动之间的相互影响和相互作用、多尺度运动过程的非线性相互作用、数值模式发展、分支学科之间的交叉等。总体上来说，大气科学的研究路线或发展途径基本是观测、分析、模式、验证和应用相结合。

二、天气学领域的挪威学派

（一）第一次世界大战与卑尔根气象学校

第一次世界大战中，挪威被封锁，粮食严重短缺。战争中的粮食供给无法依靠其他国家，只能靠自主生产和渔业补充。于是，挪威政府大力鼓励一切有利于农业和渔业增产的举措。与此同时，在德国莱比锡，研究气象科学的挪威人威廉·皮叶克尼斯（Vilhelm Bjerknes，1862—1951），却因为其助手和研究生纷纷从军，不得不考虑返回家乡。当皮叶克尼斯带领他的家人和少数助手回到家乡时，他非常幸运地看到，挪威近代海洋学先驱海兰·汉森（Bjørn Helland-Hansen，1877—1957）在筹建卑尔根博物馆下属的地球物理研究所。

海兰·汉森当时研究海洋的物理结构和动态特性，将海洋学从描述性科学转变为以物理和化学原理为基础的科学。他知道威廉·皮叶克尼斯在德国开展的针对大气层的类似研究取得的令人信服的进展。海兰·汉森通过卑尔根博物馆理事会，于 1917 年 3 月 17 日向威廉·皮叶克尼斯发出了邀请他加盟地球物理研究所的信。威廉·皮叶克尼斯认为那里的条件完全可以继续他在莱比锡开创的工作，于是愉快地接受了邀请。随着研究的不断深入，专注于气象科学研究和天气预报实践的卑尔根气象学校应运而生。

挪威的第二大城卑尔根是西海岸的一个海港，由于特殊的地理位置，卑尔根是观测风暴过程的一个绝佳场所。卑尔根学校是十九世纪五十年代新兴工业城市中诞生的新型学院的典型代表，与传统大学截然不同，它明确提出为工业和生产服务，是一种全新的高等教育。卑尔根学校提供工程和应用科学方面的教学，以功利主义为原则，特别强调与生产实践密切相关的科学与技术教育，带有强烈的科技教育与职业教育特征。例如，其数学研究针对工程、航海、勘测、统计、计时。卑尔根学校推动了大气科学作为一个新兴学科的发展，关于天气的讨论终于进入了学术讲堂和大学实验室，大气科学的高等教育开始走向多样化和层次化。

（二）气旋－极锋理论与天气学的诞生

19 世纪末，线性或层流水文动力学和热力动力学已经应用于液体和气体，但是没有研究大气和海洋。实际上，环流法则已经将经典水文动力学和经典热力动力学联系了起来。物理水文动力学可应用于旋转的地球的大气和海洋研究，以及其他有质量物体的大气研究。

1903 年，威廉·皮叶克尼斯提出，每一个纯粹的机械大气问题都可以简略到描述现状和气团运动，用物理的法则预测未来状态、位置和运动，在这个假设基础上，天气预报问题不过是一组控制大气运动的动力和热力物理方程的初值问题，天气预报就是这一数学方程组的解。解决的方法分三步：首先诊断大气状态，然后找到气团的未来位置，最后分析新位置的未来状况。

早在莱比锡大学时，威廉·皮叶克尼斯和佩措尔德（Herbert Petzold）就讨论过大气中辐合线的物理特性。两位卑尔根学校的年轻人雅各布·皮叶克尼斯（Jacob Aall Bonnevie Bjerknes，1897—1975）和哈尔沃·索尔伯格（Halvor Solberg，1895—1974）利用中部欧洲最密集的观测资料，发现辐合线和雨区的一些特征相关。其中雅各布·皮叶克尼斯是威廉·皮叶克尼斯的儿子。挪威内部密集的气象站点为预报员追踪明显的"天气"现象提供了可能性，从而获得挪威外部的天气预报。因此，威廉致力于将南部挪威气象站的数量增加到原来的十倍。海岸边的观测变得既重要又有代表性，观察员（一般都是水手）也很合适。威廉和他的两位助手乘坐海军巡逻船，建立了一批气象站。接着，新的元素被引入气象观测，尤其是云的观测。这样，航空可以获得更多的数据。新的气象图包括了风场、云的分布，以及与风场相关的天气。这是当时最先进的天气图，使得气象学家能够了解对流层的天气过程。1918 年，雅各布·皮叶克尼斯和哈尔沃·索尔伯格提出辐合线的真正特质（或称为"极锋"）和新的气旋模式。此时，气团、锋面、锋面气旋的过程已经被完全掌握。对流层的三维结构正在被人熟知。组织模型是天气的预测方式，展现了天气系统模型，而不是压强、温度、湿度、运动的组合。同时，威廉和索尔伯格一起用理性数学动力理论合并新发现。威廉 1921 年的经典论文《论圆涡动力学及其在大气和大气涡旋、波动中的应用》就显示了他这方面的研究。

1918年至1930年卑尔根气象学校的成就可以说开辟了科学天气预报的新纪元。威廉·皮叶克尼斯将流体力学引入气象学，标志着经典天气学中气旋–锋理论的诞生，气象科学从对现象的描述性走向由数学物理学和热力学描述。挪威学派使大气科学走进了新时代。

（三）大气科学应用主义研究转向

事实上，从卑尔根气象学校成立，关于理论研究与实践应用哪个更重要的争论就没有停止过。威廉·皮叶克尼斯侧重于理论研究。然而，尚未得到大气系统理论解时，并不意味着天气预报不能服务生产生活。雅各布·皮叶克尼斯等年轻人认为理论可以和实践并行，他们沿着威廉·皮叶克尼斯的思路继续研究气旋结构理论，同时试图将这套还没有数学解的理论应用到实际的天气预报中。

在从纯理论研究向应用研究转移的过程中，威廉·皮叶克尼斯对年轻人给予了很大的包容和支持。他为人谦逊，把挪威学派的主要成就归功于年轻的同事们："五十年来全世界所有的气象学家都在查看天气图，并没有发现其中最重要的特征，我只不过把各种正确的图交给了这些正直的年轻人，他们立刻发现了天气面貌中的皱纹。"

应用气象学的转向，既出于科学精神上的包容，也出于对国家需求大局的服务意识。在经历了1918年农业预报的报纸事件后，威廉·皮叶克尼斯在当年6月4日写给友人的信中不无感慨地描述道："这真是命中注定，现在我突然变成了一个'应用'气象学家。我们将尽全力为农民提供天气预报。"事实上，正是应用主义转向为大气科学学科的发展注入了新的活力和动力，成就了卑尔根气象学校。

三、动力气象学领域的芝加哥学派

（一）航空气象与第二次世界大战

在挪威学派的鼎盛时期，以罗斯贝为代表的芝加哥学派悄然兴起。卡尔·古斯塔夫·阿尔维德·罗斯贝（Carl-Gustaf Arvid Rossby，1898—1957）出生于瑞典斯德哥尔摩的一个中产家庭。1918年和1925年在斯德哥尔摩大学分别获得理论力学学士和数学硕士学位。在斯德哥尔摩大学时，罗斯贝参加了一次由威廉·皮叶克尼斯主讲的关于大气运动非连续性问题的讲座，由此被气象学问题深深吸引，1919年，罗斯贝进入著名的卑尔根气象学校，跟随威廉·皮叶克尼斯学习气象学和海洋学。从1922年开始，他还是瑞典气象和水文研究所的雇员，在那里他参与建设高空气球观测网，与另外四名预报员一起每天三次进行天气图分析并做出全国天气预报。

二十世纪二十年代开始，航空飞行取得的进展获得了广泛关注，并推动了相关领域的发展。1921年，罗斯贝开始关注高层大气声响背后的物理机制，这个领域由于卑尔根气象学校的非实验性气象学方法而被掩盖。1926年开始，罗斯贝在美国古根海姆基金会的促进航空发展部工作，并担任航空气象委员会主席。1928年古根汉姆基金会提出了很多发展航空技术的计划，其中包括建立航空工程实验室和促进商业航空等。罗斯贝牵头建设了航空气象服务系统，成了航空服务系统的样板。1932年，在一篇更详尽的论文中，罗斯贝指出饱和大气不稳定和倒转的重要性，并提供了如何辨识气团的图解，研究了创建、修正图像的过程。他意识到需要把通过探测得到的不同气团的冷凝层作为该层气团的辨识特征。他使气团和锋面的上层结构研究进入了正确的轨道。1932年，他的论文《混合长度》发表。他首次将航空动力学的混合长、粗糙度参数、卡曼常数等概念引入气象学。这些工作为后来罗斯贝对大气不稳定等的研究奠定了基础。

在第二次世界大战时期，飞机非常依赖天气条件，因此，高空气流对盟军在德国和日本的空袭行动负面影响很大，尤其是日本上空的西风急流。轰炸机在冬季执行对日本的空袭时，遭遇过很强的西风急流，大大影响了盟军的作战行动，罗斯贝被请去解释有关的气象原因。早在执教麻省理工学院时，罗斯贝就指导他的学生纳米亚斯（Jerome Namias，1910—1997）利用地面观测资料预测高空风速，并预估到在太平洋上空有一支西风急流。在芝加哥大学任教时，随着高空探测资料的增加，罗斯贝和当时在芝加哥大学访问的帕尔门（E. Palman，1898—1985）共同提出了西风急流的概念，并强调了预报西风急流的重要性。在芝加哥大学，西风急流和费米（Enrico Fermi，1901—1954）等进行的核链式反应曾被看作该校的两个重要发现。

第二次世界大战的爆发，促使罗斯贝全心全意地为战争工作，他制订和组织了全国最好的军事科学教育计划，培养了大批空军、海军和气象人才。二十世纪四十年代，美国大学培养了上千名军事气象预报员。这个方法在决定联军重大军事行动的时机上起了重要作用，例如诺曼底登陆。罗斯贝去世界各地解决实际气象问题，并成立了由他的助教组成的顾问团队，鼓励他们应用学校里学到的知识、尝试新的概念。此间，罗斯贝还建立了热带气象学院。

（二）从芝加哥大学气象系到芝加哥学派

1939 年底美国天气局扩大在职培训时，位于芝加哥的区域预报中心也成了培训地，不仅方便了非沿海地区预报员的培训，还大大增强了芝加哥城市的气象氛围。

1940 年 10 月 1 日罗斯贝在芝加哥大学成立了气象研究所，挂靠在芝加哥大学物理系下面，1943 年独立为气象系。罗斯贝网罗了一批思想先进又很有能力的气象研究人员，他还请来了农业部的两位统计专家从事长期预报研究。新成立的芝加哥大学气象系的三个目标是促进对地球大气的了解、讲授气象原理、气象职业培训，而气象系的起步是从第三个目标开始的。气象系成立当年就有十五位来自天气局和民航的学员入学，他们每人每年三百五十美元的培训费也是气象系的第一笔收入。来年学员的数量就增加到三十六人，生源单位也扩大到了包括海军和空军的气象部门。

由于在气象培训上的业绩显著，在美国即将卷入二次世界大战，总统罗斯福对外号称建立拥有五万架战斗机的强大空军的背景下，罗斯贝出任大学气象委员会的主席，统管当时设在五所大学里的气象系的气象培训任务，目标是培养军方需要的十万气象人员。1941 年至 1945 年，芝加哥大学一共开展了七期培训，学员达到一千七百人，培训周期因战争急需人才也从两年缩减至九个月，在校培训学员最多时，一个班达五百人。四年里五所大学以每年两千人次，总计达八千人次的速度向战场输送必需的气象人员。这些经过培训的学员在战场上发挥了应有的作用，战后当气象专业人员大量缩减时，人们发现仍保留在气象部门的以接受过芝加哥大学培训的人员居多。另外，美国气象学会历届主席中，有十五位来自芝加哥大学。很多美国大型气象研究项目的首席研究员出自该校。

罗斯贝很重视气象学基础研究与实际应用的结合。罗斯贝强调学生应参加每天的天气会商，把会商结果和典型天气个例分析装订成册并定期出版。他后来在麻省理工学院时的定期天气分析报告发展成为 *Journal of Meteorology*，该刊后来改名为现在的 *Journal of the Atmospheric Sciences*。

从1945年到1952年，罗斯贝在芝加哥大学共培养了十二位博士研究生，他们都成为气象科学巨匠。罗斯贝谈到芝加哥大学气象系时自豪地说，芝加哥大学果断决定建立气象系，不仅让学校美名远扬，也造就了美国气象事业的辉煌无比，他们无疑是气象领域中的领跑者。

芝加哥大学气象系战后成为世界上最著名的气象研究中心，被称为芝加哥学派。芝加哥学派群星璀璨，灵魂人物罗斯贝，还有成功进行了数值预报实验的查尼（J. G. Charney，1917—1981）、进行了大气转盘实验的富尔茨（Dave Fultz，1875—1959）和拜尔（Horace Byers，1906—1998），以及普拉茨曼（C. W. Platzman，1920—2008）等。我国著名气象学家郭晓岚（1915—2006）、叶笃正（1916—2013）、谢义炳（1917—1995）也都从芝加哥大学气象系毕业，师从罗斯贝。罗斯贝在芝大任教的时间只有不到七年时间，比起他在麻省理工学院和斯德哥尔摩大学的时间要短得多，但人们通常会把他的名字和芝加哥学派联系在一起。

（三）芝加哥学派的理论成就

芝加哥学派建立的重要理论包括大气运动的地转适应理论、长波能量频散理论、西风带急流在大气环流中的作用、大气运动尺度分析理论、长波斜压不稳定理论、长波正压不稳定理论等等，这些创新的研究成果是动力气象学历史上的重大发展。

纵观挪威学派和芝加哥学派的发展，其间既是继承的关系，也存在批判的关系。挪威气象学派主抓锋和气旋，芝加哥气象学派主抓急流、长波及其变化。挪威学派描述了锋区的斜压性的状况，芝加哥学派研究的是锋区斜压性的变化和成因，认为锋区的斜压性，即温度的快速准水平变化是风速随高度快速变化的结果。

关于气旋生成，挪威学派认为是不连续面即锋面上的小扰动发展来的。但是，从定量的角度看，这个解释并不正确，气旋并不是不连续面上的小扰动发展来的。这个错误被芝加哥学派的斜压理论纠正：建立在地转理论基础上的热成风原理，即由于南北温差造成了西风在北半球中纬度的垂直切变，当垂直切变增长超过临界值之后，这个基本气流的不稳定形成气旋。斜压不稳定这个最不稳定的波长才是气旋的尺度。从能量来源的角度来说，气旋的能量来源是有效位能的释放，有效位能转换成动能。

对洋流、摩擦力、湍流等的研究使得罗斯贝意识到，解释现有系统时横向混合过程很重要。在纳皮尔·肖爵士（Sir Napier Shaw，1854—1945）的建议下，罗斯贝推论横向混合出现于等熵面。在同事的帮助下，罗斯贝利用水蒸气作为追踪物画等熵的图表。这些图像让罗斯贝和他的同事们大开眼界。他们不仅看到了大气中大尺度混合的证据，还追踪了大气中水分压缩、降水的过程。这些图表是珍贵的气象学工具。他们也发现了大气环流的特征。由此，罗斯贝把主要精力放在了大尺度大气环流的研究上，并完成了最重要的两篇论文。绝对涡度守恒的概念形成。他证实，在简单线性系统里，它可以部分解释上层西风带的扰动。著名的罗斯贝波速公式就此形成，此公式解释了上层西风带的长波运动，这也是气象学中最重要的公式。

（四）美国气象教育的“西部大开发”

1928年，罗斯贝在麻省理工学院创办了美国第一个大学气象系（最开始属于航空系，之后独立成为气象系），罗斯贝也成为第一位气象专业的大学副教授和教授。随后，第二个和第三个气象系分别在加州理工大学和纽约大学成立。1939年9月，挪威学派的代表人物雅各布·皮叶克尼斯来到美国参加会议并应邀到一些大学进行学术交流，由于这时德国接管了挪威，滞留在美国的皮叶克尼斯在罗斯贝的推荐下，进入加州大学洛杉矶分校，并以他为主建立了美国第四个大学气象系。和当初在麻省理工的情形类似，加州大学洛杉矶分校气象系最早挂靠在物理系，物理系研究生查尼在 1941 年成为加州大学洛杉矶分校助教和气象项目博士生，协助雅各布·皮叶克尼斯在加州大学洛杉矶分校开展气象教学。

1939 年，罗斯贝认为，美国已有的四所大学气象系都集中在较为发达的美国东西海岸，许多大尺度风暴却是在经过中西部时发展壮大的，在中西部适当的地方应该再办一个大学气象系。为气象部门培养人才的想法很快在罗斯贝的脑子里形成。罗斯贝认为在美国当时的五个区域预报中心华盛顿、芝加哥、新奥尔良、丹佛和旧金山中，芝加哥是最佳的选择。

二战时期，最早五所大学气象系承担了紧急繁重的气象培训任务，为空军提供了航空安全保障。

战后，美国气象高等教育的“西部大开发”进程不断推进，大学气象系在美国中西部的广阔地带迅速发展，到 1958 年已经有二十二所大学成立了气象或大气科学系，其中有七所大学能够授予博士学位，另有四所大学能够选择气象方向的博士学位。每个大学的都有特色方向。例如俄克拉荷马大学的气象系地处美国龙卷走廊，“追风”研究独具特色；科罗拉多州立大学的气象系和美国国家大气科学研究中心（NCAR）毗邻，方便开展各项科研合作；芝大是罗斯贝在美国天气局任局长助理时着手创建的，和美国的气象业务有着最紧密的联系；加州理工大学气象系与美国工业界联系更多。

四、数值天气预报的诞生与发展

（一）理查森尝试制作数值天气预报

英国气象学家理查森（Lewis Fry Richardson，1881—1953）于 1881 年 10 月 11 日在英国诺森伯兰郡泰恩河畔的纽卡斯尔市出生。理查森做过很多工作。他在国家物理实验室、气象办公室工作，在阿伯里斯特威斯大学学院、曼彻斯特技术学院教学。他在国家泥炭产业担任化学家，在日光灯公司主管物理和化学实验室。1914 年，第一次世界大战爆发，理查森担任气象办公室实验室主管。1920 年，气象办公室已经成为空军的一部分，也就是说，理查森将成为军队的一员。他和平主义的信条不能允许他继续在气象办公室工作，因此他辞职了。1920 年至 1929 年，理查森成为威斯敏斯特学院物理系主管。

理查森是第一位用有限差分的数学方法来作数值化的天气预测的气象工作者。在为国家泥炭工业工作时，理查森需要研究泥炭中水的流动，因此，他发明了有限差分的方法来解差分方程。这些方法使他获得较为精确的解决方式，在气象办公室工作时，很自然地将这些方法应用于大气动力的研究中。在他最重要的论文中，采用了威廉·皮叶克尼斯发表在《动力气象学和水文地理》的数据。理查森坚信，只要建立在差分方程的基础上，而不是建立在整体现象的部分循环上，天气预测就像是出版航海天文年历的过程。

观测站的天气数据可以给出初始条件，由方程的初始条件可以求出方程的完整解，从而预测天气。这是一项很有意义的工作，然而却有些超前。在计算机还没有诞生的时代，手工计算这些数据需要太长的时间。即使很多人一起做这项工作，运算速度之慢会使得预测没有意义。通过计算，理查森发现，如果要在明天到来之前预测天气，这项运算需要六千人。

除了 1922 年理查森出版的专著《数值天气预报》以外，他还撰写了三十篇关于天气数学的论文，为运算和扩散理论做出贡献。包含温度梯度和风速的理查森数便是为了纪念他而命名的。理查森构建了数值天气预报的最初模型，虽然没有成功运行，但他的工作为后来数值天气预报发展奠定了重要基础。

（二）冯·诺依曼推动数值天气预报发展

1946 年 8 月 29 日至 30 日，普林斯顿大学高级研究院召开了一个具有历史意义的讨论数值天气预报的气象会议，美籍匈牙利数学和气象学家冯·诺依曼、气象学家罗斯贝和查尼参加了这次会议。这次会议被认为是世界上第一次数值天气预报学术会议。之所以在普林斯顿大学召开，是因为那里正在研制世界上第一台电子计算机。

将数值天气预报的构想和最新的电子计算技术相结合的是冯·诺依曼博士。1933 年，三十三岁的冯·诺依曼博士成为普林斯顿大学高级研究院聘任的六位教授中最年轻的一位。他将自己的研究领域逐渐从纯数学向应用数学转变，开始在脑子里酝酿研制计算机计划。1937 年，他加入了美国国籍，同时因为在数理逻辑和量子力学方面突出的研究工作，他成为美国科学院院士。他与美国海军弹道研究实验室合作，通过计算机解决弹道研究的计算问题。当时的数学家多沉溺于数学方程完整解的研究，认为计算机不过是更大更快的计算器而已。冯·诺依曼越来越清晰地认识到，计算机高速和准确的计算不但会给数学家还会给自然科学各学科带来意想不到的结果和突破。

1944 年，冯·诺依曼正式成为美国第一台通用电子计算机埃尼亚克（ENIAC，电子数值积分计算机）研制项目的顾问。1945 年末，他成功地说服了高级研究院主任和理事会拨款十万美元支持 EN1AC 项目。当时的美国无线电公司也仅值十万美元。他很早就认为数值天气预报是计算机在数学应用领域面临的一大挑战。1946 年 5 月，他向美国海军建议在项目内成立气象组。同样期待着更为准确的天气预报的美国海军快速地支持了他的建议，从 7 月开始支持和 EN1AC 项目捆绑的数值天气预报计划。于是，他就与包括罗斯贝、查尼等一批美国当时最有思想的气象学家走到了一起，并且取得了划时代的成果。

在 1946 年 8 月的那次会议之后的几年里，冯·诺依曼的周围总是聚集着许多最优秀的气象学家和电子工程师，他们的目标只有一个：用刚刚诞生的数字电子计算机做出准确的天气预报。这个目标终于在 1950 年 4 月初实现了。在以 1949 年 1 月 31 日观测纪录为初值，对欧洲地区做二十四小时的数值预报获得成功。计算机对位于欧洲西部的风向转换和反映大气斜压特征的低槽延伸都正确地进行了预报。

（三）查尼为数值天气预报作出巨大贡献

为首次数值天气预报做出最重要的贡献的气象学家就是查尼，他参加 1946 年 8 月那次会议时刚刚获得学位。罗斯贝邀请查尼参加会议，是非常正确的战略决策。

1947 年至 1948 年，查尼用一年多的时间赴当时气象研究最先进的挪威开展访问工作，吸收欧洲学者的最新气象学理论和实践方法，回到美国后牵头负责 ENIAC 项目中的气象小组的工作。查尼到任后，邀请了两位挪威的既有扎实的数理基础又熟知大气运动规律的一流气象学家加入气象小组，替换了小组中原来的研究人员。

在这次有历史意义的科技创新活动中，查尼没有走他的前辈理查森的老路，用大气运动的原始方程进行天气预报，而是抓住大尺度大气运动的关键，根据他自创的准地转理论，建立准地转预报方程，特别是用准地转涡度方程演绎大气大尺度运动过程，进而进行二十四小时预报。查尼很好地解决了有限的计算能力和二十四小时预报需要考虑的区域范围的矛盾。

由于ENIAC项目是军方工程，保密工作严格，在两年的时间里，查尼和他的同伴吃住在办公室和机房里，艰苦攻关，终于在1950年4月在世界上第一台电子计算机ENIAC上输出了第一次成功的数值天气预报的结果。

查尼领导的气象小组在成功地进行了准地转预报数值试验后，又开展非线性预报试验。由于ENIAC计算机不够稳定，气象小组成员不得不整天守在计算机旁，解决随时可能出现的故障。试验又取得了预期的结果。查尼总结几次数值试验，写出了最早的一批数值天气预报研究论文，很快在罗斯贝创刊并主编的*Tellus*等杂志发表，赢得了全世界气象和相关领域科学家的尊敬，带动了数值天气预报研究在世界各地开展。

ENIAC项目结束后，查尼认识到，随着计算机技术的不断发展，气象科学的进步突破必须借助于大规模的大气科学实验。1956年在完成与普林斯顿大学五年的工作合同后，查尼来到麻省理工学院，主持数值天气预报研究。在麻省理工学院，查尼发起隔周星期五下午的非正式地球物理流体动力学学术讨论会，并坚持了二十二年。讨论会营造了平等、宽松的学术氛围，唤起了参加者的学术创造力。参加讨论会的人员起初限于气象系内部，后逐渐扩大到麻省理工学院相关系的师生以及周边大学和研究机构感兴趣的研究人员。会议持续讨论的主题，也成为美国气象学会的专门学术会议的主题，大大促进了美国气象科学研究。

1957年11月，身为美国科学院气象委员会顾问的查尼在一篇报告中指出，必须认真对待卫星、机载观测和雷达三个要素将给气象发展带来的新变化，以及必须用计算机来消化越来越多的气象观测数据。查尼的报告为后来全球大气研究计划（GARP）的实施进行了很好的科学和舆论铺垫。1966年至1971年，查尼出任GARP的负责人。

在五十年代末，查尼积极促成了美国大学大气研究协会（UCAR）的成立。七十年代，查尼在大尺度准地转运动谱、阻塞动力学等多个天气、气候领域开展研究。由于查尼一直在大学工作，从来没有长时间离开过教学，被大气科学专业内和许多其他专业的学生视为难得的良师。查尼在教学中特别注意吸引其他学科背景的学生参与气象研究，同时也对气象科学与其他学科的融合给予关注。到麻省理工学院后，他感到气象系的图书馆仅有大气科学类书刊无法适应学科的发展，便出资建立了查尼阅读室，准备了大量相关学科的资料，有效地拓展了系内师生的视野。

五、西方现代气象人才培养概况

欧洲是世界上开展气象高等教育时间最早、办学数量最多的地区。当代欧洲开办气象高等教育学校最多的国家是法国，数量达三十六所，其后为英国、德国、意大利。上述四个国家的气象高等教育学校数量占欧洲总数的63.1%。美国有六十四所高校开设大气科学或气象学专业，是开设气象类专业高校最多的国家，加拿大有六所。在亚澳地区，日本、韩国和澳大利亚是培养气象人才的主要国家，共拥有二十三所高校，其中日本八所、韩国七所、澳大利亚八所。

西方国家气象高等教育有四个主要特点。第一在专业设置上，呈现出本科宽、研究生专的特征。本科多为地球科学大类，甚至是自然科学大类，不做明确区分；研究生专业方向设置则非常灵活，多为大气科学下面活跃的科研领域。第二在培养规模上，气象人才培养规模较为稳定，整体培养规模不大，各高校人才培养特色明显。第三在学科领域上，地球系统科学融合趋势明显。以美国大气科学博士点名称设置为例，名称纯为大气科学或气象学的博士点有十五个，占 30%，同时含有大气和海洋字眼的博士点有十个，占 20%，大气和资料同化、卫星遥感、空间科学等其他方向融合的占 50%。大气科学在保持传统独立性的同时，已经快速与海洋、地球、空间等学科交融。第四产学研合作紧密，高校大气科学领域与政府气象部门、国家实验室、商业气象公司等机构交流密切。例如欧洲中期天气预报中心（ECMWF）和牛津、剑桥大学合作，针对四维变分等数值天气预报核心问题开展持续十余年的研究，一方面通过学术交流等方式培养了大量的人才，另一方面利用非政府组织灵活的体制将科学技术迅速转化为生产力，实现了科技进步、人才培养、经济效益的三重丰收。美国国家大气科学研究中心（NCAR）也是国际学术和人才交流的中心，孵化了大量的科研成果，为美国气象业务提供了有力支撑。

参考文献

[1] 凯瑟林·库伦. 气象学[M]. 刘彭，译. 上海：上海科学技术文献出版社，2011.

[2] 凯瑟林·库伦. 破解天气变化[M]. 刘彭，译. 上海：上海科学技术文献出版社，2014.

[3] 斯蒂恩. 今日数学[M]. 马继芳，译. 上海：上海科学技术出版社，1982.

[4] Barry R G. Mountain weather and climate [M]. Psychology Press，1992.

[5] Krishnamupti T N，Bounoua L. An introduction to numerical weather prediction techniques [M]. CRC press，2018.

[6] Neves G Z F，Gallardo N P，Vecchia F A S. A short critical history on the development of meteorology and climatology [J]. Climate，2017，5(1)：23.

[7] 里查德·奥尔森. 科学家传记百科全书[M]. 北京：华夏出版社，2000.

[8] 梁二平. 谁在地球的另一边[M]. 北京：生活·读书·新知三联书店，2017.

[9] 王晓阳. 大学社会功能比较研究[M]. 北京：高等教育出版社，2003.

[10] 中国大百科全书：大气科学、海洋科学、水文科学[M]. 北京：中国大百科全书出版社，1992.

[11] Frisinger H H. History of meteorology to 1800 [M]. Springer，2018.

[12] Harper K C. Weather by the numbers: The genesis of modern meteorology [M]. MIT Press，2012.

[13] Cox J D. Storm watchers: the turbulent history of weather prediction from Franklin's kite to el niño [M]. John Wiley & Sons，2002.

[14] Middleton W E K. The history of the barometer [M]. Johns Hopkins University Press，2003.

[15] 陈正洪. 气象科学技术通史[M]. 北京：气象出版社，2020.

第五章 西方气象学的传入

我国传统的观天测地仅仅停留在经验观测预测的层面，并未形成现代意义的气象学理论。我国现代气象学始于西方气象学的传入。随着西方的气象仪器与气象理论的传入，我国现代气象学逐渐建立。

第一节 传教士带来气象学知识和仪器

西方传教士来华始于十五世纪末欧洲的文艺复兴时期，科学不断进步，人们的思想也不断解放。随着新航路的开辟，耶稣会教士率先来华，以万历年间利玛窦为代表的传教士传播基督教教义并且带来了西方的科学。受其影响学界出现了一股西学风潮。虽然明清时期来华传教士都是以传播基督教为目的，但他们也将西方的科学知识带入中国。他们在我国文人的帮助下出版了许多西学译著，这其中也包括气象学。

一、气象学译著

（一）明末有关气象学的译著

明清之际，我国气象学已经落后于西方。此时来华的传教士带来了先进的西方气象学。

1. 高一志《空际格致》

1605 年来华的意大利传教士高一志第一个系统介绍了西方近代气象学知识。他与韩云合译了《空际格致》。

该书包括天文、气象、地震等知识，以气象内容最多，包括大气分层说、四元说、风云雨电各类天气现象的形成理论、大气光像原理、天气预报原理等。明朝末年，我国已有许多关于天气现象形成的理论，受到传统哲学尤其是阴阳学说的影响。高一志不是专门的气象学者，《空际格致》存在一定的局限性①。

2. 艾儒略《职方外纪》

意大利传教士艾儒略万历三十八年（1610）来华，曾在澳门、福建等地传教。《职方外纪》是一部世界地理专著，由艾儒略润色增补、庞迪我翻译的《万国图志》而成。它系统介绍了四十二个大陆国家、二十一个岛国的风土人情、地形地貌、气候特征等。论及十九国气候，最早向我国介绍了地球上不同地区的气候信息。

---

① 查庆玲、张军：《〈空际格致〉中的气象科技思想探微》。《兰台世界》，2014（30）：9-10。

（二）清代相关气象译著

清代有大量的西方科学译著问世。最初气象学尚未独立成为一门学科，往往包含在天文、地理和其他百科译著中。到了清代后期，特别是第二次鸦片战争之后，随着西方气象科技不断进步，才有了专门的气象学译著。

1. 南怀仁气象译著

比利时人南怀仁顺治十五年（1658）年来华，是清初颇有影响力的来华传教士，官至兵部侍郎，还曾任康熙皇帝的启蒙老师。所著《灵台仪器图》一书，二卷，完成于1664年，共有图一百一十七幅，其中第一百零八图和第一百零九图分别描绘了他制作的温度计和湿度计。这部书实际上是后来《新制灵台仪象志》一书的附图。《验气图说》是南怀仁写的一篇关于温度计的制法、用法及原理的文章，附验气图一幅，发表于1671年。《新制灵台仪象志》完成于1674年，记录了南怀仁制作的各种仪器的制造原理、安装和使用方法，其中包含西方近代早期的许多科学知识。在《新制灵台仪象志》第四卷中，南怀仁谈及对“冷热”和“湿”量化测定的问题，说以前人们检验冷热燥湿的变化是靠触觉，而触觉“顽钝”，不能显证其气细微之便，因此需要制作仪器，来精确观察冷热干湿的变化。[①]《欧洲天文学》也有气象学。《坤舆全图》篇幅宏大，与气象有关的内容主要集中在图画四周分布的十四大段注记文字中。南怀仁的著作包含当时西方先进的天文地理学知识，对清初士大夫阶级造成了一定的影响，一定程度上对西学东渐起到了促进作用。

2. 白晋《寒暑表说》

白晋，法国天主教耶稣会士，字明远，法国科学院院士。康熙二十七年（1688）抵达北京，曾为康熙讲授几何学，得到信任和重用。《寒暑表说》为白晋讲解西方科学的著作。主要讲述了德国格里克、英国波义耳在温度计研究中的进展，并对比了新旧两种温度计。旧式温度计是气体温度计，新式温度计便是斐迪南二世发明的水银温度计。书中还较为系统地介绍了到十七世纪六十年代为止欧洲科学家在气体静力学和热本质方面的一些革命性观点，这些观点具有典型的机械论色彩。值得指出的是，白晋还进一步讨论了“知冷热之变有益于人”的问题，并把它上升到儒家“同天地之理”的高度。[②]

3. 玛吉士《新释地理备考》

玛吉士，1810年生于澳门，他并非传教士，而是汉学家。《新释地理备考》又称《外国地理备考》，全书分为十卷。卷一主要论述了地理学、天文学和气象学的相关知识。卷二有气论、云论、风论、雷电论、流行论、虹论、光环论、雨论、雾论、冰论、泉论等二十二项，并附有解说。

4. 合信《博物新编》

合信，英国传教士，1839年受伦敦布道会派遣来华传教。《博物新编》是合信编译的介绍近代西方科学知识的综合性著作，涵盖天文、气象、物理、化学等学科知识。此书分为三集，就气象学而言，此书包括气压和气压表、温度表、天气现象（风论），还将虹、极光、日晕月

① 曹增友：《传教士与中国科学》。宗教文化出版社，1999年，第264页。

② 石云里：《康熙宫廷里的一缕机械论科学之光：在华耶稣会士介绍温度计的另一著作》。《科学文化评论》，2013，10（1）：42-63。

晕、海市蜃楼等大气光学知识和一些气象观测技术介绍到中国来。《博物新编》第一次把气压的概念传到中国来。

5. 慕维廉《地理全志》

慕维廉，苏格兰人，1847年受伦敦教会指派来到上海传教，是墨海书馆的主要成员。墨海书馆由英国教会传教士建立，是上海最早的现代出版机构，翻译出版了大量的西学译著。慕维廉《地理全志》分为上下两编。与气象知识有关的主要是下编卷四的《气论》，有空气、风、云雾、雨、雪雹露霜、暑寒、气候、同热线、雷电论九节，主要讨论有关气象学和气候学的知识。另外卷五《光论》也包括了一些大气光学的知识，图文并茂，生动详实。

6. 玛高温《航海金针》

玛高温，美国基督教浸礼会传教士，鸦片战争后来到宁波开设诊所，1855年兼任美国驻宁波副领事。1868年玛高温加入江南机器制造总局翻译馆开始翻译西方译著。《航海金针》为玛高温1853年在宁波出版。该书分为三卷。卷一包括推原、论气、论风、论飓风、审方、趋避等，主要解释了风形成的原因，介绍了中国东南沿海的飓风运动规律，提出了趋避海上飓风的航海方法。卷二包括飓风图书、记事等，以图示方式展示了北半球飓风的运动轨迹，以及海船在不同方位时船员应对飓风的不同方法。卷三为地球总论、海上测船所在法、量天气法、量水程法、西洋罗盘图书、杂说等，介绍航海时船员测量位置和天气的方法。该书将现代飓风学说第一次引入我国，是我国第一部真正意义上的西方气象防灾科学译著。从译著内容上看，该书围绕大气的运动，系统地分析了飓风的成因及其预防措施，是完全独立于地理学和天文学的气象专著。从出版时间上看，该书是我国近代气象科学史的第一部著作。从目前的历史文献看，此书出版之前并无其他系统的气象科学专著，更没有气象防灾专著了。①

7. 丁韪良《气学入门》

丁韪良，1850年4月受美国长老会派遣携家眷来华，曾担任京师同文馆总教习，翻译和编写了大量介绍西方国际法、教育制度以及自然科学的书籍。丁韪良的《格物入门》，分为水学、气学、力学、火学、电学、化学、测算举隅七卷。卷二《气学入门》是首次以“气学”命名的包含气象学知识的一册相对独立的著作，有大量对气象要素的研究。上章“论天气”中，通过八十九组问答，结合了大量的科学实验对大气、气压、风和雨等各种气象要素的成因和观测方法进行论述。此外，亦不忽视这些气象要素在实际生产生活中的应用。

《气学入门》在一定程度上可以说是第一本近代气象学方面的教材，在当时新式学堂和教会学堂被普遍使用，该卷书每讲解一个原理都有相应的实验加以佐证，图文并茂，有问有答，书后还附有思考习题，与现代教材十分相似，该书对近代气象教育具有深远影响。

8. 金楷理《测候丛谈》

金楷理，出生于德国，后移居美国。1866年被派到浙江宁波传教，同治八年（1869）在上海江南制造局翻译西方科技书籍。《测候丛谈》由金楷理口译，华蘅芳笔述。上海江南制造总局1877年出版发行。这本较早的翻译近代气象学的著作首次将西方完整的近代气象学知识引入中国，是晚清时期最具代表性的气象学著作。全书共四卷：卷一日光为热之源；卷二论

---

① 陈志杰、隋洁：《中西文化碰撞“风暴”中的〈航海金针〉：国内首部气象防灾减灾科技译著》。《中国科技翻译》，2013，26（2）：59-62。

风；卷三论推算天气中各式之变数；卷四论空气含水之量。全书不仅介绍了气象理论知识，还介绍了很多气象测量学的理论、方法、实验仪器。除此之外，该书还介绍了欧洲许多气象学家和物理学家在气象学方面的发现和实验，并附有解释气象现象、说明气象理论的插图。

《测候丛谈》在中国气象史上也有着深远影响。首先它同《气学入门》一样在晚清学堂里面作为气象学的教材使用，对当时的气象学知识传播起到了一定的作用。另外，《测候丛谈》还被天津制造总局被指定为生产学习指导用书，在普通知识分子中得到了进一步传播。该书不仅使气压、辐射等基本的近代气象学知识更加深入人心，还将新的气象学原理运用到实际的气象观测和计算中，极大开阔了当时的知识分子的视野，逐步实现了近代气象学知识体系在新一代知识分子中间的系统化建构。

（三）气象译著传入过程和影响

传教士来华传教可以看作是一种跨文化的传播活动，他们将西方的科学技术传播于众，从而将西方科学文化引入中国人的日常生活，同时也激发了中国知识分子对西学的兴趣。如此一来，各类科学译著纷沓而至。

虽然明末清初的传教士带来了大量科学译著，但气象学知识大多附着于其他门类的译著中，主要以介绍基础的天气理论为主。到了清朝后期，西方的科学技术快速传播，出现了专门的气象学译著。此时专门的气象译著将西方最新的气象知识以及相关实验写入书中，拓展了国人对气象的理解，加速了我国近代气象科学的发展。同时，还有偏重传播实用型气象知识的气象译著，如《航海金针》。

明清时期传教士带来的西方气象学知识使国人耳目一新，但这些气象知识与现在的大气科学理论相比还有许多不足。

二、欧洲气象观测仪器传入

（一）欧式气象仪器的传入

近代气象科学的发展离不开观测。可以说，温度计、湿度计等气象仪器才真正意义上打开了气象观测科学的大门。清代欧式气象仪器的传入经历了两个阶段，即 1644 年至 1840 年的零星传入与简单测量阶段，以及 1841 年至 1912 年大量传入与广泛应用阶段。

1. 零星传入阶段

自清顺治元年（1644）至鸦片战争（1840），一些欧式气象仪器陆续传入，如温度计、湿度计和气压计。这一时期欧式气象仪器的传入较为零散，未形成规模，其中一小部分仪器曾被用于简单地气象观测。

（1）温度计与湿度计的传入

1655 年，意大利传教士卫匡国撰写的《中国新图志》（*Novus Atlas Sinensis*）出版，书中记载道："至于冬天天空和地面的温度，比其地理纬度所应有的天气要低。"说明此时已经传入了温度计，并进行了温度测量。

1658 年，比利时传教士南怀仁来中国传教。1660 年，他奉命进京协助汤若望编纂历法，并将欧洲早期的温度计和湿度计作为贡品呈献给顺治皇帝。该温度计是伽利略发明的早期温度计。他将温度计的管子做成凹形，管内有水，并标定一水平线，将管子分为上下两部分。上部分较下部分略长，在管子上做些刻度，作为测量温度的标度。湿度计，汉代就把土和炭分别挂在天平两侧，用“燥故炭轻、湿故炭重”的道理检测湿度，而南怀仁的湿度计能借筋弦下端的地平盘能定量显示燥湿变化。

康熙南巡时，意大利人毕嘉和法国人洪若翰于1689年到康熙下榻的江宁织造署觐见并献上多种西方器物作为礼品，其中有验气管，即温度计，这支温度计是洪若翰于1685年从法国带来的。由于空气温度计当时在西方已经弃用很久，而且洪若翰与其他同行的传教士担负着在中国境内进行科学观测的任务，因而可以推测，他传入并进献的很可能是新式的液体温度计。据传教士张诚的日记记载，康熙皇帝曾命他对洪若翰先前进献的温度计进行过讲解。

雍正四年（1726），宫廷曾记录有对温度计的仿制改造：“五月初六日，据圆明园来帖内称，太监杜寿交通天气表一件，传旨交海望同西洋人认是何用法，认看准时，着海望面奏。”“初六日，据西洋人巴多明、宋君荣认看得，系红国的。上头玻璃管内水银天气热往上走，天气寒往下走。中间玻璃管内红，天气热上走，气寒往下走。”“初七日，海望将通天气表呈览。奉旨：着问西洋人做得来照样做一，不必写西洋字，写汉字款。”

总体看来，鸦片战争以前传入的欧式气象仪器大多被送进了皇帝和贵族们的收藏室，并未受到广泛传播。即使有少数传入的气象仪器被用于实际观测，但也仅局限于小范围之内，对当时中国气象仪器的发展影响不大。

（2）早期气压计的传入

康熙年间，来华传教士所撰《验气寒暑表说》强调欧洲学者在最近一百年中取得了重要进展，并列举了一系列重要仪器，其中就包括气压计：“制造仪表奇器，精巧绝伦。……斯器颇多，难以悉举，姑取其器之最著者……三曰袜禄默铎落，译言轻重之表。”“袜禄默铎落”是拉丁文barometrum的音译，即气压计。传教士张诚日记也记载了康熙皇帝学习气压计的情况，说明气压计（晴雨表）已经由法国传教士传到中国了。1720年，俄国派遣伊兹马伊洛夫出使中国，他将沙皇的礼品献给康熙帝，康熙欣然接受。关于这次俄国使团送给康熙帝的礼品，俄方记录中有晴雨计二只。

1793年，英国外交官马嘎尔尼来华，给乾隆进贡了一大批礼品，其中有一件是“试探气候架”。据中国官方记载，这件气候架测验天气十分灵验，可以查看天气阴晴，由于天气的晴雨变化大多与气压有关，所以这架“试探气候架”应该就是气压计。根据军机处《上谕档》，该仪器被安置在宁寿宫。在这种特殊地点陈设科学仪器，表明这些科学仪器具有了礼器的性质，象征意义大过实际功能。

虽然鸦片战争以前气压计已经传入中国，但仅仅用作皇宫摆设，或者为传教士使用。

2. 大量传入阶段

鸦片战争爆发（1840）至中华民国成立（1912），随着各地海关气象观测站和外国教会筹建的观象台站相继建立，欧式气象仪器大量传入中国，且被广泛用于实际观测。

据记载，1876年至1900年间，外国传教士建立了四十八个气象观测站点。但对普通中国人来说，他们实际上较少接触这些欧式气象仪器，因为大多数仪器由外国传教士或外国机构人员掌握，而且气象观测所得的数据和资料，绝大部分是为列强的商业或侵略活动服务的。

（二）技术原理的传入

欧式气象仪器的技术原理十分丰富，但清代传入的技术原理主要与温度计、湿度计和气压计等常用气象仪器相关，如测验空气冷热原理、气压计的技术原理、地面受热散热原理，具体如下。

1. 测验空气冷热原理的传入

温度计主要依据液体热胀冷缩的性质制作而成。如《新制灵台仪象志》提到:“夫水之升降，为热冷之效固矣。”[①] 康熙年间在华传教士撰写的《验气寒暑表说》一书也提到了“热开冷收”概念，即物质的热胀冷缩。他指出，当物体变热时，其内部的“纤维之料”会加速运动而不断扩张，因此会膨胀。反之，当物体变冷时，其“内纤之料”会静止下来，因此会缩小。作者还专门指出气体的组成部分非常细微，所以当气体接触火时，往往会“异常展布，格外舒放”。《格致汇编》将热胀冷缩原理与温度计的制作结合起来加以说明:“凡物之体有能传热者、有能收热者，其所得之冷与热，即为此本体之热度，而测此热度之器曰寒暑表。凡同类之体所受之热相等，则其体积之大小亦必等。”

2. 气压计相关技术原理的传入

气压的概念、托里拆利实验原理等是气压计制作的理论基础，在华传教士编写的《验气寒暑表说》、合信所撰的《博物新编》、傅兰雅主编的《格致汇编》曾将气压计制作的相关理论传入中国。

《寒暑表说》论述了“性实重”，即空气是有重量的，人的上下左右实际上都受到空气的压力，之所以感觉不到压力之重是因为人在气中。同时，作者也进一步指出气压会随着海拔的升高而减小，即高度越高，气压越小。这些都是制造气压计的重要理论基础。

托里拆利实验原理是气压计制作的基本原理。鸦片战争以后，随着气压计的传入与广泛使用，托里拆利实验原理也逐渐为民众所熟知。托里拆利在总结前人理论和实验的基础上，进行了大量的实验，验证了真空的存在，同时提出了标准大气压的概念（七百六十毫米汞柱），因此托里拆利实验原理是制作气压计的基础。

3. 地面受热散热原理的传入

测地面受热器和散热器是日常生活中常用的气象仪器，主要根据地面受热散热原理制作而成。

《格致汇编》详细地介绍了地面受热散热的基本原理:“地面所受日光之热至夜必散，而所散之若干热与所受之若干热正有相关。因地面有水气时，能令其地热度更大，似乎其热为地所放者，惟地面以上之水气能收其热至十分之一，此水气无论为明为暗、或显或隐，皆与地面受热散热有关。如日间云阴或雨落时，则能阻地面所受日光与热，夜间阴雨则能阻地面发散之热；若空气干而晴，则日光易通而日光易热，至日已投西，地面即速冷。”把地面吸热和散热的动态平衡描述得十分清楚。

（三）传入特点及阻碍因素

纵观整个清代欧式气象仪器的传入过程，具有传入主体较为集中、传入方式多种多样、传入目的不断变化的历史特征。

1. 传入主体较为集中

从清朝欧式气象仪器传入情况来看，传入主体主要为外国教会和政府。鸦片战争以前，欧式气象仪器的主要传入者是外国传教士。如南怀仁，在钦天监任职期间制造了温度计及湿

① 王冰：南怀仁介绍的温度计和湿度计试析。《自然科学史研究》，1986，5（1）：76-83。

度计，撰写了《新制灵台仪象志》，介绍了温度计和湿度计的制造工艺。并且还有部分传教士直接用携带到中国的气象仪器进行气象观测。鸦片战争以后，外国传教士们也未停止传入欧式气象仪器，不过欧式气象仪器及其制造工艺的传入已经不再完全依靠传教士了，外国政府开始陆续使用欧式气象仪器在我国展开气象观测，以便获取中国各地的气象情报，为西方殖民者服务。

2. 传入方式多种多样

欧式气象仪器传入方式较多，主要通过进贡与进献、气象观测站的建立等方式传入的。

通过进贡、进献方式传入的主要是欧式气象仪器，这也是早期欧式气象仪器传入的主要方式，如英国第一位出使中国的外交官马噶尔尼在进贡的礼品中就有气压计。通过这类方式传入的欧式气象仪器一般实际应用较少，也只是作为新奇的西洋器具以供观赏和收藏。

建立气象观测站进行气象观测时，必须借助于气象仪器。因此，大量气象观测站的建立间接促进了欧式气象仪器及其制造工艺的传入与广泛应用。如各地海关观测站的建立，使欧式气象仪器传入并运用到实际观测中去。此外，许多教堂也陆续进行气象观测，这进一步促进了欧式气象仪器的传入，如著名的徐家汇观象台曾使用过最高最低两寒暑表、准燥湿表、比希氏水蒸气表等。

3. 传入目的不断变化

鸦片战争以前，传教士将欧式气象仪器作为礼品与贵族交好以便在中国传教。鸦片战争以后，传入者传入欧式气象仪器的目的是为搜集我国的气象资料。各地教堂在本国政府的支持下堂而皇之地开展气象观测活动，搜集相关情报，以此来为本国的军事和商业活动服务，从而更大限度地在中国获得利益。

清代，欧式气象仪器及其工艺原理的传入受到了天文观测传统与实用主义、大国为尊思想等因素的制约，从而影响了其传入的规模与效应。

我国古代天文气象观测的基本特点之一就是具有浓厚的政治色彩，各朝各代都利用天文气象来占卜国家兴亡和预测自然灾害。由于对气象要素的观测与记录没有具体的要求，因此非定量的气象仪器便能够满足其观测需要，对欧式气象仪器没有迫切的需求。另一方面，我国的科技发展具有浓厚的实用主义色彩。

清朝实行闭关锁国政策，也严重阻碍了中西方的科技文化交流。当时的西方正处于工业革命时代，生产力超过我国。清朝将领对关系着国防安全的武器都不予以重视，对新兴的欧式气象仪器更是嗤之以鼻。即使鸦片战争以后，很多官员、学者依然认为天朝大国绝不可能向别国学习。清政府“大国为尊”的思想制约了整个清代科技的发展，也阻碍了欧式气象仪器传入与应用。

第二节　在华外国人的气象观测与培训

明末清初，来华西方传教士带来了气象观测仪器，利用这些仪器温度计、气压计等在我国做了气象观测。清末以来，外国人在多地建立了测候所和观象台，还做过联合科学考察、培训过气象人才，这些活动都促使着现代西方气象科学逐渐在我国建立。

一、零星的气象观测

（一）白晋、张诚的气象观测

法国国家图书馆藏有一份法国耶稣会传教士手稿汇编，其中有一份 1690 年 11 月至 1691 年 10 月北京地区的气象记录，根据字迹推测为传教士白晋所写，记载有天气状况、温度值、气压值和湿度值，以及四个方位的方向以及风力大小，一天三次观测上述气象要素。另一位法国耶稣会传教士张诚也留下了气象观测记录，他与白晋同在 1687 年法王路易十四选派第一批六名来华耶稣会士之中。1688 年至 1692 年张诚曾跟随中国使团前往中俄边界商订《尼布楚条约》，其间他以日记的形式记录下了沿途的民俗风情，也有相当一部分是当地气象的记载，包括冷热、阴晴、雨、雷、黄沙、冰雹、霜、风向等的记录（见表 5-1）。

表 5-1　张诚日记中气象记录情况

时间	行程	日记天数	气象记录天数
1688 年 5 月 29 日至 1689 年 6 月 12 日	北京至喀尔喀蒙古克鲁伦河附近	122 天	120 天
1691 年 5 月 9 日至 9 月 5 日	北京至多伦诺尔	47 天	12 天
1692 年 9 月 8 日至 10 月 2 日	蒙古地区巡视	41 天	4 天

（二）詹姆斯·坎宁安的气象观测

英国博物学家詹姆斯·坎宁安曾在中国沿海地区进行多次气象观测。1698 年 10 月至 1699 年 1 月，他首先在厦门进行了气象观测，是以描述天气为主的气象记录，文中记录的时间段为 1698 年 10 月至 1699 年 1 月，记录了每天的阴晴、云、雾、风、雨等天气状况，并且在早中晚利用水银气压计记录气压值及其变化情况，从记录内容推测此段记录主要是在船上进行观测。詹姆斯·坎宁安于 1700 年再次来华，航海途中也进行了气象观测，10 月 17 日他到达舟山，在舟山又开展进一步的气象观测，观测时间段为 1700 年 11 月 1 日至 1702 年 1 月 31 日，逐日记录了天气状况、风力风向、气压值等，其中气压观测记录并不固定，有时候没有气压记录，有时候一天进行两次气压记录。

（三）宋君荣和钱德明的气象观测

法国传教士宋君荣（哥比神父）到达北京后，在传教士张诚主持的北京天主教北堂（西什库天主堂）小型观象台进行天文气象观测。他从西方带来了 Lubin 型和 Reaumur 型两种温度计，以期获得精准的气象观测记录传回西方教会。张德二研究员 1998 年在布鲁塞尔比利时皇家科学院工作期间，在皇家图书馆找到了法国教士哥比神父 1743 年 7 月至 9 月的逐日温度记录和阿弥倭神父 1757 年至 1762 年的逐日观测资料。宋君荣利用 Lubin 型温度计记录的北京 1743 年 7 月 24 日和 25 日两日温度已超过最大刻度，研究表明那年夏季华北地区出现罕见的极端高温天气。① 宋君荣还记录，在 1744 年 10 月 20 日早六点半，北京已经结冰，冰层厚 11.25 毫米，表明当时北京的气候比现在的同一时间要冷得多。此外，宋君荣还有部分于北京

① 张德二：《1743 年华北夏季极端高温：相对温暖气候背景下的历史炎夏事件研究》。《科学通报》，2004，49（21）：2204。

测候所的观测记录由法国人马耳曼加以整理统计，并发表在 1843 年出版的 *Poggendorf's Annalen* 第六十卷。[①]

法国耶稣会教士钱德明（阿弥倭神父）于 1757 年 1 月 1 日至 1762 年 12 月 1 日在北京进行了气象观测，包括气温、气压、云量、雨量、风向等气象观测，每日观测两次，一次在上午黎明日出时候，一次在下午三点。这六年的气象观测记录的统计资料发表在巴黎《数理杂志》。

广州也保留有很多早期的天气记录，有 1771 年至 1774 年、1785 年、1789 年、1804 年、1829 年至 1831 年，以及十九世纪三四十年代的一些观测数据，这些数据来自地方的英文报纸，如 *Canton Register*。[②] 在澳门发现了 1780 年的气象观测资料，1787 年，法国汉学家德金也在此进行了气象测量。1830 年至 1837 年，香港和澳门发行的期刊均载有气温、气压和雨量等气象数据。*Canton Register* 中也有澳门 1830 年至 1841 年的气温和气压。

二、设立气象台站

（一）外国教会设立的气象台站

1. 地磁气象台

1830 年，俄国传教士富士在北京做过气象观测，不到半年。1841 年，俄国东正教会以教堂为据点，在北京做系统的气象观测。最早的观测员是俄国人嘉锡开佛，传教士罗骚和侏里协助观测，主要记录气压、气温、湿度、风向等气象状况。

1849 年，俄国东正教会在教堂附近正式建立了地磁气象台。从 1851 年开始，观测时间为每小时一次。中途因人员调动问题，气象台曾停止观测。1859 年，气象观测恢复，仍为每小时一次。1868 年 1 月观测时间改为每日 7 时、13 时、19 时三次，增加相对湿度、风速和云量等观测项目。1882 年至 1883 年第一届国际极年期间，北京地磁气象台观测时间改为 5 时到 17 时，每小时一次。会议之后，改回每日三次观测。北京地磁气象台是外国教会在我国创建的第一座气象台，也是我国最早使用气象仪器进行连续观测的气象台站。

2. 徐家汇观象台

继北京地磁气象台之后，法国天主教耶稣会在上海建立了著名的徐家汇观象台，也称徐家汇天文台。鸦片战争后，法国天主教耶稣会为扩大传教任务和实现其在南京与上海间建立观象台的计划，指派南格禄、艾方济等传教士先后来到上海。1847 年，耶稣会江南教区经过考察确定徐家汇为在华活动的总部。1872 年 8 月，徐家汇观象台动工。同年 12 月 1 日开始气象观测。

徐家汇观象台建立初期，只进行气压、气温、湿度、降水等气象观测，每日 7 时、12 时、17 时定时观测。1874 年增加了风向、风速、蒸发量和对大气中臭氧含量的观测，每日定时观测改为 4 时、7 时、10 时、13 时、16 时、19 时、22 时共七次，次年起增加夜间观测。1877 年起记录雾日。1879 年 1 月开始，每小时观测一次，每日二十四次。这一年，上海遭强台风

① 刘昭民:《中华气象学史（增修本）》。商务印书馆，2011 年，第 211 页。

② Tsukahara T: 19th century Chinese meteorology: Climate reconstruction based on historical record in English newspapers。*Hist. Geogr. Japan*，2013，55：69-81。

袭击，第一任台长能恩斯神父通过分析沿海各灯塔站及周边各站的气象数据，正确预测了台风方向。受上海商会和海运公司的委托并经清政府批准，徐家汇观象台增设了气象预测业务，此举也拉开了我国气象预报的序幕。

此后，观象台1882年至1883年增加了雪、雹及雷暴等天气现象的目测，1891年增加百叶箱的观测，1903年增加日照、地温、草温、井水温度等观测项目。1930年4月，徐家汇观象台开始高空测风项目。根据记录，自1872年建台以来，气象观测记录几乎从未中断，仅缺抗日战争时期两年的记录，一直延续到中华人民共和国成立后。可以说，徐家汇观象台是我国近代气象观测连续记录最长，保存最完整的气象台站。

（二）欧洲列强在华设立的气象台站

欧洲列强也建立了各类气象观测站、测候所，以收集气象情报，为军事、航运及商贸运输等提供气象服务。最著名的为英国建立的香港天文台和德国海军建立的青岛观象台。

1. 香港天文台

十九世纪七十年代，香港因风灾伤亡众多，英国皇家学会副主席于1879年向英国政府建议在香港设立气象台，但并未成功。直到1883年初，英国政府任命天文学家杜伯克博士筹建天文台。1883年7月28日，香港天文台台长杜伯克和他的首席助理霍格抵达香港。之后，杜伯克分别到访了汕头、厦门、上海、镇江、九江、汉口等沿海、沿江城市，以了解沿岸气候状况及参考各地测量气候的方法。在参考了各地的气象探测方法后，杜伯克回到天文台统筹各部门的气象探测工作及统一观测方法，1884年1月1日开始正式观测。建台初期，每日观测三次，时间是10时、16时、22时。5月起每日观测四次，增加13时。气象观测项目有气压、干湿球温度、风向风速、云状、云量、降水量、日照等天气情况。1884年8月，香港天文台开始尝试建立可靠的风暴预警系统，希望为水手提供台风预警信息。1890年，香港天文台简化风暴预警信号，这套风暴信号一直沿用至1897年。

香港天文台成立之后，与马尼拉、厦门、福州、上海华特胡士托（Vladivostock）及长崎天文台建立了紧密的联系，定期交换气象信息。此外，天文台还与大东电报局、澳中电报公司及大北公司的合作，免费提供气象信息传送服务。

1884年香港天文台开始将从各地收集到的气象资料综合整理印制成小册子，供应给各政府部门，如船政署、测量署、医务署、军部、海军及海关使用。1887年天文台利用从电报局接收到南海区内每天的气象资料制成《中国沿岸气象记录》（*China Coast Meteological Register*）。1890年《中国沿岸气象记录》所记录地区已多达十六处，1893年起小册子增加发行量，除供政府部门及军部参阅之外，还会派发给船舶使用。

船舶是早期天文台主要的服务对象，也是气象信息的供应者。自1888年起，香港天文台开始收集外地船只的航海日志，分析香港邻近海域的气候状况，起初只有数十艘，1891年开始增至二百多艘。由于天文台透过船舶收集到的气象信息与日俱增，在二十世纪初船舶海上气象观测资料多达两万多天，是了解我国南海气候状况的宝贵资料。

2. 青岛观象台

青岛观象台始于1898年。1897年，德军夺占青岛胶州湾，次年即在青岛设置观象台。青岛观象台包括气象、天文、地震、地磁、海洋等部门。它原来叫胶澳商埠观象台，隶属于德国海军港务测量部。1900年独立为气象机构。

（三）外国殖民者在华建立海关观测网

海关气象观测也是外国殖民者因其商贸和航运需要而建立的气象观测站网体系。其观测站点多、年代长，在我国的气象观测史上具有重要地位。气象和船舶航行安全有着密切联系，准确的海上气象情报有利于西方殖民者的海上贸易。

1869 年，担任海关总税务司的北爱尔兰人赫德决定在我国海关设立气象观测站，11 月 12 日，海关总税务司署第二十八号通令颁布后，赫德通过金登干（J. D. Campbell）一方面在欧洲积极物色气象人才，筹办海关气象台，另一方面采购气象仪器设备。但由于种种原因，海关气象台并未建成。后来，海关选择与徐家汇观象台、香港天文台开展合作，广泛进行气象数据的收集。自十九世纪八十年代起，海关在气象方面和徐家汇观象台保持着密切的联系，向它提供气象数据。海关与徐家汇观象台的密切合作，与其专业知识有着直接关联。世纪之交，赫德的愿景也借助徐家汇观象台得以实现。

海关气象工作进展缓慢，但一些海关气象观测站在十九世纪七十年代早期就配备了气象仪器，并且将观测结果收集起来，一些数据在 1871 年就被收入海关出版的《海关医报》（*Customs Medical Reports*）中。

海关气象观测站分为两种。一种是灯船、灯塔。一些重要海岛、港口上的灯船、灯塔不仅仅用于保障来往船只航运安全，同时也承担着进行气象观测的重任。另一种是海关测候所，也即在海关口岸进行气象观测活动。灯船观测站从 1869 年开始小规模创建，气象工作也稳步展开，至 1905 年有四十一个站进行正规观测，其中有十五个站定时将气象电报传送至东亚五个观象台。

至二十世纪三十年代，海关总税务司建立的气象观测站有七十余处，主要分布在沿海口岸、岛屿及长江沿岸、边关一些商埠城镇。海关气象记录按月编制成报表，寄送海关总税务司署、徐家汇观象台及香港、东京等地区。海关气象观测站的建立，对了解、预测和研究中国及周边地区的气候有着重要价值。

此外，还有日本满铁公司在东北建立的气象观测站、沙俄中东铁路建设局在东北建立的气象台站、葡萄牙军方在澳门创办的气象观测站、法国滇越铁路建设公司在云南境内设立的气象台站等。历史地看，这些外人建立的气象台站，日后对我国自主创建气象台站有着影响。

三、开展气象考察活动

中国疆域辽阔，西北地区自古以来由于地理位置和民族特点，更加受到外国人的注意。从十九世纪中叶开始，一些外国人以探险队、考察队的名义到我国西北地区考察活动，十九世纪末到二十世纪初达到高潮期。当时来考察的有俄国、英国、德国、法国、瑞典、美国以及日本等十几个国家，考察活动范围也很广泛。西北科学考察团开启了大型学术考察的新局面，涉及的学科领域也是最广。

西北科学考查团是指 1927 年至 1935 年的中瑞西北科学考查团，它由中瑞双方团员组成。考察活动的发起人是瑞典人斯文・赫定（Sven Anders Hedin，1865—1952）。其中，气象组的团员十二人，中方与外方团员各六人，中方有李宪之、刘衍淮、徐近之等人。气象组的人员最多。

西北科学考查团的气象科学活动主要在内蒙古和新疆两个地区进行，范围广，地形也较为复杂。西北科学考查团的气象科学考察活动以 1930 年为界可分为两个阶段。第一个阶段的气象科学活动主要集中在包头、呼加尔图（今内蒙古乌拉特中旗百灵庙附近）、葱都尔、迪化、若羌、库车气象台站的建设。第一阶段考察的气象站点从内蒙古的包头开始一直向西到达新疆，最西到达库车，最南到达若羌。第二阶段以气象站点工作为主，主要集中在内蒙古益诚公与巴因托来。

西北科学考察团建立的气象台站包括长期气象台站、短期气象台站及山地观测站，在内蒙古与新疆地区共建立了七个较为固定的气象台站，内蒙古有哈那河（呼加尔图沟）、葱都尔、益诚公和巴因托来四处，新疆有迪化、若羌和库车三处。这些地方都较为空旷且平坦，不受地形的影响，利于观测。

（一）气象仪器

在气象科学活动中，仪器设备尤为重要。考察团的气象仪器全部由外方提供，且为当时最先进的仪器设备。考察团所使用的仪器设备种类很齐全，涉及温度、湿度、降水、气压等多个项目。考察团在内蒙古和新疆所使用的气象仪器见表 5-2、表 5-3。

表 5-2　西北科学考察团在内蒙古气象观测站的气象仪器表

呼加尔图气象观测站仪器	葱都尔气象观测站仪器	益诚公气象观测站仪器	巴因托来气象观测站仪器	包头气象观测站仪器
最低温度表	通风干湿温度表	地温计	自记温度表	干湿球温度表
通风干湿温度表	最高最低温度表	地下毛发温度计	自记温度表	最高最低温度表
最高最低温度表	温度自记表	空盒气压表	气压表	温度自记表
温度自记表	温度自记表	自记气压表	阿斯曼温度计	湿度自记表
湿度自记表		干湿球温度表	最高最低温度表	雨量器
黑白球温度表		最高最低温度表	自记温度计	风袋高杆
水银气压表		自记风力计	雨量计	
空盒气压表		自记温度计	白金温度计	
沸点气压表		自记日照计		
		玻璃球日照计		
		量雨计		

表 5-3　西北科学考察团在新疆气象观测站的气象仪器表

迪化气象观测站仪器	若羌气象观测站仪器	库车气象观测站仪器
气压自记表	气压自记表	干温度表
空盒气压表	空盒气压表	最低温度表
蒸汽气压表	温度自记表	最高温度表
温度自记表	湿度自记表	蒸汽气压表
湿度自记表	最低温度表	雨量计
温度表	最高温度表	大气压自记表

续表

迪化气象 观测站仪器	若羌气象 观测站仪器	库车气象 观测站仪器
小温度表	蒸汽气压表	大温度自记表
最低温度表	温度表	大湿度自记表
最高温度表	小温度表	空盒气压表
雨量计	旋转温度表	
水银气压表	雨量计	
云向镜	风速度表	
云向铁杆	云向镜	
蒸馏器	蒸馏器	

（二）主要考察活动

考察团的气象观测主要分为三部分：地面观测、高空观测和辐射观测。

考察团气象组于 1927 年 5 月 10 日在包头进行简单的地面观测，5 月 20 日出发沿途进行气象观测，先后在包头、呼加尔图沟、额济纳河的葱都尔、迪化、库车、若羌、益诚公、巴因托来建立长期或短期气象站，每日进行三次的日常观测活动，观测时间分别为早上 7 时、中午 14 时、晚上 21 时。考察团在新疆还设立新地、马杂塔格、莎车、且末短期观测站，但由于观测时间太短，并没有留下完整的气象观测记录。

西北科学考察团的考察目的之一是建立航线，高空观测就尤为重要。考察团在西北地区首次进行高空观测活动，对高空环流有了初步的了解与研究。高空气象观测的主要工具为气球和风筝。考察团施放的气球共有三种，与在轮船上施放的氢气球相比小很多，最大的气球在一万五千米高度以上便已看不清楚。气球是用黄色或红色的橡胶做成的，小号的气球重三十克，在未施放以前，能载九十克的重量，大一点的重一百一十克，最重的三百二十五克，小的前进力每秒一百五十米，大的前进力为每秒二百五十米。1927 年 5 月考察团离开包头西进时，带有大批测风气球、经纬仪、计算高空风的绘图板等设备，沿途进行气象观测，每天施放由郝德从德国带来的测风气球，测定空中各高度的风向风速，这也是我国境内首次施放测风气球测定高空风。风筝探空则主要是在益诚公与巴因托来进行，利用风筝携带气象自记仪器观测不同高度的气压、温度和湿度。

辐射观测项目则是西北考察团气象组于 1931 年夏季在狼山北面的益诚公及 1932 年在距离益诚公七百公里处的巴因托来开展的，益诚公观测位置是在戈壁东部北纬 41° 54′、东经 107° 45′，海拔一千五百米的一个水潭；巴因托来在北纬 42° 04′、东经 101° 17′，海拔九百米的地方。辐射观测是将电阻温度仪放置在不同的高度直至离地面六米以上，用来进行温度测量。在同一时间观测地下不同深度的土壤温度直至地下两米。每天进行八次观测，分别是在日出前、太阳高度 10°时、上午 10 时、正午 12 时、午后 14 时、落日太阳高度 10°时、日落时、晚上 21 时至 22 时。

西北科学考察团是中外合作且完成度较高的一次学术考察活动，其所进行的气象科学活动使人们对西北地区的气候科学环境有了大概的了解，也是中国西北地区气象资料从无到有的一个里程碑，其考察的珍贵资料也为气象工作者对西北地区气象观测的发展有重要的参考价值。

四、开展气象知识培训

第二次世界大战期间，中美两国合作开展军事行动，共同抗击日本侵略者。其中气象培训是两国合作的重要内容，合作顺利开展，培养了大批气象人才。

（一）中美重庆气象培训

1942 年 5 月，美国海军中校梅乐斯奉命来到中国，与中方情报机构军统局负责人戴笠协商共同对日作战事宜，其中一个明确的任务就是在中国建立气象情报网，为抵御日本侵略者提供气象情报服务。1943 年 4 月 15 日，中美双方在华盛顿正式签订了《中美特种技术合作协定》，该协定第一条明确指出："为中美两国共同对日作战，组织中美特种技术合作所，交换日军海陆空军事情报和搜集中国大陆气象情报，训练游击队，挺进日军后方，协助美军在中国沿海登陆作战，共同迅速歼灭日寇。"

中美合作所成立后，下设情报、作战、气象等多个小组。其中，气象组的业务主要是开设、管理气象训练班和气象台站，为美国海军提供气象情报，进行军事气象保障服务。然而由于当时军队内部气象人员极度匮乏，所以开设气象训练班、培训本土气象人员便成为气象组乃至整个中美合作的首要任务。

1944 年 2 月，中美合作所在重庆沙坪坝区西北郊的钟家山开办了第一期气象人员训练班，正式开始气象人员培训。抗战期间中美所先后共举办过五期气象训练班，每期培训时间为三四个月，每期学员人数三十至五十人不等，大部分学员来自各地的军统局、特务机构。具备较强的无线电通信技术，为有效传播气象信息、建立战时气象情报网络等后续工作提供了便利。培训班的课程设置主要分为理论知识与实际操作两部分，介绍常用气象仪器的使用、保管、维护方法等，通过实际操作帮助学员掌握地面观测、高空观测、雷达观测等气象探测技术。同时，训练班还非常重视天气图表绘制、气象电码编译等，成功打造了一批批掌握扎实气象技术的学员。经过培训的气象学员，三至五人组成一个气象团队，携带着气象仪器和发报机，分赴各个气象站点，开始气象观测。

（二）中美延安气象培训

抗日战争时期，美军在我国西南地区设有多个空军基地，派战机对华北、东北等日军侵占区空袭轰炸，以及越洋远程作战，急需航路沿线的气象情报。此时，共产党军队积极开展敌后游击战争，武装力量迅速发展，解放区不断扩大。美国政府意识到必须与中国共产党建立联系，才能有效地保障航路沿线所在地区所有的气象信息。1944 年 7 月 22 日和 8 月 7 日，以包瑞德上校为组长的十八人组成美军观察组，又称迪克西使团，分两批乘飞机抵达延安。美军观察组在抵达延安后不久，便在凤凰山麓建立气象台开展地面、高空气象观测与航空气象预报业务，但气象台内部的简陋配置以及气象观测人员的人数远不能满足美军对航空气象保障的要求。中央军委与美国军方协商决定在美方气象专家协助训练下，合作组办气象测报人员训练班，并由美方提供所需的气象观测仪器及无线电通信器材，培训气象人才。

1945 年 3 月，气象人员训练班正式成立，中国共产党与美军合作培训气象人员等相关工作正式开始。在师资方面，美籍气象专家进行日常培训授课，中共中央也积极调派以张乃召为首的一批受过系统气象教育的工作人员来协助美军教官进行翻译教学等事宜。基于战时需要，中共中央从全国各解放区抽调了一批掌握通信技术的报务员作为培训对象。这些学员毕业后，在陕甘宁地区继续气象观测工作。课程安排与中美所的课程设置大致相同，所授知识皆为满足战场的需要，主要涉及气温、风向、湿度等理论知识，天气现象的观测方法与准则，以及空盒气压表、手提式阿斯曼风速仪等气象仪器的使用等。此外，受训内容还包括气象情报传递的规范化学习。这部分训练主要借由实地考察与实践这一途径来完成，实践地点定于美军观察组电台，由美军报务人员指导练习报务收发与其他相关器材的使用。

在中美双方的联合管理下，中美延安气象培训工作顺利完成。该气象人员训练班，又称清凉山气象训练队，紧密围绕实用性气象科技的普及与战时气象观测两方面展开培训活动，培养了中国共产党领导的第一批气象工作者。

第三节　近代气象留学生归国

近代气象留学生归国也是西方气象学传入的又一重要路径。

一、近代各时期气象留学生

近代留学活动主要分为六个时期：鸦片战争至甲午战争的朦胧、拓荒阶段；甲午战争至民国初年的觉醒、救亡、革命阶段；民国初年至二十年代末的自由发展阶段；1930 年至 1937 年全面抗战前的阶段；1937 年至 1945 年战时的收缩阶段；1945 年至 1949 年战后的留美热阶段。

（一）清末气象留学生

近代气象学留学活动开始于洋务运动时期。李鸿章等人为挽救清王朝的统治，积极学习西方先进的技术，其间派遣不少留学生出国留学，近代气象学留学生高鲁、蒋丙然即在此间出国留学。但当时无论是从派遣的人员数量还是从对学科的关注上来说，气象学显然还没能引起当局的注意。

1907 年，罗斯福在国会上宣布将庚子赔款的一半退还给中国以援助中国厉行教育，1909 年起该款项开始用于中国向美国派遣留学生。清政府遂筹建游美学务处附设游美肄业馆，并于 1909 年至 1911 年举办了三届庚款留美考试。三届共选拔了一百八十三名留学生前往美国学习，竺可桢即为第二届庚款留美生。

（二）民国初年气象留学生

民国初年，自费留学生在人数上大大超过了公费生，尽管当时留学日本和美国是主流，但是留学欧洲也未消沉，且留法生最多。由于第一次世界大战之后，赴欧洲各国的留学费用均有所增长，很多自费留学生很难负担起昂贵的费用，因此，不得不以“苦学”或“俭学”的方式来完成学业。李石曾、蔡元培等于 1912 年 2 月成立留法勤工俭学会，积极推进勤工俭学。胡焕庸留学时勤工俭学运动虽已走向低谷，但风气影响仍在，他和凌纯声等几个贫寒同学采用互助互济的办法，集资赴法国巴黎大学和法兰西学院留学。

（三）国民政府时期气象留学生

1928 年，国民政府实现了对全国的统一，在留学方面也加强了管理。1933 年 4 月颁布的

《国外留学规程》，成为民国政府一项重要的教育法规。

1910年，游美学务处更名为清华学堂，后又更名清华学校。到1929年共培养了一千三百名留学生赴美学习。1928年清华学校改建成立清华大学，隶属教育部，不再作为留美预备学校。1929年4月国民政府决定将清华大学庚款基金移交中华教育基金董事会管理，此后连续几年停派留学生，直到1933年才恢复。1937年全面抗战爆发，公费留美考试未能举办。之后清华留美考试又因太平洋战事发生，中美交通困难等原因延期。中间也进行过，郭晓岚就是1943年举办的这届考试所录取的。

美国于1908年退还部分庚款用于中国派遣留学生赴美深造之用，由此开了庚款留学的先河。受美国的影响，英国1925年通过了《中国赔款案》，1931年4月成立了管理中英庚款董事会，决定兴办教育文化事业，除补助我国兴建学校外，还有很重要的一点就是举办留英公费生考试。1933年8月正式选派庚款留学生，徐近之即被1938年第六届考试录取。

国民政府时期，各省市也根据各自需要派遣留学生出国留学，涂长望即为考取1930年湖北官费学习的留英生。

由本人自行筹集资金赴国外留学的自费生在这一时期也大量增加，气象学自费留学生有李宪之、刘衍淮、郑子政、张宝堃等。

（四）全面抗战时期气象留学生

全面抗战时期，国民政府为了节约外汇以备战时之需要，对留学教育进行了严格的限制。太平洋战争爆发后，国民政府与英美正式成为盟友，英美等国均向中国提供奖学金，其中1944年徐尔灏通过英美奖学金考试赴英国留学，朱岗昆于1947年得英国文化协会资助出国留学。

抗战后期，国际形势好转，在1943年的教育部遣派公费留学英美的学生计划中，可查的气象学留学生有叶桂馨、丘万镇、谢义炳、黄士松、程纯枢、陈其恭等赴美留学。此时，政府对自费留学放宽了学历限制，但必须经过考试。1943年，叶笃正通过国民政府第一届自费留学考试赴美留学。

除了留学考试外，教育部还积极选派研究人员出国考察，胡焕庸和张宝堃即是这时被政府选派出国考察的。

（五）抗战后的气象留学生

1946年7月教育部举行第二届自费留学生考试和复员后的第一届公费留学考试。其中考取气象学留学生的有留英公费生刘好治（海洋），留美公费生毛汉礼（海洋）、钱振武（气象），留瑞典公费生顾震潮（气象）。

由于第一届公费留学考试与自费考试同时举行，鉴于参加公费考试落选而成绩合乎自费录取标准的人中多有请求自费出国深造的，政府遂发给他们取得参加自费留学考试合格的证明。第二届自费留学的有高仕功、李廉（气象学）、谢光道、朱和周、吴伯雄、高景铭（海洋）等人。①

二、留学过程与气象学习

（一）气象留学生基本情况

近代，我国气象学留学生主要以留学欧美为主，其具体情况见表5-4。

---

① 刘真主编:《留学教育：中国留学教育史料》，第四册。台北编译馆，1980年，第2156页。

表 5-4　近代气象学留学生留学国家统计表

国家	比利时	美国	英国	法国	德国	菲律宾	日本	瑞典
人数	1	25	6	2	6	2	1	1
比例	2.3%	56.8%	13.6%	4.5%	13.6%	4.5%	2.3%	2.3%

注：有四人二次出国，一人三次出国，统计时各人按每次出国国家分别进行统计，共计出国次数四十四次。

由表 5-4 可知，中国近代气象学留学生留学最集中的国家是美国。第二次世界大战以后，美国已然成为世界科学技术的中心，吸引了大量的国外留学生前往学习。赴英留学的气象学留学人数从数量上来看与德国相同。英国是自十七世纪以来的很长一段时间内都是科学中心，虽然二十世纪初英国已经落后于美国，但其深厚的科学氛围仍然吸引了不少中国留学生。德国强调教育与研究相结合，广泛设立研究型大学，建设大学教学实验室，促进了自然科学包括气象学在内的各种自然科学走上自主发展的道路，也是气象学生留学的选择。赴法留学活动在经历了法国勤工俭学大潮之后，一度衰落，从气象学留学生留学法国的人数也可反映。赴菲律宾留学的两位气象留学生均为气象实习人员。1928 年 5 月，中央研究院气象研究所筹备处成立之后，竺可桢即开始筹划开展天气预报业务。当时所中职员虽然在气象学理论等方面已有相当了解，但缺乏实践经验。因此竺可桢派沈孝凰和黄厦千二人赴菲律宾的马尼拉气象台进修。

近代三十八位气象学留学生中，共出国四十四次，除了胡焕庸、刘恩兰的最后一次出国为出国考察，黄厦千、沈孝凰第一次出国为赴马尼拉观象台实习外，其他均在高校就读学习。所有留学生分布于二十五所高校当中，每个学校就读人数统计见表 5-5，其中，中国气象学留学生就读美国高校的最多。

表 5-5　近代气象学留学生就读学校及人数

国别	序号	学校	人数	比例
美国	1	伊利诺伊大学	1	2%
	2	哈佛大学	2	4%
	3	加州理工学院	3	6%
	4	克拉克大学	1	2%
	5	麻省理工学院	2	4%
	6	芝加哥大学	7	14%
	7	加州大学	2	4%
	8	加州大学洛杉矶分校	3	6%
	9	加州大学斯克利普斯海洋研究所	2	4%
	10	纽约大学	2	4%
	11	海陆空气象专业研究生部	1	2%
	12	空军气象学校	1	2%
比利时	13	让布罗农业生物技术大学	1	2%

续表

国别	序号	学校	人数	比例
德国	14	柏林大学	4	2%
	15	汉堡大学	1	2%
法国	16	巴黎大学	1	2%
	17	法兰西学院	1	2%
	18	巴黎海洋研究院	1	2%
英国	19	牛津大学	2	4%
	20	伦敦大学	2	4%
	21	利物浦大学	2	4%
	22	爱丁堡大学	1	2%
	23	英国皇家科学院	1	2%
日本	24	帝国大学	1	2%
瑞典	25	斯德哥尔摩大学	1	2%
其他	26	不详	4	8%

在气象学留学生就读的高校中，人数在两人及以上的学校共计十二所，如表5-6所示，分别为哈佛大学、麻省理工学院、加州大学、加州大学斯克利普斯海洋研究所、纽约大学、柏林大学、伦敦大学、利物浦大学、加州理工学院、加州大学洛杉矶分校、柏林大学、芝加哥大学；三人就读的两所；四人就读的一所；芝加哥大学就读人数最多，共七人。

表5-6 近代气象学留学生就读人次为两人及以上的学校

就读人次	2								3		4	7
学校	哈佛大学	麻省理工学院	加州大学	加州大学斯克利普斯海洋研究所	纽约大学	牛津大学	伦敦大学	利物浦大学	加州理工学院	加州大学洛杉矶分校	柏林大学	芝加哥大学

近代气象学留学生在国外学习的时间统计如表5-7所示。由表中数据可知，近代气象学留学生在国外留学时间以三年最多，其次为两年和四年。总的来说，中国近代气象学留学生在国外留学时间大多在五年以下，五年以上为少数。

表5-7 近代气象学留学生国外学习年限统计表

年限	＜1	1	2	3	4	5	6	7	8	未回	不详
人数	5	3	8	10	8	2	2	1	2	2	1
比例	11.4%	6.8%	18.2%	22.7%	18.2%	4.5%	4.5%	2.3%	4.5%	4.5%	2.3%

注：有四人二次出国，一人三次出国，统计时各人按每次出国国家分别进行统计，共计出国次数四十四次。

据《近代气象学留学生名录》统计，近代气象学留学生出国所获最高学位情况如表5-8所示。

表5-8 近代气象学留学生所获最高学位情况表

学位	博士	硕士	未获学位	不详
人数	16	12	7	3
比例	42.1%	31.6%	18.4%	7.9%

注：这里以留学生国外历次留学所获最高学位为准。

总的来看，中国近代气象学留学生在海外获得学位情况较好，获得硕士和博士学位者共计二十八人，约占总人数的73.7%。

（二）气象留学生学习课程

近代气象学留学生出国留学最主要的任务就是学习气象学课程。由于近代气象学留学生出国留学的时间、国家和学校都不甚相同，因此，所学气象学课程也有所区别。近代部分气象学留学生出国课程学习情况如表5-9所示。

表5-9 近代部分气象学留学生课程学习情况表

留学生	留学国家	留学学校	留学时间	学习课程
竺可桢	美国	哈佛大学	1914—1918	气象学、气候学、气候与人类学、北美气候、天气与天气预报、历史地质学、冰川沉积学、地震学、区域地理、科学史
刘衍淮	德国	柏林大学	1930—1934	气象学、实习气候学、高空气象学、气象预报学、地球物理学、大气物理学、军事气象学、地学、地形学、地图学、军事地理学、地理考察、海洋学及海洋实习、理论海洋学、高级物理学、理论物理学、高级微积分、微分方程、哲学概论、哲学史
李宪之	德国	柏林大学	1930—1936	同上
吕炯	德国	柏林大学	1930—1934	气象学、海洋学、地震学、气候学、弹道风
郑子政	美国	麻省理工	1937—1939	气象学、地形学、测量学、气象热力学、测候学
谢义炳	美国	芝加哥大学	1945—1950	普通气象学、天气实习、专业预报、数理复习课程、动力气象学、流体力学
黄士松	美国	芝加哥大学	1945—1946	普通气象学、天气实习、专业预报、数理复习课程、动力气象学、流体力学
		加州大学洛杉矶分校	1946—1950	动力气象学、流体力学、高等微积分、天气学
叶笃正	美国	芝加哥大学	1945—1950	天气学、函数论、数学物理学、气象观测、天气实验、低纬度天气学

注：①郑子政课程根据《竺可桢日记》1941年7月26日日记整理。

②谢义炳、黄士松课程根据《竺可桢日记》1945年6月28日日记[①]及《黄士松传》[②]整理。

① 其原文为："接谢义炳函，知渠于黄士松等将于廿五日（廿三来函云）出谷。据美国方面计划，先在Weather Bureau Station实习三星期后，自十月一日至三月十五日在芝加高大学读二季学期之课，其中有General Meteorology（每周四小时），Synoptic Lab（每周二十小时），及Mathematics & Physics refresher course（每周四小时）。至冬季学期，此课程即改为Professional Forecaster's Course（每周卅小时），可知工课之重矣。"竺可桢:《竺可桢全集》，第9卷。上海科技教育出版社，2006年。第439页。

② 陈云峰:《云卷云舒：黄士松传》。中国科学技术出版社，2015年，第48-57页。

可以看出，近代气象学留学生出国学习的课程具有一定的阶段性特征。竺可桢 1914 年至 1918 年在哈佛学习气象学时，主要学习的是一些气象学与气候学的课程，其学习课程的类别和种数都较为局限。随着时代推进，气象学课程种类增多且范围广泛，大多还需要学习一定的数理课程，尤其是二十世纪四十年代以后，动力气象学成为主流，数值天气预报成为气象学的主要任务，数理课程也受到更多的重视，高级物理学、理论物理学、高级微积分、微分方程等课程也成为基础课程。这些课程使留学生对当时的气象前沿有较为清晰的了解，更开阔了他们的视野，为他们打下了坚实的基础。

（三）气象留学生研究方向

从留学生的硕博士毕业论文来看，他们的研究方向和研究领域都呈现一定的特点。近代气象学留学生硕博士论文情况如表 5-10 所示。

表 5-10 近代气象学留学生硕博士论文情况表

留学生	留学国家	获得学位	获学位时间	博士论文	气象分支	研究地域	研究对象
蒋丙然	比利时	博士	1912 年	—	农业气象学		
竺可桢	美国	博士	1918 年	《远东台风的新分类》	天气学	远东地区	台风
涂长望	英国	硕士	1934 年	《中国雨量与世界气候》	气候学	中国 世界	雨量
李宪之	德国	博士	1934 年	《东亚寒潮侵袭的研究》	天气学	东亚	寒潮
刘衍淮	德国	博士	1934 年	《中国东南沿海天气与气候之研究》	天气学 气候学	中国	
黄逢昌	美国	硕士	1935 年	—	动力气象学		
黄厦千	美国	博士	1938 年	《华北之气团》	天气学	中国	气团
赵九章	德国	博士	1938 年	《关于湍流风落分布参量的确定》	动力气象学		
徐近之	英国	博士	1940 年	《苏格兰中央高地之河流网与构造及气候之关系》	气候学	苏格兰	
刘恩兰	英国	博士	1940 年	《中国雨量》	气候学	中国	雨量
赫崇本	美国	博士	1947 年	《利用统计方法分析北美洲大气形成》	气候学	北美洲	
郭晓岚	美国	博士	1948 年	《正压大气二维无辐散流的动力不稳定性》	动力气象学		
叶笃正	美国	博士	1948 年	《关于大气能量频散传播》	动力气象学		
谢义炳	美国	博士	1949 年	《北美冷涡的选例分析》	动力气象学		
朱岗昆	英国	博士	1949 年	《地球物理学中的月球潮汐作用》	地球物理学		
丘万镇	美国	硕士	1947 年	《对流层顶部之高低与空中温度之升降》	动力气象学		

近代气象学留学生的研究方向主要集中在气候学、天气学、动力气象学、地球物理学等领域。从时间上来看，二十世纪四十年代前主要集中在对气候学和天气学的研究，且研究的重点主要涉及台风、寒潮、气团等天气现象及雨量等历史阶段的气候要素的分析，三十年代中期开始，即主要转向对动力气象学的研究。

同时，近代气象学留学生的研究方向还与其导师有重要关系，导师研究方向和研究领域往往对气象学留学生产生引导作用。近代气象学留学生导师情况如表 5-11 所示。以朱岗昆为例，其赴英国牛津大学留学时，师从当时世界著名的地球物理和地磁学家查普曼（S. Chapman）。朱岗昆在其导师的影响下视野不断得到开阔，不只研究气象学，而将研究范围扩展到地磁学、高空大气物理和日地空间物理等分支学科。

表 5-11 近代部分气象学留学生导师情况表

留学生	留学生研究方向	导师	导师研究方向
竺可桢	天气学	沃德（Robert D. Word）和麦坎迪（Alexander G. McAdie）	不详
涂长望	气候学	吉尔伯特 . 沃克爵士（Sir Gilbert Walker）、罗士培（Percy M.Roxby）	大气环流
李宪之	天气学	费凯（H.V.Ficker）和柯诺克（K.Knoch）	天气学
刘衍淮	天气学、气候学	费凯（H.V.Ficker）和柯诺克（K.Knoch）	天气学
黄厦千	天气学	伊尔文・克瑞克	不详
赵九章	动力气象学	德芬特、费凯（H.V.Ficker）	天气学
郭晓岚	动力气象学	罗斯贝（Car-Gustaf Rossby）	动力气象学
叶笃正	动力气象学	罗斯贝（Car-Gustaf Rossby）	动力气象学
朱岗昆	地磁学	查普曼（S. Chapman）	地磁学
谢义炳	动力气象学	帕尔曼（E.Palman）、罗斯贝（Car-Gustaf Rossby）	动力气象学
黄士松	动力气象学	皮耶克尼斯（J. Bjerknes）	动力气象学
陈其恭	动力气象学	皮耶克尼斯（J. Bjerknes）	动力气象学

（四）气象留学生气象实习

气象实习是近代气象学留学生学习的必不可少的一部分。近代气象学留学生气象实习国家及实习台站如表 5-12 所示。

表 5-12 近代气象学留学生国外实习情况表

留学生	留学国家	留学学校	实习国家	实习台站
竺可桢	美国	哈佛大学	美国	蓝山气象台
黄厦千	菲律宾		菲律宾	马尼拉气象台
沈孝凰	菲律宾		菲律宾	马尼拉气象台
涂长望	英国	伦敦大学	德国	林登堡气象台
刘衍淮	德国	柏林大学	德国	林登堡气象台、坦派候夫飞行气象台
赵九章	德国	柏林大学	瑞典	不详
张宝堃	美国	哈佛大学	美国	蓝山气象台
谢义炳	美国	芝加哥	美国	美国国家气象局中期天气预报科
黄士松	美国	芝加哥	美国	美国国家气象局中期天气预报科
程纯枢	美国	芝加哥	美国	美国国家气象局农业气象业务科、艾奥瓦州立大学

从表中气象学留学生实习地点与其留学国家的比较可以发现，近代气象学留学生大多是在其所留学国家进行实习，仅少数人如涂长望、赵九章等的实习地点与留学地点不相同。实习地点以美国早期的蓝山气象台、后期的国家气象局以及德国的林登堡气象台最为集中。

（五）气象留学生国外考察

近代气象学留学生出国留学时大多会利用其留学之机遇，对外国的地理气象进行考察。留学生考察情况如表 5–13 所示。

表 5–13 近代气象学留学生考察情况表

留学生	留学国家	考察时期	考察路线
竺可桢	美国	留学期间	美国南部农村
胡焕庸	法国	毕业回国时	法国—英国—德国—中国
涂长望	英国	毕业回国期间及回国时	苏联 柏林 南欧—北非—西亚—南亚—中国
刘恩兰	美国	毕业回国时	美国波士顿—加拿大魁北克—法国—比利时—卢森堡—德国—荷兰—英国—爱尔兰—挪威—瑞典—波兰—苏联—中国
刘衍淮	德国	毕业回国时	德国—意大利威尼斯—中国
赵九章	德国	留学期间	英、法等欧洲国家
黄逢昌	美国	毕业回国时	美国—欧洲—中国
郑子政	美国	毕业回国时	不详

近代气象学留学生除了竺可桢和赵九章在留学期间进行考察外，大多选在毕业回国时期进行。当时，竺可桢在伊利诺伊大学攻读农业时，乘暑期时间深入美国南部农村进行考察，以此对当时美国的农业制度和种族歧视现象都有较深的感悟，从而利于学业发展。① 赵九章考察欧洲则因戴季陶去欧洲游历考察，请其作为陪同翻译。

从近代气象学留学生考察的国家来看，大多集中在欧洲。一方面因为近代气象学留学生大多集中在欧美国家。另一方面，二十世纪四十年代前，英国、德国等欧洲国家是气象学学术研究的中心，无论从气象学术传统还是气象发展经验来说都具有较大的价值，因此对欧洲国家的考察更具意义。

在考察内容上，留学生首先对国外的气象、地理等格外关注。以涂长望为例，他在回国时沿途对亚非地区进行实地考察，经过亚丁湾进入阿拉伯海中部时，遇到巨大的风暴，这场风暴一直持续了三天三夜，直到在孟买靠岸才好些。涂长望以其专业的好奇心和敏锐度，对这场风暴做了探查。他利用轮船间隙，特地到当地气象台了解情况，并与那里的英国籍台长、印度气象人员进行了几天的工作和学术的交流。②

① 张彬：《倡言求是，培育英才：浙江大学校长竺可桢》。山东教育出版社，2004 年，第 10 页。
② 温克刚：《涂长望传》。当代中国出版社，1997 年，第 95 页。

其次对国外的风土人情和社会状况也很关注。1934 年，受旅英华侨反帝同盟的指派，涂长望去了苏联，其间考察了乌克兰共和国，并参观了首都基辅、工业中心哈尔科夫以及黑海之滨的奥德萨等地，还参观了莫斯科和列宁格勒的工厂、学校、文教科研单位。通过对当时苏联社会主义的发展现状及其工业、教育等事业的考察，涂长望确信中国必将发展，也更加坚定了其为国服务的意志。

三、归国后奠定中国近现代大气科学基础

中国近代气象留学生回国后尽其所学，积极为国内的气象教育、气象科研以及气象事业建设而努力，为中国近现代大气科学发展做出了杰出贡献。

（一）中国近代气象教育

二十世纪二十年代以前，全国各高校均无专门的气象学专业，更不用说气象系了。气象学留学生们回国后积极普及气象科学，发展气象教育，在中央大学、清华大学等全国知名学府相继建立了气象学系。其中，竺可桢作为中国近代气象高等教育的开创者，功不可没。竺可桢回国后的最初两年，在武昌高等师范学校讲授地理和气象学课程，之后赴南京高等师范学校任教，在国文史地部讲授地质学、地文学、气象学等课程。1921 年，竺可桢借南高改建为我国第二所国立大学东南大学及系部调整之机，“有意促成地质学、地理学和气象学的融合”。[①] 在他的建议下，调整初期的地理学系改设为范围较广的地学系，这是“中国大学中的第一个地学系”，[②] 竺可桢成为地学系首任系主任。在竺可桢的推动下，气象学成为地学系中的一个专业，而不是附属课程。这也是首次将气象学作为一个专业纳入大学教育体系和高等教育体制中，跨出了我国气象学科高等教育关键的一步。

我国气象高等教育起源于二十世纪二十年代早期，1918 年竺可桢在武昌高等师范学校任教地理学和气象学，1920 年秋受聘南京高等师范学校。1921 年竺可桢在国立东南大学（南京大学前身）创立地学系气象组（专业）。1929 年清华大学建立气象学专业，1946 年成立气象系。1944 年国立中央大学（南京大学前身）建立我国第一个气象学系。1936 年，在浙江大学文理学院中增设了史地系，抗日战争全面爆发以后史地系随浙江大学西迁，1946 年史地系随浙大回迁杭州。到四十年代末在北京大学、东南大学、清华大学、浙江大学等高校逐步形成了我国近代气象高等教育体系，培养出了程纯枢、郭晓岚、叶笃正、谢义炳、陶诗言、黄士松、高由禧和顾震潮等一大批杰出的气象学家。

许多留学生回国后，大多前往高校任教，中央大学、清华大学、浙江大学成为近代留学生的主要聚集地。当时国内气象学还没有统一的课程标准，各个学校的气象学课程主要由归国留学生根据自己所学和当时国内气象发展情况和需要自行开设。

不管是开设气象学系，还是担任气象学教师，其主要目的就是将国外所学知识带回国内，转化成中国人的气象科学。在这个本土化的过程中，气象教材的编写则是关键。气象学教材的编写是留学生进行气象科学教育和气象知识传播的重要载体，也是国内气象科学得以由学习国外到自主发展的基础，因此，近代气象学留学生回国任教时，面对国内气象学教材空白

---

① 张九辰：竺可桢与东南大学地学系——兼论竺可桢地学思想的形成。《中国科技史料》，2003（2）：114。

② 樊洪业：《竺可桢全集》，第 1 卷。上海科技教育出版社，2004 年，第 29 页。

或陈旧的现象，大多会编写教材。其编写教材情况如表 5-14 所示。

表 5-14　近代气象学留学生编写讲义、图书情况

留学生	时间	教材名称	类别
蒋内然	1915 年	《实用气象学》	图书资料
	1917 年	《理论气象学》	讲义教材
	1919 年或 1920 年	《通俗气象学》	讲义教材
	1919 年	《航空应用气象学》	讲义教材
	1945 年	《气象器械及其观测法》	图书资料
竺可桢	1919 年	《地学通论》	讲义教材
竺可桢	1920 年	《气象学》	讲义教材
胡焕庸	1938 年	《气候学》	讲义教材
刘衍淮	1935 年左右	《中国天气》	讲义教材
赵九章	1938 年	《理论气象学》	讲义教材
		《大气涡旋运动》	讲义教材
		《大气物理学》	讲义教材
		《高空气象学》	讲义教材
黄厦千	1938 年左右	《航空气象学》	讲义教材
	1928 年	《测候须知》译	图书资料
吕炯	—	《天气预告学》	图书资料
		《测风气象观测需知》	图书资料
竺可桢、涂长望、张宝堃	1936 年	《中国之雨量》	图书资料
竺可桢、吕炯、张宝堃	1940 年	《中国之温度》	图书资料
金泳深	—	《气象常用表》	图书资料
陆鸿图	—	《航空气象概要》	图书资料
	—	《中西名词对照表》	图书资料
程纯枢	1948 年	《中国天气范型》	图书资料

（二）中国近代气象科研

近代气象学留学生在将西方气象学引入国内的过程中，就深刻意识到不仅需要引进和吸收先进的气象理论知识，还要建立专门的气象组织和研究机构，以团结气象研究人才，统筹气象研究和发展方向，不断推进气象科学研究。

近代气象学研究机构中最具代表性也最具影响力的机构即为中央研究院气象研究所，气象学留学生在其建立和发展过程中发挥了关键作用。一方面，气象研究所建立与早期发展离不开竺可桢等人的努力。另一方面，在许多气象学留学生的支持和奋斗下，气象研究所才得以日益壮大。这些在海外经受过气象教育和科研训练的气象学留学生不仅缓解了国内气象科研人员极度紧缺的状况，还在所内开展各种气象科学研究，使得气象研究所的规模渐大，在近代气象学研究和气象事业建设方面的影响力也与日俱增。

随着中央研究院气象研究所的建立和壮大，中国气象科学研究工作在留学生的指导带领下逐步有序展开。在研究力量薄弱的情况下，竺可桢组织当时负责各项观测、天气预报、资料审核整编等项任务的测候员进行气象研究工作，① 规定“本所研究员自所长以下，除担任专务外，均同时担任研究”。② 这一规定的实施，有效地调动了尽可能多的人投身到气象科学研究当中。沈孝凰、黄厦千、陆鸿图等人当时虽为测候员，也产生了不少研究成果。

1944 年，赵九章接任气象研究所所长一职时更是有效地对所内科研工作进行统筹安排。在他组织和影响下，所内研究工作低迷的状态得以调整，研究风气也极大改观。当然，赵九章对气象研究工作的影响不仅在于使气象科学研究得以有序进行，更在于将气象研究所乃至当时整个国内的气象研究工作向世界前沿方向引领。他时刻注意国际气象学发展动态，在研究工作上也紧紧地跟随世界前沿。从其 1944 年和 1946 年对所内研究人员的工作安排来看，涉及大气环流、风暴理论、气团分析，地磁测定及地球物理等多项内容，大多都是当时气象学界的前沿问题。

近代以竺可桢和赵九章为代表的气象学留学生在研究任务安排和研究制度设定上为近代气象研究人员指明了方向，也使得近代气象学留学生群体在气象研究工作上取得了丰硕的成果，其中非常杰出的是顾震潮和叶笃正（见表 5-15、表 5-16）。

表 5-15　1944 年赵九章对所内研究工作安排

研究人员	研究内容	研究任务
叶笃正 赵九章	气压场之研究	系统阅读 Leipzig 学派之波浪理论应看书籍，单篇约二十多种
黄士松	中国季风之进退问题	系统阅读 Bergeron、Achinge、Petterssen 等著作
朱岗昆	中国大气环流	整理各高空记录并系统阅读此方向论文
毛汉礼	研究及整理边疆地理	完成前作“华中霜灾之预告”一文
郭晓岚 赵九章	研究 Energy Transformation & Efficiency of the West Wind Belt Circulation	系统阅读 Rossby 氏近年来之中心工作各论文

表 5-16　1946 年赵九章对所内研究工作安排

研究人员	研究内容
朱岗昆	东亚大型涡旋运动能量之交换
赵九章、陶诗言	东亚大型涡旋运动
赵九章等	活动势力之形成与水平力管场之关系
朱岗昆	气象要素之间谐分析
赵九章、朱和周	气象波动之研究

① 陈学溶:《中国近现代气象学界若干史迹》。气象出版社，2012 年，第 33 页。

② 国立中央研究院文书处:《国立中央研究院总报告（民国十七年度）》。国立中央研究院总办事处，1928 年，第 208 页。

续表

研究人员	研究内容
赵九章、顾震潮	水汽蒸发公式
顾震潮	阵风中之风之普遍频率分布定律
顾震潮	平行板件之激流行动
张宝堃	中国雨量之类型探讨
顾震潮	太阳气候与大陆性规准
赵九章、林书闵	中国气团之分析
毛汉礼	台湾之气候与农业地理

顾震潮作为中央大学气象毕业生，其出国留学时师从世界著名气象学家罗斯贝，学成归国后致力于气象事业，在数值天气预报、大气物理、人工降水等领域成果颇丰。民国后期动力气象学研究兴起之际，顾震潮已有相关成果，是该领域代表性的学者之一。他的论文《短期天气预报的流体力学方法引论》《动力气象与天气预报》等文章将动力气象学与天气预报相结合，推动了动力气象学的新发展。

西南联大气象系毕业的叶笃正，1945 年公派留学美国攻读气象学，在动力气象学领域取得很大成就，成为民国时期气象学生中科研成果丰硕且极具代表性的学生。他在留学期间师从著名气象学家罗斯贝，在国外学习期间发表了大量的论文。"他的博士论文《关于大气能量频散传播》受到各国气象学界的重视。在这篇著名的论文里，叶笃正对影响天气发展的大槽和大脊的预报提供了科学的依据。"① 这篇博士论文中提出的动力气象学理论沿用至今，被称为动力气象学的三大经典理论之一。

除了中央研究院气象研究所的科研成果众多之外，蒋丙然在青岛观象台期间也开展了较为丰富的气象科学研究工作。在蒋丙然先生的带领下，观象台开创了高空气象观测、太阳黑子观测等研究项目，并且充分利用之前德国人留下的子午仪、等高仪、里弗拉电气钟等仪器，建立起我国适用的授时服务系统。蒋丙然在青岛观象台期间的科研工作是我国气象科研历史上光辉的一页。

（三）民国时期的气象事业

民国时期以前，国内没有一个自己的气象组织和研究机构，海关所设的测候所由外人把持。在这种情况下，近代气象学留学生如蒋丙然、竺可桢等人均为创建健全的气象研究和组织机构而努力，先后建立了中央观象台、中央研究院气象研究所和中央气象局等国人自办的气象组织和研究机构，逐步统筹气象事业有序开展。

我国的气象事业始于中央观象台气象科，气象科的气象工作则由蒋丙然始创。民国元年，蔡元培任教育部长后，创建中央观象台，并聘请天文学家高鲁为台长，设历数、天文、气象、地震、地磁诸科。高鲁于 1913 年聘任蒋丙然为气象科科长。1913 年 7 月气象科正式开展工作，中国的气象事业从此起步。正如蒋丙然所说："气象一名词，亦于此时在中国开一新纪元。"

① 杨萍、叶梦姝、陈正洪：《气象科技的古往今来》。气象出版社，2014 年，第 119 页。

而后因战时需要，气象界的有识之士认识到中国气象事业的落后状态，迫切地希望有组织能够统一管理全国气象事业。于是，1937 年 5 月在竺可桢的主持下，国民政府同意积极筹办中央气象局。但因全面抗日战争爆发，直至 1941 年，中央气象局才在重庆成立，成为管辖全国气象事业的行政机关。

同时，在国内气象事业起步的关键阶段，为了维护国家气象的主权和尊严，收回外国人操控的气象台站也实属必要。气象留学生积极倡议，为此努力。最先被收回的是青岛观象台，蒋丙然、竺可桢等人为其收回发挥了重要作用。除此之外，1945 年抗战胜利后，徐家汇天文台也在竺可桢、郑子政的交涉下接收成功。青岛观象台和上海徐家汇天文台的收回，不仅是我国气象主权回归的标志，也是我国自主建设气象事业的表现。

气象留学生意识到气象台站的建设是开展近代气象事业的基础，蒋丙然、竺可桢均提出在全国范围内扩充测候所的建议，留学生们更是积极促进合理、科学和统一的观测规范的建立，有效地推动了全国气象观测事业的前进与发展。留学生还积极创建气象学会，创办多种气象专业期刊，并在这些气象刊物中刊登了大量有价值的学术论文，并将这些气象期刊与国内外气象机构交换，以促进国内和国际间的气象交流和资料共享。这些举措不仅吸纳了不少有志于气象建设和研究的工作人员及业余爱好者加入到气象科学研究队伍当中，还在客观上对推动了气象科学研究的普及和传播。

第四节　近现代大气科学传入的社会动因

明清时期，我国对自然的观察依然停留在经验主义阶段，对物候知识的掌握让中国沉浸在小农经济自给自足的满意中。而同一时期西方的封建制度荡然无存，工业化的进程、科学的怀疑精神都在促使欧洲快速向前发展。此时西方的气象学术有很大突破，并伴随着两次西学东渐传入中国。在时代背景下，西方气象学传入中国的动因较多，主要分为被动接受和主动学习两类，即外部因素和内部因素。

一、近现代大气科学传入的历史背景

在西学东渐的历史环境下，西方气象科学传入中国，加速了天文与气象的区分，使得中国近代气象学得以独立发展。所谓“西学东渐”主要分为两个时期。第一次为明末清初时期，传教士来华带入西方译著与西式仪器。第二次为清朝晚期，即鸦片战争之后，西方列强再次打开中国国门，以各种媒介带来西学新知识，并在多处建立气象观测台站，从而让国人开始对气象学科加以关注。

（一）第一次西学东渐

明末清初，随着耶稣会传教士的到来，西学开始对中国的学术思想有所触动。这一时期的传教士带来了大量科学译著。气象知识多存在于天文、地理的专著中，如艾儒略的《职方外纪》、南怀仁的《新制灵台仪象志》《欧洲天文学》《坤舆全图》等书，都是在其中穿插介绍气象相关内容。同时，传教士们还带来西方先进的科学技术，气象仪器开始传入我国，其中带来最大影响的便是南怀仁、白晋和张诚、宋君荣在不同时间段所介绍和引入的温度计。但

是此时传教士并未在中国传播气象观测的科学性和先进技术，使得中国气象科学的近代化仅停留在对气象译著与气象仪器的认知上。就这样，传入中国的西方气象学仅在萌芽阶段便止步于雍正时期的“闭关锁国”政策，没有继续发展。

当然，明清之际第一次西学的输入，仍然给当时的中国社会带来了一种全新的文化体验，李约瑟对此也有中肯的评价：“在文化交流史上看来没有一件事足以和17世纪耶稣会教士那样一批欧洲人的入华相比，因为他们充满了宗教热情，同时又精通那些随欧洲文艺复兴和资本主义兴起而发展起来的科学……即使说他们把欧洲的科学带到中国只是为了达到传教目的，但由于当时东西两大文明仍互相隔绝，这种交流作为两大文明之间文化联系的最高范例，仍然是永垂不朽的。”①

（二）第二次西学东渐

19世纪中叶前后，中国国门再度打开。此时由于鸦片战争及英法联军的刺激，清朝政府开始推行洋务运动，这也促使西方的科学技术再一次传入中国，第二次“西学东渐”的风潮便在这时兴起。此时由来华西人、各种报刊、书籍以及新式教育等作为媒介，西方各学科知识大量传入中国，对于中国的学术、思想、政治和社会经济都产生了重大影响。

第二次西学东渐也是西方近现代气象学知识大量输入的时期。此时有了专门的气象译著，如《气学入门》《测候丛谈》等书，专门介绍了西方近现代气象知识。这一时期，气象观测的应用更是有了显著的飞跃。来华的传教士与外人在中国创办了多所观测机构，气象观测仪器也相继大量投入使用，并有连续的观测记录，为各海关港口提供了准确预报。这使得国人逐渐意识到气象观测的重要性，开始接受、学习西方气象的先进理论，对气象学科加以关注。同时，欧洲列强的侵略也激起了朝野上下自强的决心，国内出国留学人数增加。

可以说第二次西学东渐使得国人真正开始研究气象这一学科，使其有独立的学科发展体系，中国近代气象学就此加速向前。

二、近现代大气科学传入的内外动因

西方气象学传入中国的动因分为外因和内因两类。外因分为传教士来华传播教义和西方国家扩张的需要两方面，内因又分为国家自身发展的需要和留学生回国投身气象事业两部分。正因为有了外部因素的推动，才使得大量西学知识传入明清之际的中国，其中便包括西方气象理论、气象仪器等。同时，又因西方列强的入侵，清末民初的有识之士意识到国家的危亡与落后，他们主动学习西方先进的科学技术，力求夺回主权、振兴中国，其中气象观测技术便在此时发展迅速，这便是西学传入的内在动因。

（一）外部因素

一是传教士奉命传播教义。明清时期，西方天主教内部进行宗教改革，大力主张向东方发展，使得传教士纷纷来中国传播教义。传教士来华虽是西方统治者企图控制东方的一种方式，但其直接目的是为了传播天主教，即利用文化渗透的方式征服和取代中国文化。传教士们沿用“以学术为媒”的方式作为改变中国社会的武器，试图用先进的科学技术获取国人信任，这就使得传教士将西方大量的新兴学科传入中国，其中便包括气象学科。他们译介西学，

---

① 李约瑟：《中国科学技术史》第四卷。科学出版社，1975年，第693页。

或亲自著书立说，通过书籍将西方近代气象知识传播于众。同时，他们带来先进的天文、气象仪器使得中国的天文与气象得到了区分，气象观测也由原来的观察物候现象逐渐转变成了近现代的仪器观测。到了晚清时期，传教士的气象观测活动更是以团体活动为主要方式，通过建立气象台站实行定点观测，从而无形中让国人意识到气象观测的重要性，推动了中国气象学科的近代化进程。可以说，传教士来华传播西学对中国近代气象学的发展起到了铺陈奠基的作用。

二是西方列强扩张的需要。十九世纪中叶前后鸦片战争爆发，列强用武力打开了中国大门。随着西方列强的入侵，大量先进的科学技术传入我国，其中西方气象学快速在中国传播与发展。此时为了搜集更多气象情报以便军事作战，各列强国在中国境内建立了各种气象观测台站、测候所等，为他们的军事、航运以及商品运输等活动提供气象保障服务。近代海关测候网的建立，便是外国殖民者为加强对各沿海港口的控制而建立的观测网络。为获取精确的气象观测数据，他们从各国带来了最新气象观测仪器以及掌握观测技术的气象观测人员，推动了西方先进的气象观测技术在华的覆盖。又因灯塔观测站每日的观测数据要传往观象台站，从而带动了国内气象电报的发展。

如此可见，由于战争中气象观测的需要，各列强将西方气象仪器、观测技术等不断传入中国，使得国人意识到气象作为一门实用型学科独立发展的重要性，从而促进了西方先进气象仪器的传入与观测事业的发展。

（二）内部因素

一是强国发展的需要。清朝末期的鸦片战争打开了中国的大门，强大的外国侵略者让国人逐渐意识到中国的落后，急需新政巩固统治，于是国人开始寻求强国御辱之道，"师夷长技以制夷"成为开明士大夫的迫切要求。此时由于社会对科学的需求程度大大提高，西学开始大规模在华传播，国人主要要求掌握西学。如清政府首先接受洋务派的建议，兴办军事工业和民用工业，西方先进的科学技术得以应用。同时，一些知识分子阅读科学译著，使得西学之风在学堂盛起。而后又有戊戌变法时期，西学在思想文化上对国人的渗入。

社会的进步，需要引入处于发展状态的新兴学科，来满足社会文化发展的需求，气象学科便在这时引入。对于气象学科而言，则包含了气象学原理、气象学仪器、气象学研究方法等理论要素。此时西方近现代气象学理论、仪器等知识已较为全面地出现在科学译著中。气象观测上，国人也已逐渐对气象台站产生主权意识，认识到气象观测对国家的生产、铁路、航海等皆为有利，所以大力学习掌握其观测技术。这一时期，国家内忧外患，亟待发展，西方先进的科学技术给了清末民初社会一个精神支点，从而极大地促进了西方近现代气象学在中国的传播。

二是留学生回国投身气象事业。在列强试图对中国殖民入侵的同时，国内一些有识之士认识到西方先进的科学技术对于富国图强的重要意义，便开始选派人员出国学习，留学因此兴起。随着西方气象科学的不断发展以及出国留学生的增多，气象学科日益受到关注。早期一些留学生出国学习时才接触到西方气象学的课程和实践，后面则专门对气象学加以深造，以求回国大力发展气象学科，建设国家。

如 1910 年考取庚款留学的竺可桢最初赴美国伊利诺伊大学农学院学习农学，后因入校后感到美国大农经济与中国小农经济的差异，并且当时美国的农业科学也很落后，于是便转入哈佛大学学习气象学。学成回到国内的竺可桢坚持科学救国，潜心研究气象，大力发展我国气象教育和气象科研，推动我国更多的知识分子学习先进的气象科学。同样的还有赴比利时双卜罗大学学习农业气象的蒋丙然。当时我国没有独立的气象事业，大部分气象台站控制在西方国家手中。他归国后任中央观象台气象科科长，并积极处理接收青岛观象台主权等相关事宜，正式带动了中国气象事业的起步与发展。还有其他一大批优秀的气象留学生也功不可没，是他们将西方先进的气象理论带回国内进行普及和发扬，从而持续扩大了西方气象学在国内的传播与发展。

参考文献

[1]（美）马祖圣．历年出国/回国科技人员总览（1840—1949）[M]．北京：社会科学文献出版社，2007：196.

[2] Bickers R. Throwing light on natural laws：meteorology on the China coast，1869-1912 [M]//Treaty Ports in Modern China. Routledge，2016：179-200.

[3] Brönnimann S，Allan R，Ashcroft L，et al. Unlocking pre-1850 instrumental meteorological records：A global inventory [J]．Bulletin of the American Meteorological Society，2019，100（12）：ES389-ES413.

[4] MacKeown P K. Early China coast meteorology：the role of Hong Kong [M]．Hong Kong University Press，2011.

[5] Pui-Yin H. Weathering the storm：Hong Kong Observatory and social development [M]．Hong Kong：Hong Kong University Press，2003：169.

[6] 曹冀鲁．康熙时期法国传教士张诚日记的气象记录考 [C]// 推进气象科技创新加快气象事业发展——中国气象学会 2004 年年会论文集：下册．2004.

[7] 曹增友．传教士与中国科学 [M]．北京：宗教文化出版社，1999.

[8] 陈云峰．国民政府时期的福建气象业务进展 [J]．气象科技进展，2016，6（5）：74-78.

[9] 郭福祥．西洋仪器与清代宫廷的科学世界 [J]．明清论丛，2016（1）.488.

[10] 李平，张建雄，杨林聪．抗日战争时期的中美气象情报合作 [J]．阅江学刊，2015，7（5）：38-42.

[11] 刘昭民．中华气象学史 [M]．台北：台湾商务印书馆出版，2011.

[12] 刘真．留学教育：中国留学教育史料：第四册 [M]．南京：国立编译馆，1980：1913.

[13] 罗嘉，张军．抗日战争时期中美气象合作及其影响研究 [J]．兰台世界，2016（16）：98-101.

[14] 石云里．康熙宫廷里的一缕机械论科学之光——在华耶稣会士介绍温度计的另一著作 [J]．科学文化评论，2013（1）：43-55.

[15] 孙颖．中瑞西北科学考察团之气象科学活动研究 [D]．南京信息工程大学，2017.

[16] 吴增祥．中国近代气象台站 [M]．北京：气象出版社，2007.

[17] 章开沅．中国人留学史：上册 [M]．北京：社会科学文献出版社，2013：388.

[18] 孙毅博．民国中央研究院气象研究所研究（1928-1949）[D]．河北师范大学，2015.

[19] 吴燕．科学、利益与欧洲扩张近代欧洲科学地域扩张背景下的徐家汇观象台 1873-1950 [M]．北京：中国社会科学出版社，2013.

第六章　我国近代主要气象机构

鸦片战争之后，帝国主义加紧了对中国的侵略，中国逐渐沦为半殖民地半封建社会。为其侵略目的服务，英、法、德、日、俄等国在中国设立气象台站、开展气象活动、进行气象培训，同时继明清时期的第一次西学东渐后，间接地继续将比较先进的气象技术输进了中国。从民国开始，中国人逐渐开始独立建立自己的气象机构团体，包括气象台站，主要气象机构团体有中央观象台、青岛观象台、私人自建气象台站、中央研究院气象研究所、中央气象局、延安气象台。

第一节　徐家汇观象台

徐家汇观象台在鸦片战争后，由法国天主教耶稣会传教士为扩大传教和实现其在南京与上海间建立观象台的计划为目的筹划、主持建立，集气象台、天文台、地磁台、地震台于一身。与明清时代传教士来华谦虚含蓄、兼容并包、注重与中国儒学融合不同，中国战败后，西方传教士的姿态更为强势、激烈，西方近代气象学也以这种激烈、全盘移植的方式进一步传入。

一、徐家汇观象台的创建及沿革

1873 年，清末法国来华耶稣会士在上海筹建徐家汇观象台，2 月动工，7 月竣工，8 月正式建立并在新址观测。徐家汇观象台的法籍工作人员隶属于法国科学院或其下属的巴黎天文台。该台是“中国境内最早的近代意义上的科学研究机构，近代意义上的气象台站网在中国的建立是由徐台完成的”[①]。

1937 年七七事变和 1941 年太平洋战争爆发后，徐家汇观象台的部分观测和科研工作被迫中断，二战结束后，工作仍处于衰落阶段。1949 年上海解放，1952 年 12 月 12 日，根据中央人民政府外交部指令和上海市军事管制委员会命令，中国科学院和军委气象局共同接管了徐家汇观象台。徐家汇观象台的气象部分由军委气象局接管，授时、地震等部分由中国科学院接管，徐家汇观象台分别改组为上海气象台和上海天文台，结束了外国人在中国开办气象事业的历史。

---

① 吴燕：徐家汇观象台与近代气象台网在中国的建立。《自然科学史研究》，2013，32（2）：165。

二、徐家汇观象台的气象业务及对外联系

徐家汇观象台于1872年12月1日开始进行气象观测，一直延续至今，虽站址稍有偏移，记录却从未间断，这是国内最早开始的持续性现代气象观测。在能恩斯的推动下，1882年12月电线通达徐家汇观象台以获得气象报告，1884年为了观测垂直风的变化设立木质结构信号塔，塔高约40米，当时先进的贝克莱风速表被安置在木塔顶上，是亚太地区最早的信号塔之一；1900年砖塔落成，高40米，于1909年被拆除；1910年改建铁塔，高35米，顶端安装贝克莱风仪；1906年建造的混凝土信号塔塔高36.8，铁杆高12米。

徐家汇观象台建台以来陆续开展的主要气象观测业务有气压、温度、湿度、雨量、日照、地温、草温、井水温度、蒸发、风、云、高空测风、臭氧观测等，是我国气象连续记录时间最长的一个台。徐家汇观象台于1879年开始尝试发布天气预报，1895年9月开始建立正规天气图分析预报业务，同年12月31日绘制出中国第一张东亚地面图。1896年1月1日到1941年，天气分析预报业务基本保持不断，每天上下午各绘制天气图一张，还开展了国内外气象通信业务。徐家汇观象台开展的气象服务包括天气预报服务、信号服务、气候资料服务等，开展了台风、气候、大气环流和温带气旋等研究。

除了开展丰富的气象业务和气象科研之外，徐家汇观象台还进行了十分丰富而广泛的对外联系和国际交往，包括组织国际会议和科技协作、交换情报资料、接待参观访问和对外指导帮助等。徐家汇观象台参加的较早的国际会议为：劳积勋台长于1904年和1909年先后出席在奥地利和英国召开的国际气象组织大会，1912年参加在日本东京召开的远东气象会议。在这三次会议上，徐家汇观象台在气象航海服务方面的开创性工作，受到国际气象组织的高度评价；1879年，徐家汇观象台开始从包括日本、俄国、越南等国在内的国内外60处气象台站搜集气象情报，同时制定英文字母五字电码（后改用六字电码）向国内外26个台站发气象情报，后有所扩展；观象台成立后，先后接受了中国官员和法、德、意、美、日等国外有关人员的参观；南通军山观象台、青岛观象台、北京中央观象台等在建台选址和人员培训等方面，都得到过徐家汇观象台的指导和帮助；许多著名科学家和军政界人士如竺可桢、蒋丙然、严济慈、张謇、翁文灏等都与徐家汇观象台有书信来往和业务联系。

对徐家汇观象台的认识要客观、全面。徐家汇观象台有其为了殖民目的服务的一面，同时，徐家汇观象台通过气象业务和科研、气象台站网的建设和国际交往活动的开展，特别是通过对南通军山气象台、青岛观象台、中央气象台的帮助和指导，也为中国近代独立开展气象事业起到了不小的作用。

第二节　青岛观象台

青岛观象台伴随着中华民族的兴衰，先后经历了德国占领时期（1898年3月1日至1914年11月11日）、两次日本占领时期（1914年11月11日至1924年3月1日，1938年1月10日至1945年8月15日）。1924年3月1日中国政府从日本手里全部收回青岛观象台主权，经历了约14年的发展、扩充时期，到1938年1月10日又落在日本手里。1945年日本投降后，

青岛观象台被国民党驻青岛海军司令部接管并移交青岛市政府。1949 年青岛解放后，青岛观象台由中国人民解放军青岛军事管制委员会接管。

一、青岛观象台的创建及沿革

德国为了谋求港务和航务的发展，最早于 1898 年 3 月 1 日开始，在青岛开展气象观测，后成立独立的气象机构，定名为青岛气象天测所。1905 年迁址至水道山（观象山），每日进行三次气象观测记录。1909 年之后项目增多、业务活动加强，逐渐为世界所重视。1911 年 1 月 1 日，德国政府将其更名为皇家青岛观象台。

1914 年 11 月 11 日，日本占领青岛，观象台改为测候所，由日本海军要港部管辖。以搜集我国气象和海洋情报，服务于其军事掠夺为目的，先后增加气象观测的次数；增加日照、蒸发、云向、云速等气象要素观测项目；并在青岛市郊多处开始气象和海洋观测。从日占时期开始，青岛气象事业的殖民地属性越来越深。

第一次世界大战结束后，几经转折，我国政府才从 1924 年 3 月 1 日起正式全部收回青岛测候所的主权，蒋丙然出任所长，将气象观测增至每日 24 次。1924 年改称胶澳商埠观象台，后改为青岛观象台，蒋丙然任台长，下设气象地震、天文磁力两个科和一个事务处，蒋丙然兼任气象地震科科长，高均任天文磁力科科长。

1938 年 1 月 10 日，青岛观象台再度被日本占领，直到 1945 年 12 月才又被收回。王华文（字彬华，解放后以字代名），抗战胜利后代表国民政府从日本手中接管青岛观象台任台长，同时任青岛水族馆馆长、海洋研究所所长，全面开展气象、天文、地磁、地震、潮汐、海洋生物、海洋理化等诸方面业务，编辑出版书籍和刊物，进行国内国际学术交流等。1946 年 6 月 2 日，青岛解放，青岛观象台由中国人民解放军青岛军事管制委员会接管，全员继续留任。

二、中国政府管理时期的青岛观象台

一战结束，青岛观象台收回后，在蒋丙然的领导下，组织开展了许多气象业务和国内、国际有影响力的科研活动。在气象业务方面，一是改进和发展气象工作，包括扩充和完善气象观测、积极做好航运预报、开展天气预报的研究工作、建立郊区和岛屿测候所。二是开拓中国近代海洋事业，创立青岛观象台海洋科、实行近海测量、观测和推算潮汐、建立海洋理化实验室、考察海洋生物、注重海洋学研究和图书资料收集、建立青岛水族馆、设立海滨生物研究所。三是加强天文观测和设备更新、进行地震测量、普测山东沿海地磁力。

在科研活动方面，一是参加第四届、第五届太平洋学术会议，远东气象台台长会议。二是参加由法国组织的第一届“万国经度测量”活动，颇得国际称誉。三是应国际极年学会的请求，筹办青岛高山气象观测，设立高山测候所，积累了系统的高山气象资料。四是参加比利时独立百周纪念博览会。五是建立观象图书馆。到 1933 年以后，所藏图书不下数千册，图书馆也初具规模。六是奖励学术研究和出版书刊。青岛观象台从 1924 年 3 月起出版的刊物有《气象月报》、《海洋半年刊》、《天文半年刊》、《观象月报》、《高空观测报告》（年刊）、《青岛日历》（年刊）、《青岛节候表》。

在人才培养方面，青岛观象台也始终是市政府直辖的高等学术研究机构。1925 年开始，青岛观象台开创了由中国学者主持的，包括潮汐观测与推算在内的海洋观测，其观测目的逐渐由为地方及航海服务延伸到专业的海洋教育与学术研究。在蒋丙然任职期间，青岛观象台培养了阮幼青、刘鹤年、徐汇平、魏元恒、徐汇阔、刘振汉等高素质练习生。1926年海军部海岸巡防处筹设东沙岛气象台，遴选黄琇等十名学员赴中央观象台及青岛观象台见习，蒋丙然为他们讲授气象测候学，并指导实习。1928年，青岛观象台成立海洋科，这是我国第一个包括海洋水文、气象和生物观测的海洋研究机构。有论者称："此举实为我国政府兴办海洋事业之先声"。1930年，青岛观象台创办了中国第一份海洋科技期刊《海洋半年刊》，用于发表学术研究论文。1935年，中央航空委员会遴选三十余名学员送青岛观象台进行为期三个月的训练，为此，蒋丙然组建训练班，精心制订了理论与实用并重的课程，以期造就空军测候人才。1935年，为培养高层次的天文气象专业人才，蒋丙然联合山东大学理学院在物理系设天文气象组，并亲自讲授气象课程。王华文任青岛观象台台长期间，也兼任山东大学物理系气象组教授，讲授天气学和普通气象学。

三、中国气象学会在青岛观象台成立

中国自然科学学会始于19世纪末的中国科学社。上海徐家汇观象台于1892年组织过一个气象学会，召开年会进行学术交流和出版气象学术报告，1898年停止活动。1924年中国气象学会诞生至1949年新中国成立期间，是中国气象学会的初创和奠基阶段。

1924年2月，时任中央观象台气象科科长蒋丙然及东南大学气象教授竺可桢等，以"谋气象学术之进步与测候事业之发展"为宗旨，共同发起组建中国气象学会。经高鲁、蒋丙然、竺可桢、彭济群、常福元等人函商，1924年10月10日，中国气象学会在青岛胶澳商埠观象台召开成立大会。16名个人会员参加成立大会，大会推选蒋丙然为首任会长，彭济群为副会长，竺可桢等六人任理事，高恩洪、张謇、高鲁三人为名誉会长。学会最初的会员分为团体会员和个人会员，团体会员为发起学会的团体，初始创会个人会员来源于我国早期气象机构工作人员、胶澳商埠农林事务所工作人员、中国科学社社员、中华教育改进社社员、中国天文学会第一届会员（11名）、胶澳商埠观象台职员。中国气象学会的成立，揭开了中国气象事业发展史上具有重要意义的一页，在推动民族气象事业和近代气象科学的发展等方面产生了深远的影响。

创会后的中国气象学会从1924年10月18日到1925年8月6日密集召开了八次理事会，商定了学会职员推举、上级政府部门备案、学会规章制度、会议召开、刊物出版、会徽、中国各地气象测候所兴办等诸多创建事宜。在当时还没有全国统一气象机构的情况下，中国气象学会实际上履行一部分全国气象机构的职能，如推动全国气象学术发展和全国气象测候所工作。为改变中国气象事业的落后状况，学会联合青岛观象台、浙江省政府等，于1937年4月召开的第三届全国气象会议上提出成立全国气象行政机关的提案，得到全体代表的赞同，并形成了专门决议，为推动掌管全国气象事业的行政机关中央气象局的建立做出了重要贡献。抗战期间，学会会址先后迁往南京、汉口、重庆等地，1947年回迁南京。

在中华人民共和国成立之前，学会主要的活动包括以下四项。一是举办了15届年会，年会内容包括学术演讲、报告会务、讨论提案、修改会章、选举学会领导人、宣读论文、介绍并通过新会员、决定理事会干事部所在地等内容。二是编辑发行了《中国气象学会会刊》，后相继改名为《气象杂志》《气象学报》，所刊载的文章代表了当时国内气象研究的最高水平。

三是组织史镜清奖金征文事宜。史镜清是我国第一个因公殉职的气象人员，竺可桢呈请中央研究院设置，学会受托组织相关事宜。四是会议提案和决议推动了中央气象局的建立。此外，学会还在气象科普、气象教育、统一气象规范、国内国际气象交流等方面做出了贡献。

第三节　中央观象台

中央观象台是我国自主创办的第一个气象台。1911 年，辛亥革命推翻清王朝，民国政府成立。民国政府于 1912 年接管了位于北京建国门立交桥西南侧的明清两代的皇家天文台北京古观象台，改建为中央观象台，隶属于教育部。中央观象台下设天文、历数、地磁、气象四科，比利时留学归国的高鲁任首任台长，在比利时获得农业气象方向农学博士学位的蒋丙然担任气象科科长。

一、中央观象台的气象业务

中央观象台气象科“筹备之初就开始实行观测，1913 年日测三次，1914 年日测四次，1915 年日测二十四次，并开始试作天气预报，1916 年开始向社会发布天气预报”。中央观象台自主开展的气象业务包括以下几项。一是气象观测。1915 年始开展全天候观测，观测内容有气压、气温、风、雨量、云量、云状、地温等项目。二是天气预报。蒋丙然于 1915 年亲自绘制了第一张中国人发布的天气图。1916 年正式以天气图方法试做天气预报，每日分两次对外公布，“实施办法是每天上午 9 时一次在台内悬挂信号旗，以供群众辨认。预报内容分风向和天气两项。风向在旗上用西南、东北、西北、东南等八个方位做标记表示，旗底为蓝色，天气分阴晴雨雪雾灯分别以符号代表之。另一次在晚间，报告给各报馆公布”。国际上以近代气象观测网资料为依据绘制的第一张天气图是在 1820 年出版的。

二、中央观象台在全国布建气象测候所

除开展气象观测、天气预报等气象业务之外，“气象科还担负着我国气象总机关的各项任务，如攥订观测规程，为地方、学校或其他部门的测站配备和购置气象仪器、编译说明书、协助培训人员，指导业务工作等”。1920 年蒋丙然拟定《扩充全国测候所意见书》，计划在我国西部地区设立四十个气象测候所，提出了三点理由。“其一，根据 1918 年《国际航空条约》规定，各签字国有义务征集并传布一切统计上或通常或特别的气象见闻，我国是签字国之一，对国际间气象传递，有义不容辞的责任。其二，在台站建设方面，若自行放弃，由外人自行设立，则与吾国主权有关。因此我国应当加速发展气象事业。其三，以我国航空、农、商、工诸社会事业与气象的关系密切来阐述扩充测候所之必要。”北洋政府最终通过十个所的建设预算，实际设立的只有三个。为培养测候员，中央观象台 1921 年和 1923 年开办了两期为期三个月的测候人员训练班，共培养四十余名测候人员，主要分配到了西北地区测候所工作。

三、中央观象台刊行的气象杂志

为了向全国人民更广泛地宣传和普及气象知识，中央气象台从 1914 年 7 月起刊行《气象

月刊》，每月一册，这是中国最早的气象刊物。“其中载有气象学译著、每月气象各要素统计图表、东亚各地气象状况”。后于 1915 年 7 月扩充为《观象丛报》，“《观象丛报》自 1915 年 7 月创刊，1921 年 10 月停刊，共发行 75 期，每期九十至一百三十页。主要栏目有图画、著译、报告、附刊等。所载论文涉及天文、气象、历数、地磁、地震等各个方面，其中天文和气象所占篇幅最大”。

《观象丛报》所载的一百余篇气象学文章中，大部分是专业性论文，也有不少气象科普方面的文章，主要内容有以下几方面。一是气象学史研究，刊载了竺可桢的《气象学发达之历史》、高鲁的《气象学与社会之关系》、蒋丙然的《气空之过去及未来》。二是对虹、晕和光环的研究，主要是蒋丙然和王应伟的相关文章。三是对风、云、雷电、雨、雪、雹等的研究，主要是蒋丙然、王应伟、胡文耀的文章。四是气象测候表，《观象丛报》各册均列有上月气象测候表，包括对北京和全国其他城市气象要素的测候记录，北京的较为详细，其他城市较简略。五是著作连载，有蒋丙然的《通俗气象学》《航空应用气象学》《实用气象学》三部。“从《观象丛报》的作者来看，当时的气象学专门人才非常缺乏，除蒋丙然等少数作者外，基本没有其他作者撰写的相关文章”。《观象丛报》主要包括图画、著译、报告、消息和附刊等五个栏目。图画一栏有时并不刊载；著译主要刊载或转译天文、气象等方面的论文、著作；报告主要刊载北京及中国各地的气象测候表；附刊主要连载气象或天文著作。

高鲁、蒋丙然等励精图治，中央观象台取得过辉煌的成绩，它是我国独立天文、气象事业的发端，共持续了十四年，到 1926 年，“北洋政府财源枯竭，中央观象台长期欠薪，其下所设各测候所也因经费无着而次第停办”。

分析中央观象台的建设动因，有以下几方面。一是中国气象台站独立的需要。1840 年鸦片战争之后，中国逐渐沦为半殖民地半封建社会，在气象台站建设方面，俄、英、法、日、德等国先后在中国以侵略和获取气象情报为目的建立了包括著名的徐家汇观象台、香港皇家天文台、青岛观象台在内的四十多处测候所和气象台，中国没有独立的气象台。中央观象台的建立是中国气象台站独立的需要。二是推动全国气象事业发展的需要。中央观象台在推动全国气象测候所建设、全国气象学术研究，制订全国气象观测规程，为观测站配备和购置气象仪器、编译说明书、培训人员，指导业务工作等方面起了重要的作用。

第四节　私人自建气象台站

民国时期，除了政府主办的气象事业外，在南通和云南昆明还出现了两个私人测候所。

一、南通军山气象台

南通军山气象台是我国最早由私人自办的气象台，“早于南京北极阁气象台 11 年，更早于镇江北固山气象台 18 年”。1903 年，清末状元、著名的实业家、教育家张謇应邀参观日本第五次国内劝业博览会，回国后于 1906 年（光绪三十二年）在江苏南通创办了南通博物苑。博物苑分为中馆、南馆、北馆。“中馆是三间平房。当它最初作为测候室的时候，屋顶上有一露天的测候台。测候台每天观测结果，在当地报纸上登载。1913 年测候设备移到新办的农业学校（1916 年又移到新成立的军山气象台）”。“该苑最先落成的中馆，初名即为测候室。其东房屋顶原有 1.4 平方米的观象台，从日本购进仪器仪表，1906 年 9 月 1 日正式开始观测、记载，项目有天象、天气、空气温度和地中温度、湿度、风、降水量、云、日照等；并注意收集国内外天文、气象资料。”

张謇先后派人去上海徐家汇观象台、北京中央观象台参观学习气象，并选定军山山顶普陀寺后殿为气象台基址，1916 年 10 月在南通落成军山气象台，费用大部分由张氏兄弟承担。1917 年 1 月 1 日军山气象台正式启用。当时的气象装备有温度计、风向风速自记仪、雨量计、气压表等国际先进的气象仪器，还装备了电话和无线电发报机。张謇亲定了建台宗旨，包括：测、算气象，著书（或登南通新闻纸）；报告标准时，以统一时刻；24 小时天气之预报（如阴、晴、燥、湿、寒、暑、风、雷、雨、雪、冰雹、霜、雾等）；24 小时泛滥之预报（如大潮汐、海啸及河溢等）；研究农业、水利、卫生、商业与气象之关系；关于气象学理之证明。军山台做气象观测、抄收东亚区域 47 站资料、绘制东亚天气图、制作短期天气预报，早期科技活动活跃，编制月报、季报、年报，参加学会和学术团体，在国内国际享有较高的知名度，蒋丙然曾称“军山气象台为中国私家气象台之鼻祖”。

1926 年，张謇逝世，军山台逐渐衰落下去，后几经合并勉强维持。1938 年因日寇侵略南通而停办，日本投降后为当地政府接管，测候工作一直维持到 1949 年。现在，军山气象台遗址还存在。

二、昆明私立一得测候所

云南气象、天文和地震事业的先驱者陈一得先生 1927 年在昆明自创“私立一得测候所”，也是全国第二所私立气象测候所，家庭成员都成了他的助手，定时观测记录昆明气象、天文要素，精心计算星座运行经纬度，在云南首次完成《昆明恒星图》和《步天规》。

陈一得清末在云南高等学堂、云南优级师范学堂读书，在昆明多所中学任教 40 余年。天文、气象、地震等是其业余爱好。与创办南通军山气象台的张謇具有类似的经历，曾自费到日本考察，还自费在南京气象台进修，考察参观国内有名的天文、气象及地震台。陈一得“自备仪器于 1927 年 7 月在昆明市钱局街 53 号自家的住宅建立了一个观测台，安装了测云竿、风向针、风速表、雨量计、蒸发皿、百叶箱、气压表等基本仪器，与妻子刘德芳在大门口挂起了私立一得测候所的牌子”。“气象观测由陈一得及其夫人刘德芳、弟陈秧仁、义子陈永义轮流在每天 6 时、14 时、21 时定时观测气温、气压、温度、蒸发、雨量、风向、风速、云、能见度等气象要素，并由陈一得先生统计分析，编制月报、年报，无偿提供给有关单位参考备用”。

1936 年 6 月，云南省教育厅主持成立省立昆明气象测候所，聘陈一得为首任所长。鉴于省立昆明气象测候所当时建筑设备尚未竣工，故仍在一得测候所继续进行气象观测。1938 年 5 月省立气象测候所迁至新址昆明太华山，一得测候所停止观测。

两个私人气象台创建的动因是个人兴趣和民族大义。一得和军山两个私人气象台的建设与两位气象学家对气象的浓厚兴趣分不开，也正是民族大义让他们不惜投入自己的财物、他们自己和家人的全部时间从事气象事业。

第五节　地方气象机构

中国近代，华北、东北、华东、华中、华南、西南、西北也纷纷建立地方气象机构，开展地方气象事业。

一、华北和东北的气象机构

华北地区包括北京、天津、河北、山西、内蒙古等省市。北京除 1912 年 11 月组建隶属于教育部的中央观象台以外，1929 年 6 月建成北平测候所，1930 年 7 月改称北平气象台，1937 年改称华北观象台，抗战胜利后被中国政府接管，中华人民共和国成立后被中华人民共和国中央人民政府人民革命军事委员会气象局接管。1921 年至 1923 年，设立西山碧云寺与温泉两个测候所。1940 年，建立西郊测候所。气象教育方面，1935 年清华大学地学系始设气象组，开创北平地区高等气象教育工作。天津于 1914 年成立直隶农事实验场，1917 年改为直隶省农事第一试验场，后随军阀混战逐渐荒废。1918 年成立直隶水利委员会，下设流量处，在 9 处重点河道设立水文站进行水文气象观测。1929 年成立测候所，1931 年改组为天津测候所，后扩充堪称华北唯一“标准测候所”，1935 年 1 月晋升为“天津一等测候所”，经日伪管辖几经改组，1949 年天津解放改建为华北水利工程局天津测候所。

河北于 1912 年在保定直隶农事试验场建立测候所，1919 年设立石家庄气象站，1927 年河北农业大学在保定设立气象观测所，1931 年建乐亭县穆楼村测候所，1932 年在秦皇岛、塘沽等地海关建立测候所等，民国时期河北省建立的气象测候所达十余所，也建立过数十个雨量测站。山西于 1914 年建立山西农业专门学校测候所，1932 年至 1934 年成立山西省立农事试验场测候所，1932 年建成山西省林业试验场测候所，1946 年太原气象站重新筹办，太原气象站于 1948 年与省农事试验场气象科合并成立太原航空气象站。1949 年，中国人民解放军在太原成立航空站气象站，后改为太原气象台。从 1920 年到 1929 年，华北水利委员会设 11 个雨量站点。1922 年至 1931 年，山西部分县设测候站点数达 105 个以上。

内蒙古于 1914 年建成绥远城观测分所，1925 年归绥农林试验场测候所建立，绥远城观测分所被合并，抗战时期被日本占领、更名，观测活动持续到日本投降。1928 年，绥远省立归绥农科职业学校建立测候所，1946 年成为中央研究院气象研究所直属站，1935 年包头测候所由中央研究院气象研究所于欧亚航空公司合作筹建。内蒙古建立较早的还有陕坝观测站，为飞行服务和其他需要建立的一年以上的气象观测点还有很多。1949 年筹建赤峰气象所、通辽气象所、乌兰浩特气象所、包头航空气象站等。

辽宁的气象工作在鸦片战争后至 1945 年操纵在日俄英法等国手里。1913 年吉林省农事试验场气象观测所建立，吉林省建设厅于 1930 年至 1931 年建立雨量站十处，吉林两所学校各建有气象观测所一处。1946 年，长春气象站建立。1948 年沈阳观象台成立。1948 年东北全境解放，黑龙江省各级人民政府在残留的旧址上建立了哈尔滨、齐齐哈尔、牡丹江等七个气象站。

二、华东、华中和华南的气象机构

民国时期，上海市的主要气象活动主要掌握在法国人建立的徐家汇观象台手中。1933年，前中央研究院设立上海测候所，1931年江苏省建设厅在金山、松江等十县设立四等测候所，1945年抗战胜利后，新增中美合作所上海气象总站及军队、航空多处气象机构。同时上海气象台改组成立，1946年扩建为华东区气象行政中心，1947年接收中美合作所气象总站。1934年，江苏省会测候所在镇江成立，兼统辖全省各级测候所。1935年，北固山气象台建立，抗战胜利后改称江苏省气象所。1879年建立镇江海关测候所，1943年终止观测。民国时期，在江苏境内还设置了几所隶属于中国航空公司、欧亚航空公司、航空委员会的航空测候所，在中央大学气象系内设有国防部第二厅所属南京一等气象站，江苏省61个县中，大部分县均设有测候所。浙江从1933年起到1937年抗日战争爆发前，相继建立了定海头等海洋测候所一处，四等测候所二十二处，高山测候所三处。1949年浙江解放时，全省包括省气象所在内，共有十一处测候所。气象高等教育方面，竺可桢1936年来浙江大学任校长，在浙大建立史地系（内含气象组），培养了不少气象人才。

1937年，国民党安徽省政府成立安庆二等测候所；1939年筹建安徽省会二等测候所，1946年更名为安徽省水利局合肥测候所，1947年更名安徽省合肥气象测候所；1948年屯溪测候所开始观测。以上测候所，至1949年已不复存在。十九世纪八十年代，西方国家在福州、厦门成立海关测候所，在几个岛屿设观测点，1922年设金门测候所。1932年，中国人自己在厦门大学设立气象台；1933年筹建福建省立科学馆福州测候所，1934年至1945年先后在全省设立20余个测候所。江西也设立了若干水利局所属测候所、江西省气象台、空军测候台、高山测候所、农林测候所。山东是最早在沿海设立测候机构的省份，1880年就设立了几个海关测候所；1898年德国在青岛设立气象天测所；1918年至1937年，山东省政府在济南和各县设立100多处测候所，中央研究院气象研究所在泰山玉皇顶设立测候所。

1914年，北洋政府在河南开封农事试验场设立气象观测所；1921年至1943年，中央观象台和河南省建设厅，先后设立五个县市测候所；1919年至1933年，设立多达150处的雨量站；1929年至1936年，设立三个机场测候所。湖北水利部门在民国时期设置若干测站，湖北省还设立了汉口特别市气象测验所、武汉大学测候所、武汉头等测候所暨汉口气象台，空军和民航部门还设立了不少气象机构。湖南省在民国时期，出于农业、军事等的需要，设立湖南棉业试验地各气象测候所、县测候所、湖南私立修业高级农业职业学校棉稻试验场测候室、军事系统的气象测候台等。

二十世纪初，广东建立了十七处气象观测机构；1933年广州有中山大学农学院、岭南大学和粤海关三处观测所；30年代续有八处气象观测站设立；40年代前期全省共有26处测点；到1947年，广东省有气象测点超过50个；到1949年中华人民共和国成立时已所剩无几了。广西自1896年就建立自办雨量站；1931年，广西柳江农林试验场在羊角山场建立了广西第一个气象观测点，1932年迁至沙塘；1934年，广西省气象所成立，设有观测场一个；1935年，建立三个广西省气象所分所；1936年始建立20个县市测候站，94个雨量观测点。海南省在中华人民共和国成立前，有琼州和临高两个气象测候站。

三、西南和西北的气象机构

民国时期，四川大学、重庆大学、中国西部科学院设立测候所，四川省政府建设厅设立四川气象测候所，西康省政府建设厅设立测候所，中央研究院气象研究所、中央气象局、国民政府国防部、中国航空公司、中央其他部门也分别在四川设立测候所和气象站。1934 年，我国第一个高原气象站拉萨测候所建立，观测记录至 1949 年 6 月；1941 年，昌都测候所建立。1935 年，中央研究院气象研究所贵阳测候所成立并正式开始观测，到 1946 年，贵州全省建成气象机构 14 个，分别为电力工业、交通运输、空军服务。1936 年，云南省政府筹备并成立省立昆明气象测候所，隶属省教育厅。

二十世纪三十年代，国民政府在陕西省设立气象机构，包括长安测候所、西安头等测候所、华山测候所、商县测候所、凤县雨量站；陕西省自办的气象机构包括西安测候所、南郑测候分所、榆林测候分所、西京筹备委员会翠华山测候所、西安测候所兴平临时观测站。二十世纪三十年代末以来，航空委员会在陕西设立的气象机构包括西安第十一航空总站测候班、空军第三军区司令部气象科、空军第三气象大队、西安气象区台、延安气象台、省内各机场气象台站。1943 年，设立中美合作所西安气象站。陕西其他气象机构包括西北农事试验场测候所、西北农学院测候所、黄龙山测候所、民用航空气象等。陕西还有一些雨量站、水文站兼做气象观测。1936 年始，陕西先后建立了 17 处县测候所；1939 年起，为了军事需要，国民党空军又建立了 11 处气象台。1932 年，甘肃省立气象测候所成立。为配合欧亚航空公司的需要，中央研究院于 1934 年成立了酒泉测候所。1943 年美国空军在今兰州第一新村建立气象台，1949 年 8 月撤离。

青海省于 1936 年建立西宁测候所，1939 年建立都兰测候所；1937 年为了军事需要，国民党空军建成西宁飞行场气象台，1949 年撤退。1940 年，建成 13 个雨量站。1935 年，宁夏测候所建立，1938 年成立为航空服务的同心城测候所，1939 年迁往中宁，建立中宁测候所。1914 年，新疆省在乌鲁木齐市迪化东门外的农林试验场内设立测候分所，不久停办；1928 年，中瑞西北科学考察团在新疆先后建立六个测候所，后停办；1931 年后，相继建立航空气象台站和为农业服务的若干测候所；国民党空军在奇台、哈密、鄯善、库车等地建立气象台站；从 1937 年始，哈密地区开始设置航空气象机构、哈密农林实验场测候所、空军 330 气象台。

第六节　中央研究院气象研究所

1927 年，大学院创立，设立观象台筹委会。1928 年 2 月筹委会分为气象和天文两个研究所，竺可桢任气象研究所第一任所长。1928 年 12 月，荒山变成气象基地，北极阁气象台建成。作为气象研究所的所址，北极阁也成为中央研究院理想的科研基地，中央研究院决定将其所属的各研究所尽量集中到北极阁周围。

一、创立及沿革

1928 年创建，中央研究院气象研究所经过近十年的发展，“在仪器设备、图书刊物、人员素质、业务范围、科技水平和国际影响等方面早已超过当时外国人在我国创办的、规模最大的上海徐家汇观象台，成为我国气象研究的中心和实际上的业务指导中心，也是气象人才培养的重要基地，奠定了我国现代气象事业的基础”。

1937 年 8 月 15 日，日军空袭南京。气象研究所先是留守天气预报、观测部分人员，12 月被迫全部迁往武汉，再分批迁往重庆，后又迁往北碚。1940 年 12 月搬到竣工后的北碚象山所址，气象观测、天气预报业务逐渐恢复正常。抗战结束后，气象研究所于 1946 年 9 月搬回南京北极阁，内战爆发后，一度迁至上海又迁回北极阁。中华人民共和国成立后，1949 年 11 月 1 日，中国科学院成立，1950 年 6 月，中国科学院合并原气象研究所和原中央研究院的地磁、地震部分，组成地球物理研究所，赵九章任所长。1966 年 2 月，气象科学部分从原地球物理和气象研究所分出，另组建大气科学研究所。现在的南京北极阁为江苏省气象局所在地。

二、中央研究院气象研究所的职能任务

（一）气象业务

一是气象观测。气象研究所开展了包括地面、高空、物候、日射、天气现象、微尘、地震等项目的观测，并从 1928 年开始搜集和整理全国的气象观测记录。编印《气象月刊》《气象季刊》《气象年报》定期出版观测资料。二是天气预报和预警。从 1930 年 1 月 1 日起，开始绘制天气图，发布天气预报和警报。东亚天气图开始时仅有 40 多个站点，1937 年增加到 322 个，而且气象电报的信息量和传递时效也有很大的提高。

（二）科学研究

气象研究所作为民国时期中国气象科学的最高学术研究机构，取得了丰硕的研究成果，主要集中在气候学、天气学、大气环流、动力气象学方面。竺可桢在季风、台风、物候学、气候变化、区域气候、农业气候、中国气象史等方面，李宪之在寒潮、台风研究方面，涂长望在我国长期天气预报研究，赵九章、叶笃正在动力气象学研究方面都做出了巨大的研究贡献。气象学会会刊《气象杂志》1935 年至 1945 年发表论文 180 篇。

（三）对外科技合作与交流

气象研究所参加了 1927 年开始的西北科学考察活动。1932 年，在竺可桢先生的主持下，我国参加了国际气象组织第二次国际极年活动（1932 年 8 月 1 日至 1933 年 8 月 31 日），在世界气象组织的大家庭里，第一次读到了来自中国的信息。中国气象成就取得了很大的国际影响，1935 年出版了《峨眉山泰山国际极年观测报告》。1933 年 8 月，第二届国际极年观测期满后，竺可桢到泰山考察，决定在日观峰另建新站，使之成为我国第一个永久性的高山气象台。

（四）筹建全国气象测候网

中央研究院气象研究所于 1928 年在南京北极阁成立，10 月 1 日北极阁观象台正式开始观测，1929 年提出《全国设立气象测候所计划书》，“预期于三年之内，先在内地六区（除青海、西藏、新疆、内蒙古）各设气象台一、二等测候所五，逐渐添设推广。期于十年之后，完成全部计划，全国有气象台十，头等测候所三十，二等测候所一百五十，雨量测候处一千处”①。中央研究院气象研究所根据计划书从 1929 年至 1941 年 10 年间，在全国筹建直属测候所 28 个，并领导制定了统一的气象台站技术规范。这 20 个直属测候所中包括：接管 3 个，独立创办 9

① 《竺可桢全集：第 2 卷》。上海科技教育出版社，2004 年，第 25 页。

个，与航空公司合作创建 4 个，与水利处合作创建 12 个。从泰山测候所转址扩充而来的泰山日观峰气象台是独立创办的其中之一，它正是气象研究所有计划地推动全国气象测候所建设的背景下创建的。除了接管、独立和合作创建，竺可桢还倡导各省政府筹建区域测候所，“在竺可桢的组织和倡导下，到 1937 年，我国至少有气象台站 139 个，达到空前的规模”。《竺可桢全集》收录的 1916 年到 1974 年竺可桢亲笔的信函稿和日记（日记从 1936 年开始），有相当大比例的内容是关于各省测候所的建设、气象仪器的购置和测候所人员配置的。

1940 年，竺可桢在中央研究院一届五次评议会上提出“建议政府资助气象研究所建设西南测候网的提案”（提案人：竺可桢；连署人：傅斯年、任鸿隽、周仁、陈焕镛、叶企孙），建议中央研究院提请政府资助从西南三省开始，建立测候网，再逐步在全国推进。提案中说“兹为节省经费计，拟请本会建议政府资助气象研究所先行推设西南诸省（当时西南包括四川、贵州、西康三省）测候网，以图逐步推进。抗战以来，西南诸省建设猛进，资源亟待开发，故建设全国测候网拟请自西南始”[①]。此外，气象研究所多次呈请中央研究院出面，召开三次全国气象会议，讨论共同关心的测站建设与统一业务技术规定等问题。

在全国气象台站建设方面，时机尚未成熟时，竺可桢先从点上实践——1920 年建立东南大学测候所，并就全国气象台站建设向政府部门提出呼吁。有时机时，全国规划、由点到面、由面到网，有计划、有步骤地逐步推进。中国的全国气象台站建设就像一场接力赛，在后来国民政府建立的中央气象局、中华人民共和国建立的中国气象局的接力努力中，形成了今天完善而逐步走向现代化的全国气象台站网。

（五）开办气象学习班

中央研究院气象研究所在南京先后创办了四期气象学习班，共输送近百名测候技术骨干，其中较为知名的有顾钧禧、朱岗昆、苑敏渭、杨鉴初、赵恕、陈学溶等。

据陈学溶记载，第一期开始于 1929 年 3 月 11 日，结束于 4 月 20 日，学员 14 人，由航空署、陕西、河南、甘肃省政府保送，后多未在气象界露面；第二期开始于 1931 年 4 月 1 日，结束于 12 月 26 日。课程有数学、物理、理论气象、实验气象和英文。学员 40 人，公开招考录取 27 人、保送 13 人，毕业 25 人，15 人退学。毕业学员按规定，保送生回原单位，招考生分配到其他测候所工作；第三期开始于 1934 年 10 月 3 日，结束于 1935 年 3 月 26 日。课程与第 2 期相比，减少英文，增多无线电。备课教师全为气象研究所职员，竺可桢自编讲义亲授气象学。学员 43 人，招考 30 人，保送 13 人，毕业 32 人（包括陈学溶；招考生 28 人、保送生 4 人）。招考生中的 28 名毕业生均根据本人志愿和工作需要分配在本所或各地测候所工作，且此后大部分人长期从事气象工作。第四期开始于 1936 年 11 月 30 日，结束于 1937 年 2 月 1 日，录取 6 人，备取 3 人。

全国最高气象学术研究机构中央研究院气象研究所建设有其原因。一是发展全国气象学术研究的需要，中央研究院的建立是为了发展中国的学术研究，全国最高气象学术研究机构是气象研究所建设的首要动因。二是推动全国气象事业发展的需要。气象研究所在做好气象学术研究之外排除困难开展了规划和建设全国测候网、统一观测实施规程、代训测候人员、指导技术、订正仪器等工作。

---

① 《竺可桢全集：第 24 卷》。上海科技教育出版社，2013 年，第 12 页。

第七节　中央气象局

中央气象局成立于南京国民政府时期，是统辖全国气象事业的行政机关。此前，全国测候网的规划与建设、气象人才的培养、气象统一标准的制定等全国性气象事务实际上是由1924年创立的非政府组织中国气象学会，1928年成立的全国最高气象学术研究机构中央研究院气象研究所兼顾。1941年中央气象局，在重庆成立后，我国终于有了“全国民用气象之最高机关”。

一、中央气象局的成立及沿革

为改变中国气象事业落后的状况，1937年4月，“中国气象学会联合青岛观象台、航空委员会第二测候所、浙江省政府、江西水利局在第三届全国气象会议（由中央研究院气象研究所召集）上提出成立全国气象行政机关的提案，得到全体代表的赞同，并形成了专门的决议”。1937年5月1日，筹组中央气象局委员会第一次会议在竺可桢的主持下，在南京北极阁召开。留存的会议记录称：“此次会议，系根据第三届全国气象会议决案召集，本主席（竺可桢）觉筹组中央气象局目前应行讨论之问题：（一）隶属问题；（二）经济问题；（三）组织及方案。前二点虽已经气象会议审查委员会拟有具体意见，但本席觉仍有商讨必要。最好请行政院于实业部之下附设气象局，仿照度量衡局办法，人才由实业部选派，经费由各省自筹。”会议决议“请行政院积极筹设中央气象局，在气象局未成立前，暂行授权中央研究院气象研究所统辖全国测候事业，并拨予补助经费”①。两个月后全面抗日战争爆发，筹建气象局之事被搁置。

《竺可桢全集》中收录的《建议政府资助气象研究所建设西南测候网的提案》中记录了这一搁置和气象研究所一直在兼顾却也难以兼顾全国行政气象事业。“在欧美先进国家，均早有气象局之设立。二十六年春，本院召集之第三届全国气象会议，亦有请求政府设立中央气象局之决议，旋以七七事变，进而中止。现气象研究所虽曾厘定全国气象观测实施规程，代各机关训练测候人员，指导技术，订正仪器，然此乃研究所分外之义务，并非应尽职责。各省属机关，虽亦分别增设所站，从事观测，但与研究所系合作性质，并无统属关系，于通盘计划及整齐步伐，既感濡缓，复多故障。研究所经费有限，人力无多，欲令主持全国气象行政事业，事实上固难以兼顾。”②

到1940年11月8日，“设立中央气象局一节，已经中央研究院评议会通过其计划及预算等，正在最高国防委员会审查中”③。1941年3月26日，“中央气象局组织条例刻已拟就……送行政院核。”④竺可桢在1941年4月7日与黄厦千的通信中谈到中央气象局局长人选和地点问题，“至于人选问题，大致将来需征求中央研究院同意，因此事本为研究所所发动……将来不论何人主持其事，中央气象局局长与气象研究所所长由一人兼任，方能收指臂之效……如中

① 《竺可桢全集：第23卷》。上海科技教育出版社，2013年，第398页。
② 《竺可桢全集：第24卷》。上海科技教育出版社，2013年，第12页。
③ 《竺可桢全集：第24卷》。上海科技教育出版社，2013年，第76页。
④ 《竺可桢全集：第24卷》。上海科技教育出版社，2013年，第149页。

央气象局托交中央研究院办理，则将来总局所在地，以桢见解，以北碚为宜，重庆附近之唯一优点，即在于电力可资利用，但气象所已购有柴油引擎，亦可发电。气象局在初创之时，一无设备，赖气象所者正多，故以建筑于气象所附件地点为便。”①

1941 年 10 月，综合全国气象行政事宜的中央气象局在重庆沙坪坝正街 6 号宣告成立，开始由黄厦千任局长，后吕炯、李鹿苹继任，先后隶属于行政院、教育部、交通部。按照《中央气象局暂行组织规程》《中央气象局所属气象台站测候所及雨量站组织规程》安排内部机构设置和下属台站所的设置，成立南京气象站和中央气象局南京办事处。

二、气象业务工作及台站所的接收

中央气象局成立以后，接办气象研究所所属的 17 个测候所，后通过接受和增设，到 1947 年增至 52 处，还有雨量站 66 处。完成接收东北区气象机构、上海徐家汇天文台测报业务、青岛观象台、国防部二厅气象总站和分站等后，中央气象局以局为枢纽，组织全国气象台站网，将全国划为九个区，每区设一区台，作为该区预报、测报中心，各区下设气象站所。据中央气象局 1948 年 9 月统计，全国气象台站所共 123 个。但是站网的设置比较稀疏，也不尽合理。

中央气象局成立后，采取了不少措施进行业务管理，并组织开展了地面观测、高空测风、天气预报、天气情报的传送、气象服务等气象业务工作。当时，“中央气象局直属及各省市水利农林机关所属测候所共按月汇报气象记录 247 份，其中测站 144 份、海关所 16 份、水文站 42 份、雨量站 45 份”②。

全国气象行政机关中央气象局的建设动因是统筹管理发展中国气象事业的需要。一是随着中国气象事业的蓬勃发展，需要有一个全国行政机构名正言顺地统一规划、协调、管理全国的气象事务。二是各司其职、分头深耕，学术的归学术、业务的归业务、管理的归管理，才能齐头并进推动中国气象整体快速、有序发展。

第八节　延安气象台

中华人民共和国成立之前，共产党在陕甘宁边区、晋冀鲁豫解放区等地方，开展了卓有成效的气象训练和观测工作，为中华人民共和国气象事业奠定了基础。

一、清凉山气象训练队

1944 年，在中国的美国空军需要敌后抗日根据地的气象情报，7 月 22 日，以包瑞德上校（David Dean Barrett）为组长的美军观察组首批人员飞抵延安。1944 年秋，美军观察组在凤凰山下建立了气象台并开始工作。

当时，美军需要各解放区的气象情报，还需要延安周边地区的气象情报，美国人提出派人员到解放区建立气象观测点，军委三局王诤局长按照中央军委指示与美方谈判，双方达成

---

① 《竺可桢全集：第 24 卷》。上海科技教育出版社，2013 年，第 56 页。

② 温克刚：《中国气象史》。气象出版社，2014 年，第 340 页。

协议：美方协助并提供设备，中方派员建站。1945 年 3 月，中央军委三局在清凉山举办了中国共产党历史上第一个气象训练队。美方人员担任教员，中央军委选调在延安医科大学工作、毕业于清华大学地理系气象专业的张乃召担任翻译，他有时也授课。21 名学员从军队和地方选派，具有初中以上文化和一定通信基础知识。该队 1945 年 3 月开学，5 月结业，主要学习内容包括气象知识、气象仪器使用及观测方法、报话机的使用等。

学员毕业后，分配到各解放区建立气象观测站。周文彩等六名学员被分配到陕甘宁边区和晋冀鲁豫等解放区建立了六个气象站，这是中国共产党历史上的第一批气象站。气象站每天观测两次，观测记录编报后发到延安通信总台，再转到美军观察组。抗战胜利后，美军人员撤离延安及抗日根据地，各气象站于 1946 年下半年先后中止。

二、延安气象台的创建和发展

1945 年 9 月，中央军委指派张乃召与从延安大学自然科学院学员中选调的毛雪华、周鲁女、曾宪波、邹竞蒙、陈涌珉等五人，接收了美军延安观察组气象台，中国共产党历史上第一个气象台延安气象台正式成立。延安气象台由军委三局领导，张乃召为负责人，以后又选调苏中、张丽、傅涌泉等人，全台共有十一人。

从 1947 年 3 月始，气象台撤离延安转战于山西、河北，1948 年 8 月辗转迁移到华北军区电信工程专科学校（驻河北省获鹿县）。原部分延安气象台工作人员在学校培训陆空通信气象专业学员，是中国共产党第一次正规专业学校培训气象人员，这批学员大多数在以后接收国民党气象机构和组建中华人民共和国气象事业中成为骨干。1949 年 10 月 1 日，中华人民共和国成立庆典时，华北军区航空处场站科气象股股长邹竞蒙负责并组织北平气象台准确作出天气预报，成功保障了开国大典空军飞行检阅。

三、延安气象台的培训和业务工作

延安气象台根据形势需要，非常重视气象知识、业务技能的学习与培训，学习和培训具有如下特点。

第一，集中培训，掌握操作技能。1945 年 9 月气象台成立，10 月开始集中培训。培训目标非常明确，即保障毛主席等中央领导的飞行安全，尽早掌握气象知识和观测技术，担任气象观测的值班工作。美军气象人员担任教员，耐心讲解理论，手把手教练操作，教授重点是操作。学员年轻，课内认真听讲，课外巩固提高。

第二，学习工作相结合，培养多种技能。学习培训结束后，学员承担业务值班工作，担任气象观测和编发天气报告的工作。工作中，气象台人员有计划地继续学习其他知识和技能。例如，报务技能纯熟的同志教其他气象人员学习报务；一些同志讲授天气理论知识；气象台的工作人员还向美国人学习开汽车、放电影。通过学习培训，气象台人员一专多能。

第三，互帮互学，转战学习。延安气象台工作人员文化程度参差不齐，工作时间也先后不一。由此，以老带新、互帮互学的学习方法坚持到转战山西、河北。转战途中，充分利用休息时间，坚持业务学习。学习的内容逐渐加深，范围更广，学习标准更高，要求更严。

延安气象台的主要业务工作包括气象观测、天气报告的传递和飞行气象保障等。延安气象台成立时正值国共重庆谈判期间，气象台担负着谈判代表往返于延安与重庆、南京、北平之间飞机飞行安全的气象保障任务。特别是毛泽东主席赴重庆谈判期间，气象台精心工作，全力以赴做好气象保障，为中共谈判代表提供了准确的气象预报。军事和航空飞行的需要是清凉山气象训练队和延安气象台建设的直接动因，延安气象台是中华人民共和国气象事业的奠基和起点。

近代中国的历史特殊性决定了这些气象机构团体建设的特殊动因。近代气象机构团体都完成了很多“分外之义务”，在还没有全国气象行政机关的情况下，中央观象台和青岛观象台，在完成观测预报等业务工作之外，还在科学研究、发行刊物、推动全国气象测候网建设等方面做了富有成效的工作；气象研究所也是一样；创建之初的中国气象学会也把推动全国气象测候所建设作为自己的立会宗旨之一。正是国之所需、气象之所需的大义推动了近代中国气象团体机构的建设和发展。

参考文献

[1] 陈学溶. 中国近现代气象学界若干史迹 [M]. 北京：气象出版社，2012.
[2] 和丽琨. 陈一得与云南第一个气象测候所 [J]. 云南档案，1997 (3)：36-37.
[3] 孙锦铨. 中国天文气象史上闪光的一页 [J]. 自然辩证法研究，1995 (8)：49-52，65.
[4] 王东，丁玉平. 竺可桢与我国气象台站的建设 [J]. 气象科技进展，2014，4 (6)：67-73.
[5] 王秀芹. 中国近代气象事业的先驱——蒋丙然 [J]. 中国科技史料，1990 (1)：41-54.
[6] 王倚海主编；南通博物苑编. 南通博物苑百年苑庆纪念文集 [M]. 北京：文物出版社，2005.
[7] 温克刚. 中国气象史 [M]. 北京：气象出版社，2004.
[8] 张璇. 民国时期中国气象学会会员群体研究 (1924—1949) [D]. 南京信息工程大学，2015.
[9] 中国气象学会. 中国气象学会史 [M]. 上海：上海交通大学出版社，2008.
[10] 竺可桢全集：第 2 卷 [M]. 樊洪业主编. 上海：上海科技教育出版社，2004.
[11] 王钱国忠. 风云岁月传教士与徐家汇天文台 [M]. 上海：上海科学普及出版社，2012.
[12] 王皓. 徐家汇观象台与近代中国气象学 [J]. 学术月刊，2017，49 (9)：171-184.
[13] 黄海涛. 延安时期中共气象工作研究 [D]. 延安大学，2024.
[14] 李蓓蓓，钱馨平，张平. 军山气象台的发展和贡献 [J]. 气象科技进展，2020，10 (1)：72-76.
[15] 沈冰冰，张静，颜惠玲，等. 青岛观象台的历史沿革与贡献研究 (1898—1949 年) [J]. 气象科技进展，2016，6 (4)：44-50.
[16] 傅刚. 推动中国海洋气象学发展的两位大师：第一部分：蒋丙然的故事 [J]. 气象科技进展，2024，14 (2)：56-59.

第七章　民国时期的气象教育

民国时期气象教育对中国近代气象学科的形成具有重要影响。民国时期，蒋丙然、竺可桢等最早一批气象留学生学成回国，既为国人开展独立自主的气象事业提供了技术支撑，也为气象教育带来了师资力量。蒋丙然等先行者曾尝试创办气象训练班，但由于条件原因，未获发展。竺可桢自 1918 年开始从事气象教育，为气象事业的发展培养出了一批优秀的气象人才。这些气象毕业生成为近代中国气象事业的中坚力量，促进了中国气象事业初创期的发展。民国时期，中央研究院气象研究所创办的气象学习班和空军创办的测候训练班，共培养了近百名气象人员，这些人才充实到了气象部门的各个工作岗位上。虽然教学体系相对完备，课程设置丰富，但是这种培训形式的社会教育，只是缓解了当时气象人才紧缺的局面，却没有形成完善的气象学科体系。随着大学气象教育的开展，气象学课程从刚开始不受重视的一门辅修课程，发展到地学系下一个气象学门或气象组（专业），最终成了一个独立建制的气象学系。正是得益于大学气象教育的开展，气象学科体系在教学活动中不断完善发展，最终确立。

第一节　气象教育的孕育

随着西学东渐，西方先进的气象科学思想、气象学专著传入中国，中国人认识到了学习西方气象学科理论的必要性，中国学堂中的气象教育和气象留学教育逐渐开展了起来。

一、学堂教育奠定中国近代气象教育的基础

1862 年，成立于北京的京师同文馆是近代教育史上最早的新式学堂，被看作中国近代教育的开端。在《清会典》记同文馆课程内容的格致之学中包含气学，但此时的气学是格致学的一部分，并非是现代意义上的“气象学”。此外，在 1876 年，京师同文馆制定的“八年课程计划”中的“天文测算”和“地理金石”也均未涉及气象学科的内容。

近代中国最早在学堂讲授气象学内容以格致书院为肇始，后历经京师大学堂的发展和江南制造总局的推动，为近代气象教育兴起创设了良好的理论基础。

（一）格致书院开创了中国气象教育的先河

1874 年由徐寿和英国人傅兰雅发起，建立于上海的格致书院是我国近代史上第一所教授自然科学技术的新式学堂。根据王尔敏的《上海格致书院特课季课题称表》[①] 可知，格致大类下分

---

① 朱有瓛:《中国近代学制史料：第一辑（下册）》。华东师范大学出版社，1983 年，第 202 页。

气象细别。格致类是格致书院课艺类的主要内容，其中很大一部分是关乎近代科学技术。格致类的课艺，就内容而言，主要以讲求科学知识为主，其考题主要围绕着科学与时事。“格致类课艺不但讨论了西学格致即近代科学的规范（研究对象、研究方法和学科体系），而且讨论了各分支学科的具体内容。”① 在格致书院的考试题，聂缉椝命题的《风性表说》和刘坤一命题的《潮汐应月说》便是气象学的，这是中国学者对近代气象科学的掌握与研讨，也是笔者收集到的晚清以来对气象教育最早的记载，首次将气象同化学、物理等分支学科并列记载（见表 7–1）。

表 7–1 上海格致书院特课季课题称表（部分）

大类	细别	命题者	题称
格致类	天文	李鸿章	杨子云难盖天八事以浑天说
	历算	李鸿章	以月离测经度解
		吴引孙	西历称善承明季之衰，试证之
	气象	聂缉椝	风性表说
		刘坤一	潮汐应月说

注：根据朱有瓛的《中国近代学制史料第一辑（上册）》整理。

（二）京师大学堂开启了中国近代气象教育新征程

京师大学堂建立于 1898 年，标志着中国近代高等教育的开端。虽未摆脱封建传统理念的影响，但在课程、学时、专业设置等内容上间接地从日本移植了现代高等教育，是中国近代第一所大学。从 1904 年 1 月清政府颁布了《奏定学堂章程》可知：京师大学堂分设八个分科大学科目，其中文学科大学的中外地理学中开设气象学 ②，可见此时气象学已从格致类划分出来，归入地理学科下。虽然《大学堂章程》的教学大纲并未彻底实践，但首次将气象学开设在科系建制的地理学科高等教育体系中，这是中国近代高等气象教育史上的一座里程碑。

此外，还需要特别提到的就是江南制造总局，该局专门设立一个翻译馆，翻译一些自然科学的书籍。“清末科学家华蘅芳曾担任该馆翻译工作……而且他本人对气象科学方面也颇感兴趣。为了航海业的需要，曾与美人金楷理合译《测候丛谈》和《御风要术》二书。又与英国人傅兰雅合译《气学丛谈》。”③ 尤其金楷理的《测候丛谈》内容译自《不列颠百科全书・气象学》，英文底本为英国著名天文学家约翰・赫歇尔（John Herschel）所著的《地理学概论》。该书共有四卷，首卷论日光及空气的成分、特点，第二卷论风、雨、雷等大气现象，第三卷论天气变化的因素，第四卷论气压与风向关系及常见的大气光象的认识。“《测候丛谈》是晚清时期最具代表的气象学译著。直到二十世纪初，在中国被介绍的气象学

① 尚智丛：1886—1894 年间近代科学在晚清知识分子中的影响——上海格致书院格致类课艺分析。《清史研究》，2001（3）：72–82。

② 阙维民：中国高校建立地理学系的第一个方案——京师大学堂文学科大学中外地理学门的课程设置。《中国科技史料》，1998（4）：73–77。

③ 洪世年、陈文言：《中国气象史》。农业出版社，1983 年，第 102 页。

知识基本没有超出它所涉及的范围。”[①] 这本著作是西方资本主义高度发展时期的气象学著作，与现代气象学知识基本相近，代表了近代西方气象学的发展水平。江南制造总局翻译气象科技知识的书籍，首次将西方完整的气象学知识引入中国并走进学堂。气象书籍的翻译传播了西方气象知识，促进了中国本土气象事业的发展，奠定了近代中国气象教育的理论基础。

二、留学教育推动中国近代气象教育的发展

中国近代气象学的真正确立，依赖于气象留学生的回归，他们将西方先进的气象学知识引入和传播，并在学科的团体组织、学科人才培养以及学术研究方面做出了令人瞩目的成绩，为中国的气象事业做出了巨大的贡献。为了学习西方先进的气象科学文化以促进国内气象学发展，曾出现过清末民初和 20 世纪 30 年代前后两次留学热潮。

（一）清末民初的气象留学活动的推动

“两次鸦片战争期间，曾出现过一些零星自发的留学行为，留学生基本是教会学校的学生，他们在传教士的撮合下成行。倡导由政府派遣出国留学人员是在洋务运动开始之后。”[②]1870 年，毕业于耶鲁大学的中国第一个留学生容闳向曾国藩呈交了关于留学计划的教育计划，后得批准，于 1872 年政府派遣詹天佑等第一批赴美留学幼童。他们主要学习军政、船政、制造技艺等，此阶段的留学生并没有学习气象学相关的知识。

直至 1908 的“庚款兴学”，通过退还部分庚款的修正案，可作为中国派遣留美学生的经费[③]，此后掀起了留美潮流。而中国最早的气象类留学生高鲁、蒋丙然、竺可桢都是这一时期的留学生。回国的气象留学生中，高鲁成为中央观象台首任台长，蒋丙然出任中央观象台气象科首任科长，竺可桢首次创建地学系下设气象组。可见这些气象的留学生对中国气象事业的初创和气象教育的发展发挥了无可代替的作用。

晚清时期气象留学活动可以说是我国气象学高等教育的先导。首先，这一时期气象学科还未独立建制，只是依附在地理学科体系中；其次，晚清时期虽开设气象学课程，但师资匮乏，大多数兼任授课，因此不仅师资数量少，而且“质量差”。此时西方气象学知识在中国社会广泛传播，一定程度上是对晚清社会的气象科普教育，奠定了晚清社会接受西方气象学知识的思想基础，为之后民国时期完善气象学体系、创办气象事业以及开展气象教育等创造了理论和物质条件。同时，晚清时期也是西方近代气象学快速成长的关键时期，中国气象教育受到西方的影响，西方气象学知识在中国的传播，为中国气象学体系的产生提供了有力的理论支撑。

（二）20 世纪 30 年代的气象留学活动的促进

“国人自营气象事业始于民国元年（1911），蔡元培先生执掌教育部，建立了中央观象台。这是中国气象事业的肇始。”[④] 随着气象事业的开展，日益凸显气象人才紧缺的困境。为了改变这一现状，蒋丙然曾在中央观象台创办短期的气象培训活动，但这种短期的业务培训无法从

---

① 张静：《气象科技史》。科学出版社，2015 年，第 186 页。

② 孙培青：《中国教育史》。华东师范大学出版社，1992 年，第 308 页。

③ 清华大学校史编写组：《清华大学校史稿》。北京中华书局，1981 年，第 4 页。

④ 刘晓君：民国时期中国气象事业建制化研究。《自然辩证法研究》，2014，30（8）：100-105。

根源上解决气象人才紧缺的局面，而真正的气象人才培养需要经过系统学习。民国前期气象教育的开展，主要是蒋丙然在北京师范大学史地系开设气象学讲座；后竺可桢学成归国，先后在武昌高等师范学校、南京高等师范学校讲授气象学课程。虽然随着清末民初气象留学生回国开办了气象教育事业，“但国内气象学的落后及气象人才的缺失使得竺可桢等人大力鼓励国内气象学子出国留学，特别是1928年气象研究所成立以后，对气象研究和气象建设人员的需要日益迫切，胡焕庸、吕炯、黄厦千、赵九章等先后出国留学，形成了一波留学热潮。”因此，基于时代大环境和气象教育先行者竺可桢的倡导，在二十世纪三十年代形成了又一次留学热潮。这次气象留学热潮直接推动了之后气象教育的发展，比如黄厦千、赵九章、吕炯等民国时期气象教育的骨干力量均为这一时期的留学生。

第二节　气象教育的初探时期

1912年，中华民国临时政府教育部公布的第十七号法令第一条规定：“大学以教授高深学术，养成硕学闳才，应国家需要为宗旨。”[①] 明确了大学的办学理念和培养目标。而气象事业与航空、航海、农林、水利、交通等各项事业密切相关，社会的发展和进步离不开气象事业的配合与服务；此外，加上这一时期随着竺可桢学成归国，投身教育事业，为气象教育事业的发展提供了技术支撑。

一、现实需求推动气象教育的开展

民国初期，最早培养气象人才的是中央观象台开展的短期业务培训。虽然业务培训一定程度上缓解了当时气象人才紧缺的局面，但是这种教育方式因时间短暂，学习内容有限，加上学生人数极少，无法满足气象事业的发展。所以，在大学开展气象教育自然而然提上日程。一方面，因气象事业发展的需要，蒋丙然等气象学家积极倡导开展气象教育；另一方面，蔡元培等教育学家认识到发展气象教育的必要性，对发展气象教育鼎力相助。在双重因素的驱动下，民国初期气象家和教育家达成在大学开办气象教育的一致观念。

二、中国气象教育之父竺可桢

1913年教育部公布的《大学规程》首次提出设立气象学科，之后在高等师范学校规程的数学物理部中出现有气象学课程。关于民国时期在大学开设气象学课程，最早可追溯到1915年成立的南京高等师范学校本科学制下的数学物理部和物理化学部（后合并这两部统称为数学理化部）[②]。此时气象学在理化部开设，但因师资力量匮乏，有其他科的教员兼任，实际上是有名无实。其中毕业于东京高等师范学校数理化科的符鼎升兼任气象学教员[③]，查阅其教育背

---

① 骆威:《南京国民政府时期的高等教育立法》。南京大学出版社，2016年，第201页。

② 最早开设气象学课程时间的界定，主要依据《南京高等师范学校简章》中课程设置情况。见:《教育周报（杭州）》，1915（93）：29-32。

③ 王鹏飞：南京大学大气科学学院1949年前的沿革史。《王鹏飞气象文选2》，气象出版社，2010年，第52-57页。

景发现，符鼎升并无专业的气象教育背景，培养气象学人才更是无从谈起。而高校真正的气象教育开展以在美国哈佛大学研究院地学系学习新兴气象学的竺可桢回国任教为起点。因此，本研究对民国气象教育起点的界定从 1918 年竺可桢回国任教算起。竺可桢在武昌高等师范学校任教期间，“就在博物部讲授地理课，并为原数学物理部毕业班教授天文气象学”①。此后，为获气象学长足发展，以竺可桢为首的一批气象家、教育家的倡导下，清华大学、浙江大学等高校纷纷开设气象学课程，促进了气象学科的独立和专业化发展。

二十世纪二十年代中国大学气象教育的开展，一方面是因现实需求推动了气象教育的开展；另一方面，得益于中国气象教育之父竺可桢的开创之功。在现实需求和竺可桢的提倡下，民国大学气象教育不断地探索并开始发展。

当时对开设有气象学课程的地学系应属文科还是理科这一基本理念的界定上处于探索期。此外，关于气象教育开展的教育目的、教育方法等方面的认识还比较浅显。这一时期无论是开设气象学院系文理归属，还是气象教育的相关理念的确定都尚在探索阶段。

三、初创期数量少且分布集中于东部地区

随着时间的变迁，民国初期开设气象学课程的高校数量和分布情况也出现了不同的变化。目前学界基本认为：“气象学课程在高校开设始于民国九年（1920），竺可桢在南京高等师范学堂首次开设气象课程，揭开了国内高等气象教育的序幕。”② 其实 1915 年 6 月拟定《南京高等师范学校简章》，在本科的数学物理部和物理化学部便开设了气象学课程。开设气象学课程大学应以南京高等师范学校为起始。

民国初期至 20 世纪 20 年代是气象教育的初创期，此时开设有气象学课程的大学数量较少，且大部分集中在江苏、湖北和北京等地。共有武昌高等师范学校、南京高等师范学校（即后期中央大学）、国立北平师范大学、私立南通学院、金陵大学五所大学先后开设了气象学课程。其中江苏有三所，湖北和北京各有一所。由此可见，民国前期创设气象学课程的大学仅有几所，区域分布以江苏为代表的东部地区。

第三节　气象教育的发展时期

随着气象学的发展和气象大学教育的开办，20 世纪三四十年代气象教育的发展取得了长足发展。首先在教育理念中，大学气象教育开办目的和意义进一步明晰；其次，关于气象学的学科门类划分进一步完善。本小节重点以气象学课程设置门类的变化为例，探讨这一时期气象教育理念的发展。

一、在理科下设置气象学课程的情况分析

气象事业和气象教育的发展相辅相成，共同促进。这一时期，气象学家和教育学家都认

---

① 张九辰：竺可桢与东南大学地学系——兼论竺可桢地学思想的形成。《中国科技史料》，2003（2）：21-31。

② 江苏省地方志编纂委员会：《江苏省志・气象事业志：6》。江苏科学技术出版社，1996 年，第 241 页。

识到气象发展具有一定的科学性，气象学和物理、数学等自然科学联系紧密，基本将气象学课程设置在大学理科下。比如最具代表性的国立清华大学理学院地学系，气象学课程开设之初就设在理学院下。但也有不少高校不断探索，最终确立地理系学科门类划分。其中国立北平大学，“1912 年历史地理类改为史地部，再到 1922 年改为史地系。1928 年地理系独立设系，但规划在文学院。1931 年归理学院，反映了我国地理学全面接受近代西方地理科学体系，从‘文’向‘理’的转变。”可见国立北平大学也是经过前期的探索，后面地学系学科属性归属问题才确立正确教育理念。

通过搜集资料统计分析得到，20 世纪三四十年代将气象学课程开设在理科下的大学占总数的 92.3%。这一时期，大学气象教育的发展理念较之前期已经有了重大突破，已认识到气象学课程设置在理科下更有利于气象教学活动的开展，理科的教学方法更适合气象学的发展。所以，将气象学课程的归属从文理科中或是文科中划分出来，归在理科下，这一举措具有一定的开创性，从理性认知上奠定气象学属于理科范畴的基础，为之后气象学学科发展的属性问题提供了指导。

二、在农科下设置气象学课程的情况分析

民国时期，国立东北大学、西北农学院、私立金陵大学等气象学课程均开设在农学院下，其占总数的 16.67%。究其缘由，主要是气象与农业的发展关系密切，为了更好地探究二者关系，推动农业生产的高产，助力搭建良好的气象与农业互动平台，在农学院开设气象学课程成为气象课程设置的一种主要形式。并且，最终催生出了农业气象学这一方向，为气象学研究方向地开拓奠定了基础。

三、在文科下设置气象学课程的情况分析

20 世纪三四十年代，将气象学课程设置在文科院系下的情况较少，据资料整理来看，这一时期仅有国立浙江大学，占总数的 7.69%。究其原因，“1936 年，中央研究院气象研究所所长竺可桢被迫兼任国立浙江大学校长职务。”① 同年，“竺可桢、张其昀则秉持‘史地合一’的通才教育观，创建史地学系，下设史学与地学二组，既造就史学与地学的专门人才，又特重二者的关联，以达专精与通识之间的平衡。”② 因为浙江大学秉持“史地合一”的通才教育观，创建了史地学系，史地学系的学科归在文科下。浙江大学史地学系在“之后的 13 年，特别是在西迁办学期间，浙大的气象学科的教学与研究，从无到有发展起来。”但整体而言浙江大学偏重史学。即便史地学系地学组培养了叶笃正、郭晓岚等近代优秀的气象学家，但浙大史地学系始终在文科下发展并没有实现独立发展，气象学课程也没有像中央大学、清华大学一样实现独立成系的蜕变。

可以看出，气象学课程在文科下设置发展，一定程度上阻碍了气象学发展。整体而言，20 世纪三四十年代处于发展期，关于地学系文理科的归属问题，在当时教育理念处在尚不成

① 钱永红：竺可桢校长浙江大学期间气象学科的教学与研究。《气象科学技术历史与文明》，气象出版社，2019 年，第 145 页。

② 何方昱：知识、权力与学科的合分——以浙大史地学系为中心（1936—1949）。《学术月刊》，2012，44（5）：145-154。

熟的发展阶段，很难做出正确的划分。因此，这一时期以浙大史地学系为代表的气象学在文科下设置发展也在情理之中。

四、发展期数量剧增且分布足迹远涉西南一隅

民国中期开设气象学课程的大学不在数量上发生了巨大变化，而且在空间分布上也呈现出在全国范围内扩散的态势。这一时期增设气象学课程的大学有国立清华大学、国立浙江大学、国立东北大学、国立北平大学、国立北京大学、国立上海大学和国立中山大学等七所公立学校。20世纪30年代战乱频繁，社会动荡的特殊时期，尤其“七七事变”后受战火波及，许多高校被迫迁移。其中开设气象学课程的院系中最具代表性的清华大学和浙江大学就曾分别南迁云南昆明和贵州遵义。

综上可知，民国中期开设气象学课程的大学新增八所，就数量而言明显民国中期呈现出发展壮大的趋势；从空间分布情况来看，处于一个动态的变化过程。首先，抗战之前开设气象学课程的大学分布在江苏、浙江、北京、广州等省份，但是抗战爆发后开始向湖南、重庆、贵州、云南等地辗转迁移，因社会动荡，开设气象学课程的大学也开启了流浪生涯，足迹远涉西南一隅。

第四节　气象教育的确立时期

气象教育的发展是一个循序渐进、不断探索的过程。随着气象教育的开展，20世纪40年代以后气象学的发展实现了质的飞跃。随着当时社会、经济、政治、文化、教育的发展，气象学从地学系中真正的分离出来，不断地细化发展。1944年，中央大学率先提出成立气象系。1947年，清华大学气象学从地学系脱离出来，成立了气象学系。关于气象学系独立发展，1944年竺可桢致函中央大学，从气象学科发展的气象人才培养层面出发表达发展气象教育的办学理念，对建立气象学系进行了必要的阐述：“惟气象学实有其独立性，宜脱离地理范围，有独立设系之必要。其主要理由可得而言者，有下列两端：一则气象学之高深研究，系于纯粹之数理基础，目前因受地理系之限制，学生难以选修各种数理学程。如单独设系，自可尽量发展。再则气象、地理两者同在一系，往往受经费、设备各方面牵制，俱难发展至理想之境，如分别设系，则两不妨碍。基于上述两端，单独设系实为事实所需，且以贵校现有之教授、学生以及设备观之，亦已具备设系之条件。”①

竺可桢作为近代气象高等教育的开创者，其观点极具参考价值。可以看出民国后期，气象教育理念日趋完善，气象教育家们已充分认识到气象学独立成系的重要性。由此可见，20世纪40年代，气象学系的独立体现出气象教育理念的转变。从气象教育的办学理念而言，气象学系的独立能更好地培养气象科技人才；从学科教育的发展来说，气象学系的独立是气象教育理念的重大突破。

综上所述，民国时期气象教育理念的发展经历了从无到有，不断探索发展，并最终确立

① 《竺可桢全集：第24卷》。上海科技教育出版社，2013年，第358页。

了明确的教育理念：第一，气象教育的宗旨是培养专门的气象人才服务于气象事业；第二，气象教育的目标是气象学脱离地学范围，实现独立发展；第三，气象教育的方法是结合理科教学方式培养气象科技人才。

抗战胜利后，许多大学复校迁移。开设气象学课程的大学在数量上定型，基本上奠定了中华人民共和国成立后气象教育的格局，此后很长一段时间内开设气象学课程的大学没有增加，但地理空间位置依旧处于变化中。

可见，民国时期随着时间的变迁，开设气象学课程的大学数量和分布情况处于一个动态的变化过程中。整体而言，初创期开设气象学课程的大学数量较少，且基本在当时经济、政治、文化相对繁荣的江苏、湖北一带；发展期开设气象学课程的大学数量剧增，分布位置也开始扩散，北京、广州、江苏、上海、云南、贵州、四川等地均有开设气象学课程的大学分布，战争波及教育；定型期开设气象学课程的大学数量没有增加，但是因全面抗战结束许多高校踏上返程，尤其是 1945 年至 1946 年，位置分布处于短期的变动中。

第五节　气象教育的课程和分支学科

一、气象学课程设置的发展完善

随着大学气象教育的开展，气象学课程的设置不断完善。民国时期大学中开设的气象学课程，不同的气象教育院系而有所不同，但是最终殊途同归实现了统一。

（一）数理化部下气象学课程初次创设

因年代久远，限于资料所囿，无法确定当时气象学课程开始的真实情况，但通过查阅这一时期南京高等师范学院讲授气象学课程老师符鼎升的相关信息发现，符鼎升留学日本，从其工作经历来看，他一直在数理部任教，可以推断出其主攻专业为数学或为物理。所以，可以确定符鼎升讲授气象学课程只是兼职或是因师资缺乏被迫选择。可见，当时南京高等师范学院数理化部并没有专业的气象教师，再结合数理化部的属性，大致确定此时气象学为数理化部的辅修课程，处于边缘并不受重视。而且气象学的课程仅为单一的气象学这门课程，在教学活动中，结合当时气象学发展的情况，主要讲述气象学定义、气象学研究范围、气象学相关要素等最基本的气象学理论知识。

（二）博物地学部下气象学课程继承创新

1918 年，竺可桢学成归国，受聘前往武昌高等师范学校博物地学部授课。在此期间，为原数学物理部毕业班讲授天文气象学，这是关于竺可桢的教学活动最早的记载。武昌高等师范学校的博物地学部是 1917 年成立，当时武昌高等师范学校将原来的历史地理部、数学物理部和博物部整改为国文史地部、数学理化部和博物地学部。在此之前武昌高等师范学校是否开设气象学课程已无从考证，但是从其相关的教学材料来看，竺可桢之前该校并无专业的气象学教师。因此，可以确定武昌高等师范专业性的气象教学活动始于竺可桢。

博物地学部的气象学课程是由竺可桢讲授的天文气象学，教材使用传统的《观象台实用气象学》。竺可桢在哈佛大学期间有学习气象学的基础背景，所以，“他从博物部入手按新的理论组织教学，着手编排地理学和气象学讲义”。[1] 由此可见，博物地学部的气象教学较之南京高等师范学院数理化部，无论是从任课教师的专业性还是课程安排的上都明显具有进步性。

（三）史地学系下的气象学课程发展确立

近代气象学课程开设以来，很长时间内依附在史地学下缓慢发展。最早将气象学归在史地学下的是南京高等师范学校的国文史地部。这一时期已明确记载气象学是国文史地部的专业必修课，值得一提的是此时气象学的课程不再是单一的气象学，而且气候学也已开设。

以民国时期开展气象教育最具代表的三所高校为例，可以看出当时气象学课程大部分设置于史地学系或地学系下。在南京高等师范学院、东南大学时期，先后设立了文史地部地学系、文理科地学系，气象学课程均开设于此。在中央大学时期，组织机构进一步调整，气象学课程先设置于地理气象门，直到 1944 年气象系成立；清华大学自气象学课程设置以来就在地理系地文地理组或是地学系气象学门下，直至气象系独立才有所改变；浙江大学虽然培养了一批气象学人才，但气象学的发展始终没有实现独立成系的转变，一直以来坚持“史地合一”的通才教育观。所以，民国时期从气象学课程设置的机构而言，很长时间内气象学在史地学系下或是地学系下发展。

1. 史地学系下的气象学课程设置情况分析

在史地学系下气象学课程的开设种类日趋丰富。起初在国文史地部下气象学课程仅有气象学和气候学两门，随着竺可桢等一批气象教师加入，气象学课程随时间和任课老师的变化呈现出不同的变化。1927 年代以前，气象学课程在史地学系下发展以南高—东大最具代表性，这一时期开设的气象学相关课程有：气象学、气候学、地学通论、高等气象学和农业气象学，尤其是地学通论因竺可桢的原因一直开设；1927 年代以后，因为气象教育理念的不断发展，气象教育家们认识到地学的性质更偏向理科，史、地学系开始分离实现了独立发展。所以，大部分高校基本将史学系和地学系划分为两个不同的专业；1936 年，国立浙江大学在“史地合一”的通才教育观下创建史地学系，下设气象学课程。因此，1927 年后史地学系下开设气象学课程的仅有浙江大学。因为史地学系的气象学依旧没有实现独立，作为依附学科，气象学相关的课程主要有地学概论、气象学、气候学、农业气象学、世界气候学、天气预告。较之民国前期南高东大时期的史地学系气象学课程，民国中后期浙江大学史地学系开设的气象学课程在原来基础上，仅增加了世界气候学和天气预告两门。

整体而言，在史地学下的气象学课程在长久的发展中并没有大的突破，课程的种类基本上以气象学、气候学、地学概论、农业气象、世界气候和天气预告为主，中后期增加的天气预告是基于生产需求而增设的，世界气候只是气候学的发展细化。因此，史地学系下的气象学课程设置在种类上变化很小；课程类型因“史地合一”通才教育观的主导，气象学课程基本属于必修类课程，但是对史学方向学生也可做选修；在课程学分上基本在二到四分之间，授课学年一年级到四年级均有，但基本以三、四年级为主。

2. 地学系下的气象学课程设置情况分析

1927 年以后，教育理念更新，地学系从史地学系中独立。从 1927 年到 1944 年气象系独立之前，地学系下开设的气象学类课程有：气象学、世界气候、天气、天气预告、理论气象

---

① 张九辰：竺可桢与东南大学地学系——兼论竺可桢地学思想的形成。《中国科技史料》，2003（2）：21-31。

学、气象观测、航空气象、农业气象、海洋气象、高空气象、大气物理、中国天气、天气图。地学系独立后，地学系的气象学课程种类越来越丰富，尤其值得关注的是，地学通论不再是气象学类课程，也不是地学系的课程。地学系从史地学系下独立后，气象学的发展也不断发展完善。在地学系下开设的气象学课程基本具有以下特点：课程种类十分丰富，基本上气象学涵盖的分支大致形成；课程类型上，基本为必修课；气象学类课程学分基本在二到六学分之间，开设学年一至四年级均开设，但是基本上以二至三年级为主。

由此可见，气象学课程在史地学系下的发展随着教育理念的变迁，形成了两种不同的发展形式。其中地学系的发展无论是从学科体系层面，还是课程种类方面而言，都取得了很大发展。

（四）农林桑蚕系下气象学课程深入细化

民国时期，除了在史地学系下开设气象学课程以外，部分高校在农学院农林桑蚕系等与气象相关的专业也开设气象学课程。对这一现象，从事气象教学活动最早的竺可桢曾在《论我国应多设气象台》一文中给出原因："气象台之责，在于测量各省温度之高下，雨量之多寡，依其结果，不难分全国若干区，或应植棉、或应产米、或利畜牧、或利森林。进而调查各区一岁中气候之变态，而定种植之时期，何时最宜播种，何时最宜收获。"① 可见农业与气象关系紧密，想要农业生产取得好效益，应注意区域气候特征是否适宜所植农作物的生长及发育。鉴于此原因，民国时期北京大学、东北大学、北平大学以及私立金陵大学九所高校在农林桑蚕系开设了气象学课程。农林桑蚕系下的气象学课程具有以下特点。

1. 课程种类

农林桑蚕系下的气象学课程种类较少，基本以气象学、气候学、应用气象学、农业气象学和少数的海洋学等课程为主。因气象学课程开设于农林桑蚕系下，所以更多侧重于了解气象学和气候学原理，讲述农业与气象学之关系。

2. 课程类型

农林桑蚕系下的气象学课程以必修课程为主，少数为选修课程。主要是因为在农林桑蚕系开设气象学课程为了探究农业与气象之关系，更好地指导农业生产。所以，气象学开设在农林桑蚕系下对该专业今后的发展具有重要指导意义。故而，气象学课程基本作为专业的必修或是选修课开设。

3. 课程学分及开设学年

气象学类课程学分基本在二至四学分之间，开设学年一至四年级均开设，但是基本以二年级为主。主要因为农林桑蚕系下设气象学课程本意是为该专业今后之发展提供指导，在性质上属于专业课，但并不是专业主干课程，所以学分所占比重不大。

（五）气象学系下气象学课程发展定型

随着气象事业的不断发展，民国后期气象学挣脱了史地学系的束缚，实现了独立发展。1944 年，中央大学理学院率先成立了中国近代高校中的第一个气象系，随后清华大学也实现了气象学的独立发展。1949 年，具有气象系的高校也仅有中央大学和清华大学两所高校。史地学系气象学课程属于从属地位，在研究其特点时仅以气象类的课程作为研究对象。但是气

① 竺可桢：论我国应多设气象台。《东方杂志》，1921（18）：15。

象系不同于史地学系，气象系作为一个独立的专业，其教育目的是为国家气象事业的发展培养专业的气象人才，所以气象学系下所开设的课程均为培养气象人才而准备。因此，本文以中央大学气象学系和清华大学气象学系所开设课程进行对比研究，梳理发现民国后期气象系的课程具有以下特点。

1. 课程种类分析

气象系作为一个独立的专业，其课程种类十分丰富。在课程设置中，不仅包含史地学系下气象学相关的所有课程，而且也开设有新的课程。比如地学通论是二十年代气象学的主要课程，三十年代后不再开设，但是气象系成立后又重新开设；此外增加了流体力学、无线电学、动力气象学等新课程。

2. 课程类型分析

气象系课程类型相当完善，基本上和现代高校课程类型一致。通过梳理发现，气象系的课程类型主要以公共课程、专业必修课、专业选修课等类型为主。

3. 课程学年及开设学年分析

气象系课程学分因课程类型不同而有所区别，学分设置在一至五学分之间，但大部分课程在二至四学分之间；课程开设学年基本上一年级学习大学公共课程，二到三年级学习专业必修课程，四年级一般是专业课及实习等为主。

综上所述，民国时期气象学课程的设置一直处于不断发展完善中。纵观整个民国时期气象学课程的设置情况可以看出，气象学课程基本在理科专业、文科专业和农科专业三种不同学科下设置，但最终气象学的独立建制在理科下的地学系中发展形成。

二、气象学科体系的建立

“随着新式学校教育制度的逐步建立和发展，西方的文化科学技术逐渐成为我国各级各类学校的教学科目。”[①] 气象行业在民国时期是一个新兴行业，气象学科同时也是一个新兴的学科，气象学科的发展到民国中后期已经得到了社会的认可。建立和完善气象学科体系，培养更多专业型气象人才，以适应气象事业的发展要求，成为气象学家和气象教育家的一致观点。但是，纵观气象学科体系的发展历程，气象学科体系萌芽、发展到建立，经历了很长时间的探索，最终发展形成。

“学科体系是指高等学校学科门类、一级学科和二级学科（专业）的范围，以及三者之间彼此又相互联系组合而成的整体。”[②] 因此，本节重点围绕学科体系中的学科门类、一级学科、二级学科（专业）三个层次梳理气象学科体系的发展演变，从而更好地厘清气象学科的形成过程。

（一）学科门类的探索确立

1912 年，民国政府颁布《大学令》，1913 年颁布《大学规程》进一步完善。其中《大学令》第二条规定大学共分为七科：“文科、理科、法科、商科、医科、农科、工科。”[③] 学科门

---

① 张笛梅：《20 世纪的中国高等教育教学卷：上册》。高等教育出版社，2006 年，第 213 页。
② 李进才：《高等教育教学评估词语释义》。武汉大学出版社，2016 年，第 155 页。
③ 大学令。《教育公报》，1917（4）：15。

类是指授予学位的学科类别，比如最常规的理学、文学等。民国时期是近代高等教育的发展阶段，在学科门类的界定中不及现在划分详细，但是整体而言，基本上实现了“从中国封建社会‘四部之学’到近代社会‘七科之学’的转型，是中国传统学术形态向现代学术形态转型的一个重要标志，也是中国近代大学学科体系形成的一个重要标志。”① 从前文对气象学课程设置情况的梳理来看，民国时期气象学所属的学科门类按照实际情况划分为理科、农科、文科和文理综合几大门类。

1. 理科类

通过民国时期开设气象学课程院系的类别可知：将气象学课程划分为理科门类下的情况占整个的45.83%。可见气象学科门类属于理科类是教育学科门类的普遍观念。在气象学科体系整个的发展演变来看，将气象学设置在理科门类下，这种设置符合气象学科发展的客观规律，为气象学从地学系中脱离出来实现独立发展奠定了基础，也是近代气象学科体系发展的一个重要标志。

2. 农科类

基于气象与农业的紧密关系，民国时期气象学课程自创设以来，不少高校在农科类专业下开设。从民国时期气象学课程门类整体的划分情况来看，气象学设置在农科门类下占总数的25%。气象学学科门类的这一划分，为今后农业气象学的兴起奠定了基础，丰富了气象学科下分支学科的发展。

3. 文科类

民国时期，将气象学课程设置在文科门类下占所有学科门类划分的25%，其中主要以不同时期史地学系下的气象学课程设置为主。究其缘由，主要是中国传统的学术研究强调博通、培养“通才”的“通才教育观”，这种传统的教育理念驱动下造就了“史地合一”的教育理念。因此，民国时期气象学科在很长的一段时间内归属于文科门类下发展。纵观民国时期整个气象学科体系的发展历程，不难看出将气象学课程归在文科门类下不利于气象学科体系的发展，阻碍了气象学科的形成。

4. 文理综合类

1923年至1927年，国立东南大学文理科地学系下开设了气象学课程。其他开设气象学课程的大学在学科门类划分中均按照近代新式的七科确立。将气象学划分在文理科门类下，不仅不符合《大学规程》对学科门类的划分，也不符合气象学科体系发展的整体趋势，这种气象学科体系门类划分的特殊情况占整个学科门类的4.17%。因此，这种极为特殊的情况数量极少，加上延续时间很短，对民国整个气象学体系的发展与形成的影响是微不足道的。

整体而言，气象学课程刚开始设置在文理综合门类下，后发展到文科类、理科类及农科类，但基本以归属在理科门类下为主。随着近代大学学科体系的发展与完善，最终成立了气象学系，并也将其归在理科门类下，确立气象学科体系学科门类的划分，构建了完善的学科体系，促进了气象学科的发展。

① 肖朗：中国近代大学学科体系的形成——从“四部之学”到“七科之学”的转型。《高等教育研究》，2001：99-103。

（二）一级学科的发展形成

《大学令》第六条规定："大学为研究学术之蕴奥设大学院。"[①] 即大学各学院或独立学院各科依据大学条例第六条规定下分若干学系。民国大学中各学院下设立的学系就是现在意义上学科体系中的一级学科。梳理整个民国气象学课程设置的一级学科发现：二十年代以后，随着大学学科体系的发展，气象学课程开始设置在地学系这一级学科下；四十年代以后，随着整个大学学科体系的完善，气象教育家们认识到建立独立气象学系的重要性，积极筹划并最终在 1944 年，中央大学理学院建立了中国大学中的第一个气象系，标志着气象学一级学科体系的确立，促进了气象学科的形成。

（三）二级学科的细化完善

民国是近代学科体系的转型期，处于传统学科体系和西方新式学科体系的交融期。在气象学科体系的发展和形成中，属于第一层次的学科门类和第二层次的一级学科基本形成，但是属于第三层次的二级学科的发展相对迟缓。纵观民国气象学科体系的发展演变，地学系这个一级学科体系的确立，为气象学组（即专业）的确立奠定了基础。"地学系早期以地质学、地理学、气象学和古生物学为主要内容，后来该系分为地质矿物门和地理气象门。所谓'门'就是在系之下所分的专业。这是中国最早在地学系中分设专业。"[②] 并且最早在学科体系划分中将气象学划分为二级学科（即专业）的是中央大学理学院地学系的气象门。之后随着设置气象学课程院校数量的增加，清华大学地学系也下设气象组。

可见，1944 年气象学成为一级学科之前，整个气象学科作为二级学科从属于地学系。但 1944 年，气象学发展壮大为一级学科后，开始在气象学科下细分气候学、天气学、动力气象学等二级学科。不论是气象学科作为二级学科发展，还是发展到民国后期在气象学科下细分的二级学科，都体现了气象学科体系的发展演变，随着气象学科体系的不断完善建立，最终促进了气象学科的形成与完善。

民国时期开设气象学课程的代表性院系组织沿革，见图 7-1。通过梳理民国时期气象人才培养的代表性大学院系组织机构演变不难发现：气象学课程的设置基本形成了在史地学系下和地学系下两条清晰的发展脉络，最终地学系下的气象组脱颖而出，实现了独立建制。由此可见，随着气象教育机构院系的调整，气象教育的发展逐渐规范化、体制化。气象学科体系的发展正是得益于地学系的孕育，才使气象学系从地学系这个母体中完美蜕变，与之并肩而行，成为一级学科。所以，开设气象课程的院系的组织演变，不仅为气象学科体系的独立奠定了基础，也为气象学科的形成创造了条件，对近代气象学的发展具有促进作用。

第六节　民国时期大学气象教育的特点

纵观民国时期大学气象教育的发展，从教育理念的确立到学科体系的形成，经历了很长时间的探索。民国时期气象师生群体、课程设置、教材讲义编排等方面均特点鲜明。

---

① 法令：大学令。《中华教育界》，1913（2）：29-31。

② 张九辰：竺可桢与东南大学地学系——兼论竺可桢地学思想的形成。《中国科技史料》，2003（2）：21-31。

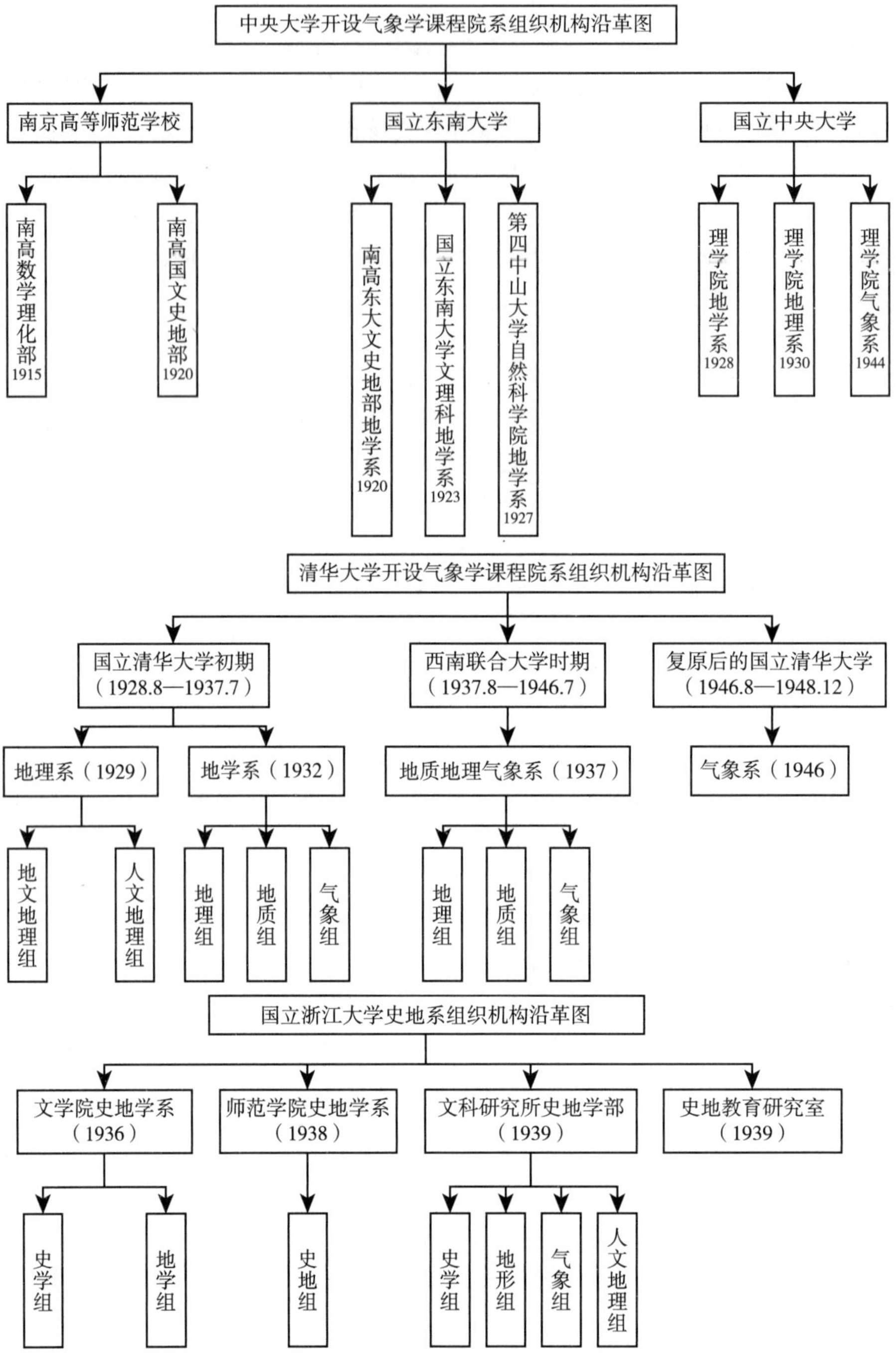

图 7-1　民国时期气象人才培养的代表性大学院系组织沿革图

一、以基础教学和基础研究为主

（一）教学活动重视气象学基础内容

民国时期大学气象教育的开展是一个不断探索的过程，从无到有逐渐发展起来。民国作为近代气象教育的肇始，在气象课程的设置，气象教材、讲义的编排等内容上都围绕气象学的基础内容展开教学活动。

首先，气象课程的设置以基础内容为主。其数量从少到多，逐渐丰富，内容围绕着气象学的基础内容开展；课程种类从起初单一的气象学逐渐演变为天气学、气候学、动力气象学、大气环流以及应用气象学等众多类型，涵盖气象学各个领域的基础内容。民国时期的气象教育为之后气象学及高等气象教育确立了典范。随着在大学开设农业气象、动力气象学、气候学等气象学基础课程，一方面，促进了之后气象学科体系的确立，为之后气象学分支学科确立和高等气象教育的开展奠定了基础；另一方面，以讲授气象学的基础知识为主，为之后中国高等气象教育提供了教学经验。这些教学课程基本上是气象学科最基本的理论知识和基础的分支学科。

其次，气象教材讲义的编写以气象学的基础内容为主。民国时期编写气象学教材及讲义是气象教育开展之初最为普遍的现象，这一时期为了缓解气象教材及讲义空白或陈旧的局面，气象教师着手编写教材讲义用以教学。因此，民国时期大学气象教育开展之际，编写的教材、讲义基本上以当时讲授的课程密切相关，其内容基本围绕着天气学、气候学等基础的内容展开。

再次，民国时期为了缓解当时气象事业人才紧缺的局面，在大学开展气象教育培养专门的气象人才。此时学校的教学活动以气象学基础内容为主，学生在校期间系统学习气象学的基础课程，毕业后大多前往中央研究院气象研究所、各地气象台等从事基础工作，保障了气象事业顺利进行。可见民国时期大学气象教育的开展，为气象事业的发展输送了源源不断的专业性人才，这些气象人才充实到各个气象部门，他们成为当时气象事业发展的基石，不仅推动当时气象事业的发展，而且也为之后中国气象事业的发展培养了中坚力量。

总之，民国时期作为大学气象教育的起始阶段，教育中的基础性特征表现在教学活动中。当时的气象教学活动以传授最基础性的知识为主，一方面对近代气象学科体系的创建和教育体系的形成奠定了理论基础；另一方面为当时气象事业的发展和之后气象高等教育的开展奠定了基础，提供了指导和借鉴。

（二）科学研究围绕气象学基本问题

开展科学研究是气象教育的主要内容之一，随着气象学发展，科学研究日益深入，不断延伸，但整体而言还是停留在气象学基础性问题上。其中气象专著和学术论文表现得尤为明显。

首先，民国时期编写的气象学专著大致围绕着天气学、气候学、气象规范、应用气象（含军事气象、航空气象和农业气象）等气象学基础分支学科。这一时期编写的气象专著虽数量不多，但是其内容围绕着气象学研究的基本问题，其结论、观点多为当时气象学领域的最新知识。

其次，发表的学术论文基本以天气学、气候学、大气环流、动力气象学及其他方面的研究为主。其中天气学占40%，气候学占30%，大气环流、动力气象学和其他方面均占10%[①]。可见这一时期气象的科学研究还是以气象学中最基础的天气学、气候学等问题的研究为主（见图7-2）。

---

① 赵九章：中国气象学研究工作的回顾与前瞻。《气象学报》，1951（1）：11-14。

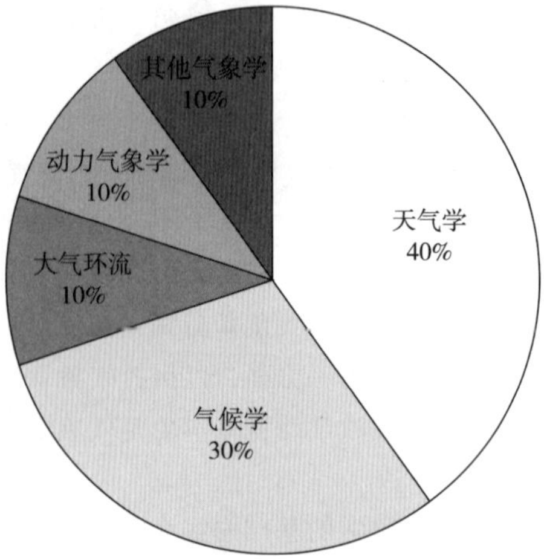

图 7-2　民国时期气象论文概况

纵观整个气象教育史，民国时期大学气象教育无论是教学活动还是科学研究，都表现出明显的基础性特征。一方面，通过梳理发展背景可知，民国之前中国尚未开展气象教学活动，即便晚清时期西方气象学知识开始传入中国，但是仅是起到了气象知识的科普教育，并非开展专业的气象教育。而民国时期气象教学活动是从最基本的气象学内容开始，在内容讲授和教材、讲义编写中以基础性的知识为主；另一方面，民国时期作为近代气象教育的起始阶段，其科学研究围绕着气象学最基本的问题展开。整体而言，民国时期大学气象教学活动和科学研究在内容上属于基础知识的传授和探究，在气象教育发展史中处于基础阶段。

可见，民国时期的大学气象教育，奠定了气象学科体系，是气象事业发展和近现代气象高等教育的基石，整体上都表现出其“基础性”的特点。这种基础性既体现在教育内容上，也表现在教育影响上。

二、教学内容和发展历程的阶段性

（一）教育内容表现为阶段性变化

民国时期大学气象教育内容在不同阶段具有不同特点。二十世纪二十年代以讲授天气学和气候学等气象学的基础知识为主；三四十年代除了天气学、气候学，注重天气预测、理论气象学、应用气象学等内容；四十年代以后，除了之前基本的气象学知识之外，大气环流、动力气象学等内容成为教育的新内容。

首先，二十年代以讲授天气学、气候学等基础知识为主。一方面，此时国内气象教育刚刚起步，气象基础薄弱，因此只能选择气象学中最基础的天气学原理和气候划分等基础知识；另一方面，这一时期的气象教师本身掌握的气象学知识有限，掌握的气象知识也仅限于天气学和气候学领域，在课程讲授过程中结合自己的学识储备安排教育内容。

其次，三四十年代新增设天气预测、理论气象学和应用气象学等内容。一方面气象事业发展的需求推动了天气预测、理论气象学和应用气象学相关课程的开设；另一方面随着新的一批气象留学生回国，带来了国外先进的气象学知识，促进了气象教育内容上的更新。

最后，四十年代以后教育内容进一步完善，动力气象学、大气环流出现。这一时期是民国时期大学气象教育发展的定型期，无论是气象学科体系，还是气象教育内容，基本已完善。所以，此时内容较之前期已十分丰富，气象学涵盖的各个分支领域都已有课程开设。

综上，民国时期大学气象教育的内容随着时间的迁移，在不同的发展阶段具有不同的侧重内容。一方面和气象事业发展的息息相关，另一方面与气象学科的完善密不可分。

（二）发展过程呈现出阶段性变动

民国时期，大学气象教育的发展经历了初创期的探索、发展期的繁荣和定型期的确立，最终从萌芽到发展后得以形成。一方面随着气象事业的发展，呈现出不同阶段的发展特征；另一方面因时代环境的影响，表现出发展的阶段性。

首先，梳理民国时期大学气象教育的发展状况，可以看出民国时期大学气象教育的发展具有明显的阶段性。二十世纪初期到二十年代属于气象教育发展的初创期，这一时期无论是教育理念的确立，还是教学活动的开展，都是气象教育中的有益的尝试。所以，此时正处于萌芽状态，在其发展历程中属于初创阶段；三四十年代因前期气象教育的发展奠定了良好的基础，加上当时气象事业发展备受关注、气象师资力量增强、开设气象学课程的大学增多，所以迎来了气象教育发展史上的黄金期，这一时期是迅速发展阶段；四十年代以后，是民国气象教育发展史上的定型期。气象教育事业从萌芽状态不断发展，最终取得了历史性的发展。1944 年，黄厦千受聘返回母校任教，“他回到中央大学地学系执教不久，就建议将气象组从地理系中分离出来，并获得批准，建成了我国大学中最早的气象系。”① 气象系的独立建制，在气象教育的发展史上是一座丰碑，标志着气象学科体系的形成。民国后期是气象教育发展中的定型期，经过前期的摸索和发展，最终得以确立。

其次，无论分析民国时期气象课程的设置情况，还是开设气象学课程的大学的数量，抑或是气象教材讲义的编订，都会发现一个明显的特征：民国时期气象教育深受社会的影响。因“七七事变”后全面抗战爆发，表现出前后两个不同的阶段性发展的特征。全面抗战之前，气象教育的发展从萌芽状态开始得到迅速发展。一方面，气象学从一门附属于史地学部下的课程，发展演变为地学系下的气象组、气象门，即气象专业。另一方面，开设气象学课程的大学数量从刚开始的五所，增加至十三所，民国时期开设气象学课程的大学在抗战之前都已有气象教学活动。全面抗战之后，气象教育的发展经历了从缓慢发展到恢复发展。以 1944 年气象学系的成立为分水岭，气象教育的发展又表现出缓慢发展和恢复发展两个阶段。

总体而言，民国时期大学气象教育在内容和发展过程中体现的阶段性特征，每一阶段的发展都是上一阶段的延续。整体上是一个动态的渐变过程，从引入，到创立，再到发展，因多方面因素促使民国气象教育的发展经历了几个阶段，表现出了明显的阶段性。

三、教育模式和影响的开创性

（一）教育模式开创了气象教育的先河

民国时期是中国气象教育史的起点，开创了中国高等气象教育史上的先河，在整个气象教育史中具有开创性。其教学课程设置、气象教材讲义编写和科学研究发展过程都体现出气

---

① 陈学溶：《中国近现代气象学界若干史迹》。气象出版社，2012 年，第 250 页。

象教育内容的不断创新与完善。

首先，民国时期开展的气象教育活动在内容上是首创。在民国之前中国尚未开展大学气象教育，所有大学中的气象活动无论是课程的安排、教材讲义的编写，还是科学研究，在整个气象教育活动内容中都是首创。

其次，在气象教育过程中，在气象课程设置的种类选择、气象教材讲义内容的编写以及科研成果的研究方向，都是气象学研究领域的重点体现，这些涉及内容对于当时的中国气象教育的发展状况而言，一切都是新的知识范畴，尤其是很多领域的科研成果，成为该领域的开山之作，甚至是经典理论，奠定了气象教育的基础性理论，成为气象学教学内容中的首创。

（二）教育影响推动了整个气象史的发展

民国时期大学的气象教育不仅在整个气象教育的发展史上属于奠基性活动，而且在气象教学中是首次，对气象教育事业乃至气象事业的发展都是具有开创性意义。

首先，民国时期大学气象教育活动中有很多开创性的成果。此时气象教育从无到有逐渐形成，其中许多课程的设置、研究成果、教学方法等的出现都是“前无古人”的首创行为。因此，这一时期大学气象教育中涌现出很多开创性的成果，对今后气象学科的发展以及气象教育的开展提供了借鉴和指导，1949 年之后中国高等气象教育在此基础上发展起来。

其次，民国时期开展的气象教育活动对气象教育事业乃至其发展都具有开创性意义。民国之前没有气象教育开展的史实，这种背景下首次在大学中开设气象学课程具有开创性意义。民国时期最早开设气象学课程的大学、最早的气象教师、最早的气象学生以及最早开设的气象学系，这些在整个气象学发展史上都是里程碑式的事件或是代表性人物，对当时气象事业乃至中华人民共和国成立后中国气象事业的发展都具有深远影响。所以，从气象教育要素、教育内容以及教育影响等众多方面而言，民国时期大学气象教育在整个气象教育发展史上都是属于首创，奠定了中国近现代气象事业发展的基础。

综上所述，民国时期大学气象教育在其发展过程中表现出的基础性、阶段性和开创性。这种特点的形成背后，既有时代教育理念变化、社会变迁等外部因素的影响，也有气象学科的形成、气象教育的发展等内部因素的驱动。同时这一时期大学气象教育的特点对后来气象学科的完善、高等气象教育的发展、近现代气象事业的发展都具有深远影响。

参考文献

[1] 陈学溶．中国近现代气象学界若干史迹［M］．北京：气象出版社，2012.

[2] 何方昱．知识、权力与学科的合分——以浙大史地学系为中心（1936—1949）［J］．学术月刊，2012，44（5）：145-154.

[3] 王鹏飞．王鹏飞气象文选 2［M］．北京：气象出版社，2010.

[4] 肖朗．中国近代大学学科体系的形成——从“四部之学”到“七科之学”的转型［J］．高等教育研究，2001（6）：99-103.

[5] 许小峰，高学浩，王志强．气象科学技术历史与文明——第三届全国气象科技史学术研讨会论文集［M］．北京：气象出版社，2019.

[6] 许玉花．近代气象学留学生群体研究［D］．南京信息工程大学，2017.

[7] 张佳静. 民国前期大学地理教育研究 [D]. 陕西师范大学，2009.
[8] 张九辰. 竺可桢与东南大学地学系——兼论竺可桢地学思想的形成 [J]. 中国科技史料，2003 (2)：21-31.
[9] 刘志鹏，别敦荣，张笛梅. 20 世纪的中国高等教育：教学卷：上 [M]. 北京：高等教育出版社，2006.
[10] 钱馨平. 中国近代气象学科建制化研究 [D]. 南京信息工程大学，2020.
[11] 张九辰. 人文地球：人类认识地球的历史 [M]. 北京：北京大学出版社，2022.
[12] 解明恩，索渺清，叶梦姝. 西南联大的气象教育与人才培养 [J]. 气象科技进展，2019，9 (1)：60-66.

第八章　我国近代气象期刊

科学期刊是科学发展的学术反映，也是衡量一个国家和一个时期科学水平的标尺。气象科学期刊真实地记载和反映了当时社会的气象建设、科学发展、技术创新的情况。民国时期，期刊是传播科技信息的主要媒介，近代科学研究成果多通过期刊得以保存和普及。气象科学期刊作为气象知识传播的载体，为我国气象科技传播、推广以及指导做出了重要的贡献，更是研究近代气象学科发展的重要材料。

第一节　气象期刊总体情况

一、气象期刊发展特征

（一）气象期刊的区域分布

民国时期，气象期刊在北京、天津、福建、重庆、广东、广西、河北、河南、湖南、吉林、江苏、辽宁、山东、陕西、四川、台湾、武汉、云南、浙江等多地都有出版，其中江苏、山东、北京、福建、四川、重庆等地所办刊物数量最多，以上几个区域也是当时气象事业发展比较好的地区。

二十世纪二十年代以前，仅有北京、南通两地有三种气象刊物出版。三十年代，江苏、山东地区气象事业发展极为迅猛，气象期刊也以北京、江苏、山东等地为起点，逐渐向全国各地扩展，传播范围更加广泛。到三十年代末期，因时局动荡，山东、江苏等地的气象机构逐渐向内陆迁移，如中央研究院气象研究所、中国气象学会等重要气象机构多数迁到重庆，随后还在重庆成立了全国气象事业的最高管理机构中央气象局，重庆逐渐成为我国战时的气象事业中心。四十年代，重庆地区新创办的气象期刊主要由以上气象机构主办，如中央气象局在重庆出版了《气象丛刊》《气象通讯》等期刊。各气象机构、学术研究团体等仍然在大后方坚持观测、科研、出版刊物，为我国气象事业努力撑起一片天地。

（二）气象期刊创办时间的分布

民国初期，我国气象事业刚刚起步，气象人才、设备等都十分不足。中央观象台早期出版的《气象月刊》几乎是蒋丙然凭一己之力完成编辑工作，其中刊登的观测数据则由蒋丙然的六名学生完成。到二十世纪二三十年代，气象留学生归国，相关气象机构举办培训班、大学成立气象组等举措，解决了部分气象人才不足的问题，台站建设、气象观测、科学研究等工作得以顺利进行。此时，我国创办的气象期刊在数量上不断增加，期刊增长幅度十分明显，期刊总数在三十年代达到四十二种。四十年代，因战争、时局、经费等方面影响，创办期刊数量减缓，且期刊总数目有所减少。但在国内如此动荡的情况下，气象工作者仍坚持气象相关工作，此时期先后创办了二十七种期刊（见图 8–1）。

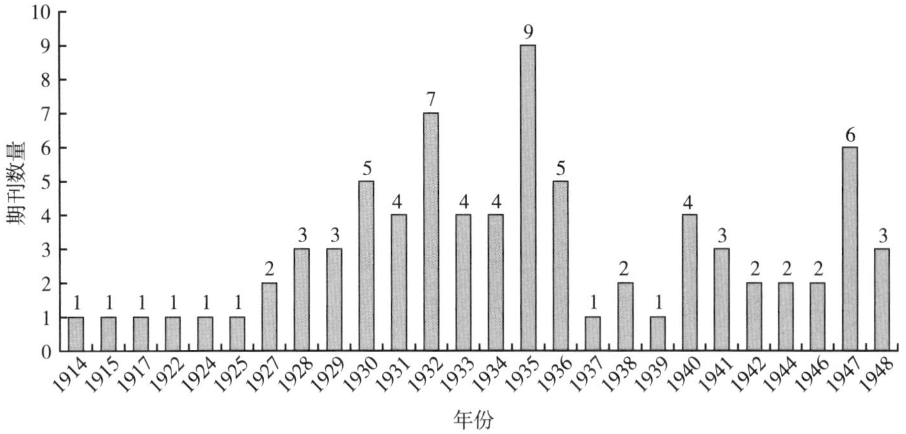

图 8–1　民国时期每年创办的气象期刊数量

二十年代以后，我国气象期刊数量迅速增加，尤其是中国气象学会出版的《中国气象学会会刊》，气象研究所出版的《国立中央研究院气象研究所集刊》《气象季刊》等具有重大影响力的气象期刊纷纷出现，其刊载的气象基础知识、气象研究成果、各地气象数据等内容，一方面提高了普通民众的气象意识，另一方面为近代气象科技的发展和人才培养做出了巨大贡献。

（三）气象期刊的持续时间

从期刊的持续时间来看，我国民国时期气象期刊的寿命较短，持续时间超过十年的不到5%，有八种期刊不到一年就停刊了，其中四十年代此种情况尤为严重，出版时间不满一年的期刊数量达到五种，其主办机构多为地方气象所、测候所等观测机构，如济南山东气象观测所、镇江江苏省气象所等，其出版的《山东气象月报》《气象月刊》等主要刊载观测资料，以地方气象概况及当地气象观测数据所绘制的图表为主，极少发表气象学术类文章。

气象期刊中能够超过五年寿命的只有二十三种，其中五种是高校创办、七种是研究机构及学术团体创办，厦门大学气象台、青岛市观象台、中国气象学会、四川大学理学院、云南省立昆明科学馆气象测候所出版的期刊更是维持十年之久（见图 8–2）。在动荡不安的年代，也有部分刊物经历了断刊、复刊（更名）、停刊的过程，如青岛市观象台出版的《青岛市观象台月报》（原名为 1924 年出版的《胶澳商埠观象月报》），1946 年 1 月创刊于青岛，1946 年 12 月第 1 卷第 12 期断刊，次年 1 月，更名为《气象月报》延续出版，直到 1948 年 2 月停刊。因当时历史、经济、时局等因素的影响，众多民国时期创办的气象期刊在中华人民共和国成立后唯余中国气象学会创办的《气象学报》。

很多气象期刊在创办之初颇有信心与热情，但期刊的编辑出版工作十分的被动、波折，缺乏较为稳定的科研团队、学术环境、经济基础的支持，最终难以维持。民国时期气象期刊虽然创刊速度很快，但能经受住时间、环境考验的较少，很多没有得到发展。而且从受众的角度来看，气象专刊中刊载的气象相关报告、成果等内容，受众有限，期刊销量也会受到影响。

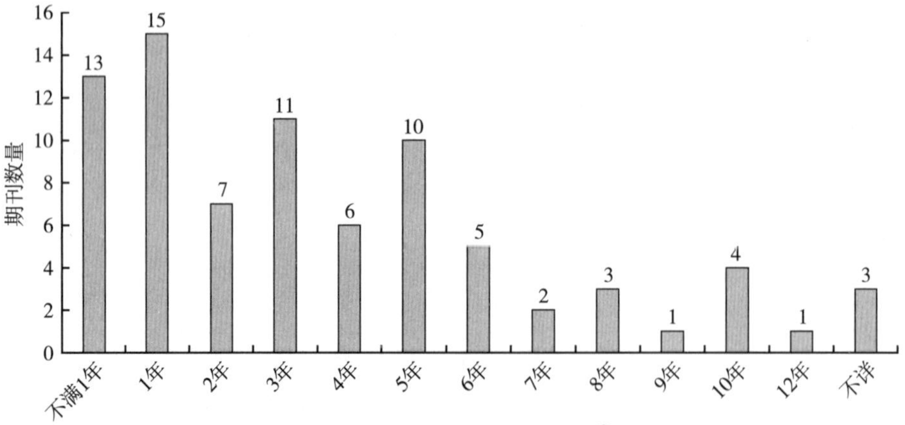

图 8-2　民国气象期刊寿命①

二、气象期刊创办机构

民国时期气象期刊主要分为观测类期刊和学术类期刊两类，虽类别不多，但气象刊物的出版机构众多，机构性质也有所不同，有政府部门、高校、私人创办等多种方式，也有以观测台站、气象科研、气象学术为主的机构和团体。

（一）创办观测类期刊的机构

1914 年出版的《气象月刊》（后更为《观象丛报》）是民国时期最早的气象期刊，其主办机构为中央观象台。1915 年 7 月,《气象月刊》扩刊为《观象丛报》，开始刊载每月各地气象观测报告，除中央观象台观测资料外，还选用各海关报告表统计观测数据。

除了观象台，我国早期气象观测类期刊的创办多归功于各地气象测候机构。各地测候所出版刊物多数是从三十年代开展。其中有能力出版气象刊物的观测机构多是地方省政府机关或水利部门建设的测候所，且具备一等或二等测候所的规模，如水利委员会的南京二等气象测候所、镇江江苏省建设厅的气象测候所、济南山东省建设厅的气象测候所、河南省政府建设厅的开封一等测候所等皆具备以上条件，主要创办气象观测类期刊的观测机构见表 8-1。

表 8-1　气象观测机构创办的气象期刊

出版机构	出版地	起止时间（年 / 月）	刊名
中国天文学会编辑；中央观象台发行	北京	1915.7—1921.9	观象丛报
中央观象台	北京	1914.7—1915.6	气象月刊
中央观象台	北京	1922.1—9	气象月刊
华北水利委员会	北京	1934.1—1937.1； 1946.1—1948.10	气象月报
华北水利委员会	北京	1935.6	华北水利委员会水文气象测验报告
国立北平研究院测候所	北京	1935.1—1936.7	国立北平研究院测候所气象月报

① “不详”是指不知具体停刊日期的期刊。

续表

出版机构	出版地	起止时间（年/月）	刊名
福建省立福州测候所	福建	1936.5—1942.12	福建气象月刊
福建省立福州测候所	福建	1936	福建省气象年刊
广州市气象台	广东	1935.7—1937.8	气象月刊
广西省政府气象所	广西	1936.1—1936.6	气象月刊
河南开封一等测候所	河南	1933	河南开封一等测候所气象年报
河南省政府建设厅开封气象测候所	河南	1935.1—1937?	河南气象月报
河南省政府建设厅	河南	1932	气象年报
长沙湖南省棉业试验场气象组	湖南	1933—1935	气象年报
长沙湖南省棉业试验场气象组	湖南	1932—1938	气象月刊
水利委员会南京二等气象测候所	江苏	1940—1942	气象报告
无锡太湖流域水利委员会	江苏	1934	气象季刊
镇江江苏建设厅省会测候所	江苏	1935—1936	气象年刊
镇江江苏建设厅省会测候所	江苏	1935.4—1937.3	气象月刊
镇江江苏省气象所	江苏	1948.1—1948.10	气象月刊
东北气象机构接收委员会办事处	辽宁	1947—1948	东北气象月报
山东省建设厅气象测候所	山东	1946	济南气象报告
山东省建设厅气象测候所	山东	1942	济南气象年报
山东省建设厅气象测候所	山东	1933—1938	气象年报
山东省建设厅气象测候所	山东	1931.6—1936; 1947—1949	气象月报
济南山东气象观测所	山东	1948.1—3	山东气象月报
青岛市观象台	山东	1946.1—1946.12	观象月报
青岛市观象台	山东	1947.1—1949.10	气象月报
青岛市观象台	山东	1928—1937	青岛节候表
青岛市观象台	山东	1932—1933	青岛市观象台高层气流观测报告
青岛市观象台	山东	1947—1948	青岛市观象台学会汇刊
青岛市观象台	山东	1924—1936	青岛市观象台月报
太原山西省林业试验场测候所	山西	1934	气象月报
西安陕西省水利局西安测候所	陕西	1936	气象月报
西京筹备委员会翠华山测候所	陕西	1935.8—1937.4	气象月刊
四川省气象测候所	四川	1941.1—1945.12	气象旬报
四川省气象测候所	四川	1945.11—1946.2; 1946.2—1949.10	四川气象简报
四川省气象测候所	四川	1948	四川气象年报简编
四川省气象测候所	四川	1941.1—1942.12; 1948.3—4	四川气象月报
成都四川省政府建设厅	四川	1937—1941	气象年报

续表

出版机构	出版地	起止时间（年 / 月）	刊名
华北水利委员会	天津	1931—1933	气象年报
北方大港筹备委员会	天津	1931	北方大港港址气象潮位年报
云南省立昆明科学馆气象测候所	云南	1936.1—1946.5	气象月报
杭州浙江省建设厅测候所	浙江	1945.11—1948.7	气象月报

观测类期刊除以上政府创办的气象台站刊载发行外，还有民办气象机构。1917 年,《南通军山气象台年报》由南通军山气象台编辑并发行，这是我国第一本民办气象机构发行的期刊。南通军山气象台成立以后，每年持续发布气象期刊，并将观测结果编辑中英文版本，分赠国内外气象机构和有关部门交换书报。① 该刊宗旨为刊载测算气象著书、报告标准时刻、天气、日月食情况、潮汐海啸及河溢等报告，研究农业、水利、卫生、商业与气象学之关系的评述，有关气象学理、测侯仪器（或改良旧仪）之发明等。② 相比其他气象期刊，它在农业气象方面的贡献更为突出，每期都刊载《南通全县主要农作物记载表》，记录南通地区小麦、黄豆、棉花、水稻等农作物的下种、发芽、开花、收获的时期，病虫害以及天气纪要。

另一个出版观测类气象期刊的民办机构为一得测候所。1930 年，为发布云南地区的气象要素情况，一得测候所在昆明市出版《气象年报》，陈一得任编辑，年出一期，到 1935 年停刊共出版五期刊物。《年报》主要刊载昆明市气象纲要，逐月气象平均要素表、历年逐月雨量表，对昆明市的气候变化进行了极为详尽的记录，包括每月气压的平均值及绝对最高和绝对最低的数据、日期，最高最低气温，早霜期、终霜期，最大风速，降雨量等与气象有关的各种要素。

创办观测类气象期刊的机构还有气象行政管理机构，如中央气象局。其中,《全国天气旬报》是当时更新比较及时的刊物之一，该刊根据各地逐日气象电报进行统计，刊登全国各地每旬天气概况，记录平均温度、雨量、云量、最高最低气温以及天气阴、晴、雨等日数情况。

同时，地方气象局也出版了部分气象观测类期刊，如福建气象局和台湾省气象局。福建气象局是各地方气象局中出版气象期刊较早且丰富的出版机构，福建气象局前后共出版六种期刊，其中《福建气象月刊》为 1936 年其前身福州测候所出版，该刊以气象观测数据为主，对福建省各地区的气象进行了极为详细的连续记录。③

出版过气象刊物的地方气象局中，台湾气象局相对创立较晚，1945 年 11 月才得以成立。气象局成立一年后开始陆续出版气象专业期刊，其中《台湾省气象局月报》趋于刊载台湾省各地各气象要素的报道和不同季节气候因素对社会生产生活的影响。里面不仅有不同地区各气象要素分月详细报道，还有年度台湾各地气象要素统计表。该刊刊有台湾各地气象台测候所一览表，对高气压及低气压、高空气象、物候、日射、雾、雷雨、海洋观测、地震、太阳

① 中国人民政协会议江苏省南通市委员会文史资料研究委员会:《文史资料选辑：第 2 辑》，1982 年，第 104 页。
② 本刊宗旨表。《南通军山气象台年报》，1917（1）。
③ 福州测候所:《福建气象月刊》，1936 年。

黑子观测数据进行了详细统计，就台湾特殊自然地理环境作针对性报道，并细致比对台湾省内各地区的气象差异。①《台湾省气象局月报》中的气象报告十分具有针对性，与农业生产及海上航行的需要紧密结合，对台湾气象发展及其对农业经济产生积极影响。

民国时期，更有多种气象观测类期刊是由各地高校创办的测候所编辑出版，包括中央大学地学系气象测候所、清华大学气象台、北京大学农学院测候所、厦门大学气象台等十一所高校成立的测候机构，它们共创办了十四本气象刊物（见表 8-2）。

表 8-2 民国时期我国各高校出版的气象期刊

出版机构	出版地区	起止时间（年 / 月）	刊名
国立清华大学气象台	北京	1932.1—1936.12	国立清华大学气象季刊
北京大学农学院测候所	北京	1940.9—1944.12	北大农学院气象报告
厦门大学气象台	福建	1927.1—1937.5	厦门大学气象台月刊
国立中山大学农学院观测所	广东	1930	国立中山大学农科气象观测所报告
广州中山大学天文台	广东	1930.2—1937.2	国立中山大学天文台两月刊
河北省立农学院气象观测所	河北	1932.3—1937.3	气象季刊
国立武汉大学测候所	湖北	1933.7—1936.9	气象月报
吉林省立大学理工学院测候所	吉林	1929	吉林省城气象年报
吉林省立大学理工学院测候所	吉林	1930.8—1931.6	气象月刊
国立中央大学地学系气象测候所	江苏	1924—1928	南京气象月报
江苏省立淮阴农业学校测候所	江苏	1931—1935.12	气象月报
无锡江苏省立教育学院气象观测所	江苏	1932.12—1937.1	气象季刊
国立四川大学理学院物理试验室	四川	1932.8—1942.7	气象月刊
重庆大学理学院测候所	重庆	1934.7—1937.6	气象月刊

（二）创办学术类气象期刊的机构

在中央气象局成立前的十余年间，因中央研究院气象研究所在南京成立，所以我国气象专业期刊多在江苏出版。中央研究院气象研究所作为当时最高科学研究机构出版了多本气象学术类期刊及书籍，促进了我国气象科学事业的发展。气象研究所成立后，整理出版了《气象季刊》《气象月报》《气象年刊》等多本刊物，主要记载中华民国十七年以后各月份的方向风速变迁图以及气象要素变迁图，通过图表形式报道气压、气温、湿度、雨量、云状、云量、风向等专业测试数据，并全部以图表数据记载的形式展示出来以作专业学术分析。1929 年出版的《国立中央研究院气象研究所集刊》，更是不定期发表中国学者的气象学著作，如竺可桢的《中国气候区域论》、吕炯的《极面学说与中国长江流域下游之风暴》、沈孝凰的《亚东温带低气压之分类及其性质》等。《集刊》中论著多是英文版本，部分为中英对照版本，便于国外气象学者阅读，利于中外气象学术交流。

① 台湾气象局:《台湾省气象局月报》，1947—1948 年。

二十世纪四十年代，中央气象局在重庆成立。抗战胜利后，中央气象台从重庆搬到南京北极阁办公，1947 年 2 月在南京创办了《气象汇报》这一学术型气象期刊。《气象汇报》按月出版，包括国外气象学文章、国内外气象消息、全国天气概况、各地气象要素统计等学术性内容，为当代气象学研究提供了宝贵的文献资料。

在福建气象局出版的几本刊物中,《天气》最具气象学术类期刊的特征。局长石延汉认为“天气”代表着天文和气象两方面，办刊目的是要促使我国天文气象走出学院，到街头去，取得大众的认识和支持。[①]《天气》在内容上包含有关天文气象的研究论著，介绍国外各天文气象机构动态等。气象部分有高仕功的《昆明气团之分析》、马延英的《古气候的研究方法》、郑子政的《近年天气分析之进展与天气预告研究之趋向》等理论性论著。综合以上可见，气象局出版的气象刊物更具有科研、学术、观测资料为一体的特点。

民国时期出版的最具气象学术类专业期刊特点的是中国气象学会出版的《中国气象学会会刊》《气象杂志》《气象学报》。中国气象学会作为我国早期的气象学术团体，1924 年成立，从 1925 年至 1949 年，共出版了二十卷气象刊物。从《会刊》发表的第一篇文章《天气学与气象学》[②] 起，中国气象学会致力于将气象学建设为独立的一门学科，区分天文学与气象学的科学定位，尽量刊载气象学方面的内容。与《观象丛报》在内容上相比，减少了天文学的比例，涉及天气学、气候学、物候学及气象灾害等多种气象学领域。

三、气象期刊刊载内容

（一）观测类期刊

在众多气象期刊中，只有少数几本观测类气象期刊汇集了全国甚至国内外的气象信息，都是由北京观象台、中央研究院气象研究所、中国气象学会、中央气象局等机构和团体出版，如北京观象台出版的《气象月刊》《观象丛报》，中央气象局的《气象汇报》，中央研究院气象研究所的《气象月刊》，中国气象学会的《气象杂志》。以上期刊不但汇集了全国各地气象机构的气象报告，而且还保持每月刊登，所以几本期刊虽创办时间不同，但是在时间上能够保持从 1914 年至 1948 年有所衔接。[③]

此外，地方气象局、测候所、高校出版的期刊多是地方性的观测资料。福建省气象局出版的《福建气象月刊》[④] 主要登载福建南平、浦城、福州、长汀、福安等地的各项气象观测数据。该刊对福建各地区的气象进行了极为详细的连续记录，包括气压、温度、相对湿度、绝对湿度、风向及风速、云量、蒸发量、雨量、能见度、杂项等气象方面的各种相关要素;《湖南气象月报》[⑤] 中刊载了湖南长沙、常德、衡阳等地的气象观测图表;《国立清华大学气象季刊》[⑥] 则主要刊登北平地区的逐日各小时气象要素等。各地测候机构出版的期刊都具有区域性的特征，很多数据只能做一省甚至是一县范围内的研究，比《观象丛报》《气象杂志》等刊物

① 石延汉：学院与街头。《天气》，1941（1）。

② 高均：天气学与气象学。《中国气象学会会刊》，1925（1）。

③ 观测类期刊以观测数据、天气概况等气象资料为主；学术类期刊以发表气象学术论文及著作为主。

④ 福建省气象局:《福建气象月刊》，1936—1942 年。

⑤ 长沙湖南省棉业试验场气象组:《湖南气象月报》，1932—1938 年。

⑥ 国立清华大学气象台:《国立清华大学气象季刊》，1932—1936 年。

在全国气候区域方面的研究多些局限性。

我国在高空探测方面起步较晚，直到三十年代才有关于高空探测记录的期刊出版，第一本期刊是由中央研究院气象研究所于 1930 年出版的《高层气流观测记录》[①]，该刊记录了从 1930 年至 1935 年在南京、北平、西安、每个月的观测时间、云形与云量、气温、风向风速、高度等数据和变迁图，详细记录了各次高空测候的资料，后因全面抗战爆发，未能继续出版。三十年代后，我国各地陆续开始进行高空探测，1932 年 3 月，青岛观象台开始进行高空风探测，同年观象台出版《青岛市观象台高层气流观测报告》[②] 发布青岛高空观测的气象记录，记录不同高度的云形、云量、气温、地面风向风速等。

（二）学术类气象期刊

民国时期，我国偏学术类的气象期刊较少，只有中国气象学会出版的《中国气象学会会刊》《气象杂志》《气象学报》等气象期刊中刊载了大量的气象学术论文，此外中央研究院气象研究所与中央气象局出版了两本类似论文集的刊物，不定期出版，每期有一两篇学术论文。

一种为《国立中央研究院气象研究所集刊》，从 1931 年起开始刊登气象学论文，刊载的都是当时气象研究所的工作人员发表的论文，多篇文章为英文版，少数文章包括中文翻译。其中很多在我国气候学研究领域有突破性成果，如竺可桢的《中国气候区域论》[③] 一文，根据我国各地雨量、温度、地理高度等因素，将中国分为南部、中部或长江流域、北部、满洲、云南高原、草原、西藏、蒙古等八类，首次分析中国气候的区域特点并进行气候分区。1935 年，集刊中刊载的涂长望的《中国雨量区域的分类》[④] 则根据中国的雨量记录，制作了一年的各地雨量分布曲线图，按照区域分为东京湾 [⑤]、南岭、东南沿海、西南台地、杭州湾、长江下游、长江中游、华北、渤海湾、海南岛等十类雨量区域，极大地完善了我国在雨量分区方面的研究工作。

另一种则是中央气象局出版的《气象丛刊》，每期刊登一篇论著，其中吕炯的《气象与国防》包含气象与国防、气象与航空、气象与航海、弹道风之测算、海洋与国防五部分内容，将气象与国防应用相结合，突出气象学在航空、航海等国防方面的作用。此外，宋励吾的《昆明高空气流论》、谢义炳的《贵州天气与气候》、吕炯的《西藏高原及其四周之雨量》等文，对我国地方分别做了区域气候研究，从我国独特的地理位置的角度分析、论证与气候的关系，阐述各地气候产生的缘由。[⑥]

以上两种期刊都是民国时期影响较大的气象刊物，每期虽然只发表一至三篇的气象论著，但在气象学界影响深远，甚至多篇论著被视为近代气象学奠基之作。

---

① 中央研究院气象研究所:《高层气流观测记录》，1930 年。

② 青岛市观象台:《青岛市观象台高层气流观测报告》，1932—1933 年。

③ 竺可桢：中国气候区域论。《国立中央研究院气象研究所集刊》，1931。

④ 涂长望：中国雨量区域的分类。《国立中央研究院气象研究所集刊》，1935。

⑤ 东京湾现在称为北部湾。

⑥ 以上论著分别刊载在《集刊》中的第 1 卷 1～4 号及第 2 卷第 1 号。

第二节　专业气象期刊创办过程

一、《气象月刊》《观象丛报》

民国成立以前，国人对近代气象学几无认识，一些气象基础科学知识、气象技术多由外国人创办的报纸、期刊、杂志等途径传播，很多国内的气象数据、资料都流于国外，而国人却无法收集。面对如此国情，蒋丙然任中央观象台气象科科长时，便积极着手筹备气象仪器、开展气象观测、绘制天气图，尝试做天气预报工作。1914 年 7 月，中央观象台发行了我国第一本气象期刊《气象月刊》。

《气象月刊》[①] 从 1914 年 7 月至 1915 年 7 月一年间，月出一册，共出版了十二期，其中包括报告、丛谈、丛译、论说、论著、谈丛、学说、译丛等多个栏目，但每期篇幅并不大，平均在十二到二十页之间。月刊总共发表 106 篇文献，有八篇是磁力、地震、火山的内容，其他九十八篇全部是与气象相关的内容。月刊每期都会刊登气象统计资料，共有五十六篇，以图表的形式刊载，如每月的“风向来源图”“同温度线图”“北京气压温度雨计最高最低温度表”“亚东最低最高温度所在表”“中国境内最低最高温度所在表”等，其中对北京地区的观测记录较为详细，包含北京每月（日）的气压、温度、雨计、最高温度、最低温度、温度较差、纪要等七列数据。此外，月刊中还刊载了气象相关内容的介绍，包括气象仪器、气象灾害及奇异天象、气象科技最新进展、台站建设等。蒋丙然先生较重视学术研究及气象观测的部分，相关论著及其翻译的论文（包括连载）共有二十四篇，虽篇数不多，但大部分篇幅都超过两页，且天气学、气候学内容居多。

《气象月刊》出版之时，我国气象研究人员稀缺，月刊中刊载的有关气象译著，并附载每月各要素统计图表，均由蒋丙然一人编辑而成 [②]，气象科的气象观测任务主要由其余六人轮流分担。面对此种情况，月刊仍能维持出版，是当时蒋丙然、高鲁等人不顾艰难，为近代气象事业不断筹划和开拓的成果。

1915 年 7 月，高鲁以中国天文学会的名义将《气象月刊》扩充为《观象丛报》，由中国天文学会编辑，教育部发行。至 1921 年 10 月，月出一期，跨年度编卷。每年 7 月另起一卷，每卷 12 期，共出版了七卷七十五期。《观象丛报》每期前半册刊登关于天文、气象、历数、地磁、地震等方面的文章，后半册则刊登气象纪录，全本“采用从左至右横排格式”。在当时大多数出版物均为直排的情况下，《观象丛报》从创刊之初即是横排，“标点符号仍以原‘句读’形式给出”，[③] 在排版格式上比当时的一般刊物更先进。

《观象丛报》是中国最早的天文学和气象学期刊，其中气象学内容约有全本的三分之一，主要包括学术研究、气象资讯和气象数据等三个方面，其中学术研究板块以学术研究型论文为主，气象资讯则包括气象消息和报告等资讯类内容，气象数据主要为气象记录和统计图

① 《气象月刊》的资料来源于全国报刊索引数据库，但未找到封面、目录、作者信息，其栏目是根据其中刊载的 106 篇文章标题上方的分类，分析得出。

② 据蒋丙然撰写的《四十五年来我参观之中国气象事业》中的自述得知。

③ 王祥国：中国气象学期刊综观。《中国科技期刊研究》，2007，18（3）。

表。[①] 中国气象学会的创办人高鲁、蒋丙然、竺可桢、吕炯等有许多科技论文发表于此刊，当时中国的气象观测资料也在此刊按月发表。此外该刊还连载了多篇气象学著作，如蒋丙然的《通俗气象学》《航空应用气象学》《实用气象学》等著作，在内容上较系统、全面，而且多是以基础理论为主，方便读者对气象相关的学习与工作。

《观象丛报》以高鲁为主编，主要负责天文学方面的编辑工作。蒋丙然为气象学方面的撰稿人，《观象丛报》中有 130 篇左右气象学方面的文章（包括气象学著作），蒋丙然发表的有七十四篇，可以说一半以上的气象学文章都是由蒋丙然编辑完成的，其撰写的《航空应用气象学》《实用气象学》《通俗气象学》《理论气象学》等著作则以连载的形式刊登于《观象丛报》中。

《观象丛报》最初的栏目共分为论说、学说、乾象、历象、气象、文苑、科学小说、附刊等八个栏目，从 1 卷 2 期起，内容精简为图画、著译、报告、消息和附刊等五个栏目。图画一栏有时并不刊载，有时刊登一些天气现象、天文和气象仪器、天文学家的图片；"著译"主要刊载天文、气象、地磁以及历数等方面的论文，也转译一些国外的天文、气象学著作；"报告"中主要刊载了北京及中国各地的气象测候表；"附刊"主要连载气象或天文著作。

二、《中国气象学会会刊》

1924 年，中国气象学会于青岛胶澳商埠观象台成立，并在"国庆日假青岛胶澳商埠观象台办公处开成立会"，[②] 在会上确定编辑学会会刊，并且设置总编辑一人，编辑干事、编辑委员若干人，负责编纂每年一期的学会会刊。1925 年 7 月《中国气象学会会刊》出版，由学会编辑、发行，由高均担任总编辑（曾改选彭济群为总编辑，但后来彭济群请辞该职务），熊昆山、宋国模等人任编辑干事，竺可桢、高鲁、蒋丙然、王应伟、翁文灏、胡文耀、夏继禹等人任编辑委员。

《中国气象学会会刊》的科技内容主要包括学术研究、科技推介、气象资讯和气象数据等四个板块。其中学术研究板块的内容以学术研究型论文为主，科技推介主要介绍国内外气象科技如气象著作、气象仪器及技术等内容，气象资讯则包括气象消息和报告等资讯类内容，气象数据主要为气象记录和统计图表。在内容上较《观象丛报》更具备气象专业期刊的特征，气象学论文的篇幅、比例都有所增加，而且部分文章的影响力较大。

《中国气象学会会刊》创办之时并未有稳定的稿件来源，最初发表的文章都是由高均、竺可桢、宋国模、熊昆山等编辑部人员撰写。当时很多人都不了解气象学为何物，甚至将气象学与天文学混为一谈。在编辑人员的努力下，《会刊》开始将气象学与天文学区分开来，高均在《会刊》第一期发表了《气象学与天文学》一文，指出天文与气象两学科之异同及它们的关系、进化的程度，表明气象学在时间上没有天文学悠久，气象学的公例尚不及天文学，望气象学"正学者之所急宜努力者矣"。[③]

《中国气象学会会刊》创办前期处于一个变动的时代，很多气象建设工作都未能成行，观

---

① 气象学的分类方式参考 2002 年喻沧等主编的《20 世纪中国学术大典：大气科学》及 1955 年中国近代科学论著丛刊编审委员会编辑的《气象学（1919—1949）》，结合两本著作的条目分类方法。

② 会务纪要。《中国气象学会会刊》，1925。

③ 高均：天文学与气象学。《中国气象学会会刊》，1925（1）。

测资料、学术研究都被影响。为此，第四期特别刊载了编者引言，进一步明确了该刊的主要工作内容："努力改善和整理现有的观测统计的质；根据现有的观测统计，在可能的范围内尽量地产出研究的作品……本刊今后应多载些'根据中国各地气象观测的统计，对于中国各地气象的研究。"[①] 鼓励学者们向蒋丙然[②]、黄琇[③]两人学习。在高均等编委员的倡导下，会刊开始增加一些对我国的气象数据进行整理、研究的文章，如刘治华的《冬季长江下游下雨时气压分布状况》，刘增冕的《济南雷雨途径之探寻》等文对我国天气、气候开展系统的分析工作。

期刊开设插图、论著、特载、杂俎（杂载）、调查、报告、会务报告、消息、传记、介绍等十个栏目。"插图"栏目中主要包括云图、日晕、气象人物、气象台站等照片或图画；"论著"一栏刊载国内学者发表的气象相关论文及国外气象学文章、著作的译文；"杂俎（杂载）"栏目主要刊载气象常用表、气象谚语以及一些气象科普短文；"特载"一般刊载国内外气象会议及国内外气象建设计划的内容；"报告""消息"及"调查"等栏目国内外气象建设概况、国内各地测候所工作报告等资讯；"传记"栏目刊载国外气象人物传略；"介绍"栏目中介绍气象相关著作和试验的内容。此外，每期《会刊》都会刊登"会务报告"栏目，包括中国气象学会的会员录、职员录、学会章程、理事会记录、提议案、财务报告等主要的会议记录。

在《会刊》的十个栏目中，共有135条目录，"论著"栏目中刊载的篇目最多，有六十二篇达到总刊载量的44.92%，此外"插图""会务纪要""杂载（杂俎）"等三个栏目刊登的数量超过十条，"插图"栏目共有十七条篇目二十四幅插图，其他栏目刊载文章数量不多，平均每期不超过一篇（见图8-3）[④]。

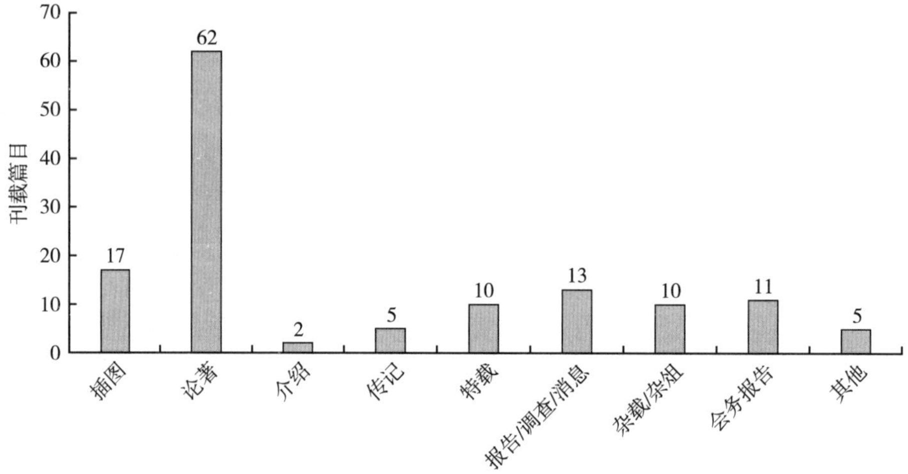

图8-3 《中国气象学会会刊》各栏目刊载的篇目

① 引言。《中国气象学会会刊》，1928（4）。

② 蒋丙然：山东半岛飓风记——十三年七月十三日。《中国气象学会会刊》，1925（1）。

③ 黄琇：三年来飓风之经验。《中国气象学会会刊》，1928（4）。

④ 栏目分类以《中国气象学会会刊第十周年纪念刊》中刊载的总目录为准，"其他"包括"附录"及《引言》《发刊缘起》《中国气象学会成立以前的感想》等没有栏目信息的篇目。

三、《气象杂志》

因国内的气象机构、人员等逐渐增多，气象资料日益增加,《中国气象学会会刊》难以胜任。[①]1935 年 4 月 7 日，中国气象学会十周纪念大会上，李锋提议编著定期刊物，他认为期刊“内容除侧重论著及刊登各测候机关成绩报告外，宜辟咨询栏，兼及研究气象学书目之挈要介绍，及国内外最近与重要学理之译述，其成效不仅恢弘学理，且足为社会教育及促进测候人员学力之助。”[②]1935 年 4 月 11 日召开的第三十二次理事会决定将《中国气象学会会刊》改为《气象杂志》，月出一册，[③] 从 1935 年 7 月开始发行，至 1939 年 4 月共出版了四卷共计三十六期。

《气象杂志》在内容板块的设置上承袭《中国气象学会会刊》。之后《气象杂志》与国外气象机关交换刊物，在内容上增加了国内外气象通信，极大促进了国内外气象科技知识的传播与交流。但是 1937 年全面抗日战争爆发，“气象工作人员颠沛四迁，月刊不能维持”，导致 1940 年并无文章发表，只在 12 月出版了第 14 卷补编，刊载了各地气象消息通讯和气象记录等资料。

涂长望作为杂志的主编，积极引导和组织编辑部成员参与气象学术研究工作，保证研究文章的质量与水平，向国际性的科学期刊学习。他认为“研究科学之极终目的原在充实人民生活……世界各国享受长期预报之实惠者，有印度及南美诸农业国家，望国内之热心气象者，能步国外学者之后尘，迅速解决吾国最迫切之雨水问题。”[④] 所以他极重视长期预告、气候学等气象方面的研究，在《气象杂志》中发表多篇此方面的文章，呼吁国内学者能够有计划、通力合作解决我国急需解决的诸多气象问题。

《气象杂志》从第十一卷起，在目录中采用中英文对照的形式，上部分为中文，下部分为英文。编者最初将内容分为研究、介绍、天气、杂俎四栏。“研究栏内专载各项之独立研究论文。介绍栏内介绍气象学上之重要问题和新发现。天气栏内则报告上月之全国天气概况，登载上月气象诸要素之统计。杂俎栏内披载各处通信，转载国内外之气象消息及书报介绍等。”[⑤] 但是自 11 卷起，每卷卷尾的目录都在此基础上做了更改：将“研究”栏分为天气、气候、高空、天气预测、大气压力及风、温度及辐射、云雾和雨量、理论气象、大气之物理、通论等几类内容；将“介绍”与“杂俎”分成了“气象消息”“气象消息与通讯”“杂俎”“书报介绍”“传略”“报告”等多个小栏目。

1937 年,《气象杂志》为更好地在气象方面服务于社会，决定在 13 卷 1 期起开始增添“气象问答”一栏，“借以解答一般人对于气象上的疑难。”[⑥] 第 13 卷 2 期、3 期、4 期、6 期、7 期共开设了五期的气象问答栏目，回复了归绥、南昌、福建长汀测候所、金坛、江苏茅山测候所、无锡、淮阴麦作试验场、上海、郴县、西宁测候所等多个地区的气象问题，解决了气象

---

① 发刊词。《气象杂志》，1935，11（1）。
② 会务纪要。《中国气象学会十周年纪念刊》，1935。
③ 发刊词。《气象杂志》，1935，11（1）。
④ 发刊词。《气象杂志》，1935，11（1）。
⑤ 发刊词。《气象杂志》，1935，11（1）。
⑥ 编辑部：编辑室的话。《气象杂志》，1937，13（1）。

学者在工作中所遇到的干湿球温度表、自记毛发湿度计读数、雨量的因数计算方法、霰与霙的区别等关于气象仪器、气象符号、计算方法等问题，为各地气象测候工作提供指导。

四、《气象学报》

1941 年 4 月 2 日，中国气象学会在曾家岩举行第四次编辑委员会会议。会议上决定《气象杂志》自第 15 卷起改名为《气象学报》，按照季刊的形式出版，每年出四期。虽然《学报》出版期次较少，但从学术论文的数量、质量都较前几本刊物有所提高。四十年代，我国气象人才数量明显增多，在《学报》中赵九章、顾震潮、卢鋈、朱炳海、朱岗昆、郭晓岚等著名气象学家都有多篇文章发表。后因时局动荡，学会经费难以支持，《气象学报》多出现“一、二”两期或“一、二、三、四”四期合期的情况，所以在 1941 年至 1949 年间只出版了九期。而且在中华人民共和国成立前，只剩下《气象学报》一种刊物。[①]

《气象学报》与《气象杂志》的编辑部成员结构相同，包括编辑主任、编辑、特约编辑、特约通讯员等职位，学报改版后由于“总编辑涂长望服务地点变更，不能兼顾，提出辞职，改请吕炯先生任总编辑”。[②] 编辑部成员有总编辑吕炯，编辑竺可桢、张宝堃、郑子政、么枕生、王华文、杨鉴初、朱炳海、卢鋈、程纯枢九人，特约编辑有涂长望、胡焕庸、高均、高鲁、诸葛麒、蒋丙然、李宪之、石延汉、刘衍淮、黄厦千、黄逢昌、赵九章、张国潘、刘恩兰、王应伟十五人，特约通讯员由国内十九个地区的气象工作人员担任。刊物到第 17 卷（1943 年）后撤掉了《全国天气概况》及《气象消息与通讯》等内容，之后再未出版关于各地气象信息及数据，大部分特约通讯员改任特约编辑一职。

《气象学报》的目录形式与《气象杂志》类似，在目录中并没有区分栏目。根据总目录中的分类方式，可将《气象学报》中的内容分为插图、传记（悼文）、各地气候统计资料、论文、书报介绍（述评）、会议记录、气象问答、气象消息与通讯、天气概况等。但《气象学报》与《气象杂志》等刊物相比更趋向于学术刊物，论文刊载的比例大增，数量达到八十六篇，占总篇目的 70.49%。《气象学报》中也极少刊载“插图”，只在 1949 年第 20 卷中刊载了竺可桢先生的肖像，来纪念竺可桢先生六旬寿辰。

第三节　气象期刊与气象学科发展的互动

一、期刊发展推动科技传播与交流

（一）期刊打开气象知识的启蒙

民国时期的气象期刊在气象知识的启蒙方面有积极的影响，通过气象期刊让国人认识到近现代气象学，启蒙气象知识，改变国人对传统观象的看法。早期气象刊物通过浅显易懂的科学道理讲解气象学知识，并让普通大众都能够理解，并认识到气象科技对人们日常生活的重要性。

---

① 章基嘉：纪念《气象学报》创刊六十周年。《气象学报》，1985，43（4）。

② 中国气象学会第四十一次理事会议记录。《气象学报》1941，15（1）。

通过气象科普文章增加读者对近现代气象学的了解，此种方式在早期的气象期刊如《气象月刊》和《观象丛报》中比较普遍。其中一部分以普及气象知识为主，例如蒋丙然在《观象丛报》中发表的《成虹浅说》文中说："古之言虹者，每谓浮气所聚，且以其方向色相，为占吉凶之朕兆……实则光学现象，亦物理中天然者，初与吉凶无关，顾特略举造成之理如下述。"[①]《雷电说》认为，古来中外关于雷电都有谬说，"以闪电之状占吉凶，其分类有忠告讽谏解释正事等名目……而起种种迷信，无古今中外皆然矣。"[②] 以上文章通过科学的方法论述天气现象的成因，向大家传播近代的气象知识，改变国人天人感应的观念。另一部分则根据人们的生活需求，强调气象的重要作用，例如蒋丙然的《预防风水注重气象说》一文，认为"欲从根本上求免风水之灾，非注重气象不为功。"[③] 以我国风灾、水灾为例，阐述气象观测和气象预报的必要。此外，蒋丙然的《温度与植物的关系》《航空之安全与气象》，刘渭清的《气象与棉作之关系》[④]，竺可桢的《气候与人生及其他生物之关系》[⑤] 等文则分别论述了气象与农业、航空、生物等领域的关系，阐明气象科技对我们实际生活的重要性。

发布气象科技信息，促进国人对近现代气象科技发展的认识。此种形式在三十年代开始逐渐受到重视，例如《气象杂志》中专门设一"气象消息与通讯"栏目，发表每月国内外气象资讯，主要包括国内外测候所的建设、气象观测工作的实施以及高空观测的记录等气象消息，以供人们了解国内外近现代气象科技情况。

（二）期刊推动气象研究的传播

1925 年 7 月,《中国气象学会会刊》出版，此后《会刊》《杂志》《学报》免费赠送给中国气象学会会员、投稿作者以及气象相关机构，这些读者群体可以说代表了我国当时大部分的气象学者，也说明了以上气象期刊在我国有一定的读者群体，而且在气象学者中的传播较广。

通过气象期刊的传播，方便气象学者了解气象领域的最新研究成果，促进国内气象学者的科研。尤其是二十世纪二十年代后，我国开展天气学、气候学领域的研究，并且有了一定的成果。这些成果通过气象期刊的传播，增加气象学者对我国天气、气候区域的了解，同时对学者的研究工作中也有所启发。例如，卢鋈的《民国二十五年三月十六日至十七日极面之移动与长江中下游之大雾》中关于气团方面的分析参考了发表于《气象杂志》12 卷 1 期中黄厦千撰写的《华北气团之几种范式》一文；卢鋈的《中国之寒潮》中关于南京寒潮南下时高空风向的分析则参考了《气象研究所集刊》第四号中竺可桢的《中国气流之运行》；而关于寒潮前低气压的来源问题则参考了《气象杂志》12 卷 2 期《我国低气压之成因与来源》。

由此可见，气象期刊中的学术研究在我国气象学者中具有一定的推广作用，通过文章启发读者的气象科研精神，引导、拓展学者们的研究方向，促进了我国学者开展自主的气象学术研究。

---

① 蒋丙然：成虹浅说。《观象丛报》，1917（3）：5。
② 选录：雷电说。《观象丛报》，1917（2）：9。
③ 蒋丙然：预防风水注重气象说。《观象丛报》，1917（3）：5。
④ 刘渭清：气象与棉作之关系。《中国气象学会会刊》，1926，2。
⑤ 竺可桢：气候与人生及其他生物之关系。《气象杂志》，1936（12）：9。

（三）期刊促进气象技术的提升

早期气象期刊比较注重气象技术方面的介绍和指导，尤其加强了我国气象观测、气象预报人员在气象科技基础知识和技术方法方面的了解。在气象期刊中一方面介绍近现代气象观测和预报方法，例如《观象丛报》中发表了胡文耀的《烟形测风法》、蒋丙然的《云之观测》、王应伟的《降水论》等多篇论文，介绍了关于风、雨、云、温度等气象观测的方法。《观象丛报》中蒋丙然的《天气预报新例》《天气预报常识》,《中国气象学会会刊》中刘世楷的《化学的天气预告法》、高鲁的《天气预报之试验时期》、刘治华的《天气预告之方法》等论文，介绍了近代关于天气预报的新方法。以上论文通过对气象观测和预报技术的详细叙述使国人了解这一先进的技术，并且能够促使国内的气象人员将此项技术应用于工作中，从而促进了我国气象科技的发展。

气象期刊逐渐开发了对读者的指导作用。1937 年 1 月,《气象杂志》中专门开设“气象问答”栏目，通过《气象杂志》接收读者的气象问题，并传达此类问题的解决方法，给各地气象工作人员予指导。《杂志》13 卷中共出版了五期“气象问答”，回复了归绥、南昌、福建长汀测候所、金坛、江苏茅山测候所、无锡、淮阴麦作试验场、上海、郴县、西宁测候所等多个地区的气象问题。在气象问答中刊登了读者在工作和研究中所遇到的干湿球温度表、自记毛发湿度计读数、雨量的因数计算方法、霰与霙的区别、气象仪器、气象符号、计算方法的问题，为各地气象测候和研究工作提供专业的解决方法。

二、气象学科发展促进期刊兴办

我国早期的气象学传播主要以书籍、期刊、电报、广播的形式传播，而书籍的时效性弱于后三者，电报、广播又只能用于播报气象新闻、天气预报，而且在电子设备相对落后的情况下，期刊是具有更新速度快、传播范围广的科技传播媒介。其中，我国部分气象刊物还会以免费赠送或互换出版物的方式扩大传播范围，而且影响深远。例如，中国气象学会主办的《气象杂志》与中央研究院气象研究所出版的《国立中央研究院气象研究所集刊》两种期刊在目录部分、摘要部分或全文部分都进行了中英对照，以期利用期刊扩大气象学在国内外的影响力。气象学科的快速发展就带动了气象期刊的出刊频率与内容的更新，是气象期刊兴办的重要因素。

（一）气象科研发展的需求

1. 气象知识和理论的急需

民国初期，国人多数不知何为气象学，需普及气象科学知识，让大众认识到气象学，摒弃一些对天象的误解，这就需要杂志期刊带给大众最先进的理论知识。科学社的《说虹》介绍了虹的颜色、形状、分类并解释了虹的成因[①];《虹之说明》概述了对虹的研究与相关学说，并运用图示法解释了虹的成因；[②]《日现彩环》介绍了 1920 年 2 月 6 日天空出现的彩环现象[③]；王应伟的《说青空》利用太阳光线解释了青空的物理原理[④]。以上文章都是通过科学

① 科学社：说虹。《观象丛报》，1916（1）：10。
② 蒋丙然：虹之说明。《观象丛报》，1920（5）：7。
③ 日现彩环。《观象丛报》，1920（5）：8。
④ 王应伟：说青空。《观象丛报》，1917（3）：6。

的方法论述天气现象的成因，向大家启蒙近代的气象知识。

此外，二十世纪二三十年代是我国气象事业发展上升期，气象工作人员逐渐增多，并且十分需要气象科学理论的学习，尤其是此时极锋学说、气团分析学说已在国外流传，国内需要利用传播范围较大的气象期刊为媒介，所以《中国气象学会会刊》《气象杂志》中发表多篇介绍先进气象理论知识的文章。例如，竺可桢的《风暴成因之新学说》介绍了挪威气象学家皮叶克尼斯所发明的极锋学说（Polar Front Theory），阐释了风暴的组织及来源①；蒋丙然的《云系新学说》介绍了法国派天气预报学说，对云系概念、分类、性质等方面进行说明②；朱炳海的《分析气团以论天气变化》③《洛氏属性曲线之缺点及其补充》④ 即是我国最早介绍气团分析方法的文章⑤。此类文章介绍了国外先进的气象科学理论，并提出了运用到我国的可行性以及方法，为国内气象学者提供了学习和实践的空间。

2. 气象科技发展的需要

二十世纪三十年代，气象科技的研究逐步开始有组织性，尤其中央研究院气象研究所成立后，为满足气象科技发展需要，展开多项气象科研工作。例如《气象学报》中吕炯与朱岗昆合著的《近地面温度之研究》，此篇研究论文则是因中央研究院气象研究所鉴于小气候学的研究对农作与人类生活的重要性，派研究所的专任研究员吕炯负责，助理员朱岗昆辅助，由朱岗昆负责装置、观测、计算，两人合作完成⑥。因这些气象学的研究成果需要分享给更多学者，及时更新气象科技知识，这也就无形之中丰富了期刊内容，加速了期刊的成长。

3. 气象研究的数据支撑

1928 年，《中国气象学会会刊》鼓励气象学者“根据中国各地气象观测的统计，对于中国各地气象的研究”。⑦ 为满足天气学和气候学研究的需要，气象期刊出版了各地的统计资料，以便气象学者查找和利用。

在《中国气象学会会刊》发表的卢鋈《中国之寒潮》，文章中则采用了气象研究所出版的《气象月刊》《气象年报》以及《高层气流观测记录》等气象期刊中的气象数据；《气象杂志》中发表的么枕生《清华园气象变化之分析》，其统计材料则来自 1932 年至 1934 年清华大学的《气象季刊》；朱文荣的《南京高层气流之观测》采用了南京气象研究所出版的《高层气流观测记录》。此外，如竺可桢的《南京三千公尺高空之风向与天气之预测》则是利用当时南京利用测风气球进行三千米高空测候的数据；黄厦千的《华北气团之几种范式》则是利用清华大学气象台的测候风筝的探测资料。由此可见，我国当时在天气、气候领域的研究成果离不开气象数据的支持，科研需求也导致我国气象期刊多以观测类为主，刊载各地测候所的气候数据。

---

① 竺可桢：风暴成因之新学说。《中国气象学会会刊》，1926（2）。
② 蒋丙然：云系新学说。《中国气象学会会刊》，1927（3）。
③ 朱炳海：分析气团以论天气变化。《气象杂志》，1935（11）。
④ 朱炳海：洛氏属性曲线之缺点及其补充。《气象杂志》，1936（12）：7。
⑤ 卢鋈、朱岗昆：民国以来中国气象学之进展。《科学》，1945，29（9）。
⑥ 吕炯、朱岗昆：近地面温度之研究。《气象学报》，1943（17）：1–4。
⑦ 引言。《中国气象学会会刊》，1928（4）。

（二）中外气象科技交流的带动

二十世纪二十年代，中外气象交流活动增加，为气象期刊带来了国内外先进气象科学与技术，气象科技交流也带动了气象科研和技术水平的提升。气象期刊所反映的交流形式主要分为有三种。

1. 我国学者出国留学

二十年代，我国学者出国留学和实习的机会逐渐增多，他们在国外学习气象知识和技术，为国内气象期刊增添国际交流内容。1928 年 5 月，黄厦千和沈孝凰二人被中央研究院气象研究所派到菲律宾马尼拉观象台实习，归国后合著《菲律宾马尼拉观象台之过去及现在》一文发表于 1930 年《中国气象学会会刊》第 5 期中。文章根据二人的实习经历，介绍马尼拉观象台的沿革、现在的气象观测工作、科研成果以及台站建设等情况；1936 年夏，黄逢昌在美国亚利桑那大学图森分校实习时，学习了陶格拉西教授（A. E. Douglass，1867—1962）所教授的方法，利用气候与树木年轮的关系，分析树木年轮周期来推断过去的气候，1937 年 1 月将其所述方法编辑成文在《气象杂志》中发表①；赵九章的《理论气象学之研究与天气预报》② 则是其在德国柏林留学期间受柏林大学气象学院厄特尔（Hans Ertel，1904—1971）指导所作，发表于 1937 年的《气象杂志》13 卷 10 期，将平日与厄特尔先生关于理论气象所讨论的要点进行阐述。

2. 外国气象学者访华

民国时期，我国气象专业期刊转译了多篇外国气象文章，有些论文在翻译过程中与原著作者进行了交流。如宋公楷在《中国气象学会会刊》中发表的《电气气象学之目的及问题》，则译自 A. A. Purin 著的 *Aims and Problems of Electrometeoreology*，最初因“原著为俄文，愧未能完全趋译。”③ 1925 年，A. A. Purin 曾于气象学会第二届年会亲以德语讲述，又经过蒋丙然先生校正，方译成此文。《蔡尚质司铎行述》一文，原为法文，刊登于美国出版的《地磁与天电季刊》36 卷 1 期，“系昆山验磁台台长马德赉司铎所著，经气象研究所郑子政君译为中文后，复得马德赉司铎之慨允，为之校正增删”。1927 年《会刊》第 3 期刊载的《雨量之保存》则是原著作者 W. C. Lowdermilk 在第二届气象年会中演讲，而后由李鲁航翻译。

3. 我国学者参加国际气象会议

参加国际会议是国内外气象交流的方法之一，尤其是我国学者在会上演讲论文让国内外气象学者对我国气象科研水平有所了解。如《气象杂志》中发表的《华北气团之几种范式》④ 一文，该篇是我国学者黄厦千在美留学期间参加在洛杉矶举行的气象学会年会时所准备的演讲稿，通过北平风筝测候资料统计，向国内外学者展示了中国华北地区的气团性质；《气象杂志》中刊载的竺可桢的《南京的天气》及《杭州的气候》两篇论文，分别为竺可桢先生在南京扶轮社和基督教协会的演讲稿。这些会议论文展示了中国天气、气候领域的研究水平。

此外，国内外气象会议资讯及气象组的工作决议都会在气象期刊中刊载，如竺可桢参加

---

① 黄逢昌：气候与树木年轮之关系。《气象杂志》，1937（13）1。

② 赵九章：理论气象学之研究与天气预报。《气象杂志》，1937（13）10。

③ 宋公楷：电气气象学之目的及问题。《中国气象学会会刊》，1926，2。

④ 黄厦千、顾钧禧：华北气团之几种范式。《气象杂志》，1936（12）。

香港远东气象会议后,《气象杂志》中发表了《民国二十六年一月香港远东气象会议记事》。参加气象会议让学者认识到此种科学交流的作用，同时也让中国学界了解到中国学者在国际会议上演讲的信息，增加了国内学者对气象科学研究的信心与热情。

中外气象科技交流活动促进了气象期刊的国际化，使国内学者认识到国外最先进的气象科技讯息，使国外气象学者认识到国内科研的进步。中外气象交流也带动了气象期刊的多项发展，使期刊在栏目上更加丰富，在内容上更具国际前沿性。

（三）气象科学建制化的需要

气象期刊是气象科学建制化的重要一环，尤其是在我国气象事业发展的初期，气象人员和机构匮乏，气象期刊作为有效的传播媒介，满足了气象科学建制化的需要。随着气象科学建制化的加强，我国在建立气象机构、成立气象学术团体、开展气象工作、培养气象人才等方面逐步发展，而且以上工作的开展对我国气象期刊的发展是积极有利的。

1913 年，中央观象台首任台长高鲁任职期间，设立了气象科，蒋丙然为气象科第一任科长。为了对外宣传气象知识，1914 年气象科编印了《气象月刊》，1915 年扩刊为《观象丛报》。1924 年中国气象学会在青岛观象台成立，随后创办《中国气象学会会刊》，先后于 1935 年更名为《气象杂志》、1941 年更名为《气象学报》。因气象机构和气象学术团体的创办，我国气象学者开始有组织地开展气象研究工作，科研成果大量增加。此时期的气象期刊的水平有所提高，气象学术期刊的质量也有所提升。

中央观象台成立后，蒋丙然创立气象科并开始观测工作。1915 年，蒋丙然绘制了第一张国人发布的天气图，1916 年气象科开始天气预报，并规定了天气预报信号。① 此后，南通军山气象台、青岛观象台、中央研究院气象研究所等机构陆续开展气象观测工作，为记录各地气象测候资料，相继出版了气象期刊。

民国时期，气象事业初创，气象人才十分紧缺。为了开展气象工作，培训工作人员。民国五年，蒋丙然先生编著了《实用气象学》一书。该书简单介绍了一些气象原理及仪器用法，并附以气象常用表，以方便工作，并用以培训数十名气象人员。民国六年，航空学校增设气象学讲座，蒋丙然在该校任教，编《理论气象学》一书作教材，培养航空相关气象人才。② 中央研究院气象所成立后，为解决气象人员短缺问题，气象所设立气象练习班，以六月为毕业期。1929 年至 1937 年，先后开办了四期气象学习班，总共培养了近百名学员充实到各气象部门工作。其中很多气象学者都在《中国气象学会》《气象杂志》《气象学报》等气象期刊中发表论文，并担任特约通讯员的工作，以发布国内各地天气情况。

参考文献

[1]《民国丛书》编辑委员会. 中国科学二十年 [M]. 上海：上海书店出版社，1989.
[2] 曹莹. 民国时期气象专业期刊及气象科技发展 [D]. 南京信息工程大学，2018.
[3] 陈志辉. 民国时期中国天文学会研究 [D]. 上海交通大学，2009.
[4] 刘晓君. 民国时期中国气象事业建制化研究 [J]. 自然辩证法研究，2014，30（8）：100-105.

① 蒋丙然：二十年来中国气象事业概况。《科学》，1936，20（8）。
② 蒋丙然：二十年来中国气象事业概况。《科学》，1936，20（8）。

［5］钱馨平．中国近代气象学科建制化研究［D］．南京信息工程大学，2020.
［6］中国近代科学论著丛刊编审委员会．气象学：1919—1949［M］．北京：科学出版社，1955.
［7］中国气象学会．中国气象学会十周年纪念刊［J］．中国气象学会，1935.
［8］中国气象学会．中国气象学会史［M］．上海：上海交通大学出版社，2008.
［9］李蓓蓓，何静凡，张改珍，等．《气象杂志》的中外气象科技交流探究［J］．中国科技期刊研究，2021，32（6）：741-748.
［10］李蓓蓓，曹玲，姚鸣等，南京气象史话［M］．北京：气象出版社，2024.
［11］《延安时代的气象事业》编纂委员会编著．延安时代的气象事业［M］．北京：气象出版社，1995.
［12］中国气象学会编著．中国气象学会百年史：1924—2024［M］．北京：气象出版社，2024.

第三篇　我国现代大气科学学科

大气科学来源于传统意义上的气象学。传统气象学是以大气为对象研究天气和气候等的科学，它与天文学、地质学、地理学、水文学等一起，是地学的重要分支。二十世纪五十年代以后，随着计算机、通信等科学技术的迅速发展，以及经济社会发展的迫切需求，气象学的众多研究领域和内容迅速扩大，大大突破了传统气象学的研究内容，扩展成更为广泛和更为深入的大气科学，科学界逐步确定了“大气科学”的学科名称。大气科学包含气象学原有的研究领域，并且增加了新的领域和科学内容，已从主要研究天气和气候的科学扩大到更广泛的地球系统领域，既研究由自然原因引起的各种大气现象与演变规律，还研究新出现的由人类活动引起的大气现象及其相关联的变化。本篇以中华人民共和国成立为起点，研究大气科学学科的当代发展。

第九章　中华人民共和国成立以来大气科学学科发展脉络

中华人民共和国成立以来，我国在大气科学学科领域取得了重大发展，构建了完备的大气科学学科体系，国际合作全面开展，学术活动十分活跃。经济社会发展的需要推动了大气学科的发展。

第一节　主要发展阶段和特征

一、主要发展阶段

中华人民共和国成立以来，我国大气学科领域从单一到多元化的发展轨迹，从仅有少数几个学科演化到目前近四十个学科领域，充分展现出当今大气学科齐全、学科发展繁荣、学科应用兴旺的局面。七十多年来，我国大气学科发展主要经历以下阶段。

（一）奠定基础阶段

中华人民共和国成立初期，气象科技工作重点在于台站建设以及气象预报服务技术的总结和提高，气象科学研究工作非常薄弱。但随着中华人民共和国第一个科技规划的实施和气象业务服务需求的提高，我国的气象学科研究不断深入。

二十世纪五十年代，我国天气、气候、大气探测、大气物理与云雾降水物理、农业气象、东亚大气环流（东亚季风）、青藏高原气象学、数值天气预报、人工影响天气、航空气象等大气科学领域的研究均已起步[①]。我国在大气环流变化方面作出了许多国际领先的研究，我国学者分析了大量东亚大气环流演变的事实，提出了东亚大气环流季节转换是突变的，这个看法比八十年代国际上许多学者提出大气环流的非线性突变要早二十多年。国际上四十年代所提出的大气运动的准地转理论，在五十年代不断完善和发展。然而，在大气动力学中有一个基本问题，即准地转平衡是如何形成的。究竟是风场向气压场调整还是气压场向风场调整？我国学者指出了这有一个运动尺度问题，对于大尺度运动，应是风场向气压场调整，而对于中、小尺度运动，应是气压场向风场调整，我国学者严格地证明了这个论断。此外，我国学者还发展了半地转适应、球面大气适应和有源的地转适应等理论。[②]这些研究为此后的气象学科发展奠定了良好基础。

---

① 中国气象局：《中国气象现代化 60 年》。气象出版社，2009 年，第 273 页。

② 黄荣辉：大气科学发展的回顾与展望。《地球科学进展》，2001（5）：643-657。

（二）新分支学科发展阶段

二十世纪六七十年代，我国大气科学出现了一些新的分支学科。在这一阶段，我国气象学家开创了气候动力学、积云动力学、数值天气预报广义初—边值问题、大气非线性动力学与适应理论、台风动力学、气象卫星与卫星气象，以及行星波传播等新理论与学科前沿；在大气探测科学领域，通过推动现代科学基础理论和先进技术在气象科学中的应用，自主研制了测雨雷达、卫星图像接收设备等并投入业务应用。[①] 其中，在大气环流与大尺度动力学领域，叶笃正、曾庆存、李麦村等用尺度分析方法论证了地转适应过程和准地转演变过程存在时间尺度和物理性质的可分性，给出了适应方向的临界尺度，Rossby变形半径[②]。在气象卫星领域，曾庆存1974年所著的《大气红外遥测原理》奠定了卫星气象监测的理论基础。

（三）大气学科全面发展阶段

二十世纪八十年代到二十世纪末，我国大气科学跨入新的历史时期。在极地气象、大气化学、大气边界层地转适应与锋生理论、动力气候、全球变化、气候变化、气候资源开发与利用、长期数值天气预报、热带气象、大气低频振荡等科学领域取得了许多重要成果，特别是我国气象学家开创的全球变化研究，在国际科学界产生了重大影响。

二十世纪八十年代，我国天气预报的大多数研究论文都紧紧围绕着如何改进现有预报方法，提高预报准确率的问题，由此展开了一系列关于长、中、短期预报方法和理论的探讨。应用气象学也对包括农业、林业、水文等气象问题和应用气候方面做了大量研究。大气化学方面开始起步。在数值预报及动力数值模拟（含理论气象学）以及气候变化等方面（在文献数量上）占有相对优势。[③]

二十世纪九十年代，我国气象科技工作者开始系统研究短期气候预测系统，并在青藏高原臭氧低值中心及其成因、能量频散及其波导效应、ENSO循环动力学、环境动力学等领域取得重要成果。与此同时，还进一步发展了数值天气预报平台、气候系统模式技术，建立了我国中短期数值预报系统、夏季旱涝短期预测系统，为国家防灾减灾和各项气象服务做出了重大贡献。

（四）融合与学科交叉发展阶段

二十一世纪以来，大气科学基础研究与应用研究日趋融合，高新技术与理论成果的应用相辅相成，学科交叉与领域优势互补已成了新时代气象科技发展的主旋律。气候与气候变化以及环境恶化、气象灾害频发趋势使经济社会面临着严峻的考验，大气科学也面临新的挑战与机遇，气候变化、气候与天气灾害预测，环境与生态水资源变化等的预测与评估，航空、航海与空间天气等领域越来越多地吸纳大气科学的理论与技术，同时由于经济社会的重大需求，水文气象学、大气环境、大气化学、大气探测、中高层大气物理理论等领域有了突破性的进展。[④]

因此，进入二十一世纪以来，我国大气科学发展基本实现了全面繁荣，基础研究继续深化，分支学科不断增多。在全面发展的基础上，融合与交叉取得了许多新进展，我国大气科学研究能力和水平进入世界先进行列。

---

① 中国气象局:《中国气象现代化60年》。气象出版社，2009年，第273页。

② 刘式适：大气科学基础理论研究的意义与进展。《中国科学基金》，1992（1）：18-24。

③ 丁裕国、范家珠：从科技文献动态看80年代世界大气科学进展。《气象科技》，1991（1）：1-7。

④ 中国气象局:《中国气象现代化60年》。气象出版社，2009年，第273页。

二、主要发展特征

七十多年来，我国大气科学的基础研究不断深化，大气观测科学支撑作用突出，客观化定量预报预测成为现实，大气科学实验大范围展开，大气多学科交叉发展特征明显。

（一）大气科学基础研究不断深化

经过几十年的努力，无论在学科发展、探测技术及台站网建设方面均取得了巨大的成就。特别是在大气科学的基础理论研究方面，培养出一批年富力强的优秀中青年研究骨干，他们做出的大气科学基础理论研究成果，如大气环流基本理论和适应理论、东亚大气环流、中小尺度动力学和中长期动力过程、湿大气动力学和低纬大气动力学、边界层物理、湍流和非线性动力学以及大气遥感探测原理等方面均处于国际先进行列。

（二）大气观测科学支撑作用突出

不断采用新的探测技术，使大气科学进入了宏观越宏、微观越微的新阶段。由于采用气象卫星、气象火箭和激光、微波、红外等遥感探测手段，对大气的观测能力增强了，观测空间扩展了。气象卫星在大气层外探测大气，不仅加大了观测范围，而且极大地丰富了观测内容，如广阔洋面的温度、云的微观结构、大气辐射平衡等。气象卫星已成为现代大气科学发展的支柱之一。

（三）客观化定量预报预测成为现实

电子计算机的使用，使大气科学研究进入了定量实验研究的新阶段。大气中各类过程的相互影响，以及大气现象中的跃变形式（如飑线），都存在非常复杂的非线性问题。大型高速电子计算机的问世，为解非线性方程提供了条件。要了解几星期、几个月甚至一年以后的大气可能出现的状态，也需依靠高速计算机获取和处理全球资料，以全球模式进行天气预报和气候预测。电子计算机是现代大气科学发展的另一个支柱。

（四）大气科学实验大范围展开

自二十世纪六十年代中期以来，我国曾组织过多次全国性暴雨科学试验，并取得不少具有科学意义与业务应用价值的成果。八十年代以来，我国前沿科学应用理论与新技术的发展，推动了我国各类大气科学试验的成功实施，并在理论与应用研究方面取得了丰硕的成果，确定了我国大气科学试验的七大重点目标，即青藏高原影响、季风、暴雨、台风、大气化学、人工影响天气和农业气象。我国大气科学试验从试验规模、实施的范围到探测技术手段与装备均有了长足的发展，并取得许多重要成果，受到国际科学界广泛关注。1998 年中国同时实施四项气象科学试验，即“青藏高原地气系统物理过程及其对全球气候和中国灾害性天气影响的观测和理论研究”（第二次青藏高原大气科学试验）（TIPEX）、“淮河流域能量和水分循环试验”（HUBEX）、“南海季风试验”（SCSMEX）和“华南中尺度暴雨试验”（HUAMEX），得到更大范围的地—气—海加密观测资料。

（五）大气多学科交叉发展明显

国际大气科学将与现代物理学、化学、数学、地学、生物学、地球科学及新技术更进一步结合，迈入一个多学科交叉发展的新阶段。研究大气运动，需同流体力学、热力学、数学密切合作；研究太阳辐射以及太阳扰动在大气中引起的各种机制，需同高层大气物理学、太阳物理学和空间物理学密切合作；研究水分循环、海洋和大气的相互作用，需同水文科学、海洋科学密切合作；研究地球大气的演化、地球气候的演变，需同地球化学、地质学、冰川学、海洋科学、生物学和生态学密切合作；研究大气化学、大气污染，需同化学、物理学、生物学和生态学密切合作；研究大气问题的数值模拟、数值天气预报等，需同计算数学等密切合作；研究大气探测的手段和方法，需同有关的技术科学密切合作；在大气探测、天气预报等自动化的进程中，大气科学还不断同信息理论、系统工程等科学技术领域密切合作。在相互合作和相互渗透的过程中，大气科学不断汲取其他学科的养料；大气科学特定的要求又不断为其他学科开辟新的研究前沿，不断丰富着其他学科的内容。

（六）新分支学科不断涌现

七十多年来，大气科学已发展成为一门分支学科众多的科学。如：随着气象观测技术的发展，气象雷达和气象卫星的出现，逐渐形成了大气遥感、雷达气象学和卫星气象学等分支。大气物理学中各种不同研究对象，也逐步发展成独立的分支学科。如：云和降水物理学及其应用学科人工影响天气，大气边界层物理、平流层和中层大气物理学以及大气光学、大气声学、大气电学和大气辐射学等。同大气物理学同时发展起来的，还有大气化学。天气学和动力气象学则相互渗透而形成天气动力气象学，其应用学科数值天气预报也发展成了独立的分支。由于资料积累的增多，对极地、热带和高原地区情况的研究日益深入，因而出现极地气象学、热带气象学和高原气象学。气候学也出现了动力气候学、气候变化等分支。由于大气科学广泛应用于生产、生活和科研等各种领域，许多边缘学科如海洋气象学、水文气象学、农业气象学、森林气象学、生物气象学、航空气象学、建筑气象学和医疗气象学等相继出现。在气象业务工作自动化进程中，大气科学不断地从信息理论、系统工程、计算机技术和计算数学等科学技术领域中获得新的实验手段和理论方法；同时，也不断地用自己的成就丰富着这些领域。

第二节　大气科学领域的突破与方法创新

二十世纪五十年代以来，我国大气科学研究紧跟国际科学前沿，不断拓展大气科学研究领域，尤其随着遥感技术和计算机技术的快速发展，大气科学研究视阈不断开阔，方法不断创新，极大地提升了我国大气科学研究能力和水平，我国大气科学研究已跻身于世界领先行列。

一、大气科学研究领域的突破

五六十年代是我国大气科学发展奠定基础的阶段。从总体上讲，当时我国气象科学研究工作非常薄弱，大气科学总体处于落后状态，而在这一阶段国际大气科学发展已经进入快速发展后期，大气科学基础理论已经形成、数值预报业务已经建立、雷达卫星观测技术被广泛应用，在大气科学领域我国与国际水平的差距非常大。但进入七十年代，特别在改革开放以后，我国在大气科学领域不仅追赶上了国际水平，而且在一些新兴的大气科学领域不断加快了与国际前沿的紧跟与并跑，尤其在以下领域取得了重大突破。

一是突破了主要从大气运动研究大气的局限，气候系统五大圈层研究大大拓展了大气科学的研究领域。在二十世纪六十年代以前，经典的气候学主要把气候看作是大气本身的问题，并认为：气候包括三个基本要素，即温（气温）、湿（降水）、压（地面气压）；气候形成有三个要素：太阳辐射（地理经纬度）、海陆分布和大气环流；如果有三个基本要素三十年的平均值，就可以代表一个地方的气候演变规律。但进入七十年代，世界范围的气候出现异常，人们开始认识到只讨论大气自身的变化难以完全解释气候变化，因为影响气候变化许多因子的相互作用和相互影响。

由此，1974 年世界气象组织（WMO）和国际科学联盟理事会（ICSU）在斯德哥尔摩联合召开的“气候的物理基础及其模拟”国际学术讨论会，正式提出了“气候系统”概念，认为气候系统属于大气圈、水圈、冰雪圈、岩石圈和生物圈相互作用的整体，是天、地、生相互作用下大气系统在较长时间的平均状态。1979 年世界气候大会明确提出，应将气候系统的五个圈层结合起来研究。这是全世界气候学者在认识上的一次大飞跃，成为现代气候学开始的标志。

我国科学家对气候系统的研究认识也不断深入。1961 年，涂长望完成《关于二十世纪气候变暖的问题》，提出了“二十世纪以来我国气温的变化可能进入第三个时期——又一个变暖的时期”的论断，被后来的实际资料证明是正确的。竺可桢于七十年代初根据大量的历史文献记载，系统地概括了我国东半部历史时期气候变化的轮廓，对我国历史时期的气候变化作了开拓性研究。在气候系统理念下，由于大气科学研究突破了单纯从大气运动研究大气，八十年代起，我国大气科学研究已从各圈层和人类活动对全球气候的相互影响、相互作用的角度来研究大气运动变化的本质，研究天气和气候系统演变的规律，研究人类活动对天气、气候、环境系统的影响及气候、环境的变化对人的影响等。在“七五”期间由国家自然科学基金委、中国科学院、国家气象局、国家海洋局等单位支持，先后开展了“中国气候与海面变化及其趋势和影响的初步研究”“长江、黄河旱涝规律、成因及预测研究”“西太平洋海气相互作用及其对我国气候的影响研究”“黑河地区地—气相互作用实验研究”。“八五”期间“全球气候变化的预测、影响和对策研究”“气候动力学和气候预测理论”“我国未来（20至50年）生存环境的变化趋势”“灾害性气候及其我国农业年景和水资源的影响”等研究被列入国家重大项目攻关计划。九十年代以来，气候与气候变化研究逐渐发展成为对气候系统进行全面而综合的研究，2008 年，叶笃正发表《全球变暖的有序适应问题》，要开展更为全面的地球系统科学模拟研究，并强调气候变暖下全球整体的发展和可持续性。

近四十年来，中国气象学家开创并发展了以气候变化为主要内容的全球变化研究，逐渐发展成为对气候系统进行全面而综合的研究，大大推动了气候模式的发展。气候模式系统以及地球系统模式投入使用，在气候变化预估中起到了重大作用。大气环流模式、海洋环流模式、陆面过程模式、耦合系统等迅速发展，气候模拟与短期气候预测也从最初的以大气模式为主向海—陆—气—冰（甚至更多分量）耦合的气候系统模式方向发展，显示了明显的预报技巧，并参加了国际模式比较研究计划。热带太平洋、印度洋的海—陆—气相互作用，青藏高原、南北半球中高纬地区冰雪—海洋—大气相互作用，亚洲季风系统的季节和年际变化的物理机制及其对东亚气候的影响等研究取得新进展。大气中温室气体含量、水分环境以及气溶胶粒子的浓度等对气候变化影响的研究取得许多重要成果。ENSO 强信号事件及其对我国气候影响的机理以及厄尔尼诺预报等取得重要进展。

二是突破了主要从低层大气研究大气运动，大气平流层、中间层、热层（电离层）和外大气层都成为大气科学的研究空间。早期大气科学研究主要以地面和近地层（对流层以下）气象探测数据为基础，认识和揭示了一些大气运动规律，这主要受到当时大气探测技术发展的影响。六十年代以后，随着雷达探测和卫星探测技术的发展，大气科学研究就大大突破了主要从低层大气研究大气运动规律的视阈，国际科学界对“中层大气研究的重要性的认识加深是在七十年代初期”。① 早在四五十年代，美国和苏联等国利用火箭对中高层大气进行了大量的探测。从 1946 年春开始，美国采用德国的 V2 火箭对大气开展系统的探测，至 1951 年，共发射了六十六枚，取得了 120 千米以下大气大压力、密度和温度的资料。1947 年冬，美国首次发射了史上著名的空蜂式火箭，至 1957 年约发射了 250 多枚，获得了大量的大气探测数据。1949 年初，苏联也开始利用火箭进行高空大气的探测。在 1957 年，苏联发射了一种新型的气象火箭，可以直接测量温度和压力，共发射了 125 枚，取得了 80 千米以下大气压力、密度和温度的资料。此外，为了探测更高层的大气，苏联还发射了四种地球物理火箭，取得了 110 ~ 470 千米高空的许多宝贵资料。特别是气象雷达和气象卫星广泛使用，人类探测空间不再限于大气层，而且发展到了对太空的观测。

从八十年代初我国科学家开始注重中高层大气研究，1981 年 6 月 25 日至 29 日，中国地球物理学会、中国气象学会在北京联合举办了第一次中层大气学术座谈会，会议报告了各单位在中层大气研究方面所进行的工作和今后的打算，包括中层大气的结构、组成、辐射状态、电磁场，平流层气球和气象火箭等探测技术，中层与电离层和对流层的耦合作用，中层大气的动力学特征、模拟分析，以及全球环流模式等。代表们指出，从离海平面十公里到一百公里的高度是地球的中层大气，由于观测手段的限制，这一区域的资料掌握得很少，对它的研究我国基本上也没有开展。②

八十年代以后，我国在中高层大气探测和理论研究方面都取得了可喜的进展，特别在 VHF 雷达、钠荧光激光雷达、中间层大气的毫米波探测和倾斜滤光片光度计等一批新型观测设备投入使用，增强了对中高层大气的探测能力；大气探测逐步进入到中高层大气，甚至更遥远的空间。尤其在我国卫星观测业务化以后，逐步发展到对太阳日冕、行星、磁层、电离层、中高层大气等空间天气现象的观测。由此，我国大气科学研究也远超出了初期的对流层，而发展到对平流层、中间层、热层（电离层）和外大气层的研究，大大拓展了大气科学研究空间领域和范围。在理论研究方面，对行星波、重力波、光化过程以及太阳活动和人类活动影响等方面的研究都取得了新的进展，获得一系列重要成果。③ 到 2002 年经国家编制办公室批准中国气象局组建国家空间天气监测预警中心，主要任务是规划我国地基空间天气的监测台站的布局和空基空间天气监测的布局以及监测设备应该满足的技术指标，建立监测数据的实时收集、处理系统，实时发布空间天气现报、警报与预报，为我国卫星发射、在轨卫星安全、卫星返回安全、载人航天活动的安全、地面技术系统的安全、导航、通信等应用部门服务，为国家安全服务，同时，为科学研究部门提供科学的观测数据。

三是突破了主要从大气物理学研究大气变化，大气化学发展成为大气科学的重要研究对

---

① 广田勇、马鸣宇：中层大气国际观测计划。《气象科技》，1979（4）：23-24。

② 中层大气学术座谈会在京举行。《地球物理学报》，1981（4）：371。

③ 王英鉴：我国中高层大气观测研究的新进展。《地球物理学报》，1997（S1）：29-36。

象。传统的气象观测主要限于大气的物理属性，因此早期的大气科学研究主要限于大气动力学、流体力学和大气物理学等领域，主要应用物理学、数学的知识和理论研究大气现象。但是，由于大气观测技术的发展，特别是大气环境问题起来越突出。四十年代以后，科学界逐步认识到大气中存在着十分复杂的物质循环过程，在这些过程中既有迁移扩散的物理变化，也有化学变化，大气化学变化又借助于大气物理过程，从而改变组成后的空气在大气环境中广泛输送和扩散，使大气环境问题不仅具有区域性，而且可能影响全球大气。基于这一认识，促使大气化学研究的广泛重视与兴起。国际上对大气 CO_2 浓度的长期观测始于 1957 年，大气 CH_4 浓度的系统观测始于 1978 年。世界气象组织于 1970 年组成了全球大气本底监测站网，国际上对大气中可造成气候影响的成分（如 CO_2、N_2O 和气溶胶等）进行了全面监测，初步研究了 CO_2 的现状及变化趋势；发展了一些新监测方法，实现了监测自动化及数据处理计算机化，而且激光探测技术的应用为更精确的测量提供了条件。[①] 九十年代开始陆续增设了大气 N_2O、SF_6、各种卤代温室气体浓度等的观测。

在大气化学研究领域，我国跟进国际研究比较早，1975 年中国科学院成立了环境化学研究所，组建了大气污染化学研究组，后扩大为研究室，开始有了我国第一个研究大气污染化学的专业单位。[②] 七十年代后期在北京香河和云南昆明建设了两个 Dobson 臭氧观测站；1985 年又与美国合作对西北沙漠地区的 CO_2 和 CH_4 等作了为期三年的间断采样分析。[③] 我国从 1981 年起，先后在京津、沈阳、太原、兰州、重庆、成都、贵阳、宣威、上海、南京、广州等各地探讨了不同地区颗粒物及其化学组分的粒度分布和时空分布规律，获得了有关颗粒物的粒度谱特征和污染化学方面有价值的结果。[④]

七十年代，原国家气象局气象科学研究院（中国气象科学研究院前身）天气气候所成立了大气污染组，当时主要研究工作是有关工厂的大气污染评估，也承担了一些大气环境的研究工作。中国气象局等部门早在八十年代就开展酸雨观测研究，并逐步建立了长期观测业务。1991 年中国气象科学研究院成立大气化学研究所，开展温室气体、臭氧、酸雨、气溶胶的研究。八十年代以来，中国气象局在 WMO 支持下，陆续建设了北京上甸子、浙江临安、黑龙江龙凤山区域本底站。其中，瓦里关站自 1990 年开始在线和采样温室气体观测。观测要素包括 CO_2、CH_4、N_2O、SF_6、HFCs、PFCs、CO、CFCs、HCFCs、Halons、CO_2 稳定同位素等。由于大气化观测技术快速发展，促进大气化学研究发展。中国臭氧研究开展较晚，九十年代开展了 O_3 研究计划。1991 年中国气象科学院成立大气化学研究所，开展温室气体、臭氧、酸雨、气溶胶的研究。在此基础上，2004 年组建的中国气象局大气成分观测与服务中心，牵头设计和科技支持全球和区域大气本底观测体系，全国大气成分观测站网开展大气成分样品分析和数据处理，研究开发了亚洲沙尘暴数值预报系统（CUACE/DUST）、气溶胶数值预报系统（CUACE/AERO）、雾霾数值预报系统（CUACE/FAZEFOG），推进了大气成分和大气化学领域的有关科研、业务和服务工作，提高了中国气象局在国内外相关领域的创新能力。目前，大气科学在大气化学研究领域，已经拓展到地球大气的组成和演化，化学动力和光化学基础，

① 张庆阳，史国宁：中尺度气象学及大气化学研究进展及其发展趋势。《气象科技》，1994（3）：19-22。

② 汪安璞：我国大气污染化学研究进展。《环境科学进展》，1994（3）：1-18。

③ 杨义彬：大气化学成分观测系统建设构想。《四川气象》，2005（3）：33-35。

④ 汪安璞：我国大气污染化学研究进展。《环境科学进展》，1994（3）：1-18。

平流层的光化学，对流层的光化学，大气气溶胶，云和降水化学，对流大气中化学成分的循环、输送和清除过程，大气化学与全球变化等。

四是突破了主要从单纯自然因素研究天气气候变化，人为因素影响气候变化成为大气科学重点关注的领域。二十世纪四十至六十年代，在先发达国家发生了一系列了重大环境事件，引起学术界和社会人士的高度关注和担忧。1962 年美国女海洋生物学家蕾切尔·卡逊（Rachel Carson，1907—1964）出版了科普著作《寂静的春天》，在西方国家引起强烈反响。该书主要揭露有机农药可能带来的“大破坏”，描述了它对人类生存的威胁，向人们及时敲响了警钟。1972 年 6 月 5 日至 16 日，联合国在瑞典首都斯德哥尔摩召开人类环境会议。这是人类历史上第一次在全世界范围研究保护人类环境，会议经过十二天的讨论交流，形成了著名的《联合国人类环境会议宣言》。

由于温室效应、空气污染、水土流失、生态破坏、自然灾害增加等环境问题都涉及或者会影响到气候变化。因此，气候变化受到国际社会的高度关注，从而促进了科学界对气候问题的研究。1975 年，世界气象组织召开第七次大会，全面讨论气候变化问题。1979 年 2 月第一次世界气候大会（FWCC）在日内瓦召开。这次大会发表声明指出：“由于化石燃料的燃烧、森林的砍伐、土地利用的变化，在最近一个世纪中二氧化碳的总量增加了约 15%。目前正以每年 0.4% 的速度增加。这种增加在未来有可能继续。”“如果大气中的二氧化碳含量今后仍像现在这样不断增加，则气温的上升到二十世纪末将达到可测的程度，到下世纪中叶将会出现显著的增温现象。”第一次世界气候大会的重大意义在于，气候变化首次作为一个引起国际社会关注的问题被提上议事日程，人类真正开始认识到人为因素对天气气候变化的影响。

关于开展气候变化的科学研究问题，我国起步很早。1980 年以来，我国先后成立了与世界气候研究计划（WCRP）等四大计划对应的中国委员会。1994 年 2 月，国务院批准组建国家气候中心，该中心当时的主要任务是开展气候预测、气候监测诊断、气候影响平价等。2002 年以后，国家气候中心任务有了重大调整，成为一个集气候系统监测、诊断分析、预测，气候影响评价和气候变化研究为一体的科研业务相结合的国家级气候业务科研中心。

现代气候变化研究表明，人类活动通过影响地球大气下垫面的粗糙度、反射率、水热平衡，向大气中排放温室气体、气溶胶（小颗粒），以及引起云量的变化等方式对气候产生影响。随着人类社会的发展，工业化进程的推进，人类活动影响的广度和深度日益增加。目前的研究表明人类活动对大气影响最大的是由于化石燃料的燃烧向大气中排放的二氧化碳。二十世纪中叶以来，人类活动对气候的总的影响表现为全球气候变暖。八十年代末，世界气象组织和联合国环境规划署联合建立了政府间气候变化专门委员会（IPCC），从 1990 年开始，IPCC 对世界上有关气候变化的科学、影响、适应和减缓等问题进行了五次评估，其结果越来越清楚地表明，人类活动对气候变暖有重要的影响。2014 年发布的第五次评估报告进一步证实了全球气候变暖，以及人类活动对全球气候变暖产生的显著影响，指出“二十世纪中叶以来观测到的全球气候变暖一半以上是由人类活动造成的，这一结论的可信度在 95% 以上”。人类活动对气候的影响已经引起各国政府、科技界、社会公众等广泛的关注。我国一大批科学家参与了世界气象组织有关气候变化专题研究，而且目前除一部分综合性大学、科研机构设立气候变化相关研究机构外，一些部委先后成立了应对气候变化研究机构，气候变化研究已经成为大气科学重要的研究领域。

二、重大技术和研究方法创新

大气科学是一门综合性的科学，由于大气科学理论和学科领域的不断突破，重大技术和研究方法创新，成为二十世纪中叶后期大气科学发展最突出的特征。

（一）大气数值模式的发展与业务应用。

数值预报方法也称天气预报的流体力学方法。它是以流体力学、大气动力学、热力学为理论基础，并采用计算数学、高性能计算机的现代天气预报方法。我国现代天气预报以数值预报为基础，数值天气预报模式业务化，大大推动大气科学的发展和进步。这是近四十年来我国在大气科学领域创新研究取得成就最突出的领域，是对传统以天气图预报方法的重大突破。

大气数值模式预报方法，在国际上起步于二十世纪五十年代，发展于七十年代末八十年代初。1980 年 7 月，中央气象局和中国科学院大气物理研究所合作，建立了最早的面向业务的第一代数值天气预报模式（A 模式），开创了我国数值天气预报业务的历史。数值预报模式和方法已经从简化的准地转、半球、正压、低分辨率模式发展成高分辨模式，包含复杂物理过程与参数化方案的原始方程模式。进入九十年代，我国数值天气预报获得广泛应用，由于"八五"期间，国家气象中心第二代数值预报业务系统，使数值预报可用预报时效明显提高。"九五"期间，月、季和年际尺度的业务动力模式系统和新一代短期气候预测业务系统，气候预测水平提高了 5% 以上。进入二十一世纪，非静力、高分辨率中尺度暴雨数值模式系统等方面的研发取得了一系列创新性成果，提高了我国南方暴雨的预警能力；高分辨率气候模式与模式预测系统研发取得重要进展，模式性能跻身国际前列，次季节至季节预测技术稳步提高，气候预测模拟能力显著增强；天气气候一体化模式关键技术在东亚区云微物理过程、分量模式耦合等方面取得显著进展。

2001 年，中国气象局开始自主研发新一代全球、区域通用数值天气预报系统（GRAPES），并在区域模式上取得成功。2006 年，GRAPES 区域数值预报业务系统（GRAPES-MESO）正式投入业务运行。2007 年 7 月，GRAPES 的研发全面进入全球模式系统发展阶段。2014 年，高分辨率资料同化与数值天气模式被确定为国家气象科技创新工程三大攻关任务之一，自主创新的脚步不断加快。天气预报精细化水平进一步提升。在全国全面推动了精细到乡镇的天气预报，支撑天气预报业务的专业化预报技术体系进一步完善。GRAPES 四维变分同化系统和全球、区域、台风、集合数值预报模式系统先后投入业务运行，实现了我国数值预报业务体系由"多核"（多个不同模式）向"单核"（GRAPES）的转变，有力提升了对智能网格预报的技术支撑，同时推动了数值预报的集约化发展。2016 年，GRAPES 全球预报系统正式投入业务运行并面向全国下发产品。

近四十年来，我国气候系统数值模式的分辨率越来越高，物理过程越来越完善、复杂，并将逐步考虑物理气候系统内部各分量之间的耦合以及物理气候系统和地球生物地球化学过程和人类活动的耦合；由于遥感资料的增加，资料的四维同化和分析理论、技术获得突破性进展，资料同化越来越和模式协调，同化技术逐步在业务应用上得到实现；由可预报性理论引导产生的集合预报方法（初值集合、模式参数集合、多模式集合）是近年来数值天气预报的重大进展，在一定程度上减小了由大气混沌现象产生的随机性内部误差，进一步提高了天气预报的准确性和稳定性。中国科学家自主设计和开发并已初步完成了全球、区域同化和预报增强系统，到2017年GRAPES全球预报模式水平分辨率达到0.25°×0.25°，垂直分层60层，北半球可用预报时效达到7.5天，产品数量达到70种，形成了有特色的产品体系。通过GRAPES的研发应用，我国首次拥有了具有自主知识产权的新一代数值天气预报模式，减少对国外技术的依赖，缩小了我国数值天气预报基础研究和技术研发与国际的差距，提高了我国天气预报的技术支撑能力。BCC-CSM全球高分辨率气候系统模式进一步改进完善，提升了对东亚地区气候、气候变化模拟和预估能力。面向各级精细化预报服务日益增长的需求，华北、华东、华南等区域气象中心均建立了三公里至九公里的高分辨率区域数值天气预报业务系统。区域模式对飑线、局地暴雨等强对流天气的预报，明显优于欧洲中期天气预报中心和美国的全球模式。数值预报产品的广泛应用，为各级气象台站的天气预报和服务提供了有力的技术支撑

（二）大气科学实验室成为大气科学研究的支撑方法

科学实验，是根据一定目的、运用一定的仪器、设备等物质手段，在人工控制的条件下，观察、研究自然现象及其规律性的社会实践形式，是获取经验事实和检验科学假说、理论真理性的重要途径。五十年代以来，大气科学研究逐渐进入了实验阶段，在实验室进行实验（或模型实验），如第二次世界大战后不久，在美国芝加哥大学流体实验室进行的转盘模型实验，不仅模拟出哈得来环流，还模拟出了长波，1953年英国剑桥大学也进行了模型实验。在国际上建立大气科学实验室逐步发展成为大气科学最重要的研究方法。

上世纪八十年代以后，我国通过不断建立完善大气科学实验室，对促进大气科学发展和应用发挥十分重要的作用。目前，气象领域相关的重点实验室有国家重点实验室、中国气象局重点实验室、教育部重点实验室、中国科学院重点实验室、省重点实验室等。1985年以来，气象领域先后建成了四个国家重点实验室，十二个气象部门重点实验室，部委重点实验室七个，三个联合共建重点实验室，十二个省级重点实验室，通过大气科学实验室获取的数据和成果，成为改革开放以后推动我国大气科学发展的重要支撑，充分反映了大气科学研究方法的重大创新。

（三）外场试验和基地成为大气科学最重要的研究方法

大气科学是一门综合性的实验科学，由于大气圈层和气候系统的复杂性，大气科学研究必须开展大气观测试验。大气科学试验，是为了解和观察一定区域某类天气系统（或过程）的细微结构和发展过程，或为获取某类天气气候现象发生时大气运动数据的结果而进行尝试性研究活动。从二十世纪八十年代开始，我国大气外场试验和基地逐步发展成为大气科学最重要的研究方法。

从全球来讲，五十年代以后，大气科学试验研究逐渐推进，如1956年菲利普斯首次用两层准地转模式进行了大气环流的数值试验。六十年代美国进行了积云动力催化实验，还开展了用飞机在某一部位撒播碘化银以影响台风的试验，苏联用冷云催化方法进行了大规模的防雹试验。1969年美国国家大气研究中心就参加了巴巴多斯海洋和气象试验，1974年进行大西洋热带试验。世界气象组织在七十年代组织了一些大规模的大气科学试验活动，如大西洋热带试验、气团变性试验、季风试验、极地试验等。1979年开展了第一次全球大气试验，世界气象组织149个成员国参加了试验。投入这次试验的有9200个地面气象站、九颗气象卫星、

50 艘研究用观测船、80 个漂移浮标、300 个定高气球、110 架飞机以及机载下投式探空仪等。我国参与这次全球大气科学试验，从 1979 年 5 月 1 日 0 时起到 8 月 31 日 24 时，我国结合全球大气科学试验，系统地开展了青藏高原气象科学试验，这也是我国首次开展青藏高原大气科学试验。

气象科学研究试验基地是开展气象科学技术研究的重要场所。我国从五十年代末以来在大多数省份进行了人工降水、人工防雹和人工防霜的试验；六十年代的中小尺度试验，七十年代青藏高原气象科学实验。但较大规模开展大气科学外场试验则始于九十年代。1998 年开始，我国气象局先后组织了“南海季风科学试验”“海峡两岸中尺度气象科学试验”“青藏高原大气科学试验”“淮河流域能量和水分平衡科学试验”等四大科学试验。截至 2017 年，我国在灾害性天气、大气成分与大气化学、生态与农业气象、气候与气候变化等十四个优势领域建成野外观测试验基地三十五个，其中青海瓦里关、北京上甸子、浙江临安、黑龙江龙凤山四个进入“大气成分本底国家野外科学观测研究站”系列。

（四）人机交互系统的业务化使大气科学研究成果转化实现历史飞跃

一切科学研究成果最终都在于应用、在于更有效地转化为现实科技能力。上世纪九十年代，在快速发展的现代计算机技术和现代通信技术支持下，我国大气科学研究成果通过人机交互系统，大大加快了成果转化和应用速度。20 世纪末，气象信息综合分析处理系统（MICAPS）正式在全国进行业务布点。它统一了全国天气预报工作平台，使天气预报业务真正实现了从传统的手工作业方式向人机交互方式的转变，标志我国自 1916 年开始正式以手填手绘和人工分析天气图方式，试作天气预报延续八十年的历史结束，标志着传统气象报务员、气象机务员、气象填图员、天气图分析员、天气图传真接收员和卫星云图接收员等一大批气象低技术岗位正式走进历史。MICAPS 推广应用，真正使天气预报业务开始转到以数值天气分析预报产品为基础、预报员综合应用各种技术方法和经验的轨道上来。MICAPS 成果获得国家科技进步二等奖。

系统以气象台常规气象预报保障和科研工作需求为牵引，以增强预报员的气象预报保障能力为目标，以基层工作条件为基础，实现了气象数据的自动接入、数据库的高效管理、功能强大的气象信息综合显示和预报工作流程平台和具有特色的综合个例查询和气候信息检索等应用功能。MICAPS 和数值预报产品的广泛应用，使我国气象预报预测业务实现了由传统的人工分析为主的定性分析预报方式向以数值预报产品为基础、以人机交互处理系统为平台、综合应用多种技术方法的自动化、客观化和定量化分析预报方向的重大变革。MICAPS 系统，在气象和气象相关行业得到全面推广应用。

MICAPS 系统从 1.0 到 4.0 版本的发展使气象预报制作方式和业务流程发生了重大变革，在行业内产生了重大影响。1995 年，中国气象局业务发展与天气司组织中国气象科学研究院、国家气象中心和北京市气象局联合研制气象信息综合分析处理系统（MICAPS），1996 年 6 月初级版本在中央气象台投入业务试运行，1998 年 6 月在中央气象台投入业务应用，1999 年在全国各级气象台站全面应用。MICAPS1.0 在国家级业务单位以 SGI 工作站版本应用为主，地方各级气象台站主要使用在 Windows 操作系统下运行的微机版本。MICAPS 的业务应用，实现了天气图分析、天预报制作完全计算机化。

2002 年，完成了 MICAPS2.0 的开发，2004 年起在全国各级气象台站推广应用。2005 年，启动 MICAPS3.0 的开发，并于 2007 年 12 月发布并在全国推广应用。MICAPS3.0 重新设计系统构架，采用 C# 语言开发，结合 C/C++ 开发算法库，提高系统运行效率。2009 年发布 MICAPS3.1，使用 OpenGL 代替 GDI+ 绘图，大幅度提高系统效率，改变模块加载方式，提高系统启动效率，降低计算机资源使用，随后发布 MICAPS3.1.1 版本，2011 年底发布 3.2 版并推广应用。基于 MICAPS 第三版基础版本，开发了台风、海洋、短临、中尺的分析等多个专业版本，适应不同业务的需求。

国家级应用的工作站版本在不断更新，2018 年，MICAPS4 发布了 4.2 版本，全面接入风云四号 L1 和 L2 级产品，并在预报服务中应用，分布式系统已完成全国推广。MESIS 2.0 完成定版，初步具备海量数据可视化分析与预报文本自动生成能力。CAgMSS 平台基本实现业务产品流程自动化。数值预报业务系统全面对接全国综合气象信息共享平台（CIMISS）。

第三节　国际与地区的气象科技合作

中华人民共和国成立以来，气象部门坚持对外合作，积极参与世界气象组织等国际组织的各项活动和科学计划的制定实施，广泛开展双边和多边合作，引进了技术，培养了人才，深化了学科建设，提高了我国气象发展的国际地位。

一、与国际组织气象科技合作

（一）在国际相关组织影响力不断扩大

自 1972 年 2 月 24 日世界气象组织（WMO）恢复中华人民共和国在该组织的合法地位以来，中国参与 WMO 活动已经涉及各项计划和各个领域。历届 WMO 中国常任代表均担任执行理事会成员。时任中国气象局局领导在 1987 年第十次世界气象大会上当选 WMO 主席，并在 1991 年召开的第十一次世界气象大会上连任，成为联合国专门机构中第一个担任这一高级职务的中国人。其间，提出并促成了政府间气候变化专门委员会（IPCC）的建立，推动了第二次世界气候大会的召开和全球气候观测系统（GCOS）的建立。中国气象专家多人在 WMO 秘书处任职，对深入了解和参与 WMO 计划和活动发挥了积极作用；多人分别在 WMO 仪器与观测方法委员会（CIMO）、气候学委员会（CCI）、大气科学委员会（CAS）、基本系统委员会（CBS）等担任重要职务。中国共有 130 多位专家参加 WMO 各专业委员会的活动，多次在华举办 WMO 区域协会、技术委员会届会、工作组会议、培训班等，在国际气象合作中发挥了重要作用。中国积极参与 IPCC 活动，丁一汇院士于 1996 年担任 IPCC 第一工作组联合主席，秦大河院士自 2001 年起一直担任 IPCC 第一工作组联合主席。在 IPCC 历次评估报告的编写过程中，中国科学家从未缺席，而且参与度越来越广泛深入。第一次参与编写 IPCC 评估报告的中国作者仅九人，参与编写第二次至第五次报告的中国作者显著增加。IPCC 第六次评估报告（包括特别报告和方法学报告）中，入选的中国作者达 64 名。截至目前，中国科学家连续五届担任第一工作组联合主席，为 IPCC 做出中国贡献。中国历次派团出席台风委员会的届会和重要会议，多次参加台风委员会科学试验活动，并多次在国内举办台风委员会届会、技术会议和巡回讲习班。

（二）深度参与并推进国际气象科技合作

1. 与 WMO 合作

1975 年国家气象中心成为全球通信系统（GTS）上具有接收和分发能力的通讯枢纽。1978 年参加了第一次全球大气试验；联合国开发计划署（UNDP）和世界气象组织援助的泰勒斯—N 卫星接收设备，加快了卫星气象技术的应用；我国是 WMO 空间计划的重要参与方之一，中国气象局卫星广播系统（CMACast）是地球观测组织的三个主要地球数据广播系统之一；向亚太地区 19 个国家赠送并持续维护中国气象局卫星广播系统用户站（CMACast）、气象信息处理和天气预报制作系统（MICAPS）、卫星云图处理显示分系统；瓦里关全球大气本底监测站的建立，填补了我国大气成分监测的空白；由我国承办的 WMO 区域培训中心迄今已为 3800 多名国外学员提供了短期气象培训。中国承担的北京 2008 年奥运会天气预报示范和研究开发计划以及上海世博会的多灾种早期预警系统示范项目，为国际气象事业发展提供了宝贵的经验、做出了重要贡献。

2017 年 5 月 12 日，中国气象局被认定为世界气象中心。由此，中国成为发展中国家中唯一拥有“世界气象中心”称号的国家。根据 WMO 要求，世界气象中心需要为全球各国开展实时气象预报、预测业务提供稳定、丰富、高质量的无缝隙天气气候业务分析、预报、预测指导产品，并牵头开展国际气象预报技术培训、技术交流等活动。中国气象局目前承办包括世界气象中心、全球信息系统中心、核应急响应区域专业气象中心、大气沙尘暴预报区域专业气象中心、区域气候中心、区域培训中心等在内的二十个 WMO 中心，并承办高影响天气项目国际协调办公室、次季节–季节归档中心、TIGGE 归档中心。这标志着我国气象现代化能力总体达到了世界先进水平，进一步彰显了我国在世界气象舞台上的显示度、国际影响力和国际贡献。

2. 与 IPCC 合作

政府间气候变化专门委员会（IPCC）成立于 1988 年，旨在获取气候变化及其影响以及减缓和适应气候变化措施方面的科学和社会经济信息，以综合、客观、开放和透明的方式进行科学评估，并根据需求为联合国气候变化框架公约（UNFCCC）缔约方大会（COP）提供科学、技术、社会和经济方面的咨询建议。中国气象局是政府间气候变化专门委员会相关工作的国内牵头单位，负责组织国内有关部门广泛参与政府间气候变化专门委员会的各项活动和机制建设，积极推荐国内著名学者作为主要作者或主要作者召集人参加政府间气候变化专门委员会评估报告及其他报告的编写，组织开展政府间气候变化专门委员会各类报告的专家和政府评审。中国气象局多次承办政府间气候变化专门委员会工作组会议及相关研讨会。为推动我国的气候变化研究、为在环境外交中争取主动和可持续发展发挥了积极作用。

3. 与其他国际组织的合作

与地球观测组织（GEO）合作，在 2005 年 5 月瑞士召开第一次全会，时任中国气象局局领导当选 GEO 联合主席，2010 年 11 月由中国科技部领导接替担任联合主席。2007 年，《中国综合地球观测系统十年规划》在南非地球观测部长级峰会上正式对外发布。中国发起了亚洲大洋洲气象卫星用户大会这一区域气象卫星应用合作机制，同时积极推动地球观测数据在非洲及亚太地区的接收、共享和应用，促进各国尤其是发展中国家从地球观测受益的能力。与台风委员会合作，中国是该委员会发起国之一，中国承办台风委员会届会、技术会议和巡回讲习班，中国气象局原多位领导担任过台风委员会主席，南京信息工程大学在 2012 年的台风委员会第四十四次届会上被指定为台风委员会培训中心。2019 年 2 月，台风委员会第五十一次届会在中国举行，更新了台风委员会 2017 年至 2021 年战略计划。与欧洲气象卫星开发组织（EUMETSAT）合作，自 1998 年到 2008 年共签署了 5 个关于气象卫星和卫星气象领域的合作协议，双方通过资料交换和共享使得全球用户和国际社会受益，为 WMO 天基观测系统做出重要贡献。2017 年，更新签署了《中国气象局与 EUMETSAT 关于气象卫星资料应用、交换和分发合作协议》关于资料和产品交换清单的附件；组织召开了第三届中国气象局和 EUMETSAT 联合研讨会，就碳卫星资料的共享达成初步共识。与欧洲中期天气预报中心（ECMWF）合作，在气象观测和预报技术方面开展频繁交流合作，尤其是风云卫星资料同化方面的合作成果，促进了 ECMWF 模式预报能力的改进。2016 年双边会议同意在数值天气预报、次季节到季节预测、卫星资料质量控制、同化和应用等五个领域继续开展合作。

（三）国际影响力显著提升

自愿合作计划（VCP）是 WMO 的重要技术合作计划之一，目的是通过提供奖学金、仪器装备、专家服务等帮助和支持发展中国家发展气象水文事业。中国开展了形式多样的 VCP 活动，包括多国别考察、仪器设备援助、教育和培训、向 VCP 基金捐款等。1994 年和 2003 年，WMO 南京培训中心和北京分部建立，针对发展中国家气象业务实际需求，持续开设气象预报、农业气象、卫星应用、人工影响天气、气候预测等国际培训课程。截至 2018 年底，已有超过一百个国家 3500 多名气象水文领域工作人员来华参加培训。1981 年至 2018 年，全国气象部门因公出国学习培训交流人数达到 23366 人次，邀请外宾来访 15071 人次。此外，中国还向 VCP 基金、IPCC 基金、GEO 基金及其他 WMO 计划和紧急援助活动捐款。中国科学院院士叶笃正、秦大河，中国工程院院士许健民先后获得国际气象组织（IMO）奖，它被誉为“气象诺贝尔奖”，是国际气象界的最高荣誉。还有多位青年科研人员获得 WMO 青年科学家研究奖。在 WMO 等多边合作以及“一带一路”框架下，中国通过技术援助、人力培训、设施援建等多种举措，积极履行承诺，与广大发展中国家携手进步。

二、双边国际气象科技合作

（一）双边合作促进气象科技交流

中华人民共和国成立初期，我国双边气象科技合作主要是在社会主义国家之间进行，先后聘请了十多位苏联气象专家来华帮助和指导工作，派遣多名留学生和实习生赴苏联学习先进的科学技术和工作经验，中苏两国气象科技代表团进行了多次互访。此外，中国与朝鲜、越南开展了双边气象科技合作，支援朝鲜进行气象业务建设、帮助越南恢复和发展气象工作、在华培训气象业务人员及开展互访和交流活动。

改革开放以后，1979 年中央气象局与美国商务部签署了《中美大气科学技术合作协议书》，该议定书是两国政府签署《中美科技合作协议》之后较早签订的专业科技合作议定书。《中美大气科学技术合作议定书》的签署具有里程碑意义，建立了中美两国在大气科技领域稳定、深入、持久的双边科技合作与交流机制。双方大气科技合作开展了四十年，我国与世界先进水平的距离不断缩短。我国先后从美国引进气象卫星用电子芯片、高性能计算机系统、新一代天气雷达等，成为两国在高科技领域技术合作的成功范例。双边合作项目达 680 个，技术交流超过四百人次，其中在美国培训一年以上的业务骨干达百余人次。

（二）双边气象科技合作不断拓展

继中美气象科技合作以后，中日气象科技合作的领域和范围不断扩大。中国气象局多次派出代表团赴日本考察。1985 年 6 月，中日两国在日本东京签署了《中日关于开展提高天气预报准确率合作研究项目的实施协议》，双方合作的领域涵盖气象卫星和卫星气象、数值天气预报、气象通信、中尺度气象、大气化学等。中国与其他国家双边合作不断拓展，从 1979 年到目前，我国气象部门已与全球二十三个国家的气象部门签署了双边气象科技合作协议、意向书、谅解备忘录、议定书或会谈纪要，这些国家包括（按时间顺序）：美国、澳大利亚、加拿大、朝鲜、芬兰、蒙古、英国、日本、越南、俄罗斯、德国、韩国、马来西亚、哈萨克斯坦、吉尔吉斯斯坦、瑞典、丹麦、印度、法国、以色列、伊朗、巴基斯坦、古巴。通过双边合作为增进我国与其他各国气象工作者之间的业务科技交流和友好往来，扩大我国的国际影响发挥了积极作用。同时，我国与一百六十多个国家和地区开展气象科技合作与交流，省级气象部门和一些大城市也与国外相关机构开展了合作与交流；我国还通过世界气象组织资源合作计划向五十多个国家提供包括气象仪器设备在内的多方面援助；组织了三十多批、一百一十多位发展中国家气象高级官员来华考察，通过积极开展双边气象科技合作，我国与国际的学术交流日益频繁，合作水平不断提高。

三、“一带一路”深化国际气象科技合作

2017 年 5 月，中国气象局与世界气象组织签署了《中国气象局与世界气象组织关于推进区域气象合作和共建“一带一路”的意向书》，标志着中国气象局与世界气象组织将通过加强区域气象交流合作，积极推进“一带一路”建设的气象服务工作，正式列为世界气象组织的活动。

近些年来，在“一带一路”合作框架等背景下，我国通过气象设备和技术援助等手段帮助其他发展中国家气象部门提升应对气候变化和气象防灾减灾能力。中国先后向蒙古、尼泊尔、泰国、巴基斯坦等十九个亚太国家赠送了集成化的中国气象局卫星广播系统（CMACast）接收站、气象信息综合分析处理系统（MICAPS）、卫星气象应用平台、自动站、GPS/MET 水汽站等，帮助亚太国家实时获取风云气象卫星资料、GRAPES 数值预报产品等全球气象资料和产品。加强了与“一带一路”沿线国家、“金砖国家”的气象合作，提高了气象防灾减灾、气候安全风险应对等科技合作的深度和广度。“中巴经济走廊”建设的气象服务合作取得进展，在共建中巴经济走廊沿线气候服务预警系统、巴中气候研究中心、热带飓风预警系统、洪灾预报与预警系统建设方面开展合作；签署了《中亚气象防灾减灾及应对气候变化乌鲁木齐倡议》，启动中亚地区气象防灾减灾和气候变化合作研究；组织召开中国—东盟气象合作论坛和中亚气象科技研讨会；积极配合中美战略与经济对话，我国报送的相关建议纳入第八轮中美战略与经济对话成果清单；对非洲七国的气象援助项目进入实施阶段，继续推动国际教育培训工作。

第四节 学术共同体的建设与成就

气象学术共同体在我国科学技术领域最早形成，它以促进气象科学技术发展为宗旨，是我国促进气象科学技术发展的重要力量。中华人民共和国成立以来，我国气象界更加重视气

象学术共同体建设，在推动气象科学发展，促进气象科技创新中发挥了极其重要的作用。

一、学术共同体的建设进展

（一）气象学术共同体概述

学术共同体是指把从事科学研究的科学家作为一个具有共同信念、共同价值、共同规范的社会群体，以区别于一般的社会群体与社会组织。后来，一般把具有相同或相近的价值取向、文化生活、内在精神和具有特殊专业技能的人，为了共同的价值理念或兴趣目标，并且遵循一定的行为规范而构成的一个群体，称为学术共同体。

但是，由于以上概念过于宽泛，在具体释义中，学术共同体至今并没有形成一个统一的界定，如有的把一个大学、一个科学院或者社会科学院，称为一个学术共同体；有的则把一个专业学术委员会或学会称为一个学术共同体；有的则界定得比较狭窄，主要限于学派，或者限于在某一学术领域有共同关心的理论或现实问题，并已经在信念、理论、方法上已经确立自己的范式学术群体。根据中国的语景，学术共同体可以定义为在相同或相近研究范围内，具有相应的专业学术或技能的人才，较长时期为了共同的价值理念或兴趣目标，并且遵循一定的行为规范而形成的一个群体。它包括各类正式或非正式学术团体，也包括以共同研究领域为核心，以学术权威为骨干而形成的稳定性学术团队。

气象学术共同体则是由气象科学技术及相关科学技术领域的单位和科技工作者，长期以促进气象科学技术发展为宗旨，并且遵循一定的行为规范而自愿组成的团体。气象学术共同体的主要特征：①专业性，即气象相同或相近专业研究范围，它不是一般的社会团体或组织，而是具有高度的气象专业性和权威性，在本质上排斥与气象专业完全无关的范围，否则就不构成气象学术共同体；②权威性，即气象学术共同体内部有几位或一批以权威的气象学术带头人组成“核心”，众多在气象领域有才华的学者或专家被吸引或自愿参与，以形成气象学术共同体；③持续性，即气象学术共同体具有相对稳定性和延续性，定义中提出的“较长时期”，就是排除短期性或临时性以气象学术项目或气象学术课题而结成的学术团队；④学术性，即任何一个学术共同体，都是以本领域学术作为共同的价值理念或兴趣目标的组织，学术是一个自主的王国，气象学术共同体就是为气象学术自由营造氛围和平台的组织；⑤范式性，即任何一个学术共同体，都需要形成相应的范式规则，正式学术共同体还需要形成章程或规制，非正式也有参与成员认同的规则，中国气象学会作为学术共同体就制定有学会章程。

中国气象学会是我国气象科技领域成立最早、规模最大、机制最完备、覆盖学科领域最广泛的气象学术共同体组织。于1924年在青岛创立，中华人民共和国成立以后得到恢复发展，到2014年，中国气象学会形成了第二十八届理事会，学会理事会有一位理事长、七位副理事长、一位秘书长、44位常务理事及137位理事；秘书处有一位秘书长及八位副秘书长；学会拥有百余个会员单位，近两万名个人会员。下设39个学科委员会和四个工作委员会。

中国气象学会作为学术共同体的宗旨是，以“谋气象学术之进步与测候事业之发展”。主要目标是，发挥学会工作在提高气象预测预报能力、气象防灾减灾能力、应对气候变化能力、开发利用气候资源能力中不可替代的特殊作用，促进气象科学事业的繁荣和发展，促进气象科学技术的普及和推广，促进气象科技人才的成长和提高，促进气象科学技术与经济的有机结合。

中国气象学会作为学术共同体，主要学术活动内容：①开展气象科技学术交流活动，活跃学术思想，促进学科发展，推动自主创新；②传播科学思想和科学方法，推广先进科学技术；③为科技、经济、社会协调发展提供决策咨询和政策建议，开展技术咨询和技术服务；④推动科技成果转化；⑤面向会员开展气象科技及相关专业的继续教育和培训工作；⑥表彰奖励取得优秀成绩的会员和气象科技工作者；⑦按照国家有关规定，编辑、出版、发行气象科技文献、气象学术刊物和科普刊物及相关的音像制品；⑧推动气象科技的交流、协作，组织气象技能竞赛，支持科学研究，发挥学会在气象行业内外的纽带作用；⑨加强国内外交流与合作，促进相关学科之间的交流协作，开展民间国际气象科技学术交流活动，促进国际气象合作，发展同国外有关科学技术团体和科学技术工作者的友好交往；组织海峡两岸气象界的学术交流、学者互访，推动科技合作，促进两岸大气科学的发展。

全国均建立了省级气象学会，作为省级气象科学领域学术共同体，与中国气象学会的宗旨和主要学术活动内容基本相近，全国还有三百多个地市气象学会。

（二）学术共同体建设进展

中华人民共和国成立以来，气象学术共同体建设主要经过了以下历程。中国气象学会于1949年11月着手恢复和重建，并于1951年4月召开第一届全国代表大会。大会重新修订了学会章程，选举产生了新一届理事会，竺可桢续任理事长。1951年6月27日，中央人民政府内务部准予中国气象学会登记。

重建的中国气象学会是我国气象科学技术工作者的学术性群众团体，开展了经常性学术交流活动，1962年8月以年会暨代表大会形式，改选学会理事会。在全国先后建立二十多个省级气象学会组织，形成了以中国气象学会及各专业委员会为业务指导的全国气象学会组织系统。气象学术思想空前活跃，引导和推动了国内气象科学领域各分支学科的发展。中国气象学会恢复出版了《气象学报》，组织编订《气象学名词》《俄汉气象学词汇》《英汉气象学词汇》等一批权威性的气象科技工具书，编辑出版了《十万个为什么：气象分册》等科普书籍，并将《风》《雨》《台风》《天有可测风云》等搬上银幕，中国气象学会逐步成为当时国内气象学术交流和科普活动重要组织。但在1966年至1977年期间，因受当时政治环境影响，中国气象学会的活动基本处于停顿状态。

1978年2月中国气象学会恢复活动。1978年12月，召开了1978年年会暨全国会员代表大会，学会组织的重建工作全面展开。1982年10月，召开了全国会员代表大会暨1982年年会。这次会议具有里程碑的意义，中国气象学会进入了改革发展、全面展现学会工作优势的新阶段，到1986年学会所属专业委员会由恢复活动时的七个增加到二十二个，增加了包括卫星气象学、数值预报、气象电子技术、航空与航天、热带气象、水文气象、气象软科学、气象教育与智力开发等专业委员会。此后，每四年左右召开一次会员代表大会，2014年11月，召开了第二十八届会员代表大会。

目前，中国气象学会是在民政部注册的4A级学术性社会组织，业务上接受中国科协指导，挂靠中国气象局。中国气象学会作为气象科学领域最完备的学术共同体，下设三十九个学科委员会和四个工作委员会外，还设立有秘书处，是中国气象学会的办事机构，现挂靠中国气象科学研究院。学会秘书长主持秘书处工作，秘书处下设立有综合协调部、学术交流部、科学普及部、文献期刊部等四个处级部门。全国省级气象学会秘书处都配备有专职学会工作人员，地市级气象学会多为兼职。

在中国科协和中国气象局大力支持下，中国气象学会作为气象学术共同体，近些年来以学会年会、海峡两岸气象科学技术交流、中韩日三国气象学会联合研讨会、国际气象学会论坛、理事长高层论坛，以及各种专题学术交流等联合形成综合气象科技学术交流平台；以《气象学报》为主建立符合国际规范的《气象学报》编委会和网络平台，积极推动气象期刊联盟建设，促进气象行业期刊资源共享、规范学术风气；中国气象学会支持三十九个专业委员会为更专业的学术团体单位，广泛开展学术交流活动。

二、学术共同体的建设成就

以中国气象学会为主要阵地的气象学术共同体建设，特别在改革开放以来，通过积极主动、独立负责开展活动，不断开创气象学术工作新局面，促进了气象科学发展，取得了显著成就。

（一）形成了完善的学术共同体组织体系

中国气象学会已经建立了代表大会、理事会、常务理事会、学科（工作）委员会、秘书处的组织体系，形成了包括民主管理、民主选举、民主监督在内的一整套民主办会机制，加强学会的自身组织建设和文化建设，形成了协商、民主、合作、互利、求实、创新为主要标志的良好会风，从整体上提高学会科学管理水平和可持续发展能力，2012 年通过民政部社会组织评估，获得 4A 级社会组织称号。注重加强气象学会会员管理，积极发展学会注册会员。学科代表性、学术权威性、活动自主性和工作规范性得到显著加强，大批非气象专业的中青年科技人员被吸纳为委员，形成了宽领域、多学科、全方位的委员会组织架构，扩大了气象学术活动的社会影响力（见图 9–1）。

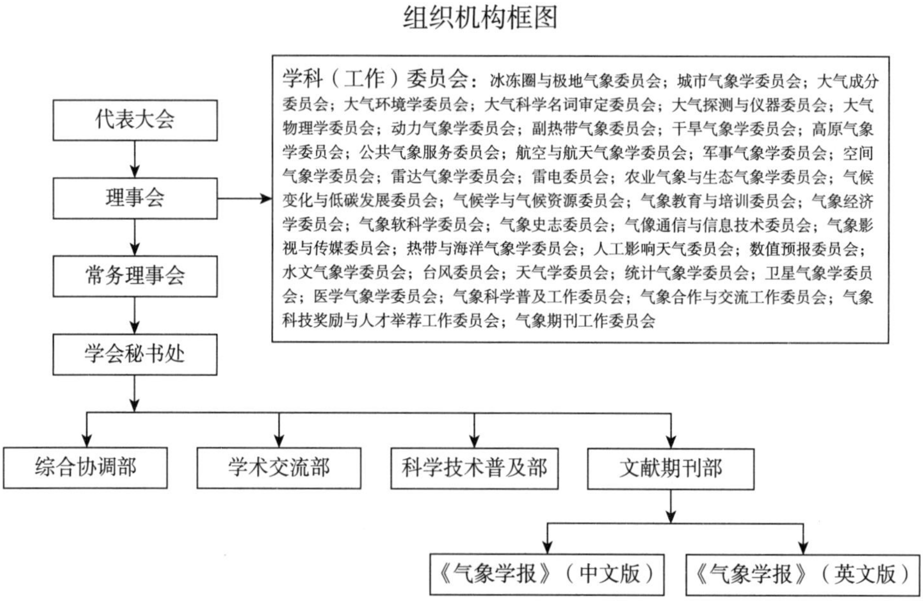

图 9–1 中国气象学会组织机构图

（二）促进气象学科体系发展

推动学科发展是学术共同体十分重要的任务。中国气象学会积极促进气象学科体系建设，按照气象领域学科要求推动了一批具有新兴、交叉、前沿为特点的学科委员会建设，实现了立足气象而不局限于气象，加强了与其他自然科学和社会科学的相互渗透，扶植新的学科生长点，从根本上改变了气象科技的传统结构，学科委员会从最初的四个增加到三十九个，广泛涉及气象科学及气象相关领域。

为促进气象学科体系建设，中国气象学会通过推进气象学术期刊联盟为切入点，以厚实气象学科基础，在办好《气象学报》学术期刊基础上，积极推进学术期刊国际化进程，1987年创办《气象学报（英文版）》并于2007年成为SCI期刊，组织出版了一批有影响的气象学术研究文献。2011年组建气象期刊工作委员会，全国四十八家气象学术刊物加盟，其中公开发行期刊三十六种、内部发行十二种（表9-1、表9-2）。还通过举办研讨会、培训班、评选优秀论文等方式，进一步加强气象类科技期刊的沟通和交流，重点在论文学术质量和编校质量评价、审稿和编校流程的优化与规范、网上期刊联盟和刊物资源共享及刊物数字网络化和国际化等方面开展工作。

表9-1　公开发行的加盟气象刊物

暴雨灾害	大气科学	大气科学学报	大气科学进展
大气和海洋科学快报	干旱气象	贵州气象	广东气象
高原气象	高原山地气象研究	军事气象水文	解放军理工大学学报
气候变化研究进展英文版	气候变化研究进展中文版	气候与环境研究	气象
气象科学	气象科技	气象科技进展	气象知识
气象与减灾研究	气象学报中文版	气象学报英文版	气象与环境学报
气象与环境科学	气象灾害防御	气象研究与应用	热带气象学报
山东气象	陕西气象	沙漠与绿洲气象	Tropical Cyclone Research and Review
应用气象学报	中国农业气象	浙江气象	中国气象科学院年报

表9-2　内部发行的加盟气象刊物

重庆气象	大气科学研究与应用	福建气象	河北气象
湖南气象	湖北气象	航空气象	南海气象
气象软科学	青海气象	山西气象	西藏气象

在中国气象学会各专业委员和不同气象学术期刊共同推动下，大气科学已经形成许多分支学科领域，如大气探测、气候学、天气学、动力气象学、大气物理学、大气化学、人工影响天气、应用气象学等。其中应用气象学已经发展成农业气象学、生物气象学、水文气象学、海洋气象学、航空气象学、交通气象学、军事气象学、医疗气象学、资源气象学、环境气象学、气象经济学、气象灾害学、气象社会学等学科领域，随着经济社会发展需要，气象学科还将有新的拓展。

（三）促进了气象学术人才成长

中国气象学会开展了面向青年气象科技工作者的专项工作，为青年气象科技人员创造机会、提供舞台、搭桥铺路，实施了多层次、多渠道、有针对性的人才举荐措施，1985 年创设涂长望青年气象科技奖、2008 年设立邹竞蒙气象科技人才奖，还设立了大气科学基础研究成果奖和气象科学技术进步奖，形成了十多个奖项的学会表彰奖励体系，激励和带动了大批青年气象科技工作者成长。

涂长望青年气象科技奖，旨在鼓励和推动青年气象工作者在气象及相关领域内作出贡献而设立，授予年龄不超过三十五周岁，须在气象理论研究、气象应用研究和气象新技术开发与推广等方面有所建树，本奖项每两年评选一次，到 2017 年有一百二十人获奖。

邹竞蒙气象科技人才奖，旨在鼓励广大气象科技工作者继承和发扬老一辈的科学精神而设立，奖励范围为从事气象业务、科研、科普、教育等工作中做出突出贡献的气象科技工作者，以及对国内气象事业发展做出突出贡献的海外华人气象科技工作者，本奖项每两年评选一次，到 2017 年有二十七人获奖。

大气科学基础研究成果奖，旨在提升气象科学技术创新驱动气象事业发展的能力和水平，以表彰和奖励在大气科学基础研究中做出杰出贡献的科技人才和组织，设立奖项分为一等奖和二等奖，每次授奖成果总数不超过四项。从 2015 年至 2018 年有十个项目获大气科学基础研究成果奖一、二等奖。

气象科学技术进步成果奖，旨在表彰和奖励在气象科技应用研究、技术开发及成果转化中做出杰出贡献的科技人才和组织，设立奖项分为一等奖和二等奖，每次授奖成果总数不超过十五项。从 2015 年至 2018 年有四十三个项目获得气象科学技术进步成果奖一、二等奖。

除以上奖项外，各级气象学会还积极组织推荐气象科技成果，参与各级政府和科协组织的科技评奖，一大批年轻气象人才和气象科学家获得不同层级的科技成果奖，极大地促进了气象科技人才成长。

（四）扩大了气象学术影响

中国气象学会拓展了国际民间渠道的交流与交往，先后与三十多个国家的气象学会、国际组织等其他专业团体建立稳定的联系，举办了一批有影响的国际学术会议，发起创立了国际气象学会论坛、中日韩三国气象学会会议等。推动了海峡两岸双向交流，1982 年起中国气象学会通过在印尼马尼拉、香港等地召开学术会议，开启了对台交往的大门，两岸气象同仁开始接触到开展交往，1994 年以后每年实现两岸气象人员科技交流，推进了两岸气象工作的实质性合作。2012 年起加入海峡论坛活动，开辟了新的交流渠道。2014 年 10 月两岸气象同仁共同举办座谈会庆祝中国气象学会成立九十周年。两岸气象交流与合作日趋广泛，影响已远远超出气象学的范畴，其示范作用和深远意义正在更多方面得到彰显。提升了气象学术影响力，自 2002 年起重建了中国气象学会年会制度，打造了国内最大规模的气象学术交流平台，还通过组织举办理事长高层论坛、参与承办和协办中国科协年会分会场学术交流活动、参与主办生态文明会议、全球华人空间天气科学大会等一系列高级别学术交流会议，气象学术活动空前活跃，气象学术影响力和社会影响力日益扩大。

第五节　大气学科发展的驱动力

我国大气学科之所以成果丰硕，是因为有内部与外部需求产生的强大的驱动力。

一、大气学科发展的社会动力

社会需要是大气学科发展的根本动力，为大气学科发展提供了丰富材料，不断提出大量新课题。我国在大气学科领域取得了巨大成就，最根本原因在于充分发挥了我国社会主义的制度优势，经济社会发展、党和国家的重视以及人民期待。

（一）经济社会迫切需求推动大气学科发展

在中华人民共和国成立时，我国气象科学水平很低，但当时军事、交通、渔业、农业、林业和水利等领域急需气象服务保障。因此，中华人民共和国刚建立，1949 年 12 月 8 日，中央人民政府人民革命军事委员会就批准成立了军委气象局，开始气象人才培训。1953 年 4 月，毛泽东主席指示，气象部门要把天气告诉老百姓；1953 年 8 月 1 日，中央发布转建命令，决定各级气象机构从军事系统转入政府系统，气象既要为国防建设服务，又要为经济建设服务。1954 年 3 月 6 日，周恩来总理签署《政务院关于加强灾害性天气预报、警报和预防工作的指示》，对各级人民政府、气象及相关部门，在灾害性天气的预报、警报和预防工作中的责任提出明确要求。

在五十年代，党和国家对气象工作的重大决策有力推动了当时气象工作。中央气象局及时与铁道部、农业部、水利部、林业部等签订了提供天气预报、警报暂行办法，与民航局签订了民航气象保障总合同，与农业部等部门达成设立专业气象台站的协议。推动了我国气象学科建设。当时气象工作要满足党和国家的要求，需要大量培训气象人才，而气象人才培养就必须加快大气学科建设。这是培养气象人才、提高气象服务能力的基础。

大气学科建设是五十年代气象科学发展的重点，因为气象人才培养必须有相应学科的教科书。这里所谓大气学科是一个分类学概念，它是相对地理学、天文学而相对独立的科学分支，即大气科学，现代一般称为一级学科；同时它还指包括构成大气科学体系的各个分支学科，如大气探测、气候学、天气学、动力气象学、大气物理学、大气化学、人工影响天气、应用气象学等，现在一般称为二级学科，有的称为大气科学类专业；在二级学科下还可细分为三级学科，如大气探测学科可细分为卫星探测、雷达探测、高空探测、地面探测、特种气象探测等分支学科，一般为教学或培训科目，或称为专业方向。当然，二级或三级学科中还有一些交叉学科。

中华人民共和国成立初期，为解决当时气象人才培养问题，国家首先在高等院校建立了一批大气科学类专业。如原南京大学气象系与浙江大学、齐鲁大学相关学科合并成立了新的南京大学气象系，设有气象、气候、大气物理三个专业；清华大学气象系并入北京大学物理系，设立气象学专业；1952 年，原北京农业大学（现中国农业大学）开始培养农业气象方向的研究生，1956 年成立全国首个农业气象专业；中山大学、兰州大学、青岛海洋大学，杭州大学、云南大学、中国科技大学和沈阳农业大学等都设立了大气科学类专业。

当时，由于气象高等教育远不能满足实际气象工作需要，成立北京气象专科学校，1960

年成立南京大学气象学院，设有气象系、天气与动力气象学系、气候学系、大气物理学系、农业气象学系。从1954年到1958年，成立了北京、成都、湛江三所气象中专学校，设立农业气象、高空气象、气象通信、海洋水文气象等专业，共培养中专生3800名。这些气象院系和气象专业都需要建立相应的学科教材体系。从1958年至1961年，全国有二十二个省、自治区、直辖市气象局先后成立了气象学校（或设立气象班），当时由于实际气象工作需要，气象教育快速发展，气象学科还没有形成比较成熟的教材，一些学校就自编了气象课程讲义。

1978年党的十一届三中全会召开，根据中央要求，气象部门决定把气象工作重心转移到以提高气象服务经济效益为中心的轨道上来，转移到气象现代化建设上来。由于经济社会快速发展，对大气学科教育和大气学科建设提出了全新要求。在当时形势下，一方面及时恢复了大气学科建设，另一方面及时拓展了新的大气学科领域。到2018年全国有二十七所高校设置大气科学专业或应用气象学专业，大气科学及相关专业招生规模逐步扩大，大气科学及相关专业的毕业生逐年增多。

（二）气象高相关行业需要推动大气分支学科发展

气象是所有行业从事生产经营活动的环境和条件，其中有些行业生产经营活动与天气、气候条件高度相关，天气气候会直接影响本行业的生产运行、生产安全和经济效益。这些行业包括农业、林业、农垦、盐业、航空、海洋、水文等行业或部门，它们的需要就直接推动了这些门类的气象学科发展。

农业是国民经济基础产业，是国家必须重视和扶持的产业。但由于农作物生长发育需要相应的气象条件，当气象条件不能达到作物生长的要求时，作物的生长和成熟就会受到影响，农作物就会减产歉收，甚至绝收；传统的农业生产都暴露在自然条件下，还会经常遭遇风灾、雹灾、水灾和旱灾等气象灾害，而造成大范围减灾；农业一些优良品种和先进技术推广，首先就要考虑气候条件适应问题，否则就可能造成推广失败。这些因素决定了我国农业气象学科的优先发展，因此我国农业气象学是所有行业气象学科中发展最早，已经最为成熟的分支学科体系。农业气象学已经作为基础性学科，其分支学科已经发展到品种气象学，诸如水稻与气象、小麦与气象、玉米与气象、棉花与气象、苹果与气象、花卉与气象等应用气象分支学科。农业作为国民经济基础性产业，为满足农业生产对气象服务的需求，在二十世纪五十年代，国家就支持气象部门建立形成了专门的农业气象业务，开展农业气象观测，开展农业气象学科研究，提供为农业气象服务。同时，国家支持在森工、农垦、盐业等行业建立了相应的气象业务，并推进了森工气象、农垦气象、盐业气象等气象学科研究与建设。

航空更是与天气高度相关的行业，根据航空多年事故征候统计，由天气意外引起的航空事故征候达70%以上，航空业一起步就对航空气象提出了非常高的要求，早期飞机的飞行受到气象条件的严重制约，当时在目视飞行的条件下，天气标准就成为限制飞行的主要规则。因此，凡有机场的地方就建有气象监测站，飞机从起飞、航行到降落都有跟踪气象服务相伴随。航空气象服务需要建立一支特殊的航空气象专业人才队伍，需要建立专门的航空气象学科，开设专门的航空气象课程。航空气象学、飞行气象学成为航空气象服务人员和飞行员必修教程，其中涉及飞行气象条件、航空危险天气、航空气候、航空气象情报，以及航空气象服务和飞行气象情报等专业知识，并已经形成了航空气象分支学科体系。

海洋既是全人类的自然资源，也是全球许多自然灾害的主要影响源。仅形成于热带海洋上的台风所引发的暴雨洪水、风暴潮、风暴巨浪，以及台风本身的大风灾害，就造成了全球自然灾害生命损失的60%。台风每年造成上百亿美元的经济损失，约为全部自然灾害经济损失的三分之一。我国所处的西北太平洋居全球八个台风发生区之首，平均占全球台风总数的38%，经常酿成灾害的每年近二十个，其中登陆中国的年均七个。强台风，不仅能引起海上及海岸灾害，登陆后还会酿成暴雨洪水，引发滑坡、泥石流等地质灾害。一次台风即可造成数十亿元乃至上百亿元的经济损失。国家海洋经济社会活动迫切需要加强海洋气象研究，因此海洋气象一直是我国气象科学最重要的研究领域，从而推动了海洋气象学科的发展，1965年国家海洋局成立了海洋水文气象预报总台，中国气象部门一直致力于海洋气象学科建设。海洋气象学是气象学的一个分支，是关于大洋上空大气现象、洋面对大气现象影响的研究。它既涉及大气又涉及海洋，是大气科学和海洋科学共同研究的领域。海洋气象学是从生产活动中逐渐发展起来的一门学科，同时它又派生出一些分支学科，如航海气象学、海洋渔业气象学、盐业气象学和海洋港湾气象学。

（三）生产生活质量提高推动新兴大气学科发展

1978年改革开放以来，气象学科领域发生，一些新兴气象学科不断涌现，新兴大气学科的人才供不应求，还有一些气象专业人才干脆离开传统的气象部门而进入企业或其他行业，从事的还是与气象高度相关的专业工作。这就是生产生活质量提高直接推动了新兴气象学科发展。

许多行业都与气象信息关系密切，如交通、能源、环境、旅游、体育、水电、建筑、仓储等行业，以及医药、电器、服装、饮食、护肤品等销售都与天气和天气变化高度相关。有统计认为，流通类销售额的65%与天气相关，因为天气直接影响人的生理、心理，支配他们的消费行为。天气的气温、晴雨、温湿变化，反映到客流、物流、商场、销量都会有明显变化；天气变化到一定临界，反映在交通、能源、环境、旅游、体育、水电、仓储等行业的影响则更为明显。因此，这些行业对气象服务都有很高需求，但这种需求只有在突破计划经济体制情况下，才能得到比较充分的反映。

实行改革开放政策以后，国内开始出现有偿服务。1985年，国务院批准气象部门开展有偿气象服务，行业和部门气象服务需求充分展现，全国各级气象台站随即开展了针对特定企业、特定行业和特定用户的专业气象服务。随着传播技术发展，公众气象服务也得到快速发展，到八十年代末，全国气象部门已调整一大批技术人员从事专业气象服务工作。专业气象服务进行市场后，各行各业和不同用户提出了许多专业技术的需求，传统气象专业人才和仅与气象业务相对应的气象学科不适应问题非常突出，从而催生了大量新兴大气学科创立和发展，诸如环境气象学、交通气象学、旅游气象学、能源气象学、生态气象学、体育气象学、医疗气象学、建筑气象学、雷电气象学，以及气象传播学、气象服务学、气象经济学、气候变化科学、气象社会学等。

二、大气学科发展的集成合力

任何学科发展不仅有其内在的联系和规律，而且学科发展并不是孤立，还必然有许多外在的相关因素，这就是学科发展的集成合力。其中经济社会发展需要就是最重要的外在动力，但推动学科发展还需要更多集成合力因素，对推动大气科学发展合力来讲，应主要包括科研支撑力、积累潜在力、投入保障力、软环境凝聚力。

（一）大气学科发展的科研支撑力

大气学科的发展是通过气象科学研究来实现的。大气学科建设的实践说明，一门大气分支学科的建立与形成需要通过开展大量的课题研究，有了一定的积累，发展到一定阶段之后，才能形成自己的理论体系，或形成了一门相应分支学科，或在某个研究方向上形成专业的特色。我国大气学科建设都是建立在科学研究基础上，才逐步形成大气学科体系或分支学科体系。

从我国高等气象教育每年毕业学生最多的两所大学学科建设分析，其共同特点都具有雄厚的科学研究基础。南京信息工程大学一直十分重视大气科学研究，到 2018 年学校设有气象灾害预报预警与评估协同创新中心、南京国际气象科学研究院，拥有气象灾害教育部重点实验室、中国气象局大气物理与大气环境重点开放实验室、国家级实验教学示范中心、国家级虚拟仿真实验教学中心、国家级大学生校外实践教育基地、中国制造业发展研究院、气候变化与公共政策研究院等二十多个国家级、省部级教学科研机构。成都信息工程学院设立有省部级重点实验室八个，省高校重点实验室和人文社科重点研究基地七个，博士后科研工作站一个。学校长期致力于青藏高原气象学、气象探测技术、气象信息系统等领域的科学研究，动力气象学、气象雷达原理与系统等二十六门精品教程研究。两所大学还与国家级和省级气象部门广泛开展“教学研”合作，科研成果为大气学科建设和教程开发提供有力支撑。从两所大学学科建设实践来看，大气科学研究是学科建设之源，大气学科发展是大气科学研究之流，大气科学研究要走在大气学科发展的前面，这就是大气学科体系建设的基本发展规律。

（二）大气学科发展的积累潜在力

任何学科的发展都是积累的过程，在积累的过程中不断丰富、不断提高、不断完善，这就是学科发展潜在力问题，一个学科在没有积累的潜在力就不可能迅速发展。中国古代气象学有三千多年的积累发展史，世界近代大气科学发展如果从十六世纪末一系列地面气象要素观测仪器逐步出现为标志则有三百多年的历史，我国近代气象科学发展则有近一百年的历史。从我国大气学科不同的分支学科领域分析，一些成熟完善大气学科都有近一百年的发展史，如天气学科领域，1925 年竺可桢首先对中国天气类型进行了分类，卢鋈于 1939 年完成了我国首部《天气预告学》；气候学科领域，1955 年出版的《中国近代科学论著丛书（气候学）》收录了 1919 年至 1949 年间有关于中国气候、季节、气候区划、台风、寒潮、气团、季风与气候变迁的大量基础性研究；大气物理学科领域，二十世纪三十年代，中国近代气象学创始人竺可桢大力提倡气象观测，物理学家叶企孙、吴有训、严济慈等都积极参与大气物理实验研究，严济慈等开展了国际著名的大气臭氧紫外吸收光谱测量研究；农业气象学科领域，1922 年竺可桢发表《气象与农业之关系》，1932 年陈遵妫开始讲授“农业气象学原理”，并于 1936 年在商务印书馆出版《农业气象学》教材，为农业气象学的发展奠定了科学基础。

中华人民共和国成立以来，特别在改革开放以后，大气学科新兴分支学科不断形成。有的分支学科则借鉴于国外研究的前期成果，再结合中国的实践应用经验进行系统化，如大气边界层物理学、极地气象学等；有的则发现了新的研究对象，形成了相应的研究领域，并通过开展研究逐步积累才形成了相应学科，如气象经济学、气象服务学、旅游气象学等学科建设；有的大气学科则通过提出研究范围或课题，经过少数专家学者几年以至几十年的精心研究，最终成为公认大气学科分支，如气候变化科学、生态气象学等。如 1993 年《空气污染气象学教程》出版，但本书主要著作者蒋维楣从 1984 年就参与污染气象特征研究，并发表论文，随后持续开展相关领域研究，经过十多年空气污染气象研究积累，才于 1993 年出版教程。第一本《空气污染气象学教程》出版以后，又经过十多年教学和研究实践，到 2004 年被列为精品教程再版。这足以说明大气学科建设必须积累足够的潜在力，才能建成被公认的大气分支学科，学科的建立不可能一蹴而就。

（三）大气学科发展的投入保障力

大气学科建设集合力，还必须要有相应投入保障力。物质的投入包括经费投入、仪器设备投入、实验室和研究环境投入、信息与网络投入等；人力投入包括学科带头人的投入和学术队伍建设的投入等。中华人民共和国成立以来，我国大气学科建设能够取得突出成就，其中投入保障发挥了最重要作用。

从南京信息工程大学大气科学学院投入分析，大气科学学院投入的人力资源有省级科技创新团队六个、校级科技创新团队两个。仅从 2008 年至 2019 年公布的研究项目投入看，承担国家的研究项目多达 214 项，项目研究资金多达 2.8 亿，年均 2300 万元，为南京信息工程大学建成全国一流的大气学科提供人才和资金保障。2016 年成都信息工程大学大气相关专业类（大气科学学院、电子工程学院、资源环境学院、通信工程学院、计算机学院、软件工程学院、网络空间安全学院），专职教师达到 324 人，其中博士 169 人，副教授 94 人，教授 57 人；围绕大气学科领域建立了一个国家级教学团队、两个省级创新团队、三个省级教学团队，连续五年获得中央财政支持地方高校发展专项资金支持达到三项，比较充足的投入保障，使成都信息工程大学大气科学学科在全国第三轮学科评估中位列全国高校第七名。

中国气象局非常重视大气学科建设，在 1999 年气象高校体制改革以前，根据气象业务服务发展需要，直接加大投入保障，推动了大气学科建设。气象高校体制改革以后，从 2002 年至 2017 年先后与国内二十二所大学签订了合作协议，并不断完善局高合作机制，共同推进大气学科建设。1999 年以后，为不断提高大气学科建设的应用能力，中国气象局还加大了大气科学应用领域的培训教材体系建设，到 2016 年，通过完善大气学科培训教材体系，加强教材建设整体规划，启动了 61 个教材建设项目，教材累计达到 145 本（种），出版基层台站气象业务技术系列培训教材 12 本，气象业务类和管理类教学案例达 80 多个。

（四）大气学科发展的软环境凝聚力

良好的软环境，是促进大气学科发展而形成凝聚力因素。软环境包括气象学科建设体制、运行机制、气象人才建设和气象学术氛围。长期以来，在气象系统一直十分重视软环境建设，全国气象系统从中华人民共和国建立以来就形成了气象教学研和气象业务相互协作、共同促进的氛围。有许多专业气象人才既在大学任教，也在气象科研业务单位承担任务，气象业务、气象教育和气象科研专业人才交流比较通畅。中国气象局对推动大气学科建设给予了大力支持，对大气学科建设有贡献的人才给予了充分肯定。中国气象学会为大气科学建设提供了自由宽松交流平台。大气学科发展的软环境还寄托于设立大气学科专业的高等院校，可以肯定能够建成全国一流大气学科的院校，一定具有优良的软环境，推动大气科学建设形成了强大凝聚力。

参考文献

[1] 丁裕国，范家珠. 从科技文献动态看80年代世界大气科学进展［J］. 气象科技，1991（1）：1-7.
[2] 广田勇，马鸣宇. 中层大气国际观测计划［J］. 气象科技，1979（4）：23-24.
[3] 黄荣辉. 大气科学发展的回顾与展望［J］. 地球科学进展，2001（5）：643-657.
[4] 刘式适. 大气科学基础理论研究的意义与进展［J］. 中国科学基金，1992（1）：18-24.
[5] 汪安璞. 我国大气污染化学研究进展［J］. 环境科学进展，1994（3）：1-18.
[6] 王英鉴. 我国中高层大气观测研究的新进展［J］. 地球物理学报，1997（S1）：29-36.
[7] 杨义彬. 大气化学成分观测系统建设构想［J］. 四川气象，2005（3）：33-35.
[8] 张庆阳，史国宁. 中尺度气象学及大气化学研究进展及其发展趋势［J］. 气象科技，1994（3）：19-22.
[9] 中层大气学术座谈会在京举行［J］. 地球物理学报，1981（4）：371
[10] 中国气象局. 中国气象现代化60年［M］. 北京：气象出版社，2009.
[11] 张人禾，苏凤阁，江志红，等. 青藏高原21世纪气候和环境变化预估研究进展［J］. 科学通报，2015，60（32）：3036-3047.
[12] 陈海山，孙照渤. 陆气相互作用及陆面模式的研究进展［J］. 南京气象学院学报，2002,（2）：277-288.
[13] 戴永久. 陆面过程模式研发中的问题［J］. 大气科学学报，2020，43（1）：33-38.

第十章　大气科学学科体系与分支学科

大气科学是由天气学、大气物理学、大气化学、气候学、大气探测学、应用气象学及大气模式等构成的学科体系。目前，大气科学正在走向深度交叉与融合，各分支学科和领域在不断深化的同时，交叉、综合和集成研究愈加受到重视，特别重视全球气候与环境变化及其影响和预测问题；重视人类自身生存环境的优化和对自然灾害的人为调控和适应。天气气候系统尤其注重大气物理、化学和生物过程的相互作用及人类活动的影响，已成为国际大气科学发展的最新趋势。

第一节　天气学

天气学是研究天气的科学。天气是指不断变化着的大气状态，它既是一定时间和空间内的大气状态，也是大气状态在一定时间间隔内的连续变化。天气也可以理解为天气现象和天气过程的统称，在现代天气学中也称为天气系统。因此，天气学是一门研究天气系统、天气现象和天气过程发生、发展及其变化的基本规律，推测其未来的发展趋向，并建立相应的天气预报方法的科学。

一、天气学发展历程

天气学是大气科学的重要分支。天气学经历了漫长的发展过程，随着天气学的发展，其研究内容已从对天气现象和过程的描述逐渐深入研究天气过程发生发展的物理本质阶段，研究方法也从最初的单站预报发展成为多种先进技术的综合应用。

（一）近代天气学的形成

近代天气学主要理论的形成经历了三个阶段。

第一阶段为 1820 年至 1919 年。1820 年，德国学者布兰德斯出版了第一张天气图，天气学逐步成为气象学的分支。从 1855 年开始，法国根据为数不多的气象台站用电报拍发的当日观测记录，定期地绘制天气图。英国也从 1860 年开始编制每日天气图，主要为海上舰队的安全航行服务。1872 年，俄国开始编制每日天气报告和定期的天气服务工作。这一时期天气分析预报只能采用简单的外推法来预报高、低气压系统的移动。1914 年至 1918 年，有关气团的概念形成。

第二阶段为 1920 年至 1939 年。第一次世界大战期间，挪威气象工作者分析总结台站网与渔船的气象报告后，创立了气旋模型，总结了过去气象工作者对气旋中天气的认识，为天气分析提供了工具，是天气学发展中的重要事件。第一次世界大战以后，在 1918 年至 1928 年间，卑尔根学派形成，奠定了锋面天气的基础。在这一阶段，在天气图上还能找出天气条件与锋型和气团热力性质的关系。确定了中纬度气旋发展的几个阶段，从而提出了气旋的波动理论。这个阶段的标志是气团和锋面学说相继引进天气学中，少数气象台站有了无线电探空仪的观测资料。锋面和气团成为天气分析预报业务工作的主要对象和依据。

我国气象学家于 1925 年对中国天气类型做了分类，于 1930 年开始用天气图进行分析预报，开始了中国天气学的研究。1930 年，吕炯发表《极锋学说与长江流域之风录》，是中国最早的天气学研究，他指出的寒面（冷锋）、暖面（暖锋）与挪威学派的模型并不相同。沈孝凰于 1931 年对中国江淮流域的气旋作了研究；李宪之于 1934 年至 1936 年间对南半球和西北太平洋之间的关系进行了研究，并初步提出了两个半球之间大气环流的相互作用。1936 年，涂长望发表了《中国之气团》一文，对各季各不同气团的性质做了分析。1938 年，赵九章发表了我国第一篇动力气象学论文《信风带主流间热力学》，研究了信风带主流间的热力学。

第三阶段为四十年代。第二次世界大战以后，世界高空观测网大大加密，作为天气学理论基础的动力气象学有了非常迅速的发展。这个阶段的明显特征是，在日常业务工作中开始大量分析和应用高空天气图。天气分析从二维扩充到三维。四十年代初期芝加哥学派形成，在罗斯贝的领导下根据分析高空天气图的实践，提出了长波理论。基培尔于 1940 年提出了解决关于气压和温度局地变化问题的方法，由此揭开了近代动力数值预报的序幕。天气学与动力气象学更加紧密地结合起来，数值天气预报的方法已经成为日常天气预报的一种不可或缺的重要工具。

卢鋈于 1939 年写出了我国第一本《天气预告学》，并对三四十年代的中国寒潮和台风进行了研究；以后，对中国历史上的特大暴雨、寒潮、高原气象学进行了的研究，对高空切断低压、中国降水天气系统和中、低纬度环流的相互作用的研究，对和热带环流的研究，以及朱炳海对气团、锋等的研究，这些成果都对天气学发展做出了贡献。

（二）我国天气学的发展

中华人民共和国成立以后，天气学在我国有了新的发展。在五十年代，我国气象科学家就对寒潮作了较系统的研究总结。陶诗言的《中国冬季寒潮前后天气型式转变过程的研究》划分了入侵中国的寒潮路径，为寒潮预报提供了重要的理论基础。根据四十年的资料，做出了西太平洋台风的路径图，成为中国第一本比较系统性的台风路径图集。到五十年代后期，根据中国的气候资料以及 1951 年至 1957 年天气图资料，对长江流域梅雨期的气候特点，梅雨期的开始与结束与亚洲上空大气环流季节变化的关系，梅雨期东亚的基本天气过程以及梅雨期暴雨的天气过程等问题做了分析，成为我国第一篇有关梅雨问题系统研究的论文成果。还有科学家对青藏高原的动力作用和热力作用作了较系统的研究，五十年代末，对青藏高原的作用以及高原上的天气特点做了全面的研究，出版了专著《青藏高原气象学》。

六十年代以后，天气学发展进入现代天气学的新阶段。由于电子计算机和气象卫星资料越来越广泛的应用，天气分析预报业务有了很大的变革。天气图的分析开始走向自动化。世界上一些先进的预报业务中心，从天气图的填图、分析和形式预报已完全走向自动化，天气学进入现代发展阶段。

六十年代，我国继续在天气学研究领域取得新成果。气象科学家根据 1954 年、1958 年、

1961 年 7 月江淮地区持久性严重旱涝的天气、气候表现，分析了副热带流型和中纬度环流异常的特点，指出中纬度和副热带环流出现持续性异常环流时，江淮地区出现持续性旱涝。揭示了北半球冬季阻塞形势，特别是对亚洲上空的阻塞形势的发生、发展、持续以及崩溃过程作了天气学分析及数值预报试验，这对当时中国的中期天气预报有指导作用。

夏季，中国副热带地区的西太平洋副热带高压、台风以及其他强对流天气的活动，也是天气预报的中心内容。六十年代，我国气象科学家开展了中国夏季副热带高压大气系统若干问题研究，系统概括了这些天气系统的发生、发展过程及其预报问题。研究了亚洲南部夏季一百百帕流型的变化及其与西太平洋副热带高压进退的关系，发现青藏高原上窄的反气旋（对流层上部的南亚高压）是北半球势力最强的大气活动中心，它绕着其平均位置作东西方向振动，当其向东移动时，西太平洋副高压便向西延伸，并提出了有关副热带高压东西进退的预报判据。有科学家对平流层大气环流的季节变化和平流层爆发性增温的天气过程作了分析，并出版了《平流层大气环流的研究》。

七八十年代，我国气象科学家对阻塞高压和副热带高压重大天气系统进行了研究，取得了大批十分重要的成果。其中阻塞高压形势是一种典型的大气环流持续性异常的表现。它的形成、维持与崩溃不仅影响本地区的天气异常，也同时引起北半球大气环流的变化。东亚及太平洋地区阻塞形势的活动与中国冬季寒潮、夏季洪涝等天气气候有十分密切的关系。其中，有科学家通过探讨地形和海陆分布的热力差异对阻塞形势形成和维持的作用，指出了大地形制约天气尺度波的移动、发展，并进而影响阻塞形势。也从非平衡态角度研究纬向不对称的热力强迫对阻塞形势的作用，用非线性动力学方法把阻塞形势作为一种偶极子来探讨。还从波与流相互作用及低频变异的角度来研究波流作用在阻高建立、维持和崩溃时的作用和表现，并指出这种作用有明显的地域差异。对不同地域阻塞形势研究后指出：时间平均流对北太平洋阻高的维持有重要作用，而对于太平洋和阿拉斯加高压，瞬变涡动则起了至关重要的作用。以上这些对阻塞形势形成、维持和建立的研究成果，融入了当时世界上对阻高研究的潮流，达到了相当高的水平。

九十年代，对中国冬、夏天气有极大影响的乌拉尔和东北亚阻塞形势，有了新的研究进展。有科学家针对与 1980 年夏季中国持续的异常天气有关的东北亚高压进行了研究，指出时变涡动对于维持平均急流强度和加强阻高的反气旋涡度起着重要的作用。也有气象专家从多个侧面对东北亚阻高进行了研究，指出该地区阻高活动与江淮流域降水有很大关系，而阻高的维持日数又与西太平洋海温有关，较冷的暖池海温有利于阻高的维持。这可能是受暖池海温异常所激发的东亚—太平洋遥相关型波列的影响，并认为阻高上游高频波的活动和东传是东北亚阻高维持的可能机制。还有气象专家从瞬变涡动和行星尺度基本流相互作用的角度对乌拉尔阻塞形势形成和维持的物理机制进行了研究，指出热带海洋加热的异常将会引起乌拉尔地区高度场的响应，使欧亚地区行星波的分布发生改变，有利于乌拉尔地区上游瞬变波的加强和活跃，导致乌拉尔地区高度场发生异常，这种相互作用将促使该地区阻高的形成。

副热带高压也是我国天气学重要研究领域，早在五六十年代，就有气象科学家就西太平洋副热带高压及青藏高压对我国天气的影响做过广泛的研究，他们的成果已经成为天气和短期气候预报的理论指南。七十年代以后，对副热带高压的研究有了更为全面和深刻的内容，取得了一大批天气学研究成果。如有科学家研究指出，赤道东太平洋海温极大地影响了副热带高压的强度，并联系到ENSO事件与副热带高压活动的关系，且给出了这种影响过程的可能物理机制。还有专家研究西太平洋暖池区海温对副热带高压的影响，指出暖池区海温异常导致其上对流活动的变化，从而影响副热带高压南北位置的变化，大气环流则出现从东南亚至北美的东亚太平洋遥相关型。

九十年代，我国气象科学家开展了全面系统的副热带高压形成、变异的动力学研究，发表了一大批高质量的论文，完成了一部全面阐述副热带高压动力学的专著，给出了大量有价值的观测事实和理论观点，包括副热带高压的分类、水平流型和垂直结构、季节变化及与季风的关系、年际变化与旱涝大气的联系、副热带高压对各种外强迫（如海温）的响应等。更重要的是，提出了若干创新性的动力学理论，如热力适应理论、大气中的过流、全型垂直涡度方程、涡度变化的内部强迫（倾斜涡度发展）、涡度变化的外部强迫（非均匀空间加热效应），以及东西风界面的时间变化方程及该界面在保持气候系统角动量守恒中的重要性等。这些新理论在解释副热带高压形成、变异的机制，阐述夏季陆面加热和季风降水对副热带高压形成的重要作用等方面都将会产生深远的影响。

九十年代以后，随着计算机容量的扩大，数值模拟的改进与提高，大量的卫星观测、高密度自动气象台站观测和雷达观测以及飞机和常规观测资料被同化分析。卫星和雷达探测资料不但可以反映大气的温度场特征，还可以反映大气中水汽的分布特征。先进的预报手段不论对长期天气预报还是对现时天气预报工作都起到了积极的推动作用。数值天气预报（NWP）与人工智能（AI）的科技应用在全球气象领域呈加速发展态势，气象专家试图一方面通过数值预报模式从本源上来解决提高天气预报准确性问题；另一方面积极探索从物理模型到智能分析渠道来降低天气预报不确定性问题。中国全球数值预报模式北半球可用预报时效已经接近7.5天，在参数化、资料通话、软件实施等关键技术研究方面也都取得实质性进展，全球数值天气预报技术和计算机技术的发展为预报服务的一体化业务应用和开展智慧气象服务提供了强有力的基础支撑条件。一种基于“全球一体化无缝隙模式”气象预报发展业态可带来预报上的许多变革，人工干预预报服务的环节将越来越少，人工智能、数值天气预报等核心科技支撑气象预报直通服务的可行性越来越大。①

（三）天气学分支学科进展

天气变化受到许多因素的影响，凡是可能直接影响天气变化因素，都可能成为天气学研究对象。因此，随着天气学的发展逐步形成了许多分支学科。

1. 地形气象学

这是研究在各种特定的地形条件下，由于地形的动力和热力作用造成的对天气气候影响及其机理的气象科学分支，称为地形气象学。

按照地形气象学所研究的特定地形条件，可以进一步分成山地气象学、盆地气象学、高原气象学等。其中山地气象学，是论述山地对天气气候的影响的气象学分支。山地对天气和气候有显著影响。很多耳熟能详的天气现象，如“巴山夜雨”“雅安天漏”等现象，无不是地形与大气相互作用的结果。盆地气象学，是论述盆地地形对天气气候（主要指当地）影响的气象学分支，称为盆地气象学。例如关于新疆准噶尔盆地特有的天气气候特色，盆地内的低

① 孙石阳、申丹娜、董昊：基于质量发展的气象预报服务模型探索。《气象科技进展》，2019（3）：225-229。

云雾和降雪现象，盆地内的天气系统，当地特有的逆温层问题，盆地四周山体对盆地中水汽、云、降水的影响以及盆地内的“水分循环”问题等都是盆地气象学的重要研究内容。

地形气象学在我国起步较早。二十世纪三十年代以来，我国气象学家就一直关注高原及其他山地的天气气候特征。六十年代以来，地形气象学研究成果不断增多，其中形成了最具我国地形特征的青藏高原气象学。

2. 青藏高原气象学

这是研究平均海拔高度在四千米以上的中国青藏高原地区的气象状况及其影响周边天气、气候，也是地形气象学的分支。我国青藏高原气象学同大气探测技术的进步，气象观测系统的完善以及大气动力学理论与方法的创新密切联系。其发展经历了四个阶段。二十世纪三十年代后期到五十年代，这一阶段揭示了高原大地形动力作用及其对西风带长波槽脊影响的许多事实，指出了高原冷热源作用及其季节和日变化特征以及高原对邻近地区天气、气候的影响。五十年代至七十年代末，这一阶段由于高原地区气象站网的逐步建立，卫星资料的应用，外场观测的开展和分析研究的推进，获得了不少有意义的成果。六十年代，许多学者认为高原地面对大气的感热加热是显著的，而其地形性降水的潜热加研究特点青藏高原上空，空气稀薄且杂质少，空气密度仅为平原的一半，太阳辐射强烈，大气时空变化显著，动力、热力扰动也很多，其大气性质与平原地区明显不同。如地面气象要素，就以高原地面气温最冷，气压最低，湿度最小，风力最大；同纬度同高度空间状态，则以其夏季温度最暖，湿度最小，气压最高，冬季风力最小；高原地区对流云终年发展，阵性降水最多，雷暴最多，雹暴最频繁；高原也是大气对流层—平流层物质交换的重要通道。由于其大气分布结构、变化过程、物理机理和外在影响具有特殊性、复杂性和敏感性，表现出不同的、独特的高原地域特征，因而，青藏高原气象学最大的研究特点就是其高度的理论性、实践性、复杂性和综合性。高原是中国、东亚和全球大气变化的关键区、敏感区，更是天气、气候异常的上游区、信号区。但是，由于高原热力、动力过程与地气相互作用分析欠精确，高原灾害性天气系统结构与机理认识不深入等原因，使得至今仍有许多现象和事实都不清楚，多是定性认识，难以业务应用。尤其是高原及其周边是国内外数值模式预测能力最薄弱的区域，也是中国数值预报业务面临的重大难题。因此，基于观测、试验和研究的结合，推进青藏高原气象学的理论创新与技术突破，可以显著提升中国灾害性天气、气候预测的业务水平。

3. 极地气象学

这是研究极地气象状况、大气过程及各种气象问题的气象学分支学科。包括极地大气探测、极地大气物理、极地大气化学、极地大气动力学、极地天气学、极地气候学、极地卫星气象学和极地应用气象学等；按研究地区则可分成南极气象学和北极气象学。

极地气象学的发展是与南北极地区探险和科学考察，特别是极地国际合作观测和研究密切相关的。近百余年来，国际上先后在 1882 年至 1883 年、1932 年至 1933 年、1957 年至 1958 年、2007 年至 2008 年进行过四次国际极地年（IPY）合作观测研究。特别是第三次国际极地年，标志着现代极地科学考察时代的开始，揭开了近代南极考察研究的新篇章，使“和平利用南极”成为国际社会的主导理念。

中国的南极和北极实地科学考察研究，开始于二十世纪八九十年代。作为国家行为，至 2014 年，共组织了三十次南极考察、六次北极北冰洋考察和十次北极陆地考察；建立了南极长城站、中山站、昆仑站、泰山站和北极黄河站五个极地科学考察站，设置了十一个自动气象站。初步形成了以有人考察站、无人自动气象站和“雪龙”号破冰科学考察船为主体的极地科学考察研究硬件支撑体系，为中国极地气象科学研究奠定了基础。

4. 热带气象学

这是研究地球热带地区大气的状态和环流系统活动及其相应的天气现象的气象学分支学科。气象上的热带地区是指南北半球副热带高压东风带及其之间的地区。

1945 年，美国气象学家里尔（Herbert Riehl，1951—1997），在热带大气环流和热带天气分析等方面，对大西洋西部对流层低层信风中的东风波分析，他认为主要是由于其基本气流铅直切变的变化而引起的，并首先总结出一个模型进行分析，写出了第一部近代的《热带气候学》专著，从而开辟了这门新的分支学科，而成为热带气象学的开拓者。

我国近代热带气象学的研究起始于竺可桢在二十世纪二十年代对台风的研究和三十年代对季风的研究。随后，涂长望对夏季风在中国进退的研究、李宪之对台风形成的研究、叶笃正对热带大气动力学的研究、陶诗言对热带大气环流的研究、黄士松对副热带高压活动规律和季风的研究、谢义炳对热带大气环流和热带波动理论的研究、高由禧等对季风的研究等，都对近代热带气象学做出了贡献。

自六十年代以来，曾有过多次国际综合观测试验。六十年代的国际印度洋考察，考察了西南季风及其上的天气系统。1967 年的莱恩岛试验，侧重研究热带辐合带内对流尺度和中尺度天气系统。1974 年开始的全球大气研究计划大西洋热带试验，研究对流云系和大尺度环流相互作用及对流云系加热的参数化，热带边界层结构，海气相互作用和大气辐射过程，改进了热带天气的数值预报。

1979 年的国际季风试验（MONEX）研究阿拉伯海到南海地区的冬夏季风活动。通过这些试验，为热带对流云系的加热及其参数化提出了不少较为合理的模型，对热带边界层及其参数化也提出了合理的模型，对西南季风活动规律和季风低压的结构有了进一步了解。这些成果，大大改进了天气预报，特别是数值预报的方法。此外，对台风结构的探测，台风的发生和发展所做的数值模拟及其路径的预报方法，以及人工影响台风的方法的研究，使台风路径的短期数值预报已达到业务使用的水平。

5. 平流层和中层气象学

平流层气象学是研究平流层大气的性质、结构、环流以及与对流层相互关系。平流层是处于对流层以上、中间层以下的大气层，约在十几千米至五十千米的高度上。二十世纪初，由于探测技术的进步，人们发现了平流层。1901 年，法国气象学家博尔（Léon Philippe Teisserenc de Bort，1855—1913）用气球携带自记气象仪探测高空大气，观测记录表明，在约十一千米处，温度约为 -55℃，在此以上大气层里气温近于不变，之后博尔提出大气分为对流层和平流层两层的概念。1923 年，林德曼和多布森在以流星尾迹来推测高空大气密度的研究中，预测在平流层的上层为高温区。后来人们根据曙光的观测，也得到了同样的推论。

随着观测、探测技术的发展，到了二十世纪四十年代，高空气球已经可以升至高于四十千米的高度，气象火箭的探测高度也增至三十至一百千米。利用它们所获得的大气温度分布资料同二十世纪初用流星和声波等推测的结果是一致的。从二十世纪六十年代起，开始用气象卫星遥感探测平流层和中间层大气的密度、温度和湿度等，在大量观测资料的基础上，对平流层和中间层大气的辐射平衡和光化学作用等方面的理论研究取得了进一步的发展。

二十世纪七十年代中期开始，以日地物理科学委员会（SCOSTEP）组织的中层大气研究计划（MAP）和世界气象组织（WMO）所主持的大气臭氧研究计划为代表，平流层大气研究成为大气科学和空间科学界共同关注的新重点。二十世纪九十年代，世界气候研究计划（WCRP）将“平流层过程及其在气候中的作用”（SPARC）作为世界气候研究计划中的一个新的核心计划，使平流层大气研究与气候环流变化的关系更为密切。

有关平流层大气环流特征和变化规律的研究，在二十世纪五十年代发现了热带地区风场的准两年周期振荡（QBO），随后得到初步的理论解释；在六十年代发现了平流层爆发性增温（SSW），到了七十年代随着对平流层超长波（行星波）研究的发展，对SSW现象有了初步的动力学解释。八十年代南极春季臭氧洞发现，大气化学研究兴起，形成了对平流层化学—辐射—环流相互作用，以及人类活动对对流层影响的认识。

中层气象学是研究平流层和中间层大气的性质、环流结构、组成（微量物质），以及太阳、地球、上下层大气与中层大气之间的辐射过程、相互关系的气象学分支学科。中层大气一般指对流层以上，热层以下，高度介于十至八十五千米之间的大气层，包括了平流层、平流层顶、中间层和中间层顶。其大气组成和空气分子量同对流层大气，在太阳紫外辐射的作用下，有显著的光化学反应。由于氧和臭氧对太阳紫外辐射的吸收，臭氧、水汽和二氧化碳的红外辐射构成了中层大气的冷热源汇，产生了中层大气的温度分布和环流。

二十世纪七十年代中期以前，关于中层大气的工作主要依赖于气象探空观测、极少数的气象火箭和探空火箭，以及地基多布森（DOBSON）光谱仪对平流层臭氧的观测，并未能形成对该层大气整体情况的了解，也难以对其重要性作出判断。七十年代中期以后，由于大量新探测技术的出现和应用，同时大气科学与空间物理学研究的发展，均认识到中层大气过程及其在上下层耦合中的作用是必须研究的关键领域之一。对于中层大气研究的驱动力，首先来自大气臭氧变化的研究。大气臭氧主要集中在平流层中，可以强烈吸收太阳紫外辐射，对地球生物圈起着保护伞的作用。二十世纪六十年代以来，由于担心人类活动和高空飞机会破坏臭氧层，导致灾难性的后果，因而逐步加强了以臭氧为中心的中层大气成分与状态变化及其自然源、人为源作用的研究。七十年代初，发现了人类生产的氮氧化物和氟氯昂化合物一旦通过垂直输送进入平流层就会引起破坏臭氧的催化反应。由此，近二十年来对大气臭氧变化进行了长时间的全球性研究，大大推进了中层大气成分的探测与监测，并深入开展了大气动力、光化学模式的研究。中层大气内存在着复杂的波—流相互作用，即基本气流、行星波、重力波及湍流之间的相互作用，造成了中层大气复杂的动力学图像，因此近些年来吸引了越来越多的大气科学家和空间物理学家共同关心这一领域。

我国的中层大气研究始于1932年参加国际地球物理年活动。二十世纪五十年代，从大气臭氧观测研究起步，是在著名大气物理和地球物理学家赵九章先生的倡导和组织下开始的。六十年代，开展了气象火箭的研制与试验以及中高层大气的观测。七十年代末期，我国科学界在调研国际学术动态的基础上，确定中层大气研究作为中国大气科学和空间科学的一个新重点，在观测手段和理论研究方面给予了足够的重视。近二十年来，中层大气研究工作已有了系统的发展。

1987年至1990年中国科学院支持了“太阳二周峰年期日地系统整体行为研究”重大项目，

其中中层大气研究是主要课题之一当前，国家南极考察“八五”重大项目“南极地区日地系统整体行为研究”和“南极气候研究”两项均有中层大气探测与模式研究课题，国家自然科学基金委支持了“中层大气基本过程及其在大气上下层耦合中的作用”重点项目。

二、天气学应用进展

天气学应用领域主要是根据天气学原理和理论制作天气预报。科学意义上的天气预报起源于十九世纪，在此之前主要靠群众积累的经验预测天气。天气预报业务的发展可分为传统天气预报业务和现代天气预报业务两个阶段。第一阶段开始于十九世纪中叶，以 1851 年世界第一张地面天气图在英国诞生为标志。第二阶段发达国家大约开始于二十世纪七十年代末八十年代初，我国则开始于九十年代，以数值天气预报在天气预报中获得广泛应用为标志。

（一）传统天气预报业务阶段

我国传统天气预报始于民国时期，但直到 1949 年我国传统天气预报水平明显落后于国外。从中华人民共和国成立至七十年代，我国天气预报以天气图的分析为基本技术手段，预报技术水平主要体现在预报员关于天气学的经验积累和分析应用能力，天气学原理和理论在天气预报业务中得到广泛应用。

五十年代早期，我国主要采取中央气象台、大学、科学院实行大协作的联合会商、分析和制作天气预报。五十年代后期，随着省地县级台站网的建立，资料逐步增加，为社会公众制作天气预报的环境逐步形成，1956 年 6 月 1 日，气象部门开始在报纸和电台上发布天气预报。由于地面、高空探测网的建设加快，在全国范围内广泛开展了县站补充天气预报。

五十年代的天气预报业务从创建到正常运作，进展很快，工作重点是制作一至三天的短期天气预报，预报对象是阴晴、温度及有无降水，其预报准确率还不高；天气图填图及分析以及少量的其他资料图表都是手工操作，预报作业流程比较单一，无自动化作业方式；当时的预报方法大多是基于天气图的预报方法和后来在地区及县站发展起来的单站预报方法。当时，温度和晴雨预报准确率不能满足社会需求，基本上还不具备对外发布暴雨等灾害性天气预报的能力。

六七十年代，前期全国各级气象部门加强了农业气象工作，开展了天气预报调整，更加广泛、深入地开展了县站补充天气预报和农业气象预报。至 1962 年底，在全国初步形成了从中央气象台到县站的短期天气预报业务体系框架。七十年代末至九十年代早期，由于气象卫星和天气雷达开始在天气预报业务中应用，定量化的天气监测分析技术快速发展，我国暴雨、台风等灾害性天气系统的监测和预报能力明显提高，短时临近预警业务开始发展。

（二）现代天气预报业务阶段

九十年代以后，随着计算机技术在天气业务中应用，我国建立了依托计算机技术为手段的天气业务分析应用平台，数值预报技术得到更大应用，天气预报业务由经验定性预报转为以数值预报为基础的定量化预报，形成了比较明确的天气预报技术路线，即以数值预报为基础，以卫星、雷达等多种资料和多种预报方法的综合应用，预报员依托人机交互预报业务平台制作天气预报。

九十年代以后，我国数值天气预报业务、预报技术平台以及多种预报业务的建设均获得了很大发展。1995 年 5 月、1997 年 6 月第二代中期数值预报业务系统全球谱模式（T63L16 和

T106L19）先后投入业务运行，2002 年底升级为 T213L31。2007 年底升级为 T639L60，并于 2009 年 3 月正式业务运行。2009 年我国自主研发的 GRAPES 全球气象数值预报系统投入准业务化运行。由于天气预报技术快速发展，精细化水平逐步提高。中国自主研发的多尺度统一的数值分析预报系统 GRAPES 获得长足的进步，2015 年水平分辨率全球模式达到二十五千米、中国区域模式为十千米、分区模式为三千米，总体水平接近国际先进水平。

与此同时，1997 年 9 月，新一代天气预报人机交互处理系统（MICAPS），在北京通过验收并在全国推广应用，统一了全国的预报工作平台，并于 2002 年、2007 年、2016 年升级为 MICAPS2.0、3.0 版和 4.0 版，使预报业务真正实现了从传统的手工作业方式向自动化的人机交互方式的转变。

除国家气象部门外，天气学在我国行业部门也得到广泛应用，部分行业也建立了有针对性的天气预报业务。民航总局空管局所属的气象台站或机场气象台制作区域和航线的风切变、飞机结冰等航空预报警报产品，机场气象台重点开展雷电、风切变、下击暴流、大雾等的监测和短时临近预报。农垦集团气象台站负责制作农垦区天气预报和农业气象预报。新疆生产建设兵团气象局制作和发布南北疆棉花适播期及春夏季天气变化趋势、夏秋季热量条件分析预测和强冷空气入侵等预测信息。黑龙江农垦总局气象台主要为黑龙江垦区提供专业气象预报服务。黑龙江森林工业管理总局为中国林业生产提供物候监测、林业专业气象服务等。制盐企业下属的 28 个盐业气象台站负责为盐业生产提供专业气象预报服务，包括降水、风力、相对湿度、天空状况等。

三、天气学发展前景

我国目前的天气预报水平虽有长足进步，但还不能满足经济社会发展日益迫切的需求。与发达国家相比，我国数值天气预报的水平和自主创新能力还有较大差距，重大灾害性、关键性、转折性天气预报能力不足。为此，未来提高天气预报水平需要结合我国特殊的地理环境，深入了解控制我国天气变化的各种因子及其机理，研究高影响天气的发生、发展机理及可预报性，改进与完善中短期天气预报的理论和方法；加强交互式预报系统的设计和应用，确保信息在用户、预报模式、资料通话系统和观测系统之间能够交互流动，以便最大限度提高预报技巧；发展先进的资料同化和集合预报系统；发展和开发新的途径以提高天气预报在社会、经济和环境服务中的使用价值。

未来我国天气学将加强三个方向的发展。

一是气象观测系统优化和数据集成的新理论和新方法。气象观测系统和数据集成是大气科学的基础，在数值天气预报中占有重要地位。其重点研究内容包括：气象观测系统的优化理论及各种观测系统的最优配置；快速、机动、多参量探测技术和方法；目标观测的理论和方法；多种大气探测资料的反演方法；多普勒雷达和地基大气遥感的综合集成；天基、空基和地基等多种观测资料的同化和再分析。

二是高影响天气的动力学与可预报性理论。改进高影响天气的预报技巧是二十一世纪大气科学的挑战之一，其主要研究内容包括：东亚环流系统异常、中国暴雨频发性与突发性机理；热带气旋生成和路径突变机理及预报理论；登陆台风动力学与预报；地形、边界层和路面过程对中尺度系统的影响；全球变暖下高影响天气变化及其成因；中尺度天气系统的集合预报；中期天气预报的理论和方法；高影响天气系统的可预报性；高分辨率全球天气模式和精细化中小尺度天气模式。

三是不同纬度、高低层环流系统与季风区天气系统相互作用。结合我国特殊的地理环境，深入了解不同纬度环流系统与我国季风系统中天气系统之间的相互作用及其对我国天气变化的作用机制，研究副热带高压与副热带气旋的相互作用；热带环流系统对我国天气系统形成、维持和演变的作用及机理；中高纬度重要环流系统对我国天气变化的影响及机理；中高层大气对对流层大气过程的影响；中高层大气过程与大气环境的关系。随着遥感技术的发展，探测资料的日益增多和高速电子计算机的广泛应用，天气学将向更加深入、综合和理论化方向发展。

未来天气学应用重点需要完善预报体系建设。

一是完善无缝隙集约化气象业务体系，推进预报在时空尺度和针对用户需求两个维度上的精细化和无缝隙发展。建立从分钟到年的无缝隙精细化气象预报业务，以“强化两端，提高中间”为重点，强化短时临近预警和延伸期（11到30天）到月、季气候预测，提升灾害性天气中短期预报能力。实现站点预报向格点/站点一体化预报转变。大力发展基于影响的预报和风险预警业务。合理布局各级预报业务，实现气象预报业务体系集约化发展。

二是发展客观化精准化技术体系，依托国家气象科技创新工程，着力发展高分辨率天气气候业务模式，构建以数值模式为基础、以资料同化应用技术和数值预报解释应用技术为支撑的客观化精准化预报预测技术体系。

三是发展智能化气象预报业务体系。智能化业务平台作为发展现代气象预报业务的基础载体，应用云计算、大数据、智能化等现代信息技术，搭建基于统一数据环境和计算资源的业务发展平台，实现 MICAPS、CIPAS 和数值模式等技术系统的开源开放，形成汇集众智、激励众创和成果共享的业务循环发展态势。

第二节　大气物理学

大气物理学是应用理论物理原理和实验物理方法研究大气的动力、热力、相变过程、电磁辐射传输、声、光、电现象及大气与上下层之间的相互作用等，既是大气科学的基础理论部分，又是环境科学的组成部分。大气物理学是建立在理论、实验和观测研究基础上的学科，已经有近百年的历史。

一、大气物理学发展历程

大气物理学主要研究地球大气现象与过程的物理机制和规律。它综合应用力学、热力学与统计物理学、电磁学、光学与量子力学等物理原理，结合地球大气的自然特点，研究大气中流体运动、光象、电象、声象、相变过程以及光辐射过程等。大气物理学既是大气科学中的基础学科，又是应用物理学的一个分支。

早期大气物理学的发展与物理学有密切关系，物理学的早期实验研究，如气温、气压测量，分子散射和闪电、放电过程等均与大气物理有关。早期大气物理学的发展与物理学有密切关系，物理学的早期实验研究，如气温、气压测量、分子散射和闪电、放电过程等均与大气物理有关。大气物理学真正成为一门近代科学，应用物理学原理去阐明自然大气现象的本质，国际上开始于十八世纪中叶，我国大气物理学则起始于二十世纪三十年代。

（一）我国大气物理学进展

1. 中华人民共和国成立以前大气物理学

我国近代大气物理学起始于二十世纪三十年代，它受到我国近代气象学家创始人竺可桢的积极倡导，也受到老一辈物理学家们的热心培植。他们把大气物理学看为应用物理学的一个分支。不少物理学家都亲自进行过大气物理研究。例如，严济慈三十年代在大气臭氧对紫外辐射吸收以及观测实验的研究结果曾驰名中外。褚圣麟与赵邦俊合作，1937 年春在我国广东地区首次测量了大气中电荷密度、导电电流与电位梯度等大气电学特性。同时，他们还积极引导一批物理学科的青年学习大气物理、地球物理与海洋物理等，从中培养出了不少我国在这些领域内的开创者。当时，赵九章在大气动力学方面做出国卓越的成就。程纯枢根据 1931 年至 1935 年南京地区日射强度记录，计算过大气消光系数，分析了影响大气浑浊度的因子。薛铁虎在 1932 年至 1936 年利用欧文集尘器，定时观测南京北极阁微尘含量。

四十年代，大气物理学在我国仍处于萌芽阶段。1944 年，郭晓岚根据当时最完善的水汽与二氧化碳红外吸收系数资料，重新计算了北半球大气辐射图及大气冷却率，其计算精度超过了当时的国外水平。叶笃正于 1942 年在湄潭地区观测晴天、云天及雷雨天气条件下大气电场变化。1948 年，顾震潮发表了边界层大气湍流交换及平板间湍流的研究结果。这个时期是我国近代大气物理学发展的萌芽时期，在整个气象研究中的比重较小，研究领域也较窄。

2. 五十年代至七十年代

在中华人民共和国成立的初期，我国的大气物理研究主要集中在臭氧观测、能见度观测、雷电物理、近地面层大气结构等方面。由于国民经济发展的迫切需求，极大地促进了中国大气物理研究的发展。1958 年开始的大力发展农业生产提出人工增雨、防雹的需求，促进了中国云降水物理和人工影响天气理论与试验研究的快速发展，全国开展了大规模人工影响天气试验，加速了中国云降水物理的创建，在几年时间内，全国范围内形成一支科研队伍，全国开展了云降水宏微观结构的高山与飞机观测、云降水动力学、微物理学及雷电物理学研究，并取得了重要成果，同时开展了大气臭氧与大气光学、边界层大气物理研究。

六十年代由于核工业和石油化工的发展，开展了对污染扩散的研究，极大地促进了大气边界层物理和大气湍流的发展。中国航空航天事业的发展对大气辐射传输、大气遥感和中层大气物理的发展提出了新需求，同时也为大气遥感发展提供了新的技术手段，大气辐射、大气中的辐射传输规律及其辐射气候效应、大气遥感原理及信息提取技术等研究逐渐成为重要研究方向，并取得了一系列研究成果。

七十年代，全球环境气候的重大变化及人类活动对地球环境影响的重大问题，进一步推动了大气物理学的发展。人造卫星、电子计算机的发展，新技术（如激光、雷达、微波）的应用，给大气物理研究提供了有力的探测工具，获得了更多的探测资料，从而大大加速大气物理学发展的进程。同时，全球气候变化研究日益升温，CO_2 等微量气体的温室效应、平流层 O_3 层的变薄可能引发的环境与气候问题、气溶胶的辐射强迫与气候影响，先后成为大气科学的研究热点。这几大热点极大地推动了我国大气物理学在大气组分探测与变化趋势、气溶胶的光学特性与辐射强迫、云—气溶胶—辐射的相互作用、中层大气等前沿领域的研究，并迅速跟上了当代大气物理学前进的步伐[①]。

3. 八十年代至今

八九十年代，我国大气物理学取得全面进展，尤其在云和辐射相互作用、气溶胶光学特性、气溶胶辐射强迫、大气辐射传输、大气组分探测等现代大气物理学领域取得了重要研究成果。进入二十一世纪以来，全球气候变化加剧，极端天气、气候事件出现频发、重发的趋势，同时，随着工业和人类活动对大气环境的影响加大，雾、霾等极端环境事件也严重影响到人们的生活和健康。为提高灾害性天气、环境气象预报和气候变化预测水平，大气物理学研究已显得越来越重要，气象学家已经认识到正确处理大气中的物理过程对提高数值天气预报和气候变化预测水平的重要性，而且已经将辐射、云物理、边界层、湍流等大气物理过程成功应用到天气预报数值模式中，大气物理学家也提出了适用气候模式的辐射、云参数化等方案。

（二）大气物理学分支学科进展

大气物理学涉及的研究范围很广泛，这门学科自形成以来，逐步发展形成了许多分支学科。

1. 大气边界层物理学

这是研究大气边界层的物理过程和运动规律的学科，是大气物理学的分支学科。主要研究大气边界层中的湍流特征，动量、热量、水汽及大气成分等的湍流输送和扩散，边界层内风、气温、湿度等气象要素的垂直分布及随时间的变化规律以及大气边界层的辐射传输和蒸发、霜、露等天气过程和现象。

大气边界层物理学以湍流理论为基础。从 1883 年雷诺在实验室发现湍流，到 1941 年苏联科学家柯尔莫戈洛夫把量纲分析原理用于湍流研究，推导出了著名的结构函数“2/3”律。可以说，到二十世纪五十年代，经典的湍流理论基本上已经形成。再到七十年代末，对均匀下垫面大气边界层物理结构的研究有了比较全面的认识，从而形成了大气边界层的基础理论，促进了大气边界层物理学作为大气物理学分支学科的形成和发展。八十年代以后，大气边界层物理的数值模拟和观测技术手段有了较大的提高，大部分相关研究集中在大气数值模式中的边界层和地表通量参数化问题上，而相关的理论和试验研究缓慢。

我国学者在大气边界层物理学的研究方面做出了独特而重要的贡献，1940 年周培源提出的湍流应力方程模式理论是湍流模式理论建立的标志。五十年代，苏从先给出的近地层通量廓线关系是当时国际最新成果。周秀骥在七十年代提出湍流分子动力学理论。周明煜在 1981 年提出大气边界层湍流场的团块结构，是对湍流结构的新认识。八十年代中期，苏从先等首次发现干旱区边界层的绿洲“冷岛效应”。

八十年代中期以来，大气边界层物理已经与全球变化中海气和陆气相互作用有关的重大研究计划相结合。与世界气候研究计划（WCRP）中的核心试验“热带海洋全球大气计划（TOGA）”相配合，中国在 1987 年至 1990 年连续四年开展了赤道西太平洋暖池区域海气相互作用的综合观测，1992 年至 1993 年作为主要参加国参与了国际 TOGA/COARE 综合试验，其

---

① 邱金桓、吕达仁、陈洪滨等：现代大气物理学研究进展。《大气科学》，2003（4）：628-652。

中海洋上空大气边界层特征与海面湍流通量是主要观测项目之一。在陆气相互作用方面，1988 年至 1992 年在国家自然科学基金委员会的支持下，开展了甘肃黑河干旱区试验，这是一项具有国际代表性的干旱区（沙漠、戈壁与绿洲）大气边界层与陆气相互作用特征的综合试验。试验显示了干旱地表的典型陆气相互作用特征，并系统揭示了干旱区中绿洲的“冷岛”效应。“九五”（1996 年至 2000 年）期间，中国开展的几项大气综合试验，均强调了边界层过程及参数化，其区域包括内蒙古半干旱草原、青藏高原、南海、淮河流域等。

中国建立了 325 米的气象塔、边界层遥感雷达、高性能超声风速仪和水汽脉动仪等综合观测系统，开展了城市、农村、高原和基地复杂下垫面边界层的实验和理论分析研究，开展了陆面过程模式、城市边界层模式和大涡模式的研究，利用混沌动力学、小波分析和水槽实验开展了湍流的非线性动力学和湍流发生机理的研究，建立了长距离污染物输送预报模式、沙尘预报模式和多尺度城市空气污染预报模式等。为了满足中国国民经济、社会快速发展的需求，还开展了大气边界层物理和化学的联网观测研究，大气边界层实验、理论与参数化研究，大气化学过程与气候变化的相互作用模拟研究，陆地生态系统与大气间碳氮交换研究，以及空气质量多模式集合预报系统的研制和应用等。

2. 云和降水物理学

这是研究云产生、发展和降水形成的物理过程的学科，是大气物理学的分支学科。它是以大气热力学和大气动力学为基础，研究大气中水分在云不同发展阶段的物理过程，包括云宏微观特征、动力过程和降水形成的机制等，同时还包括雷暴电学、云雾光学、云的辐射气候效应、云降水化学等广泛的内容。云和降水物理学在天气预报、气候变化及人工影响天气等方面具有至关重要的作用，也是目前亟待加深理解和认识的重要领域。

云和降水物理学是大气科学中发展历史最长、最古老的学科。十九世纪中叶开始，逐步形成了大气热力学理论。从 1843 年克拉珀龙由热力学理论导出饱和水汽压随温度的变化关系，到 1933 年贝吉龙从理论上论述冰晶和水滴间的水分转移问题，提出了冷云降水机制，再到 1941 年辛普森提出暖云中水滴可通过碰并增长形成雨滴的机制，建立了暖云降水机制。1946 年美国诺贝尔化学奖获得者朗缪尔在指导谢弗开展过冷却水滴的冻结研究时，发现干冰作为冷却剂可造成 −40℃的低温，可促使过冷却水滴直接形成冰晶粒子。1946 年朗缪尔和谢弗在过冷层状云中播撒干冰，成功地进行了人类首次人工影响降水科学试验。这些研究开启了现代人工影响天气的序幕。人工影响天气科学试验大大促进了云和降水物理学的发展。

我国云物理学研究与人工增雨、防雹和消雾的国家重大需求密切相关，为应对频发的严重农业干旱、冰雹灾害以及航空飞行安全的需要，在 1956 年中国制定和发布第一个《气象科学研究十二年远景规划》时，就把人工降雨试验列为重点项目，提出开展“云与降水物理过程和人工控制水分状态的试验研究”。1958 年开始，先后在吉林、甘肃、河北、安徽、湖北等省开展了人工降水试验。1960 年至 1980 年，在庐山、泰山、衡山等地开展了高山云雾观测研究，获得了大量中国云和降水物理相关科学数据和特征，并在全国很多地方开展了人工增雨、防雹、消雾科学试验。同时，还开展了仪器研发、雷电观测、催化剂成核率检测、效果检验等方面的科学研究工作。八十年代开始，我国科学家先后研制了多种云数值模式和人工影响天气模式，在云和降水形成、人工影响天气机理等方面取得了重要成果。先后研制了各种高效催化剂、催化剂检测云室和飞机播撒装备，对中国人工影响天气的发展起到了重要的推动作用。在1980年至2000年，中国开展了多个科学试验项目研究，如“北方层状云人工降水试验研究”（1981—1992年），“九五”国家科技攻关计划农业项目“农业气象灾害防御技术研究”中包含了人工增雨农业减灾技术研究和人工防雹减灾技术研究专题。1996年启动国家重点科技项目“人工增雨新催化技术系统研究”。从2000年开始，中国云降水物理和人工影响天气研究出现快速发展势头，先后启动了国家科技攻关项目“人工增雨成套技术研究”（2000—2001年）、“人工增雨技术研究与示范”（2001—2005年）、“人工增雨关键技术与装备研发”（2006—2010年）。

云和降水物理学也逐步发展形成分支学科，如云动力学研究云和降水形成、发展和演变中的运动过程的学科，属于云和降水物理学的分支学科。四十年代以来开展了大量理论和观测试验研究。云动力过程中最关键的参数是云中的上升气流速度，其对云的形成起着至关重要的作用，但云中上升气流速度的观测很困难，目前仍然是一个科学难题。六十年代以来，随着新的雷达技术、现代化数据处理方法和数值模式等的应用，这门学科迅速发展。由于层状云和积状云的水平尺度和动力性质都有显著差异，云动力学研究可分为层云动力学和积云动力学。七十年代以来，随着计算和观测技术的进一步提高，积云合并、中尺度环境同积云的相互作用等问题的理论研究取得了重要进展。

3. 大气辐射学

这是研究辐射在地球大气系统内的传输和转换过程的学科，是大气物理学的分支学科。辐射过程涉及整个地气系统的能量收支和一。

大气辐射学是一个比较古老的学科。大气辐射作为大气运动变化的最主要能源，一直是大气科学研究的重要内容。大气辐射的探测与研究是当前大气物理学中极为活跃的分支学科。从气象学和大气科学发展的初始阶段起，大气辐射及其传输的研究就占有重要地位。二十世纪二十年代就曾有人简单计算过地气系统的辐射收支。三十年代提出了辐射传输的基本原理。

现代大气辐射的研究与大气遥感、气候模式发展密切相关。二十世纪五十年代后，大气辐射理论的一个重要应用领域是大气遥感。随着计算机技术的发展，更加复杂的数值天气模式、气候模式得到快速发展和应用，气象学家也越来越认识到正确处理大气辐射过程对数值天气预报和气候变化预测的重要性。目前，对于平面平行大气中的无偏振辐射传输过程，已经形成多种成熟的计算方法，包括可以达到很高精度的高阶方法和近似的低阶方法，其中具有较高计算效率的低阶算法已被广泛应用于气候系统的数值模拟。二十一世纪以来，对于包含偏振效应和三维辐射效应的辐射传输问题也发展出了几种实用算法，但如何更有效地表达和计算大气的三维辐射特性和辐射过程，仍然是大气辐射学需要解决的问题。

大气辐射学关注从紫外、可见、近红外、远红外直到微波辐射的广泛的电磁波谱。许多大气气体成分在此光谱范围内具有复杂的吸收光谱，七十年代以来，国际上发展了带模式、相关K分布、逐线积分和各种宽带方法等多种光谱积分问题的处理方法，其中相关K分布方法是当前在许多研究中广泛采用的方法。此外，对于水汽等气体成分的连续吸收的理论和参数化表达等问题，仍有待分子光谱学提供更进一步的理论和观测结果。大气气溶胶和云中的冰晶，由于具有复杂的形状，其辐射特性的表达仍然需要进一步的研究。

六十年代以来，中国科学家对中国各地区的多谱段和大气辐射的高分辨率光谱进行了测量，这些地区包括典型农业区、青藏高原、西北高原干旱区、华北平原以及内蒙古草原区等，从而为中国的辐射气候学及相关大气状况定量关系的建立奠定了基础。其中，由于紫外辐射对人类健康与生态有重要影响，中国已开展了紫外宽光谱段的测量，提供了基本情况，在北京、长春和青海瓦里关山已建立起亚洲大陆上紫外绝对光谱的长期监测，为大气紫外辐射模式建立提供了重要验证基础，也为紫外光谱辐射与人类健康、生态影响提供深入研究的基础。

八十年代以来，我国科学家在K分布方法的建立方面做出了重要贡献，并深入分析了最优的K分布和相关K分布方法的建立途径。发展了新的辐射传输算法，其中包括球面分层大气极化辐射传输算法。该算法已用于火山云气溶胶的曙暮光遥感和卫星多波长偏振成像仪的大气、地表遥感。由辐射传输算法为基础建立的光谱辐射特征经验拟合算式也获得了很多发展，其中一部分算法已广泛应用于遥感、大气与环境辐射特性模拟。

4. 大气物理学其他分支学科

（1）大气光学

这是研究光通过大气时产生的光学现象，是大气物理学的分支学科，也是物理光学的一部分。大气光学的发展可分为古老大气光学和现代大气光学两个阶段。古老大气光学主要是对大气光象的研究和认识。如中国古代对虹、晕、宝光环、海市蜃楼等大气光象观测和解释。如西方认为出现了虹，到中午就要下雨。这些知识对气象科学的发展起到了重要的作用。

现代大气光学的研究和发展，则和光学的研究和发展有着密切的联系。十九世纪初，英国科学家瑞利建立了瑞利散射理论，解释了天空的蓝色现象。清洁大气中，起主要散射作用的是大气气体分子的密度涨落。分子散射的光强度和入射波长四次方成反比，因此在发生大气分子散射的日光中，紫、蓝和青色彩光比绿、黄、橙和红色彩光为强，最后综合效果使天穹呈现蓝色，从而建立了瑞利散射理论。二十世纪初，德国科学家米从电磁理论出发，进一步解决了均匀球形粒子的散射问题，建立了米散射理论。这两个理论使人们能够解释许多大气光象，并加强了大气光学与大气辐射、大气遥感的联系。

六十年代，激光的出现使光学大气遥感得到迅速的发展。卫星遥感技术的应用也对大气光学的研究提出新的要求，这些都促进了大气光学的发展。现代大气光学是研究光通过大气时和大气的相互作用以及由此产生的各种大气光象的一门学科，是大气物理学的一个分支。大气光学的研究可从两个角度出发：一是把大气当作一种连续介质，由于光速随介质密度而变，因此发生光的折射、散射等现象；二是把大气当作由空气分子、气溶胶粒子组成的混合物，集中研究由于这些粒子对光的散射和吸收所引起的各种光现象。

（2）大气电学

这是研究电离层以下大气中发生的各种电学现象及其生成和相互作用的物理过程的学科，是大气物理学的分支学科。早在十八世纪初，科学家就提出闪电和雷声是由电流放电造成的。1708 年沃尔通过观察来自一块带电琥珀的火花后，提出火花放电与微型闪电是相似的。十八世纪中期，美国科学家富兰克林的实验表明大气电现象与室内实验产生的放电并没有本质的区别，1752 年 6 月左右，富兰克林报告了他著名的风筝试验。到十九世纪六十年代，开尔文提出大气正电荷可以解释晴天天气条件，而且认识到大气电场的存在，随着移动式静电计和开尔文水滴凝结器的发明，大气电学的观测研究出现较高程度的精确性。到二十世纪，通过敏感的电场仪器，获得了很多关于大气荷电的事实和发现，提出了维持地球负电荷的想法。

尽管开展了大量有关大气电的观测研究，但科学上并没有取得突破性认识。

中国大气电学的研究主要开始于二十世纪六十年代初，比较系统地开展了雷暴云物理学的研究，开始了地面和探空大气电场仪研制与观测，特别是利用闪电辐射电磁场特征开展了单站雷电定位研究，同时开始了雷暴云起电理论和大气射电信号特征研究，发现了闪电的云中预放电辐射特征。1978 年后，我国比较系统地开展了闪电物理试验和全球大气电过程研究，如北方、高原地区雷暴云中电荷的三极结构以及闪电先导的双向传输特征等。建立了雷暴云下地面电晕离子产生和演变的数值模式。1989 年以来，火箭人工引发闪电试验成功，为闪电物理和防雷技术验证提供了重要手段。同时发展研究了积云电荷结构和放电特征。

二十一世纪以来，中国在雷暴云的起电机制和电结构研究方面开展了大量研究，采用了雷达、雷电定位系统、地面电场仪网同步测量以及数值模式模拟等手段对雷暴云电结构进行了深入研究，对各种起电机制进行了理论分析和数值模拟计算研究。观测和分析研究了正、负地闪特征以及风暴系统流场、降水和雷电活动的关系。另外，中国在雷电定位技术方面也开展了大量研究，并已应用于气象、森林防火、航天航空及油田等部门。

（3）大气声学

这是利用声学方法研究声波在大气中发生和传播的学科，是大气物理学的分支学科，也是声学的分支部分。声波在大气中传播的研究源于声学，1635 年西方在自由大气中对声速的测量应是人类首次在大气中进行的长距离传播的声学实验。直到十九世纪下半叶，大气声学研究才有定量的数学分析而得以持续发展。物理学家雷诺研究了大气温度随高度的变化对声波折射的影响，斯托克斯探讨了风和风速梯度对折射的影响。1877 年瑞利在其《声学原理》中对声学研究成果在理论上给予了全面总结和提高。在十九世纪后半叶，大气声学研究不断有新成果，到二十世纪五十年代末，建立了较完善的大气声波散射理论，到七十年代初，解决了大气声散射问题。

自二十世纪六十年代以来，大气的被动遥感技术得到迅速发展。在雷达和其他相关技术的启发下，主动声遥测也得到重大发展。回声探测仪的先驱“声达”于 1946 年发明，麦卡利斯特于 1968 年做了重大改进。这种回声探测器的发明在很大程度上重新唤起了大气物理研究者们对声学的兴趣，在现代大气声学发展中起了很大的促进作用。

七十年代开始，我国陆续研制了遥感大气边界层温度层结和风结构的声雷达和声多普勒雷达，并开展了一系列科学试验研究。二十一世纪以来对环境噪声的关注成为研究大气声学新的推动力，同时在诸多领域的研究也相当活跃，如利用折射的新途径、声传播时位相和振幅的起伏、用次声探测大尺度大气过程、高功率声学天线附近的非线性效应、多普勒效应的应用、兼用声波和电磁波的混合器件的研制等。

（4）中高层大气物理学

这是研究中高层（包括平流层、中间层、热层、磁层等）大气物理和化学过程的学科，是大气物理学的一个分支。二十世纪初，由于高空探测技术发展，人们发现了平流层，对中高层大气的研究开始起步。从四十年代起，出现了气象火箭的高层探测研究，探测高度已达一百千米，六十年代后又出现了气象卫星遥感探测。与此同时，对中高层大气的理论研究也发展起来，从而使中高层大气物理学逐渐形成为一门独立的学科。

二、大气物理学应用进展

大气物理学与社会、经济关系密切，并且具有非常重要的作用。大气物理学与航空航天、交通、通信、环境、电力、水利、农业、林业等行业密切相关，其应用领域非常广泛。

大气物理学所涉及大气中的积冰、湍流颠簸、雷电过程、电磁辐射等大气物理现象，直接威胁到航空安全；大气状况和辐射过程可直接影响通信、广播、电视转播等；云降水过程是淡水产生的重要途径，直接关系到人们生活用水、农业、生态环境、水力发电等，同时云产生的冰雹、雷电等也会造成农业、交通和生命财产损失；以人工增雨、人工防雹为主要手段的人工影响天气是开发利用大气水资源和气象防灾减灾的重要手段，对增加淡水资源、防止冰雹灾害具有重要作用；人类已经开始利用太阳辐射、大气中的风开发出清洁能源，是利用自然清洁资源，保护环境的重要行动；人类主要生活和居住在离地面一两千米的大气边界层空间内，此空间内的气候环境和生态变化直接关系到人类的生存安全。由于人类活动导致的环境污染、植被破坏导致的气候和生态环境的恶化直接威胁到人类的生存问题，应引起足够的重视。在以上的这些领域，大气物理学研究成果均得到广泛应用。

大气物理学与人工影响天气是我国发展与应用最早的气象学科领域。从二十世纪五十年代开展云雾物理特征与人工影响天气研究以来，逐步创建了大气辐射、大气遥感、大气电学、大气边界层、中高层大气物理学等分支学科，并取得了丰硕的成果。我国先后开展了极具中国特色的青藏高原大气辐射、雷电观测研究，提出了青藏高原大气辐射和雷电物理特征，成功进行了人工引雷试验。开展了利用微波、激光等探测大气物理特征的研究，研制出多种大气物理探测仪器。

1978 年后，中国科学院兰州高原大气物理研究所等单位系统开展了闪电物理实验研究和全球大气电过程研究，取得了多方面的重要研究成果。自 1989 年起，用火箭－人工引发闪电试验成功，为闪电物理和防雷技术验证提供了关键技术，通过空间电荷演化的数值模拟，提出了人工引雷的空中电场判据，在国际上首次发现人工引雷有抑制冰雹增加降水的作用，为我国防雷技术服务发展提供科学基础。

二十世纪九十年代开始，在我国西北干旱、半干旱地区系统开展了复杂下垫面陆气相互作用过程研究，揭示了沙漠、绿洲、戈壁、草原等下垫面状况下大气边界层结构特征。随着我国城市化的发展，系统地开展了城市边界层物理特征的研究，揭示了我国城市热岛效应及污染扩散特征等。针对我国空间探测与气候变化研究的需求，创建了我国中高层大气物理学，揭示了我国高原地区平流层臭氧分布与变化等中高层大气物理的特征。针对我国干旱、冰雹灾害的需求，创建了我国现代人工增雨与防雹技术。

二十世纪末期以来，随着我国综合国力的显著提高，大气物理学有了质的飞跃和发展，先进大气物理探测技术、数值模式的应用与经济社会发展面临的新需求，使大气物理学的发展呈现出多学科交叉与结合发展的特点。我国在云降水物理、云和辐射的相互作用、气溶胶的光学特性、气溶胶的辐射强迫、大气辐射传输及其计算新方法、大气成分探测等结合的研究方面取得了重要的进展，揭示了其变化对我国气候、环境变化的影响特征。结合冰雹、雷电、大风与强降水特征，揭示了强灾害性雷暴物理特征。

人工影响天气是以大气物理学为基础建立和发展起来的。从二十世纪五十年代以来，我国的云物理学在云的宏观、微观特征的研究以及暖云降水等理论方面发展和应用有了新的突破，一些新的技术手段对云的基本特性进行空基和地基的直接和间接观测等方面取得了显著进展。1958 年，我国大陆在吉林省首次使用飞机进行人工增雨试验，此后人工影响天气技术得到快速发展。近年来一些国际先进探测设备和播撒设备在人工影响天气业务中得到广泛应用。我国人影科技人员发展了国际先进的人影数值模式，已开始应用于云物理形成过程和人工影响机理的研究。中尺度人工影响天气数值模式也得到快速发展，云模式在冰雹形成机理研究方面得到广泛应用并取得重要进展。

在大气辐射物理方面，我国科学家八十年代以来在 K 分布方法的建立方面做出了重要贡献，并深入分析了最优的 K 分布和相关 K 分布方法的建立途径。发展了辐射传输相关算法，并应用于火山云气溶胶的曙暮光遥感和卫星多波长偏振成像仪（法国 POLDER 传感器）的大气、地表遥感。对中国各地区的多谱段（如紫外、可见光、近红外、热红外光波）和大气辐射的高分辨率光谱进行了测量，为我国的辐射气候学及相关大气状况定量关系的建立奠定了基础。在“863”计划航天领域支持下，中国科学院长春光学精密机械研究所和大气物理研究所联合开展高空气球所载太阳 / 大气紫外光谱仪观测与研究，成功地将仪器升至三十三千米高空，实现了对太阳的直射观测和大气反射测量。

在大气遥感物理学方面，八十年代以来，已研制了太阳 / 大气光谱仪和多波长曙暮光偏振光度计；八十年代末期和九十年代中期，我国分别研制成功用于对流层和对流层 / 平流层探测的 UHF 和 VHF 多普勒相控阵雷达，进入了国际先进行列；九十年代以来，我国已先后研制中层大气大型激光雷达，探测已扩展到平流层大气臭氧、中层大气密度、中间层顶的钠原子层结构，从而形成了地基大气激光探测的完整系列。

在大气臭氧与中层大气物理方面，中国科学院大气物理研究所研制了大型相控阵 VHF 波段多普勒雷达，实现了对流层和低平流层大气风场波动和湍流探测。在八十年代，利用研制的平流层气溶胶激光雷达和曙暮光偏振光度计结合实现了 E1 Chichon 和 Pinatobu 火山云和平流层气溶胶垂直结构的长期监测。九十年代以来，我国研制了平流层气溶胶和臭氧激光雷达，并做连续监测，研制的中层激光雷达，实现了对钠层结构和中层大气密度的观测，研制的气辉光度计，实现对气辉的监测。在高空科学气球工程基础上实现了气溶胶、臭氧、大气波动和湍流的高空气球直接测量。利用毫米波谱仪，实现了中间层臭氧垂直分布的遥感。

进入二十一世纪以来，大气物理学发展为天气预报、气候变化、大气环境以及模式研发等领域提供了重要的科学支撑。在边界层物理方面，随着探测技术的发展和新型仪器的应用，典型下垫面类型地区水热、物质输送和湍流通量的认识取得了重要进展，提高了对非均匀、复杂地表的大气边界层结构、大气湍流过程、地气间能量和物质交换规律的认识；大气边界层的理论和实验研究成果有力促进了大气边界层模式的发展，促进了空气污染和高影响天气系统等的精细化预报。

在云降水物理方面，地基、空基和卫星遥感等探测技术的综合应用，提升了有关云雨滴形成、云—辐射相互作用、云降水结构及降水效率等科学问题的认识。鉴于冰雹、对流暴雨、对流大风、雷电等灾害性天气现象的发生皆是天气—动力—大气物理相互作用的产物，凝结核和成云过程的微物理学、降水机制及其与大、中尺度大气运动的相互作用、对流单体的宏观结构、夹卷混合及其发展和发生降水的机制等已成为云降水物理研究的热点。相关研究成果为人工影响天气业务的发展提供了支撑。

三、大气物理学发展前景

目前，我国大气物理对大气探测理论、方法和技术研究的创新发展支撑还不够，气溶胶—云—降水相互作用研究相对薄弱，复杂下垫面大气边界层结构和演变规律以及地气交换过程方面有待深入。云、降水和雷电物理学，大气边界层物理学和小尺度大气动力学以及大气辐射学和气溶胶物理学等都将是未来大气物理学发展的重点方向。二十一世纪以来，大气物理学科的快速发展，将主要表现在四个方面。

一是计算机的快速发展，使复杂大气物理过程的快速计算处理成为可能，如大气质量、动量、能量守恒方程及相关的辐射传输、云物理过程、湍流过程及其相互作用的显式计算处理。

二是先进遥感探测技术的快速发展，对揭示大气物理过程的本质和定量化描述具有重要作用。以地基、空基、天基为代表的地球大气遥感探测已出现快速发展的趋势，基于卫星的大气遥感探测，已经从当初的被动、低时空分辨率、单一遥感探测技术发展为以高分辨率、主被动结合、多卫星组合探测技术，探测要素除基本气象要素外，已经涵盖大气成分、云降水、辐射、边界层、湍流以及地表覆盖特性等。地基遥感也从单一波长的雷达探测发展到偏振、微波及激光等探测技术。飞机性能的提高使基于飞机平台的大气探测已出现快速发展的趋势，目前机载雷达、微波等遥感探测技术已经应用到大气物理探测研究和试验。飞机探测对于强天气过程的直接探测和遥感探测验证具有重要作用。

三是大气物理在天气、气候预报预测、气候变化及环境气象中作用越来越重要。科学家已经认识到正确处理大气物理过程对提高天气、气候和环境气象数值天气预报、预测水平，揭示气候变化规律的重要性，在数值预报模式中如何更好地描述大气辐射、云物理、边界层、湍流等大气物理过程已经成为大气科学研究的前沿科学问题。

四是人类已进入空间时代，大气物理学研究已经不仅仅局限在地球表面大气中，地球大气外空间和其他星体的大气物理研究也出现快速发展趋势，揭示地球大气外空间的大气物理特征和演变规律已经成为宇宙科学研究的前沿科学问题。

第三节 大气化学

大气化学是研究大气组成和大气化学过程的大气科学分支学科。它涉及大气各成分的性质和变化、源和汇、化学循环以及发生在大气中、大气与陆地或海洋之间的化学过程。研究对象包括大气微量气体、气溶胶、大气放射性物质和降水化学等。大气化学不仅要研究大气，还要研究地表生物圈和海洋，因为许多重要大气成分都有地表源，包括生物源和非生物源，而海洋则对它们的转化和累积起着举足轻重的作用。

一、大气化学的发展历程

大气化学的研究始于二十世纪初期，当时重点是确定地球大气的主要成分。但它的深入发展是二十世纪三十年代对大气臭氧（O_3）的观测和对平流层 O_3 光化学的理论研究。到了四十年代，人们认识到大气中存在着十分复杂的物质循环过程，在这些过程中既有宏观的物理变化，也有微观的化学变化。基于这一认识，大气化学得到了飞速发展。

五十年代以来，大气化学研究主要是围绕着一些紧迫的环境问题在不同的学科领域进行。八十年代以后，国际大气科学界就开始酝酿制定全球大气化学研究计划，科学家们在总结了过去的大气化学研究成果后得出了一个重要结论：大气化学研究的对象不仅包括大气中的微观化学过程，还应包括全球尺度的大气运动、大气与陆地下垫面、地表生物圈（包括人类自身）和海洋的相互作用以及地球与其他星体和空间的相互作用。

我国在国际大气化学学科发展背景下，很早就开始了酸雨观测。1974 年在北京开始对酸雨进行监测。七十年代末，在北京、上海、南京、重庆和贵阳等城市开展了研究，发现这些地区不同程度存在酸雨问题。尤其在 1982 年夏季，重庆市连降酸雨，降水 pH 值大多小于 4.0，导致了大面积农作物受害及建筑物的严重腐蚀。为了掌握酸雨分布，国家环保部门于 1982 年建立了 189 个观测站、523 个降水采样点的酸雨监测网。通过多年的观测记录发现酸雨集中分布在西南酸雨区（重庆、贵阳、柳州等）、福厦酸雨区（福建东南工业区）、南昌酸雨区（南昌、九江、黄石等）、青岛酸雨区和长江以南酸性富铁铝土壤地区等。八十年代，我国开始研究酸雨对树木的影响，并认识到酸雨已威胁了我国某些地区的森林生态系统。九十年代以来，我国科学工作者系统地研究了中国酸雨的形成机制、典型酸雨形成过程及酸雨来源等。二十一世纪以来，我国在酸化模型的应用方面得到了一定的发展，如集水区地下水酸化模型（MAGIC 模型）、全湖泊流域酸化研究模型（ILWAS 模型）、地区酸化信息与模拟模式（RAINS 模式）、RAINS-Asia 模型等模型的应用。①

我国开展大气本底观测较早。早在 1981 年，中国气象局就在北京密云上甸子建立了我国第一个区域大气本底污染监测站。在中国气象局与 WMO、美国、加拿大等合作下，青海瓦里关山全球第一个大陆本底站于 1994 年 9 月 7 日正式挂牌，迄今为止观测项目包括了当前所有的主要大气成分，对全球大气成分大陆本底的观测和研究作出了杰出贡献。八十年代开始，我国陆续建立了臭氧总量、酸雨和沙尘暴观测站，初步形成规模。九十年代中期在青藏高原发现了“臭氧低谷”。二十一世纪初中国气象局新建了云南香格里拉、新疆阿克达拉、湖北金沙三个区域本底站。瓦里关站自 1990 年开始在线和采样温室气体观测，其他站点自 2006 年开始陆续开展在线和采样观测。

我国有关大气成分及其相关领域的大规模研究始于二十世纪八十年代初。1982 年至 1984 年间，我国对京津地区大气污染状况进行了研究，分析了 SO_2、NO_x、CO、O_3 等气体污染物质的含量及其变迁。1983 年至 1984 年在京津地区对大气气相有机物质进行了研究，建立了多种采样方法，发现大气气相有机污染物种类繁多，并且种类和含量随着各地区的工业状况和交通状况而异。为掌握颗粒物（降尘、飘尘）物理化学特性和在环境中的化学行为，进行了颗粒物的表征与状态、结构分析。

九十年代以来，我国科学家对苯乙烯 - 空气体系的光化学反应，二甲苯 -NO_2- 空气体系的光化学反应和汽车甲醇代用燃料然后排气体系的光化学反应进行了研究，并进行了稻田甲

① 汪家权、吴劲兵、李如忠等：酸雨研究进展与问题探讨。《水科学进展》，2004（4）：526-530。

烷排放量的测定，对温室气体的排放量进行了估算，对 CH_4 和 O_3 之间的光化学反应进行了模拟实验。通过对江南地区酸雨的测试，发现我国酸雨中的关键性例子组分，并对酸雨生成机制、雨水中 SO_2 在锰离子和铁离子存在下的催化氧化、O_3 和 H_2O_2 等与 SO_2 的氧化反应、氮化物和有机物在酸雨形成中的作用等进行了相应研究，均取得了一定的成果①。

进入二十一世纪，我国自主发展和引进，建立了完备的多尺度、多成分大气环境数值模式，包括全球大气化学输送模式、区域和城市空气质量预报模式。大气所利用这些模式研究各种空间尺度上污染物空间分布和时间变化，研究污染物的输送和演变、多种污染过程的成因和污染变化规律，在污染物（沙尘、人为排放）输送、低对流层臭氧高污染、区域及城市污染等方面取得了很多成果，并对区域或城市空气质量进行业务化实时预报。大气所还拓展了我国大气环境模拟研究的新领域：大气化学资料同化、污染模式集合预报、污染源反演新方法等，初步建立了空气质量模式的资料同化系统（分别基于最优插值技术和集合卡曼滤波技术）和多模式结合预报体系，提高了模式预报水平，在污染源反演新方法方面进行了初步的探索。②

二、大气化学应用进展

八十年代以后，全球开展了一系列大型试验，如全球对流层试验（GTE）、平流层气溶胶试验（SAGE）和为期十五年的全球对流层化学计划（GTCP）等，这些大型观测试验揭开了大气化学研究的新篇章③。

1991 年 8 月开始，中美大气化学联合考察在西太平洋进行了 O_3 及其前体物考察（PEM-WEST-A）的试验。1994 年 2 月开始，中美又进行了该试验的后续试验（PEM-WEST-B）；1994 年和 1995 年同一观测期间（2 月 7 日至 3 月 19 日，共 41 天）我国和佐治亚理工学院在中国东部的浙江临安区域本底站进行了将近两个月的加强观测，观测项目包括 O_3、NO_x、NMHC、SO_2、CO_2、CO、辐射、降水化学和气溶胶等以及相关的一些气象要素。

2000 年 10 月，中日双方正式签署了中华人民共和国中国科学院和日本科学技术厅关于风送沙尘的形成、输送机制及其气候与环境影响的研究项目的实施协议，标志着为期五年的中日沙尘合作研究正式拉开了序幕；2001 年 1 月至 3 月，在北京市北三环和北四环之间的古元大都土城附近地区，利用我国 325m 气象塔、系留气艇、探空雷达、激光雷达等多种手段，进行了北京城市大气边界层和大气化学的综合试验。④

2008 年，中国成功发射风云三号气象卫星 A 星（FY-3A），首次搭载了中分辨率光谱成像仪（MERSI），性能与美国的 MODIS 相近，在国内第一次实现自主卫星开展全球气溶胶的探测，开创了中国自主卫星探测大气痕量气体的里程碑，具备了自主探测大气臭氧总量和廓线的能力。随后，分别在 2010 年和 2013 年先后发射的风云三号 B、C 星上继续搭载了中分辨率光谱成像仪。FY-3A/B/C 三颗星上搭载可见光红外扫描辐射计（VIRR）与 AVHRR 类似，可以获取海洋区域上空气溶胶信息。在第四颗 FY-3D 卫星上，将把 MERSI 和 VIRR 两个仪器的

---

① 陈宗良：我国大气化学研究进展。《化学通报》，1992（8）：14-17。

② 王自发、庞成明、朱江等：大气环境数值模拟研究新进展。《大气科学》，2008（4）：987-995。

③ 黄荣辉：大气科学发展的回顾与展望。《地球科学进展》，2001（5）：643-657。

④ 马鹏里、张强、杨兴国等：大气化学研究进展——臭氧、气溶胶研究综述。《干旱气象》，2003（4）：66-70。

功能整合到新一代的 MERSI，气溶胶参数反演也将由 MERSI 集约化完成。为了满足对大气环境监测的迫切需求，中国目前已经立项研制紫外高光谱卫星载荷，用于开展主要污染气体（NO_2 和 SO_2）的监测，将分别搭载于 2016 年发射的高分五号卫星和 2018 年发射的 FY-3E 星上，不仅实现对整层大气痕量气体的高精度探测，而且 FY-3E 星上还设置了临边探测模式，可以获取大气痕量气体的垂直廓线分布信息，为中国的大气环境监测和治理提供重要的科技支撑。① 目前，中国已建成气象 - 海洋 - 环境 - 资源一体的气溶胶综合卫星观测网络，虽然在仪器性能上与国外仍有差距，但已能够从观测数据中反演得到相对合理的气溶胶产品。同时，中国也正在规划云和气溶胶主动激光雷达，实现气溶胶的垂直结构观测。随着传感器光学技术的进步和卫星平台负载能力的提高，中国的气溶胶卫星监测网会更加成熟②。

进入二十一世纪以来，我国大气化学应用进展，主要反映在大气气溶胶、温室气体及相关微量成分、反应性气体与大气光化学过程、大气臭氧（地面、总量）、酸雨、大气成分的数值模拟及预报预估、空气质量和气溶胶（包括沙尘暴）数值模拟与预报等大气化学各主要领域。中国气象科学研究院先后开发建立了城市大气污染数值预报系统（CAPPS），改进美国新一代空气质量模式 CMAQ，明显提高了其预报水平。开发了化学天气预报平台（CUACE），在线耦合了六十余种气体成分和六类七种气溶胶组分，形成了对 PM、O_3 和能见度的数值预报系统。2005 年以来，为了对北京绿色奥运提供科技支撑，以改善北京空气质量为目标的 CAREBeijing 项目也开展了许多有关反应性气体的观测与模拟研究工作。

三、大气化学发展前景

未来大气化学将在温室气体、气溶胶以及大气化学对人体健康的影响方面取得突破。

CO_2 是最重要的长寿命温室气体，它在大气中的浓度取决于土地利用情况和化石燃料的燃烧以及与陆地生物圈和海洋间的相互作用。目前已知的碳汇尚不能平衡碳源，存在一个很大的"未探明的汇"，IPCC 最新研究成果表明它和土地利用有很大关系。碳源和汇成为当前气候及生物地球化学等研究领域的关键课题之一。这也是准确预测未来气候变化的一个重要基础。甲烷（CH_4）也是一种重要的长寿命温室气体，它主要来自自然源和人为源，其主要的汇是同氢氧自由基的反应。目前，对 CH_4 源和汇的研究依然不十分充分，存在许多未知科学问题。氧化亚氮（N_2O）以及人为合成的氯氟碳化物也是重要的温室气体，它们主要对平流层 O_3 构成很强的破坏作用。

O_3 是大气中的主要化学成分，它对太阳紫外辐射起屏蔽作用，保护地球上的生命。同时，它又对人类和植物有很强的损害。由于 O_3 很容易同其他物质发生化学反应，因此其大气浓度很容易受其他大气痕量成分的影响。各种大气痕量成分在大气化学反应中起非常重要的作用，它们不仅对大气 O_3 产生影响，而且也对氢氧自由基和甲烷等产生显著影响。与大气 O_3 变化有关的研究依然是大气化学研究的热点领域。我国需要建立高分辨率大气化学成分历史排放资料库，并结合大气化学模式、常规观测和卫星观测，研究中国区域温室气体、臭氧及主要前

---

① 张兴赢、周敏强、王维和等：全球卫星大气成分遥感探测应用进展及其展望。《科技导报》，2015，33（17）：13-22。

② 张兴赢、周敏强、王维和等：全球卫星大气成分遥感探测应用进展及其展望。《科技导报》，2015，33（17）：13-22。

体物和各类气溶胶浓度以及输送的季节变化和年际变化的基本特征。

自然和人为活动产生的许多气体可能通过大气中的复杂物理化学过程转化成粒子。这些粒子和以各种方式排放到大气中的原生粒子一起构成气溶胶体系。但不同性质气溶胶粒子的气候辐射和环境效应是不一样的。对气溶胶的气候环境效应的研究是目前大气化学研究的一个热点领域。未来重点研究内容包括：二次有机气溶胶形成机理；气溶胶－云微物理过程机理研究；气溶胶－云－降水与气候变化；利用观测和模拟研究气溶胶的气候效应；化学物质对气象参数变化的额敏感性观测实验。

大气化学对人体健康的影响，也是未来研究的一个重要方向。大气化学通过许多复杂的环境过程与工业活动、土地利用以及气候变化紧密相连。面对这一复杂的系统，未来大气化学的研究需要将观测、理论、实验和模式研究紧密结合起来。未来将重点研究大气成分变化和有毒、营养物质沉降对陆地和海洋生态系统的影响极其机理；沉降通量的观测理论和技术方法；环境方面重要的大气物种（包括臭氧、温室气体、光化学氧化剂、大气气溶胶、有毒和营养物质等）变化对人类健康的影响极其机理。

第四节　气候学

气候学是研究气候特征、形成、分布和演变规律，以及气候与其他自然因子和人类活动关系的学科。它既是自然地理学的一个分支，也是大气科学的一个分支。二十世纪以来，随着科学的迅速发展，现代气候学的概念在两方面得到了提升：一是气候由大气状态的平均态概念发展为“气候变化”的概念；二是气候从一个局地的、低层大气特征的概念转变为全球气候系统的概念，强调了五个圈层的相互作用是气候变化的最为重要的驱动因子。气候学的研究对象也自然而然地扩展为全球气候系统。

一、气候学的发展历程

在中国气候是一门最古老的学问。早在殷商时代就已知一年四季和某些农事季节的划分。春秋时代开始利用圭表测日影确定气候季节。秦汉时期，已经确立二十四节气并指导农事活动。中国关于洪水、干旱、河冰等气候灾害的记载在世界各国也算是最早的国家，两千多年前就有了这方面的记录。

但气候学形成一门学科，主要在十六至十九世纪，在有了气象仪器观测以后。从十九世纪到二十世纪初，气候学逐渐走向成熟。1883 年奥地利汉恩（Julius Ferdinand von Hann）编著了《气候学手册》，提出较完整的气候学研究的方法体系，并为研究全球气候提供了资料。1884 年俄国沃耶伊科夫著《全球气候及俄国气候》，分析了太阳辐射、水分循环、下垫面等对气候的作用。十九世纪后期，世界气象观测网逐渐形成。到二十世纪初，气候学研究从描述性为主发展到以理论研究为主，开始进行气候形成及变迁的研究。二十世纪中期，随着高空气象观测、无线电技术、气象卫星和电子计算机的广泛使用以及采用人工气候模拟等方法，气候学迅速发展。我国具有现代科学意义的气候学研究则开始于二十世纪，在中华人民共和国成立以后，得到较快发展。

（一）中国气候学进展

中国具有现代科学意义的气候学研究开始于二十世纪二十年代。最初借鉴当时欧美的气候分类方法，主要集中在气候区划方面的研究，多采用年或月平均气温、年降水量等指标，结合自然景观地带分布状况划分气候类型区。其中具有代表性的成果，1929年竺可桢撰写了《中国气候区域论》、1936年涂长望等撰写了《中国气候区域》、1946年卢鋈撰写《中国气候区域新论》、1949年陶诗言撰写《中国各地水分需要量之分析与中国气候区域之新分类》。

中华人民共和国成立以后，我国气候学得到很快的发展。1955年出版《中国近代科学论著丛书（气候学）》收录了1919年至1949年期间有关于中国气候、季节、气候区划、台风、寒潮、气团、季风与气候变迁的大量基础性研究。二十世纪五六十年代，我国气象科学家在借鉴欧美气候分类方法的基础上，发展形成了适合中国自然环境与气候特征的区划方案，包括温度带、干湿区、气候区三个等级。特别是对经济社会建设有很大实际意义的气候区划、季风、气候志以及气候变迁与气候预测（当时称为长期预报）有了较为系统的研究。气候研究涵盖了气候观测、气候区划、季风、大气环流、长期预报和气候变化等众多领域。

1972年，中国气象学奠基人竺可桢发表了《中国近五千年气候变迁的初步研究》，应用气候观测资料、物候资料和地方志资料综合研究了中国近五千年来的气候变迁，是中国气候学研究中的经典巨著。此后系统开展“中国五百年旱涝研究”，出版了《中国近五百年旱涝分布图集》为世界第一本长序列历史气候图集，在国内外得到广泛应用，后又相继整编出《中国千年气候编年史》《中国三千年气象记录总集》等，在此基础上研制出“中国三千年历史气候基础资料系统”。建立和恢复了一定历史时期的历史气候序列，重建了近一万八千年中国古环境变迁序列；利用黄土、冰芯、树轮、沉积、历史文献记录等，建立了一批具有国际水平的高分辨率气候变化序列，阐述了我国过去两千年气候变化的主要特征。近几十年来，随着我国气象事业的蓬勃发展，中国科学家在青藏高原气候学、季风气候学和气候变化等领域取得了令人瞩目的研究成果。

八十年代以来，气候学是大气科学领域最活跃的学科。世界气象组织和国际科学理事会设立了“世界气候研究计划（WCRP）”，WCRP相继在全球范围进行了一系列重大国际科学试验研究计划，即“热带海洋和全球大气（TOGA）”计划（1985—1994年）、“世界海洋环流试验（WOCE）”计划（1985—2002年）、“全球能量和水循环试验（GEWEX）”计划（1998年至今）、“平流程过程及其在气候中的作用（SPARC）”计划（1992年至今）、“北极气候系统研究（ACSYS）”、“气候与冰冻圈（CliC）”计划（1994年至今）、“气候变动与可预报性研究（CLIVAR）”计划（1995年至今）。这些重大试验研究计划的实施已经和正在为揭示气候变化规律和机理及气候变化的可预报性作出贡献。

八十年代，我国气象学家开创了以气候变化为主要内容的全球变化研究，在国际科学界产生了重大影响。同时，在动力气候、气候变化、气候资源开发与利用等领域开展了大量研究并取得许多重要成果。“七五”期间，由长期预报课题组负责厄尔尼诺事件的监测和发布。1989年，实施“国家减灾十年”和“国家气候计划”，启动研制和开创气候监测诊断分析业务系统的工作。1990年发布《中国科学技术蓝皮书第五号：气候》。

九十年代以来，在气候变化物理成因诊断、人类活动对气候的影响等方面开展了一系列重要的研究。在青藏高原、海岸带等重点研究区域取得了许多具有重要国际影响的成果；主持、主导了“季风亚洲区域集成研究（MAIRS）”等国际科学研究计划和大型国际科学试验；对中国区域陆地生态系统碳源和汇的空间分布格局、生态系统碳氮相互作用及其对气候变化响应形成了初步认识。季风预测和机理研究进一步深入，对国际气候模式的改进和气候预测做出重要贡献。

通过“973”计划等国家科技计划，在全球气候变化方面相继开展了“我国重大气候灾害形成机理及预测理论研究”“北方干旱化与人类适应”“亚印太交汇区海气相互作用及其对我国短期气候的影响”“中国大气气溶胶及其气候效应的研究”“我国冰冻圈动态过程及其对气候、水文和生态的影响机理与适应对策”“全球变暖背景下东亚能量和水分循环变异及其对我国极端气候的影响”“平流层大气基本过程及其在东亚气候与天气变化中的作用”“我国东部沿海城市带的气候效应及对策研究”等项目的研究工作，气候和气候变化领域取得了许多重要进展。2000 年编制完成了《中国气候变化国别研究》、2002 年完成了《气候变化对生态环境和人类健康的影响以及适应对策》和《中国西部环境演变评估》，并于 2006 年、2011 年、2014 年三次编制了《气候变化国家评估报告》。

（二）气候学分支学科进展

1. 气候统计学

这是利用气象资料数据，运用数理统计和数据处理方法研究气候的特征、变化和预测的学科，是气候学的一个分支。

气候的变化直接影响着人类的生产活动，需要对气候进行预测，气候统计学最早也是服务于气候预测而发展起来的学科。我国古代就已经有区域气候观测和统计气候预测的研究。中华民族的五千年历史蕴藏极其丰富的农谚就是对局地气候变化的经验统计总结成果。一些有关气候状态预测的农谚直到目前还广为流传。这就是局地早期的气候统计预测经验性研究规律，各种农谚就是通过大量气候现象的观测，归纳总结而成，它们也是早期气候统计学的基本方法。

从十九世纪到二十世纪，随着人类工农业生产的需要，对不同地区的气候特征的分析需求，经典气候统计学也开始发展。按照需求使用观测数据，运用统计方法，对不同区域的气候进行气候基本状态分类，使用气候现象出现的频率和统计平均等气候基本状态的统计方法，得到全球不同类型气候平均状态描述，也是经典气候统计学的形成过程。

二十世纪六七十年代，随着我国工农业生产迅速发展，简单的局地气候预测已经不能满足需要，需要对全国甚至全球范围的月、季和年尺度的气候状态进行预测，以及对大范围的长期或超长期的气候状态进行预估。而且随着计算机发展，大量气象观测数据能够得到有效处理，以数据处理为基础的气候统计学得到迅速发展。1973 年由中国科学院大气物理研究所和计算研究所、中央气象局、南京大学联合发起举办气象统计技术研究班，把气候统计学的方法在我国气候分析与预测的应用推向高潮。接着，围绕现代统计方法的学习班在各地普遍举办。在全国各高等院校的气象院系，均开设气象统计方法的讲授课程，相应的气候统计研究机构也相继成立，统计预报方法成为气候预测业务的骨干方法。

八十年代以后，随着全球气候变暖，人们十分关注地球气候变化的研究。对气候状态的分级、异常气候状态、气候变化程度的度量、气候状态变化速度（变率）等分析研究受到极大的关注，气候统计学得到进一步发展。这一时期，由气候的静态描述的经典统计气候学过渡到对气候动态变化分析上面，气候统计学也进入现代气候统计学时代。逐步回归、判别分析、EOF 分析、功率谱分析等数理统计方法，以及模糊集、灰色系统等数字处理的数学方法引入和使用，大大丰富了现代气候统计学方法的内容。气象工作者利用这些方法，对各种可能影响区域气候的物理过程和影响因子进行诊断分析。

在气候预测方法上，由单站的统计预测，发展为气候要素场的预测，选择先兆信号作为预测因子和统计方法相结合的物理统计气候预测，以及近年来与气候数值模式结合的动力统计预测。它们有效地提高了气候预测准确率和统计方法的物理内涵，现代气候统计学也得到进一步发展。

2. 气候动力学

这是以地球流体动力学和大气动力学为基础研究时间尺度为一周以上，包括月、季、年际、年代际，甚至更长时间尺度的大气、海洋、陆面（包括冰雪）和生态环境变化特征与演变规律以及它们之间的相互作用，尤其是大气对海洋、陆面和生态环境的强迫响应及其反馈影响，并探讨其预报可能性与预报理论和方法的一门地球科学的前沿学科。

气候动力学是大气动力学发展的自然延伸，是在大气动力学一系列新的研究领域基础上发展形成的一个新的前沿分支。在气候动力学发展过程中，大体上可以分为三个阶段。

第一阶段，二十世纪七十年代后期到八十年代，大尺度大气动力学的发展有一明显的特点，即大尺度大气动力学向气候动力学的方向发展，主要表现在三个方面：一是和多重平衡态、混沌和可预报性相联系的非线性动力学的发展；二是大气低频振荡动力学的发展；三是行星波动力学的发展。

第二阶段，九十年代到二十一世纪初。气候动力学已逐步形成一个完整的学科体系，其中包括低频动力学、低频振荡和遥相关理论、季节内振荡和 ENSO 动力学；非线性动力学，包括阻塞、混沌和从非线性观点出发的可预报性研究；波流相互作用；气候敏感性；气候可预报性和短期气候预报的动力学方法以及气候模式和气候模拟研究等。

第三阶段，二十一世纪初到现在，气候动力学研究具有三个显著特征：一是组织了一系列国际和区域的气候观测试验，为气候动力学研究提供了更加精细的观测资料；二是定量反映气候系统各成员之间的相互作用，揭示了气候变化过程的动力学机制，提高气候模式的模拟能力和短期气候预测能力；三是模式研究已从一般气候模式发展为气候系统模式的研究和发展，并开始重视研究气候模式中存在“不确定性”的问题。

二、气候学应用进展

气候涉及人类生活和生产的各个方面，因此气候学应用领域涉及的范围非常广泛，气候尤其在农牧业中影响的重要性得到广泛的公认。气候学在我国应用进展主要表现在以下方面。

在农业方面，从二十世纪五十年代起，我国学者在学习苏联经验的基础上，结合国内情况开始了农业气候区划研究。六十年代，配合全国农业科学技术发展规划，在全国开展了农业气候区划工作，编制了粗线条的简明农业气候区划，并总结出区划工作步骤。七十年代末，为配合《1978—1985 年全国科学技术发展规划纲要》的农业自然资源调查和农业区划任务，由国家气象局领导，组织全国有关科研单位和院校的有关专家，成立了农业气候资源调查和农业气候区划写作组，省、地（市）级也成立了相应的组织机构，投入了大量的技术力量。

八十年代中后期，在调查分析的基础上提出了全国、省级和大部分地级与县级的农业气候区划方案。全国农业气候区划写作组完成的《全国农业气候资源和农业气候区划研究》系列成果曾获得 1988 年国家科技进步一等奖，并被选入《中华人民共和国重大科技成果选集》。① 九十年代以来，为适应传统农业向现代农业转变，农业高新技术的发展应用、农业产业结构的调整以及气候条件和气候资源本身的变化，中国气象局于 1998 年至 1999 年组织江西、黑龙江、河南等七地的气象局进行全国第三次农业气候区划试点工作。国家气象中心承担了 2007 年公益性行业（气象）科研专项“精细化农业气候区划及其应用系统研究”项目。该项目形成可以业务化运行的精细化农业气候区划应用系统以促进我国气候生产潜力的发掘与气候资源持续高效化利用。②

在气候预测方面，中国是世界上开展气候预测研究和业务比较早的国家。二十世纪五十年代初中央气象局与中国科学院成立了联合预报中心，开展了长期天气预报的业务试验，1954 年即以“气候展望”的名称第一次正式对外发布年度气候趋势展望产品；1958 年正式开展月尺度气候预测，发布月气候预测服务产品。八十年代初期逐步开展了气候评价工作，并开始对大气环流、海表温度分析和厄尔尼诺南方涛动事件监测，开始形成气候诊断业务。1995 年国家气候中心成立，中国进入现代气候业务快速发展时期。在“九五”国家重中之重科技攻关项目“我国短期气候预测系统的研究”的支持下，研制并建立了中国第一代月、季节预测的动力气候模式系统，改进研制月、季、年时间尺度的物理预计预测模型，基本实现了对全球气候系统的准实时监测，初步建立了我国气候事件监测预测业务。2005 年第一代动力气候预测模式投入业务运行。经过几十年的探索建设，我国逐步形成了现代气候业务发展之路。

在气候变化影响评估方面，我国自 2007 年以来，已经发布了三次气候变化国家评估报告。2012 年出版《气候与环境演变：2012》，系统总结了气候与环境变化对气象灾害、地表环境、冰冻圈、水资源、自然生态系统、近海与海岸带环境、农业生产、重大工程、区域发展及人居环境与人体健康的影响。同时，在区域 / 流域层面上，出版多部反映区域 / 流域特征的气候变化影响评估报告，在气候变化影响评估工作方面取得了长足的进展。在国家层面和地区层面上开发了多个社会经济情景指标，基于 IPCC 排放情景特别报告描述的情景，开发了 A2、B2 和国家或地方规划方案等三种社会经济情景。在气候变化情景构建上，中国利用区域气候模式构建了中国区域高分辨率气候情景，并且已经广泛应用于农业、生态系统、水资源等气候变化影响评估中。

在气候变化减缓方面，中国研制的“碳捕集、应用和封存”以及“微藻制油”两项技术，在地球工程技术领域具有代表性。中国政府和企业投入了大量的资金与人力，开展了相关技术研发与示范工作，获得了许多宝贵经验和初步的技术储备。目前国内个别地区和机构已经启动了微藻生物柴油成套技术研究和小型示范项目。

八十年代中期，我国开始在引进改造国外模式的基础上，研发具有自己特色的大气环流

---

① 刘晶淼、丁裕国、申红艳：我国农业气候资源区划研究进展与述评。《气象科技进展》，2011，1（1）：30-34。

② 张明洁、赵艳霞：近 10 年我国农业气候区划研究进展概述。《安徽农业科学》，2012，40（2）：993-997。

模式。大气所将八十年代初以来研制的大气、大洋环流等模式发展为IAP气候模式（九层），并从一开始就参与了IPCC的科学评估。中国气象局通过“九五”国家科技攻关重中之重项目“我国短期气候预测系统的研究”的实施，概括出了影响我国汛期气候异常的主要因子，初步建立了厄尔尼诺监测与预测、重大旱涝灾害预测和年际气候预测分系统，研制了七个区域级短期气候预测系统，建立了我国第一代短期气候预测动力气候模式业务系统（该模式在IPCC AR4中参与IPCC的科学评估）和超级集合预测应用系统，提供了我国、亚洲乃至世界的气候系统监测、预测、影响评估以及预估产品。

九十年代以来，气候与气候变化研究逐渐发展成为对气候系统进行全面而综合的研究。随着一系列气候领域科学研究计划项目的实施，中国气候与气候研究取得了大量成就。①气候系统（包括大气、海洋、陆地和冰冻圈）的观测得到明显改进，中国气候观测系统初步建成；②亚洲夏季风环流的暴发、中断以及平均环流结构等方面的研究取得重大成果，如提出了亚洲季风分为印度季风和东亚季风（包括中国和日本）两个不同的子系统，但二者又相互联系的学术观点；③热带太平洋、印度洋的海－陆－气相互作用，青藏高原、南/北半球中高纬地区冰雪－海洋－大气相互作用，亚洲季风系统的季节和年际变化的物理机制及其对东亚气候的影响等研究取得新的进展；④建立了新一代海－陆－气－海冰耦合的气候系统模式，提高了同化技术和预报技术，建立了模式集合预测系统，改进和提高了模式预测能力，并参加了国际模式比较研究计划；⑤ ENSO强信号事件及其对我国气候影响的机理以及厄尔尼诺预报等取得重要进展；⑥东亚季风以及我国气候演变趋势的季节、年际预测水平显著提高，开展了我国沙尘暴季节数值预报研究、大气环流异常的动力数值预测研究以及对古气候的观测和模拟研究；⑦副热带季风系统及与其密切联系的气候、气候变化等方面的研究取得重要进展，其中包括副热带季风的定义及特征、副热带季风指数、夏季风的进退及其北边缘、副热带季风与雨季、副热带季风的多时间尺度变率、青藏高原对夏季风的影响等；⑧气候异常除了受自然变化影响外，人类活动也引起全球气候和生态环境的变化，开展了大气中温室气体含量、水分环境以及气溶胶粒子的浓度等对气候变化影响的研究；⑨对我国重大旱、涝发生的机理有了新认识；等等。

此外，在季风气候、农业气候、干旱气候、风能和太阳能等气候资源普查、气候风险评估等诸多领域也都开展了大量研究，并取得重要成果。

三、气候学的发展前景

随着科学的发展，现代气候学在研究对象、研究内容、研究方法等方面都和经典气候学有着很大的不同，针对全球气候系统的演变，世界气候研究计划（WCRP）组织全球气候学家研究讨论，于2011年提出了现代气候科学的六大挑战，作为气候科学研究的重点领域：①云、环流系统和气候的敏感性；②理解和预测极端天气和气候事件；③水的可利用性；④海平面上升及其区域影响；⑤冰冻圈的气候变化；⑥年代际气候信息和预测。

在上述气候学研究关键领域中，世界气候计划（WCP）、国际地圈生物圈（IGBP）、未来地球计划（Future Earth）和政府间气候变化专门委员会（IPCC）科学评估等起着关键性的作用。其中，由国家科学联盟理事会（ICSU）和世界气象组织（WMO）共同支持的世界气候研究计划（WCRP）在引领和应对气候学挑战中占有极为重要的地位。我国重点关注气候学的四个研究领域。

（1）亚洲季风区的海、陆、气相互作用

海、陆、气相互作用是导致气候变化的重要原因，亚洲季风区气候活动和异常与海、陆、气相互作用关系密切。重点研究内容有：气候系统多圈层相互作用及其对东亚气候的影响；亚洲季风区极端气候事件变化的机理；亚洲季风区能量和水分循环过程；海、陆、气相互作用对东亚季风系统的季节—年际尺度变异的调控机理；亚洲季风区海—气、陆—气关键热力、动力过程及其与大气环流的相互作用；青藏高原对东亚和全球气候的影响。

（2）季节内、季节、年际到更长时间尺度气候系统变化机制、影响及可预测性

该领域重点解释不同尺度气候系统变化规律、影响及可预测性，主要包括：古气候资料复原、古气候变化；年代际变化机理及预测理论；高、中、低纬气候相互作用；中间层、平流层、对流层气候相互作业用；全球增暖背景下中国气候变化特征及其成因；不同时间尺度气候变化的相互作用及其预测；太阳活动及火山爆发对气候变化的影响；人类活动对气候的影响及其不确定性；气候变化的影响与不确定性；气候变化与人类健康、疾病传播的关系；不同尺度气候变化的可预测性。

（3）全球气候变化的基础理论及减缓和应对气候变化的科学问题

主要包括：全球变暖的驱动机制与关键反馈过程；全球气候变化的尺度相互作用动力学；全球气候变化的可预报性与不确定性；地球系统多圈层非线性相互作用和非线性相应过程研究；自然变率与人类活动对全球变化的相对贡献及其相互作用；全球气候变化的敏感性、脆弱性、突变规律；气候系统对外源强迫相应的阈值研究；全球重点地区气候变化规律、机理及其预测理论研究。

（4）气候系统模式和高分辨率区域气候模式

气候系统模式是气候变化定量研究的重要工具，并可为政策决策者制定应对气候变化决策提供重要科学依据。其重点研究内容有：气候系统资料同化；发展针对东亚独特气候的各分量模式及其耦合系统模式；古气候变化模拟；气候系统物理过程模拟；未来气候变化的情景分析；研发生物化学模式并引入气候模式；气候变化影响与适应模拟；气候系统模式的耦合理论方法和高性能计算方法。

第五节　大气探测学

大气探测又称为气象观测，是指对表征大气状况的气象要素、天气现象及其变化过程进行个别或系统的、连续的观察和测定，并对获得的记录进行整理的过程和方法。大气探测不仅为天气预报、气候分析、科学研究以及国民经济和国防安全直接提供准确、完整的气象资料，而且大气科学本身的发展和国民经济、国防安全的建设反过来也对大气探测提出了更高的要求，从而促进了大气探测的发展。

一、大气探测学的发展历程

大气探测学是大气科学的重要分支，是研究获取大气物理和化学性质的原理、技术和方

法的一门学科。它是涉及大气物理学、气象学、传感器技术、遥感技术、电子技术、无线通信技术和空间技术等多个学科和专业的交叉综合学科。随着数学物理理论和现代科学技术的发展，大气探测学也在不断发展中。现代科学技术的每一次进步均促进了“大气探测学”这门学科的发展，也给大气科学提供了发展动力。今天对气团、锋面、大尺度波动、高空急流、台风结构等天气系统和大气现象的认识，均是以来于每一次探测技术的进步，而目前对中小尺度天气的监测和预报则更是依赖于现代大气探测手段，例如多普勒天气雷达、风廓线仪等。大气探测是大气科学发展的基础，大气探测的发展程度是大气科学发展水平的一个重要标尺。

近代大气探测始于十六世纪末。它的一个重要标志是从原始、零星的目测和定性器测逐步发展到全球范围的、系统、连续和定量的大气探测。这一发展过程可分为四个阶段，即地面气象要素探测系统发展阶段、高空气象要素探测系统发展阶段、大气遥感时代和综合观测阶段。

我国大气探测技术发展，至中华人民共和国成立以前，明显地落后于迅速发展的世界步伐。二十世纪初期，我国开始了现代气象观测网的建设，但由于战乱频繁，现代大气探测事业的发展还比较缓慢，气象台站稀少，基本上没有我国自主的大气探测技术，各种现代气象探测仪器都依靠进口。

1949 年中华人民共和国成立后，我国气象观测网建设迅速发展，到 1956 年我国气象台站由 101 个增加到 1377 个。

二十世纪五六十年代，我国自主研究的探测仪器不断取得重大进展。1956 年中国 P3–049 型探空仪在上海无线电二三厂投产，结束了长期依靠进口的局面。六十年代，中国自主研制的 59–701 高空探测系统成为获取高空气象资料的主要手段。1965 年中国科学院大气物理所研制了我国第一台探测大气气溶胶的激光雷达系统，该系统采用红宝石激光器作为激光发射单元，主要用于水汽、云和大气臭氧方面的探测。以后的几年中该所又研制了用于测量大气气溶胶消光及大气斜程能见度的米散射激光雷达以及大型多波长激光雷达系统，这对于高对流层和平流层大气气溶胶以及平流层臭氧的探测是非常必要的。1969 年中国设计定型了 711 型测雨雷达，这是第一部国产的专用天气雷达。

特别是 1980 年以来，我国大力发展气象卫星探测和新一代的天气雷达等现代化的气象探测装备，逐步迈向世界气象观测的先进行列。1988 年成功发射风云一号极轨气象卫星，1997 年成功发射风云二号静止气象卫星，并相继进入业务应用，成为世界上少数几个拥有两个系列气象卫星的国家。1997 年在引进先进雷达技术的基础上，研制、生产、布设新一代多普勒天气雷达，逐步形成了遍布全国的新一代天气雷达监测网。中国科学院安徽光学精密机械研究所于 1991 年建立了当时我国最大 L625 激光雷达系统，用于探测平流层气溶胶分布，该激光雷达系统被美国国家宇航局选为全球十大激光雷达站，参与联合观测菲律宾皮那图博火山爆发所产生的火山灰气溶胶粒子。之后，又相继研制出我国第一台探测平流层臭氧的紫外差分吸收激光雷达、可移动式双波长米散射 L300 激光雷达、A1 型微脉冲激光雷达和国内首台米散射多普勒测风激光雷达。这些激光雷达系统的相继投入使用，为我国大气气溶胶、云和臭氧空间垂直分布的测量积累了丰富而宝贵的资料，引起了世界各国的普遍重视。

至 2009 年底，气象部门共建有国家级地面气象观测站 2416 个，其中 2134 个站实现了基本气象要素自动化观测；区域气象观测站25588个；有146部新一代天气雷达、91套L波段探空系统投入业务使用；建设了26部风廓线仪，98个辐射站，276个GPS/MET站，232个雷电监测站，631个农业气象观测站；建成了四个大气本地台站，30个大气成分观测站，317个酸雨观测站。初步建立了气象技术装备保障业务体系。气象雷达探测方面，到2011年底，我国已建成172个新一代天气雷达探测站，建成了覆盖全国的新一代天气雷达网，并实现了以每六分钟数据实时传输和联网拼图。我国新一代天气雷达投入业务运行，使得我国对台风、暴雨等较大范围的强降水的临近预报准确率大大提高，并且能尽早识别飑线、龙卷、下击暴流等强对流天气。除气象部门外，其他相关部门也开展了一些与气候相关的观测业务。

此外，气象卫星遥感观测已成为我国气象业务和研究不可或缺的手段。我国已相继成功发射五颗静止卫星和六颗极轨卫星，实现了气象卫星的业务化运行，成为国际上同时拥有静止和极轨气象业务卫星的三个国家或地区之一。同时，气象卫星有效载荷有较大提升，实现了从单一遥感成像到地球环境综合探测，从光学遥感到微波遥感，分辨率从千米级到百米级的跨越。当前气象卫星遥感观测已经广泛应用于我国夏季风、南海季风爆发、西太平洋台风活动等的监测。我国卫星气象研究和发射的发展带动了我国卫星气象学的研究。当前，我国不仅在利用卫星遥感资料分析西太平洋台风活动及登陆我国地点、监测暴雨，以及洪涝分布、寒潮活动、沙尘暴和雾霾天气和森林火灾等方面取得很大进展，而且气象卫星资料在数值天气预报中也得到广泛应用，提高了数值预报的精度和时效。同时气象卫星资料在气候变化研究中也逐步展开。

各类探测技术迅猛发展，为开展国际大型研究计划奠定了基础。大气探测逐步向网络化和全球化方向发展，逐步形成了包括大气、陆面、海洋和生态系统等的全球观测网络，促进了探测数据的国际交流和共享。大气探测已经步入了探测的天地一体化和星载多仪器探测的综合化时代。空间对地观测技术已经成为地球系统观测的核心组成部分，尤其是以多颗卫星编队组合方式飞行的卫星队列，实现了多平台、多传感器、多谱段的协同对地观测。

二、我国大气探测学的分支学科

（一）雷达气象学

雷达用于探测大气中的各种天气现象和气象要素的主动式大气遥感探测设备。天气雷达获取的云、雨、风、温等物理量数据，能为天气预报、数值天气预报模式、民航飞行安全、国防建设等提供必要的资料。

四十年代中后期，雷达逐步由军用转向民用，在厘米波雷达出现后，发现云和降水对电磁波有强烈的散射作用，妨碍了雷达对飞机的探测，但也给气象人员提供了一种新的探测云、雨、降水分布和移动的手段。1944年，美国建立第一个气象雷达站，开始使用十厘米雷达探测台风，在警戒强烈的灾害性天气中起到显著的效用，深受气象工作者的欢迎。

我国于1958年设计制造用于常规气象观测业务的高空探测气象雷达（通过跟踪气球测量高空风，称为二次雷达）。六十年代中后期，中国进行了军用843型S波段军用雷达的改造。同期，成功研制红宝石激光测云仪、红宝石激光测烟雷达、砷化镓激光测云雷达、并开展了激光测云、测烟及测定大气能见度等观测原理和方法的实验研究。

六十年代末到八十年代，中国研制了X波段（三厘米）的711型雷达、C波段（五厘米）

713 型天气雷达和 S 波段（十厘米）714 型天气雷达。在“七五”期间中国研制出中国第一部对流层风廓线雷达，这个时期欧美国家开始发展机载天气雷达。1976 年美国开始研制用于研究热带风暴结构的 P3 雷达，八十年代末期招标生产布网美国新一代天气雷达全相干脉冲多普勒天气雷达 WSR–88D，并且开展了风廓线雷达科研观测试验。

二十世纪九十年代到二十一世纪初，是多普勒天气雷达快速发展阶段，很多国家在这一时期开始多普勒天气雷达的业务布网，一些国家也开始了风廓线雷达区域业务试验。我国新一代天气雷达于九十年代中期开始研制，并逐步布网。

雷达气象学，是研究用雷达获取大气状态、大气结构及其演变特征的理论和方法，以及如何把天气雷达观测资料用于天气、气候和环境等领域的学科，是现代气象学的一个分支。它的研究内容主要包括气象回波形成的理论，探测方法与技术，以及探测数据的分析和应用，特别是在灾害性天气监测和预警等方面的应用。

雷达在气象上的应用，是在二十世纪四十年代随着军事雷达技术的发展而开始的。当时军事雷达的回波图上经常见到一些非军事目标的回波，干扰了军事目标的识别，严重时使得探测军事目标成为不可能。后经研究发现这些杂波来自云、雨等气象目标。1941 年英国最早使用雷达探测风暴。美国于 1944 年建立了第一个气象雷达站，开始使用十厘米雷达探测台风。

六十年代初雷达气象学的基本理论研究已趋完善，同时美国又研制出了全相干脉冲多普勒天气雷达，使得雷达可以同时测量降水和径向风场信息。六十年代中国也引进了天气雷达，用于强风暴研究和台风监测。1990 年美国使用下一代天气雷达（NEXRAD）开始多普勒天气雷达网建设。2006 年美国开始研制有多功能的相控阵天气雷达，同时也在开展协同自适应观测为内容的网络化雷达试验研究。

由于气象雷达在大气探测中具有快速独特的获取三维气象信息的能力，因而获得了广泛的重视，而早期的雷达气象学只与中、小尺度天气学、云和降水物理学相联系，并以单部雷达探测为特征。随着雷达探测技术、电子计算机技术、通信和信息等技术的快速发展，以及雷达组网技术、气象科学和环境科学等科学的发展，使雷达气象学得到了高速的发展。雷达气象学不仅涉及传统的中、小尺度天气学、云和降水物理学，而且已发展成为研究、监测和短期预报各类灾害性天气及次生灾害的学科，并已渗透到了天气和气候数值预报、公共气象服务等众多学科。由于气象雷达在大气探测中具有的高时空分辨率和快速采集信息的独特优势，而且在探测原理、气象雷达技术和回波分析解释等方面都有重大进展，终于使雷达气象学成为一门独立的分支学科。

（二）气象卫星

利用人造地球卫星作为观测、通信和数据收集的平台，专门用来获取地球大气要素和地球物理参数的卫星。早在五十年代初，气象和航天科学家就提出在火箭和卫星等空间飞行器上安装摄像机等探测器，对地球大气进行观测的设想。1960 年 4 月 1 日，美国把世界上第一颗试验气象卫星送入太空，实现了人类从外空对地球大气、云层和地球表面进行摄像和辐射观测的设想，开创了人类探测气象要素和参数的新纪元。

从六十年代末开始，气象卫星逐步从试验走向业务化。由不同种类轨道气象卫星组成的业务气象卫星监测网，已经成为世界气象组织世界天气监测网的重要组成部分，为天气分析、预报和灾害性天气监测提供多方面信息。各种气象卫星正在成为各种大型的、全球性的大气科学和地球系统科学研究计划的重要支撑。

我国极轨气象卫星的发展，于 1970 年提出、并酝酿自己的极轨气象卫星计划。1977 年形成极轨气象卫星风云一号的总体方案。1988 年 9 月 7 日风云一号第一颗试验星在太原卫星发射中心被成功地送入太空，揭开了中国从空间探测地球大气的一页。该卫星寿命未达到设计要求。1990 年 9 月 3 日第二颗风云一号气象卫星入轨。由于空间环境事件（高能粒子流轰击）影响，出现故障，造成姿态失控，卫星寿命仍未达到设计要求。

第一代业务极轨气象卫星 1999 年 5 月 10 日发射的经过改进的 FY-1C 卫星和 2002 年 5 月 15 日发射的 YF-1D 卫星，其寿命均超过设计任务书要求，成为中国第一代业务极轨气象卫星。

第二代业务极轨气象卫星风云三号（FY-3）气象卫星是我国第二代极轨业务气象卫星。它具有探测大气三维要素和参数、进一步提高云区和地表特征遥感能力，从而能够获取全球、全天候、三维、定量、多光谱的大气、地表和海表特性参数。FY-3A 已于 2008 年 5 月 27 日发射升空，FY-3B 于 2010 年 11 月 5 日发射，它们组成上午星和下午星，实现双星组网观测。2013 年 9 月 23 日中国发射了 FY-3 系列卫星的第三颗星 FY-3C，卫星上又增加了利用全球卫星导航系统的掩星信号进行探测的功能。

1986 年我国第一颗静止气象卫星风云二号正式列入国家计划，其第一颗试验气象卫星于 1997 年 6 月 10 日在西昌卫星发射中心用“长征”3 号运载火箭将其送入地球同步轨道，被命名为 FY-2A。卫星正常运行十个月后，因天线的消旋系统等出现故障导致卫星不能连续工作。2000 年 6 月 25 日第二颗风云二号试验气象卫星发射升空，并于 2001 年 1 月 1 日投入准业务运行，3 月因星上通信系统故障而中断工作。

中国第一代地球静止气象卫星分为三个批次：01 批卫星包括两颗星 FY-2A 和 FY-2B，属于试验型地球静止气象卫星；02 批有三颗卫星 FY-2C、FY-2D 和 FY-2E，为中国第一代业务地球静止气象卫星。风云二号 C 星与 D 星一起构成双星观测、互为备份的业务模式。相对 01 批卫星，02 批卫星技术性能有较大改进，主要包括星载扫描辐射计由 01 批的三通道增加到五通道，数据量化等级增至十比特。此外 02 批增加了星上蓄电池供电能力，以保证卫星在春分、秋分前后进入地影期间对星供电，星上仪器不关机。2012 年 1 月 13 日发射的 FY-2F 星已定位于 112°　E 度赤道上空，接替 FY-2C。按计划 FY-2 号系列卫星还有 FY-2G 和 FY-2H 两颗卫星，保证这一代业务静止气象卫星工作到 2020 年前后。

2016 年成功发射的风云四号 A 星与我国第一代卫星观测系统相比，观测的时间分辨率提高了一倍，空间分辨率提高了六倍，大气温度和湿度观测能力提高了上千倍，整星观测数据量提高了一百六十倍，观测产品数量提高了三倍，综合技术性能达到国际领先水平，实现了我国静止轨道气象卫星从“跟跑”向“领跑”的跨越。

卫星气象学，这是研究用人造地球卫星作为观测平台获取气象要素、地球大气参数的原理和方法，以及如何把这些资料用于大气科学研究和气象业务工作的一门分支学科。气象卫星探测的全球覆盖、高时空分辨率和遥感探测器多波段、多极化、高光谱和主、被动等特点，使其成为获取不同尺度的气象要素、云和气溶胶的物理参数、大气成分、地表和海表等地球物理参数全球分布的重要手段，从而支持天气分析，特别是中尺度灾害性天气的监测、预警和邻近预报、数值预报、气候监测和短期气候预测，以及大气科学和全球变化研究的全面开展。在气象卫星快速发展的支撑下，卫星气象学从诞生走向成熟；用星载照相机获取单一云图到探测多种气象参数；气象卫星探测的图像资料从定性应用于天气分析预报到定量应用于数值天气预报。进入二十一世纪以后，通过遥感探测器光谱通道的增多、光谱分辨率的提高和主、被动、多极化等遥感技术的采用，使卫星气象学迈上了一个新的台阶。

三、大气探测学的应用进展

大气探测学是近现代大气科学发展的基础，其应用领域涉及大气科学及分支学科的各个方面。

气象观测的直接目标是获取气象信息，而最终目标是实现气象观测资料在天气、气候业务和气象服务中的有效应用。综合气象观测系统，在获取多种观测资料的基础上，需要实现多元气象信息的融合及同化，提升观测资料的有效性、准确性，为数值天气预报和气候模式提供时空分辨率更高、协调一致的实况场。通过观测资料的长期积累，可为气候学研究提供数据支撑。针对观测资料进行深层次的信息挖掘，提取其中潜在的气象信息，将大气模式与观测资料相结合，拓展信息获取手段。制作出满足各类专业需求和公众需要的气象观测产品，发挥气象观测资料公益性和专业性的服务功能。

气象观测以大气探测学为支撑，在整个气象业务体系中处于基础地位。大气探测学的研究成果为气象观测业务系统的建设发展提供了科学技术基础，稳定可靠的气象观测资料是进行天气预报和气候预测的基本依据，同时也为农业、交通、军事、环境等方面的气象服务提供重要的基础。大气探测技术的发展促进先进技术在气象观测中实现业务化，如高空探测技术的发展，使无线电探空仪、天气雷达、风廓线雷达等技术在气象观测业务中得到普遍应用。另一方面，气象观测中发现的新问题又是大气探测学发展的重要源泉，引导和推动大气探测理论与技术研究的扩展和深化。

（一）天气雷达应用

我国天气雷达的研制步伐，是从国外引进样机或用军用雷达改装开始的。六十年代前后，从英国引进了几部三厘米小型雷达，开始进行测雨观测。1964 年，从军队调入两部波长十厘米的 84 型雷达进行改装。六十年代中期，从日本引进五厘米雷达进行探测研究。1968 年组织了波长三厘米的 711 型天气雷达的研制生产，1969 年定型。这是我国自行生产的第一种专用天气雷达。1973 年，启动五厘米波长的 713 雷达的研制工作。1976 年，713 雷达设计定型，1977 年投入批量生产。八十年代，全国开始部署实施天气雷达组网。

我国新一代天气雷达从 1999 年开始布网。截至 2017 年底，全国气象部门有各类气象雷达 822 部，较 1981 年增加 467 部。其中全国气象部门有 457 部天气雷达，有 198 部新一代多普勒天气雷达业务运行，近地面覆盖范围达到约 220 万平方千米，基本覆盖全国气象灾害易发区和服务重点区，实现了六分钟一次的数据实时传输和全国及区域联网拼图，为临近预报、开发利用空中云水资源、抗旱防雹和改善生态环境等提供了技术支撑。新一代天气雷达全年平均业务可用性达 99% 以上，基本与国际先进水平相当。目前，天气雷达资料已初步应用于数值预报业务，使 0 ~ 6 小时中雨预报准确率提升近 10%（见图 10-1）。

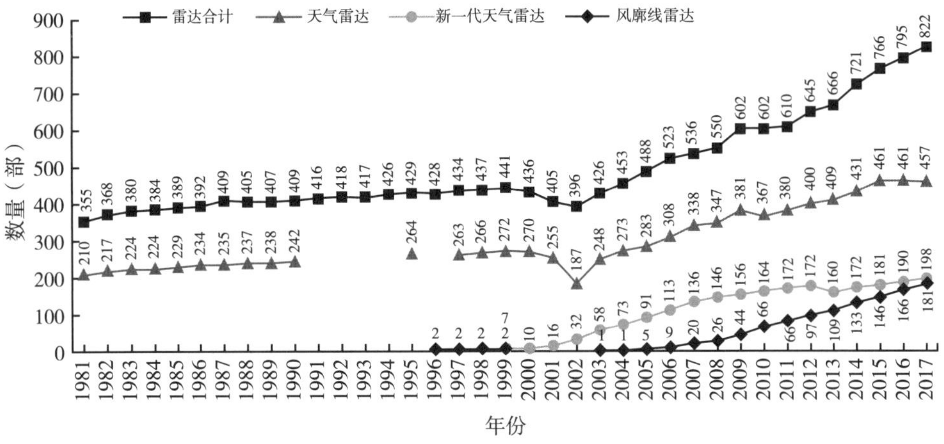

图 10-1 1981—2017 年气象雷达建设进展 ①

（二）气象卫星应用

1973 年，我国研制出高分辨率极轨气象卫星云图接收机和 121 型传真机，适应了接收美国第二代极轨气象卫星发送的甚高分辨率云图的需要，具有接收美国第三代极轨气象卫星的能力。自 1974 年起，我国开始卫星资料接收处理的调研和可行性论证。1978 年在北京、广州、乌鲁木齐开展地面站的选址和勘察工作，1982 年开始建设风云一号气象卫星地面应用系统，1987 年 12 月建设完成，并通过国家验收委员会综合检验，予以正式验收，交付使用。1997 年开始进行风云一号 02 批气象卫星地面应用系统建设，1999 年 4 月全部建设完成并投入应用。

风云二号静止气象卫星地面应用系统从 1989 年开始建设，1994 年完成建设任务，由于风云二号 01 星发生事故，1994 年开始对地面系统的可靠性进行提高，1997 年 6 月风云二号 A 星发射后，成功实现对卫星的业务运行控制、云图获取、数据传输等功能，1997 年 11 月通过国家验收。为保证风云二号气象卫星地面应用系统对两颗卫星的运行管理，从 1998 年开始风云二号双星管理扩建工程的建设，2000 年建成后实现了对风云二号 A 星和 B 星的业务运行和管理。

到 2018 年 6 月，我国已成功发射十七颗风云系列气象卫星，目前有八颗气象卫星在轨运行（见表 10-1），气象卫星的技术水平、运行稳定性和寿命、应用能力等均有重大突破，部分性能指标超过国际在轨卫星先进水平。其中风云二号、风云三号被世界气象组织纳入全球业务应用气象卫星序列之中。

目前，中国气象卫星观测“天网”实现了极轨气象卫星“上、下午星业务组网观测”，全球观测时间分辨率从十二小时提高到六小时；静止卫星形成了“统筹运行、多星在轨、互为备份、适时加密”的业务运行模式，观测时间分辨率从每小时一次提高到非汛期半小时一次、汛期每十五分钟一次，在应急情况下可加密到每六分钟一次，有效提高了对全球和区域范围内的台风、暴雨等极端天气、气候和环境事件的观测和预报能力。

---

① 新一代天气雷达中 2013 年之前为组装架设的雷达数量，自 2013 年开始为实现业务运行的雷达数量。

表 10-1 2018 年在轨中国风云（FY）系列气象卫星基本情况

系列	型号	发射时间	运行状态	技术属性	作用
风云二号	风云 2E	2008 年	在轨运行	地球静止轨道气象卫星（第一代）	获取白天可见光云图、昼夜红外云图和水汽分布图，进行天气图传真广播，收集气象、水文和海洋等数据收集平台的气象监测数据，供国内外气象资料利用站接收利用，监测太阳活动和卫星所处轨道的空间环境，为卫星工程和空间环境科学研究提供监测数据
	风云 2F	2012 年	在轨运行		
	风云 2G	2014 年	在轨运行		
	风云 2H	2018 年	在轨测试		
风云三号	风云 3B	2010 年	在轨运行	极地轨道气象卫星（第二代）	获取地球大气环境的三维、全球、全天候、定量、高精度资料，满足我国天气预报、气候预测和环境监测等方面的迫切需求
	风云 3C	2013 年	在轨运行		
	风云 3D	2017 年	在轨运行		
风云四号	风云 4A	2016 年	在轨运行	地球静止轨道气象卫星（第二代）	多通道扫描成像辐射计获取的图像、干涉式大气垂直探测仪获取的大气红外辐射光谱、闪电成像仪获取的闪电分布和强度信息、空间环境监测仪获取的空间效应及粒子探测信息

气象卫星的数据产品广泛应用于气象、农业、水利、海洋、环境等领域，对数值天气预报模式性能的改进发挥着重要作用，为防灾减灾提供重要支撑，并在全球实现共享共用；国内接收和利用风云气象卫星资料的用户超过二千五百家，全球九十多个国家和地区（包括“一带一路”沿线三十七个国家和地区）在使用风云卫星。气象卫星应用效益显著，投入产出效益比超过 1∶40。

（三）其他探测技术应用

我国根据气象业务发展需求，已经基本形成了以常规地面站、高空探测站、自动监测站、农业监测站、雷电探测为主体的观测网络，随着灰霾及光化学污染等问题日趋严重，珠三角、京津冀、长三角等地区建立若干集成多种要素的城市和区域背景超级观测站，实现对从纳米至微米尺度的气溶胶颗粒物、化学成分及光学特性，以及大气中数十种气体成分的同步连续观测，推动了大气环境和大气化学研究。这些大气探测方面的进展都为大气科学的发展做出了重要的贡献。

我国大规模观测网建设始于中华人民共和国成立以后，至 2018 年底，国家级地面气象观测站数达到 10714 个，监测密度平均为 30 千米，包括基准站 212 个、基本站 633 个、常规站 9869 个。其中，共有 279 个行业站纳入国家级地面气象观测站序列，包括建设兵团 172 个、农垦 78 个、森工 23 个，全部为常规站。

农业气象观测业务始于上世纪五十年代，历史上曾一度中断，1979 年重新开始了农业气象观测业务。到 2018 年底，全国在粮食主产区和林牧草生产区设置农业试验站 69 个、653 个农业气象观测站和 2312 个自动土壤水分观测站，农业气象观测业务已基本满足气象服务需要。

大气成分观测业务始于八十年代初，到 2018 年底相继建立了七个大气本底站（包括一个全球大气本底站、六个区域大气本底站）、166 个大气成分观测站、29 个沙尘暴观测站和 399 个酸雨观测站，实现了温室气体、大气环境等的在线连续观测。其中，1994 年在青海瓦里关建立的第一个大陆型全球大气本底站，是世界内陆地区唯一的海拔最高的全球大气本底站，也是世界气象组织认可的全球大气本底站。

海洋气象观测业务在中华人民共和国成立后开始初建，改革开放后为适应海洋经济发展需要，加快了海洋气象观测台站建设。到 2018 年底，在渤海、黄海、东海和南海已建设海岛自动气象站 373 个，沿海自动气象站 536 个，船舶自动气象站 52 个，沿海气象观测塔 46 个，石油平台自动气象站 35 个，天气雷达站 15 个，沿海风廓线雷达 30 个，GNSS/MET 站 103 个，声学测波仪五个，风暴潮站三个，中国气象局自建和与国家海洋局共享的海洋浮标观测站共 41 个。

空间天气观测业务自 2004 年开始建设，主要以风云系列卫星为核心，充分利用现有的风云卫星平台装载空间天气设备，并在关键地点建设太阳、电离层和高空大气观测台站，到 2017 年底已形成“三带六区”地基空间天气专业观测网布局，共建成空间天气观测站 84 个。

雷电自动观测业务从 1996 年开始建设，到 2018 年底全国已建成由 476 个雷电观测站组成的、基本覆盖全国的雷电观测网络，实现了雷电灾害的联网监测和定位。

辐射观测方面，我国共有 103 个辐射观测站，包括 19 个一级站、33 个二级站和 48 个三级站，辐射观测资料在卫星观测校准和验证、大气辐射传输的理论分析与评估、天气气候模式计算验证和地表辐射变化趋势分析评估，以及太阳能资源开发利用等方面得到越来越多应用（见表 10-2）。

表 10-2 专业气象观测站点数统计表

站点 / 设施	数量（个）
雷电观测	476
太阳辐射观测	103
大气成分观测	166
风能观测	175
沙尘暴观测	29
臭氧观测	53
紫外线观测	111
酸雨观测	399

四、大气探测学的发展前景

未来大气探测技术将更好地用于云系结构的时空分布规律研究中，从而指导模式中云过程模拟和人工影响天气作业。其主要研究内容包括：云微物理中初始云滴形成和增长、冰粒子形成及增长的测量技术研究；地基云雷达探测技术研究，地基多仪器资料综合的云结构分析研究，卫星多仪器遥感的云参数和大气参数反演技术方法、卫星云产品资料与天气模式产品的相互比对分析研究；地基多仪器云和气溶胶的探测研究，大气气溶胶过程与云及降水的相互作用过程及其辐射强迫的探测理论和方法研究；定量评估人工影响天气效果的新理论、新方法和新技术研究。

尽管目前对雷暴云形成的动力过程已经有了较好的认识，但是雷暴云内现场探测资料依然缺乏，我国云内现场探测技术仍是空白，雷暴云高分辨率数值模拟和预报迫切需要对雷暴云内动力、微物理和电特征的直接认识。雷暴云内综合探空技术主要研发雷暴云降水粒子相态、粒子尺寸、电场、闪电的综合探测技术，发展数据反演和资料解读方法，实现与云内温度、湿度和风场等气象要素的同步探空；通过探空实验，获取雷暴云内的现场观测资料，为雷暴云物理机制研究和数值预报提供技术数据，为雷暴云的多参数雷达遥感探测提供验证数据。

现有的大气探测网络已经包括地基、空基和天基多平台仪器设备，已经积累了大量的有价值的科学资料，但相关资料的数据共享尚存在问题，同时在海量数据的处理和数据分析方法尚存在瓶颈。今后将充分地利用好现有的大气探测资料，建立相关数据集成和共享平台，开展地空天多仪器资料综合分析与集成的方法学研究，为大气科学工作者提供便捷的方式来获取资料开展研究。

此外，大气探测学未来还将开展的研究包括：合理优化和综合利用东部地面测站、地基测雨雷达网、卫星气象遥感资料，研究多种时空尺度多信息的融合技术方法并建立相应的资料集；围绕对流层与平流层相互作用（包括物质交换等）综合资料集建设的理论和方法研究；围绕青藏高原高原及山地地基与空基一体综合观测资料集建设的理论和方法研究；围绕地基雷电资料与地基测雨测云雷达时空同步综合观测资料集建设的理论和方法研究；围绕地基激光大气探测与大气污染观测及常规大气参数观测综合资料集建设的理论和方法研究。

第六节　应用气象学

应用气象学是研究有关专业与气象条件的相互关系及气象学应用于有关专业所形成的各专业气象学的统称，研究领域涉及农业、水文、工业、交通运输、航海、航空、海洋渔业、环境保护、军事、城市建设以及医疗等专业。

一、应用气象学的发展历程

应用气象学，这是研究有关专业与气象条件的相互关系及气象学应用于有关专业所形成的各专业气象学的统称，研究领域涉及农业、水文、工业、交通运输、航海、航空、海洋渔业、环境保护、军事、城市建设以及医疗等专业。

人类生活在地球周围聚集着的气体圈层（即大气圈）的底部，大气中所发生的一切物理化学现象和过程均将直接或间接地影响人类的生活和生产活动。正因为如此，人类很早就在农业、手工业、交通运输、水利工程、军事活动和医疗等方面应用了气象知识。

我国古代气象知识的应用居于世界领先地位，应用涉及农业、医疗、建筑、军事和交通等诸多领域。我国近代应用气象研究是从二十世纪三十年代开始，为适应农业、工业、军事、水利、建筑、交通、能源和医疗等发展需求，开展了大量的应用气象研究工作，如全国农业气候区划、全国建筑气候区划、全国道路气候区划、全国各流域规划，以及健康气象研究等。

五十年代，气候为农业、工业、军事、水利、电力、交通运输、建筑、能源等服务的研究被称为专业气候，六十年代末后才将专业气候改称为应用气候。与国际应用气象研究相呼应，中央气象局于 1974 年 10 月在杭州召开了全国应用气候会议。八十年代以后，各专业部门与气候的关系得到了进一步发展，部分学科单独召开学术交流会，如气象能源、农业气象、建筑气候、医疗气象、水资源气象等会议，反映出应用气象学的重要性。1985 年谭冠日所著《应用气象》出版。

在应用气象研究蓬勃发展的同时，中国应用气象学人才的培养也取得了长足发展。1956 年在著名科学家竺可桢和涂长望建议下，北京农业大学在农学系创办了农业气象专业。1958 年广西农学院、沈阳农学院、华中农学院也于开办了农业气象专业。1960 年以后，一些农、林、综合性院校也开始开设农业气象专业。1960 年当时中央气象局创办了南京大学气象学院，下设农业气象系，1989 年改为应用气象系。1962 年经过调整，全国保留的农业气象专业的大学有北京农业大学、南京气象学院、广西农学院、沈阳农学院等院校。1998 年全国专业目录调整，教育部批准将农业气象学专业改为应用气象学专业。目前，中国设有应用气象学专业的大学本科有：南京信息工程大学、南京大学、中山大学、中国农业大学、兰州大学、沈阳农业大学等。

为快速推进我国应用气象学的科技业务发展，中国气象局于 2008 年组织制定了《中国气象局应用气象研究计划（2009—2014 年）》，2013 年修订并形成了《应用气象研究计划（2013—2020 年）》。这些计划的实施有力地推进了应用气象学的发展，在防灾减灾和应对气候变化等国家需求的应用气象科研与业务服务领域取得了一系列创新性成果，显著提升了中国应用气象的国际地位和影响力。

随着大气科学的发展，应用气象学的原理、方法和成果在农业、林业、水文、航海、航空、军事和医疗等领域的应用深度和广度将不断加大，特别是气象卫星、计算机及网络技术的广泛应用，为应用气象学的迅速发展创造了条件。同时，应用气象学与各个学科的结合也越来越紧密，进一步推进了应用气象学的发展。

二、应用气象学分支学科进展

（一）环境气象学

这是研究人类与自然环境相互影响中的气象学问题，利用气象学原理、方法和成果研究评估人类与自然环境相互作用的过程与效应，是气象学与环境科学的交叉学科。环境气象学建立在数学、物理学、化学、生物学等基础科学之上，其中动力气象学、大气物理学、大气化学、生物气象学、环境科学是环境气象学最核心的科学基础。

人类活动以及一些自然过程向大气中排放污染物、沙尘、火山灰、海盐、花粉等，这些物质在大气中如何扩散、迁移和转化，造成怎样的局地、区域、大陆乃至全球尺度的污染，对人类健康和生产、生活产生什么影响，可引起陆地和海洋生态系统以及气候怎样的长期变化，是环境气象学的主要科学问题。准确地认识、描述和评估这些影响并为必要的预警与控制提供依据是环境气象学的主要任务。

环境气象学源于第一次世界大战期间，英国为研究野战中毒气浓度的预报方法，开展大气扩散实验，开创了空气污染气象学研究工作。二十世纪四十年代起核试验和原子能工业的发展，提出了放射性物质污染扩散预测及控制问题，推动了大气扩散的实验和理论研究。

在二十世纪中期随着大气污染问题越来越突出，发生了一些诸如洛杉矶光化学烟雾、伦敦烟雾等重大大气污染事件。这些大气污染事件带来的严重后果迫使有关国家和地方政府以及企业采取有效控制措施，同时也推动了大气化学、空气污染气象学等环境气象学相关学科的发展。特别重要的是1977年联合国欧洲经济委员会签署《长距离越境大气污染公约》（LRTAP）。美国、加拿大、中国、日本、韩国等也相继开展了相关研究，启动了一系列的酸雨研究项目，并建立了大规模酸雨监测网络，包括美国的国家大气沉降监测网、中国气象和环保系统建立的酸雨观测网、东亚酸沉降监测网（EANET）等，为相关国家政府制定控制酸沉降、减缓酸雨危害的政策和法规提供了强有力的科学支撑。

我国气象系统科研业务人员参与环境气象方面研究与服务工作已有较长的历史。自二十世纪七十年代末逐步建设环境气象相关观测系统，先后建立了大气本底、酸雨、沙尘暴、大气成分等观测网络，已经形成了具有相当规模的环境气象观测体系。气象系统还利用自主研发的CAPPS、CMAQ-ASM、CUACE等模式系统开展了城市空气质量预报、沙尘暴预报、雾霾预报等环境气象相关预报服务。

八十年代以来，气象系统在不断完善大气成分观测网的同时，在边界层气象观测方面，建有L波段雷达探空观测站和风廓线雷达，利用卫星遥感监测开展霾、沙尘、雾、温室气体等的实时监测和评估。环境保护部也在全国范围内建成了覆盖地级以上城市的环境空气质量监测网。大气化学模式是开展环境气象业务的重要技术支撑，气象部门和一些科研院所建立或引进发展了各类数值模式为区域和城市空气质量、能见度及霾等的预报预警提供技术手段和科技支撑。

我国从1996年开始由原国家环境保护总局发布空气污染指数API日报。气象部门空气污染气象条件预报的出现为靠站环境空气质量API指数预报提供了契机。从2001年起，原国家环境保护总局和中国气象局联合开展城市环境空气质量预报工作，在中央电视台共同发布环境保护重点城市环境空气质量预报。近十几年来，尤其是2008年北京奥运会和残奥会、2010年上海世博会和广州亚运会期间，我国许多城市都开展了形式多样的有关人体健康的环境气象服务方面的探索。①

（二）健康气象学

亦称医疗气象学、公共卫生气象学或人类生物气象学，是医学与气象学的交叉学科，属于生物气象学范畴，也是应用气象学的一个重要分支。主要研究气象及相关大气环境对人体的作用和影响规律，其目的是要利用有利的气象条件来增强体质，防治疾病，避免对人体健康有害的气象条件。

健康气象是一个古老而又发展迅速的学科。早在两千多年前，中国早期的医学书籍中，就有大量有关健康气象的记载，如《内经》中说“阴阳四时者，万物之终始也，死生之本也，逆之则灾害生，从之则柯疾不起”，意思是人们只有顺从天气变化及时做出适应的调节，才能保持健康。

健康气象学研究始于二十世纪三十年代，西方国家的一些医师发表了较多疾病的发生、发展与天气有关的报告，1955年荷兰建立了生物气象研究中心。1957年在维也纳召开了第一次生物气象学术研讨会，到1979年共召开了八次国际医疗气象学术研讨会，内容涉及生物气候学、生物气象学、气象病、气象医疗、气象医疗预报等方面的问题

我国尽管古代医学著作早已阐述了天气、气候与人类健康息息相关的观点与思想，明确

① 彭王敏子：我国环境气象服务发展概述。《能源研究与管理》，2013（3）：13-15。

指出了人与气象和环境的关系，并将其贯穿于整个医学之中，但现代意义上的健康气象研究起步却比较晚。运用现代研究方法研究天气、气候对人体健康和疾病的影响始于二十世纪五十年代，整体上比较零散，也不够深入，主要在几种疾病的发病率与天气、气候条件的相关统计分析方面开展了一些工作，对天气、气候条件影响人类健康的机理未开展研究，也未涉及健康气象预报领域。直到 1971 年周恩来总理做出“一个气候，一个烟雾，我们对二者都要研究”的指示后，我国才开始了较多的关于气象条件对感冒、气管炎和心肺疾病影响的研究。1971 年，全国开展了慢性气管炎的研究，气象条件对感冒、气管炎、心肺疾病影响的研究，推动了我国医疗气象事业的发展。1972 年，通过研究气象条件与感冒、气管炎、心肺疾病的关系，由中国医学科学院流行病研究所负责，成立了全国气象环境与呼吸疾病关系研究协作组。1974 年，中央气象局召开的第二次应用气候学术会议，将医疗气象列为内容。从此，我国开始了较系统的医疗气象学的研究。1975 年，南京大学气象系举办医疗气象学讲座。并于 1980 年健康气象学在上海召开了首届健康气象研究座谈会。

二十世纪九十年代之后，国内学者大量地研究了天气与气候因素对正常人体生理过程的影响与人类疾病的关系，观察、分析不同季节天气、气候对多发病的发生频率和不同疾病发展过程的影响，疾病在不同天气气候地区的分布等；研究了各种气象因素与疾病的内在关系和天气、气候对病原媒介生物生长、繁殖、传播的影响。

进入二十一世纪后，随着经济的持续快速发展，城市化进程和工业化进程的不断加快，大气污染日趋严重，尤其是从 2010 年前后全国多地出现连续数日成片的雾霾现象，大气污染问题越来越引发公众的关注。研究者们逐渐考虑气象因子、大气环境对人体健康的综合影响，借助空气质量预报能力的快速发展，在试点城市（上海）开展了与气象、大气环境密切相关的儿童哮喘、老年人慢性阻塞性肺病等疾病的风险等级预报，为易感人群提供了防范依据，获得了较好的效果，并进一步向全国推广。

中国气象局于 2011 年 2 月正式下发《关于开展〈医疗气象预报业务服务暂行规定〉通知》，这是中国健康气象发展史上的一个里程碑。2007 年 11 月，由 18 个部委局共同制订的《国家环境与健康行动计划（2007—2015）》正式启动，从国家层面引导公众重视大气污染、极端天气气候事件对人体健康的影响。2011 年经上海市科委批复，依托上海市气象局建设上海市气象与健康重点实验室。2013 年 2 月中国气象局正式批复独立设置上海市健康气象中心，开辟了健康气象发展的先河。2013 年 9 月在北京召开了“未来地球计划”（2014—2023）研讨会，并建议把人口、环境、食品和水安全等问题作为“未来地球计划”中一个切入点。这些行动有力地推动了健康气象的发展，并在气候变化与健康，臭氧层损耗与健康，生物多样性与健康，荒漠化、干旱与健康，环境污染与健康，城市化与健康，全球化与健康等方面取得了丰硕的研究成果。

在医疗气象方面，我国在二十世纪五十年代对一些疾病的防治报告中，有了些关于气象因素与疾病关系的分析，并将季节和气象要素应用到分析中。六十年代开始才出现了真正意义上的研究，开始使用气团、大气环流来分析天气与流感、心脏病、中风死亡率的关系等。1971 年，全国开展了慢性气管炎的研究，气象条件对感冒、气管炎、心肺疾病影响的研究，推动了我国医疗气象事业的发展。1972 年，通过研究气象条件与感冒、气管炎、心肺疾病的关系，由中国医学科学院流行病研究生负责，成立了全国气象环境与呼吸疾病关系研究协作组。1974 年，中央气象局召开的第二次应用气候学术会议，将医疗气象列为内容。从此，我国开始了较系统的医疗气象学的研究。1975 年，南京大学气象系举办医疗气象学讲座。1984 年，华东师范大学开设了研究生课程。1995 年 7 月在北京首次组织了国际生物气象学讨论会，来自二十多个国家的医疗及气象科学家出席了会议。1995 年至 2005 年，我国研究者在常见病（循环系统、消化系统和呼吸疾病）、传染病以及各种生物性病原（疾病媒介物、寄生虫、真菌、细菌等）与气象条件的关系方面获得了一定的研究成果。[①]2008 年中国气象学会成立了医疗气象专业委员会，挂靠兰州大学。2009 年 4 月兰州区域气象中心举办了全国医疗气象预报技术培训班，有来自十几个省的六十多位专业预报技术人员参加了培训。同年 10 月在杭州召开了第一次医疗气象学术研讨会。[②]

（三）建筑气象学

这是应用气象学原理与方法研究气象条件对建筑的影响以及建筑的气象效应，是气象学与建筑科学的交叉学科，旨在利用和适应气候条件基础上，针对建筑部门的专门要求对有关气象条件进行精确计算作为建筑设计的依据，使建筑既安全、经济、实用，又布局合理，以形成良好的气象效应。

古人为抗御风、雨、寒、暑创造了供自己休息的原始住所巢、穴和窝等，这就是人类历史上最早出现的建筑雏形。《墨子》说："为宫室之法曰：高，足以避润湿；边，足以圉（抵御）风寒；上，足以待雪、霜、雨、露。"这些都是在建筑中考虑气象因素的记述。气象因素一直是中国古代建设考虑重要内容。

1948 年巴黎国际照明会议把光气候大规模的系统观测列入议程。苏联于 1958 年召开了第一届光气候会议。中国则自 1960 年在重庆召开了建筑光学会议后才开展了光气候的观测和研究。鉴于世界上曾发生过多次重大建筑事故，设计风压在建筑界备受重视。自 1963 年在伦敦召开"风对建筑物和构筑物影响"首次国际性会议后，至 1979 年的第五届国际会议上更名为"风力工程学会"。

中国近代进行了全国范围的风压、雪压分析和区划，全国太阳能、风能资源分析与区划，桥涵孔径设计的暴雨强度公式及其气候系数的研究，全国各流域可能最大暴雨的研究，城市规划与气候、工厂总体布局与大气污染扩散的研究等，为建筑设计和城市规划等做出了重要贡献。

到九十年代中期，随着对能源和环境越来越重视，出现了"生态建筑""绿色建筑"设计理念，即在设计阶段综合考虑各种气象要素对建筑形式和建筑材料选择的影响，强调建筑本身的节能效应和对环境的影响。二十一世纪，关于风荷载、雪荷载、温度荷载、采暖通风、采光通气、海绵城市等已有相关的规范性文件，如《建筑结构荷载规范》（GB 5009—2012）、《民用建筑供暖通风与空气调节设计规范》（GB 50736—2012）等。

（四）能源气象学

这是应用气象学原理、方法和成果研究能源的勘探、开采、存储、运输和使用与气象条件的相互关系，是气象学与能源科学的交叉学科，是应用气象学的分支学科。能源气象学与

---

① 谈建国、郑有飞：近 10 年我国医疗气象学研究现状及其展望。《气象科技》，2005（6）：550-553，558。

② 周骥、张书余、王宝鉴等：医疗气象学研究方法进展。《气象科技》，2011，39（6）：745-752。

气象能源学是气象与能源关系的两个侧面，成为学科分支则是二十世纪七十年代后。

1954 年国际上成立了首个“应用太阳能协会”，同年世界气象组织首次专题出版了《来自风的能量》技术报告。六十年代，中国开始开展气象条件对能源的开发、输送等过程的影响研究，如电力线路建设的气象参数确定，影响陆上、海上油田的气象条件分析评估等研究工作。

七八十年代，我国逐步开展风能、太阳能资源评估技术研究，借助三次全国性风能资源普查以及 2007 年启动并于 2012 年完成的全国风能资源详查和评价工作，使中国在风能太阳能资源开发利用相关的气象服务技术得到了长足发展和提升。至今，中国已经形成了包括各类能源开发利用的专业气象观测、气象能源开发评估、预报以及能源调度和能源生产安全运行保障服务等完整的学科技术体系。

（五）军事气象学

这是研究气象条件对军事活动和武器装备使用的影响，以及对部队作战、训练和国防科学试验实施气象保障的手段和方法的学科，是气象学应用于军事领域的一个分支。

军事气象是根据战争的需要，在军事学、气象学和其他科学技术的基础上逐步形成和发展起来的。古代，人们在长期的军事斗争中认识了一些天气现象对军事活动的影响，并将在实践中积累起来的气象知识和关于天气变化的经验性认识用于指导战争。传说中的涿鹿之战，黄帝利用狂风大作、尘沙蔽天，大胜蚩尤。早在春秋末期，著名军事家孙武就把“阴阳、寒暑、时制”称为“天”，并把气象、地理等因素在战争中的作用概括为“知天知地，胜乃不穷”。

十九世纪中叶后，由于战争规模扩大，新式武器装备相继出现和战略战术的发展，作战气象保障问题陆续提出。在克里米亚战争中，1854 年 11 月英法舰队在黑海突遭风暴袭击，三十多艘战舰撞毁沉没，引起人们对风暴的关注。第一次世界大战期间，一些国家军队陆续建立军事气象机构。在两次世界大战期间，火炮的射程和射高增大，舰艇活动范围大大扩展，加之飞机、烟幕、毒剂投入战斗，使气象保障大为复杂化。不仅要求提供地面气象观测资料与短时、短期天气预报，而且还要求获取高空气象资料与提供中、长期天气预报。为适应战争要求，许多国家建立军事气象机构，为作战服务。

至二十世纪四十年代初，军事气象学才从气象学中脱颖而出。第二次世界大战以后，武器装备更加发展，各种弹道导弹、航天器和其他武器系统的研制和使用，使气象条件对军事活动的影响及实施气象保障更为复杂，对军事气象研究和气象保障问题提出了许多新的课题，大大地丰富了军事气象学的研究内容，并把气象保障能力提高到了一个新的水平。

中华人民共和国的军事气象始于延安时期，抗日战争期间，由于航空飞行急需各解放区的气象情报，中央军委选调毕业于清华大学地学系气象专业的专家同美方人员合作组建清凉山气象训练队。1945 年 8 月，日本宣布无条件投降，中央军委及时组织接收了美军延安观察组气象台，八路军总部延安气象台正式成立。随后东北解放区于 1946 年成立了东北民主联军航空学校，训练处下设气象台，1949 年又组建了五个机场气象台、七个航校气象台。中华人民共和国成立前，这些气象台的任务就是为军事服务。

中华人民共和国成立以后，至 1953 年 7 月中央军委气象局属于中央人民政府人民革命军事委员会管理。1953 年 8 月 1 日，中央发布了关于气象机构转移建制的命令，自此我国军事气象与各级气象台站只保持合作关系，军事气象开始独立发展。到二十世纪八十年代，我国军事气象保障系统已经有了一定基础，可在国家气象部门的支援下，担负各项军事活动的气象保障。具备了完成军队的日常训练、演习、国土防空、自卫反击作战和国防科学试验等气象保障任务的能力。能胜任运载火箭发射试验、导弹水下发射试验和通信卫星发射等空间范围广、内容复杂和难度较大的气象保障任务。但从军事气象科学技术水平和研究深度来看，与其他军事大国相比则存在较大差距。

八十年代以来，我国气象部门主要是通过军地气象合作的方式开展面向国防安全和军事活动的气象保障服务，初步探索形成了气象部门上下协作、军地有效结合的气象服务模式，也形成了些相对固化的服务产品。进入九十年代，我国军事气象取得新的发展，现代军事气象学的学科体系逐步形成，提出了由军用大气探测学、天气预报理论与技术、军事气候学、军用人工影响天气、军事气象信息工程、军事专业气象学（军兵种气象学）和军事气象保障理论与方法等分支组成构成体系。二十一世纪，我国军事气象学与各分支学科的建设共同发展，军事气象现代化全面发展，极大地提升了军事气象保障能力。

（六）农业气象学

这是研究气象条件与农业生产相互作用关系及其规律的一门科学。农业生产是由农业生物、农业环境、农业技术、农业经济等多方面内容构成的复杂综合系统，光、热、水、气等气象条件是影响农业生产最活跃的环境因素，为农业生物的生长发育和产量形成提供了基本的物质和能量。农业气象学既是农业科学的一个基础性学科分支，又是气象学的一个重要的应用分支学科。

现代农业气象学，起始于十九世纪末。1854 年俄国科学家首次出版了《农业气象学》。1872 年起美国国家天气局发布《每周天气与作物》，1881 年德国国家医药管理局发起成立了农业气象协会。1884 年俄国制订了第一个农业气象观测计划。1897 年俄国组建了农业气象机构和观测站网。

我国现代农业气象学，起始于二十世纪二十年代。1922 年竺可桢发表《气象与农业之关系》；1923 年徐金南发表《实用气象学》专著；1932 年陈遵妫开始讲授“农业气象学原理”，并于 1935 年在商务印书馆出版《农业气象学》教材；1944 年涂长望发表《农业气象的内容及其研究途径述要》。这些开拓性工作为农业气象学的发展奠定了科学基础。

早在 1916 年竺可桢就提出中国多熟制的形成是各地温度、雨量不同的结果，二十年代发表了许多有关气象与农业气象灾害的论著，对自然物候学进行了长期、深入的研究。中国农业气象学家吕炯研究了地形对低温和霜冻的影响，是中国农业地形气候学研究的先导。中华人民共和国成立后，农业气象受到高度重视，1953 年创建了全国第一个农业气象机构华北农科所农业气象研究室。1956 年中央气象局设立了农业气象业务单位并开展农业气象服务，同年全国第一个农业气象专业也于中国农业大学成立，这一时期的《农作物引种和农业气象》《橡胶幼树和寒害问题》《昆虫活动与气象》等论著、论文都较早地提出我国的一些重要农业气象问题。1959 年至 1961 年间农业气象网站不断扩大，全国很多高等院校增加了农业气象专业，随后又进行调整。科研领域不断拓宽。这期间竺可桢的《论我国气候的几个特点及其与粮食生产的关系》、黄秉维的《发展农业生产的途径与农业自然条件的研究》、殷宏章的《小麦的群体结构与光能作用》等论文、论著，对我国农业气象研究工作有着重要的指导作用。1977 年以后，农业气象课题研究从多方面开展，包括农业气候资源与区划、黄淮海农业开发、北方旱区农业综合开发、亚热带山区农业发展、多熟种植水稻和杂交水稻、热带作物、华北冷害、柑橘冻害、冬小麦冻害、植胶区寒害、北方小麦干热风、病虫害、产量预报、小麦遥感综合测产网络等。卫星遥感、计算机等技术在农业气象中的普遍应用，有力地推动了农业气象工作的快速发展。程纯枢领导组织了六十年代、八十年代两次大规模的全国农业气候资源调查与区划研究。八十年代以来，一批农业气象专家对农业气象产量预报、作物生长数值模拟及遥感监测估产的研究、推广和应用，都对农业气象学的发展做出了贡献。

二十世纪八九十年代是农业气象服务发展较为完善的阶段。1983 年初，气象部门开始恢复和组建国家级农业气象情报业务，制作、发布《全国农业气象旬月报》，为国务院及有关部委服务，标志着中国农业气象服务进入了一个新的发展阶段。1987 年开展了国内主要作物产量预报业务。1992 年前后中国气象部门建立了比较系统的国家级和省级农业气象服务体系，开展农业气象信息服务，部分地（市）级的农业气象服务业务也相继开展起来。期间，完善了农业气象观测规范与传输电码，制定了农业气象业务考核制度。1995 年农业气象情报预报服务工作正式纳入气象部门的气象基本业务，在规范化、流程化、自动化和现代化方面有了很大的发展，形成了具有中国特色的农业气象服务体系。

进入二十一世纪，中国农业气象服务步入快速发展阶段。原有的农业气象情报由单一的旬月报系列化为旬报、月报、季报、年报，逐步开展了国外主要产粮国产量预报、生态气象服务、农业气象灾害监测预警评估、特色农业气象保障服务、农业病虫害发生发展气象等级预报、农用天气预报、农业气候区划等领域的气象服务。

2009 年，中国气象局下发《现代农业气象业务发展专项规划（2009—2015 年）》，要求大力推进现代农业气象服务发展，中国现代农业气象服务进入一个全新的发展时期。到 2017 年，基本形成了国家、省、市、县四级业务和延伸到乡的五级农业气象服务格局，农业气象业务服务职责和业务流程进一步明晰；中国气象局与农业农村部联合创建十个特色农业气象中心，全国建成六个独立运行的省级农业气象中心，十二个省份成立四十四个省级农业气象分中心；形成了由九位全国首席服务专家、百余位正研、千余位高工为主组成的农业气象专业队伍，每年培训基层气象为农服务人员达两万余人次。全国气象部门共完成省、市、县三级地区精细化农业气候区划 3564 个、完成七十六项农业保险天气指数研发，开展了涵盖粮、油、水产、畜牧、花卉、中药材等的六十种农产品气候品质评估。国内外作物长势监测及产量预报产品分别达到十八种和十四种，覆盖国外十五个主要国家，全球重点产粮区长势监测和产量动态预报由季尺度提升到月尺度，国内粮食总产预报准确率达 99.4%。

（七）病虫害气象学

这是研究农业植物病虫发生、发展、流行、防治与气象条件的相互关系，是应用气象学研究的重要分支。

早在中国元朝末年，娄元礼编撰的《田家五行》就有病虫气象预测的内容，如“谷雨日雨，则鱼生，必主多雨，二麦红烂，不可食用”。农谚“天旱生蚜虫，潮湿生锈病”、“先涝后旱，蚂蚱成片”等都是病虫气象预测的内容。

现代植物病虫气象学始于二十世纪初叶，人们在控制的气象条件下，对病、虫生物学特性进行观察和分析。如 1901 年和 1907 年德国科学家进行了光和温度对昆虫各发育期及地理分布影响的研究。1929 年美国科学家测定了昆虫的生长、死亡率与温湿度的关系。1934 年至

1935年，我国科学家进行了谷象和三化螟产卵受温、湿度影响的试验。

二十世纪三十至七十年代，利用数理统计方法、动力学模式、天气图分析方法对昆虫种群生态和行为生态、病菌孢子飞散与病害流行、害虫和病菌远距离迁飞与传播气象条件以及病虫害气象预测预报等研究得到发展。七十年代以来，美国、加拿大、英国、日本和中国等相继建立了包括气象资料的病虫资料数据库，经统计分析后发布病虫害预报及防治意见。

我国病虫害气象学领域一直受到重视，1953年《中国农报》根据虫情调查和气象预报做出飞蝗趋势预报。1957年马世骏在《昆虫动态与气象》中比较全面地介绍了昆虫活动与气象条件的关系，他以降水量、温度、晴雨日数、湖水位及虫口基数为依据，提出东亚飞蝗发生程度的预测。六十年代初林昌善、李光博等对黏虫迁飞与气流运行关系做了详细的阐述。七十年代中国和日本学者均对低层大气水平运动和垂直运动与黏虫、褐飞虱等害虫远距离迁飞的关系进行了更加广泛的观察与分析。1980年丁岩钦在《昆虫种群数学生态学原理与应用》中对昆虫种群变动与气象条件关系的数学模式做了比较系统的介绍。

八十年代以来，中国在主要农作物、森林、草原病虫害发生发展与气象条件的关系、气象指标、气候背景指示、气候分区、气象预测预报以及气候变化对农业病虫害的影响等方面取得了重要进展，气象条件与害虫生命表、病虫害产量损失、防治指标和预测模型的研究得到加强，促进了农业病虫害气象预测预报技术水平的提高，推动了国内农业病虫害发生气象条件等级预报业务的建立。

二十一世纪，随着3S技术、网络技术等在农业中的大量应用，基于大尺度气候背景、中小尺度气象要素的病虫害发生流行的气象成因、指标构建、预测预报方法以及气候变化对病虫害暴发灾变的影响等研究不断深化，病虫气象研究已进入以多种分析与统计方法并举，并向数学模式化方向的发展阶段。建立的短期、中期、长期的气象预测预报模型，已在许多省、市、县的病虫预测中广泛应用，预测服务对象不仅包括多种粮食作物、经济作物，而且还对油料、果树、蔬菜、热带作物等的主要病虫害开展气象预测服务。

（八）城市气象学

这是研究在大气环流背景下由城市下垫面和人类活动与城市局地大气之间的能量交换和质量交换过程产生的各种效应和现象，是应用气象学的重要研究分支。

城市气象的研究已有近二百年的历史。它的发展与边界层观测手段和技术的进步、边界层气象学的发展和城市化的进程密切相关，大致经历了三个阶段。在二十世纪三十年代以前，主要针对城市和郊区的温度、雾和降水等要素的观测比较，描述城市特有的大气现象。六十年代中期进入了第二阶段，城市气象研究得到快速发展。主要表现在开始加强对城市冠层和城市边界层动力学和数值模拟的研究。此外对有关热岛、风场、湿度场等项研究都取得了丰硕成果，发表了大量有价值的论著和专项研究报告，它标志着边界层气象学在城市地区的研究得到了新的发展。八十年代以后，城市气象学的发展进入第三阶段。这个时期观测手段更为先进，如应用高分辨率卫星研究城市热岛的空间分布和温度反演及观测地表反照率的变化，在飞机上利用红外辐射仪探测火力发电厂烟气对辐射平衡的影响；利用遥感仪器探测具有一千兆瓦的热源对城市边界层的热力学效应，加强对边界层结构和湍流的监测等。城市冠层与边界层的非线性动力学分析和数值模拟的进一步发展，如城市热岛的成因及数值试验等。

我国从二十世纪五十年代，周淑贞等专家率先开展了城市气象的研究工作，对上海城区、郊区的各种气象要素和大气污染进行观测和分析研究，阐明了城市五岛效应（城市热岛、干岛、湿岛、浑浊岛和雨岛）的特征和形成过程。我国的城市气象服务从七十年代末开始，主要是北京、上海、天津、吉林等少数几个省（直辖市）针对城市运行开展的有限的专业性气象服务。自八十年代起，全国的城市气象服务都有了一定的发展，不过重点还是集中在城市建筑、交通、仓储等领域。随着国民经济高速发展，城镇化进程加快，城市居民生活质量提高，城市气象服务需求不断增长，城市气象灾害防灾减灾和公共气象服务体系建设不断推进，城市气象服务领域不断拓展、内容日渐丰富。

随着中国城市不断发展、探测手段的不断改善、计算机技术的急速进步，有关城市气象的研究工作得到广泛开展。其中突出地表现在进一步揭示了城市边界层演变的细微结构，边界层参数化方案和城市模块在中尺度气象模式中得到了较为充分的体现，进而优化了城市和区域模式的预报精度。城市气象防灾减灾水平不断提高，逐步消除气象预警信息发布盲区，持续扩大城市公共气象服务范围，提升精细、定量、无缝隙的城市气象预报预警能力，满足城市经济社会发展、人民安居乐业、城市优化布局、生态环境保护、应对气候变化和城市安全运行科学管理等需求。

（九）海洋气象学

这是研究海洋上大气现象、运动规律以及海洋与大气相互作用的学科。海洋气象学既涉及大气又涉及海洋，是大气科学和海洋科学共同研究的领域。

海洋气象学与人类的生活和生产息息相关，海洋气象学的早期发展源于航海事业的需要。十五世纪末，哥伦布几次横渡大西洋时，注意到大西洋上信风和海流的存在；十七世纪中叶，瑞士基歇尔绘制了全球海流图，指出大洋环流和信风的关系；英国丹皮尔观察到了太平洋台风，提出台风是有静稳中心的旋转性风暴等见解。此后，这些知识被整理成全球航海记录，编成有关海洋气象专著。到了十八世纪，英国哈得来提出南北两半球的信风理论；十九世纪初，美国莫里根据航海日志绘制了风和海流图，并著有《海洋自然地理学》一书，专论海洋气象问题，为海洋气象学勾画了初步轮廓。

从十九世纪中叶至二十世纪中叶约百年的科技工作奠定了海洋气象学的基础。二十世纪初，美国气象局编印的《全球海洋气候图集》，为研究海洋气候提供了便利。第二次世界大战以后，海洋气象观测技术和手段不断进步，特别是卫星遥感技术和大型电子计算机问世并广为应用，开创了海洋气象学发展的新纪元。联合国还专为海洋气象设立了政府间的协商机构和国际气象中心，世界气象组织也设立了海洋气象委员会。这些组织措施有效地保证了国际协作，促使海洋气象学得到迅速的发展。

自二十世纪六十年代以来，随着气象和海洋卫星的发射并投入业务使用，人们可以在外层空间的不同高度上对大气和海洋进行大范围的、均匀的实时观测，直接或间接地获得海洋上空各层的大气温度、湿度、风速、云雾、降水、海面温度、海面风速、海浪、海流、水位和海冰等各种要素的观测值，能够对海上龙卷、热带风暴、温带气旋等灾害性天气进行严密的监测，为海洋气象的研究和业务工作提供了良好条件。

我国有 1.8 万千米大陆海岸线和三百万平方千米管辖海域，涉及沿海十四个省（自治区、直辖市）。我国沿海地区台风、大风、暴雨和海雾等海洋气象灾害频发，每年登陆我国的台风平均有近七个，约为美国的四倍、日本的两倍。台风登陆后经常酿成暴雨洪水，引发滑坡、泥石流等地质灾害。据统计，1931 年至 1977 年，中国发生的二十六次强暴雨洪水中，56%是由台风登陆造成的。这些渊源于海洋的严重的自然灾害，对我国造成的经济损失和人员伤亡，已经接近或超过全国最严重的自然灾害总损失的一半。

因此，我国一直高度重视海洋气象服务。1954 年 3 月根据《政务院关于加强灾害性天气预报、警报和预防工作的指示》精神，中央气象台和沿海省（区、市）气象台就发布了海上大风天气预报，并与渔业生产部门开展了气象服务合作。改革开放以来，气象部门努力提高海洋气象灾害监测预警水平，积极开展海洋气象专业服务。海洋气象服务已从最初单一为渔业捕捞作业提供海上大风、台风预报预警服务，逐步发展到中尺度海洋天气预报服务，海雾、海上对流风暴等海洋气象灾害预报警报服务。研究方面，王彬华 1983 年完成《海雾》一书，是世界上最早的全面系统研究海雾的学术专着。观测方面，建设 161 个海洋观测站（其中 137 个包含气象观测）、12 个地波雷达站等，利用“雪龙号”和“大洋一号”科学考察船全球海域的走航观测等，初步形成覆盖我国近、远海的卫星遥感探测能力。预报方面，中国气象局建立国家、区域、省、市四级海洋气象预报业务体系，初步建成全球和区域海面风场数值模式、全球和区域台风数值预报模式体系等，初步构建海洋气象数值预报模式体系框架。2016 年 2 月，国家发展改革委、中国气象局等联合印发《海洋气象发展规划（2016—2025 年）》。

目前，我国海洋气象服务的内容主要有，海洋天气公报（警报）、海区预报、航线天气预报；为远洋气象导航推荐航线报告、跟踪导航报告和航线评估分析报告；为海上搜救实时提供出事海区的天气、海况实况，以及未来一两天内的天气海况预报，包括洋流、潮汐、风向、风速、风浪高度、浪向、涌浪高度、涌向、漂流轨迹等；为海上军事活动提供全球大气模式预报产品、有限区域中尺度模式预报产品、全球海浪模式预报产品、有限区域精细化海浪模式预报产品、全球海上风暴警报信息产品，以及包括风、浪、天气现象、能见度、气温、海温、海流、潮汐等内容的作战海区海洋预报产品等。

中国气象局海洋气象预报范围涵盖了中国十八个近海海域预报责任区和全球海上遇险安全系统公海责任区的印度洋区。制作和发布七十二小时的中国近海海洋天气预报、近海责任海区海上大风预警、世界气象组织责任海区海事天气公报，以及西北太平洋和南海台风一百二十小时路径和强度预报。目前，台风二十四小时路径预报误差小于七十千米，海上大风预报准确率达 80%，台风预报预警等技术已接近世界先进水平。国家海洋预报中心发布的海浪预报也为海上气象灾害防御提供了有力保障。

（十）航空气象学

这是研究大气环境及其对航空飞行活动和航空武器装备使用的影响，以及实施航空气象保障（服务）的理论与方法的学科。

航空气象学是基于航空活动的需要，在大气科学和其他相关科学技术的基础上形成、发展起来的。航空气象服务始于二十世纪二十年代。1919 年 9 月，国际气象组织在巴黎召开的第四届理事会上，决定建立航空气象学应用委员会，1935 年在华沙召开的第七届理事会上决定把它改名为国际航空气象学委员会，1951 年 3 月，世界气象组织又将国际航空气象学委员会改名为航空气象学委员会。随着飞机性能的提高，空中交通量的增大以及微电子技术的发展，航空气象服务的内容、方式和方法由早期的人工操作进入了当前自动化服务阶段。

六十年代以来，仪表着陆系统和机载天气雷达投入使用，增强了飞机对低云、恶劣能见度和雷暴的抵御能力，但晴空湍流和低空风切变的影响又突出出来。此后出现的气象卫星、多普勒天气雷达，为迅速获取全球范围和中小尺度天气系统探测信息以及监测危险天气提供了有力工具；计算机广泛应用于获取、传输、处理气象信息、制作天气预报和实施气象保障等方面，使航空气象预报保障开始由主观、定性和手工作业方式逐渐转变为客观、定量和自动化方式，航空气象学得到迅速发展。进入二十一世纪以来，为适应空中交通流量的增大以及航空武器装备的发展，航空气象学面临新的研究课题，进入了新的发展阶段。

中国从 1927 年开始各机场陆续设立测候所，1939 年中华民国航空委员会设立空军气象总台，1947 年成立民用航空局，下设气象科和为数不多的机场气象台。1945 年解放区的机场建立气象台，1949 年中华人民共和国成立之后，才建立了比较完善的航空气象组织，逐渐构成了装备有气象雷达、卫星云图接收装置、激光测云仪和移频通信、气象传真机等先进设备的航空气象台站网，在航空天气预报和航空气象服务方面开始有了较大的发展。逐步发展形成了专门学科，先后出版了《航空气象学》《飞行气象学》《空军气象保障学》《飞行气象指南》《气象与飞行安全》等专著。

（十一）水文气象学

这是应用气象学与水文学的原理与方法研究水文循环与水量平衡中降水、蒸发、径流、土壤水有关问题的一门应用学科。它是气象学与水文学的交叉学科，既是气象学的一个分支，又是水文学的组成部分。

水文气象学在地学中是一门正在成长的年轻学科。它的产生源于防汛抗旱、供水用水及水利工程建设与调度运用的需要，它的发展与气象、水文观测技术的改进与现代化以及地球科学理论的进展密切相连。二十世纪三十年代美国科学家提出，在水文循环中，气象、水文和海洋三个学科研究的系统间存在着互为始末的连接及其内在联系；对于水文循环的陆面分支系统，来自大气系统的降水是其输入，而蒸发、径流是其输出，并分别进入大气与海洋系统。这一思想成为水文气象学及其应用的基础。

我国自二十世纪五十年代起，开展了大气水汽输送的计算，并与陆面水文循环联系起来。这些研究表明，利用气象探空资料与陆面水文资料计算水文循环的年际变化与均值可以得出两个没有实测值的量，即大尺度面平均蒸发值及土壤水蓄量的变化。同时也揭示了由于探空站网与流域水文要素两个时空尺度的不协调，这种方法只能描述大尺度水文循环。六十至八十年代，我国相继开展了地区、大流域及全国范围的水量平衡与水文循环的多年均值及年际变化研究，其成果已用于估算水资源的年际变化及水资源评价。

中国的水文气象服务业务系统的发展起始于九十年代后期，主要面向防汛抗旱服务。其中对后来的水文气象服务系统建设有较大借鉴意义的是 1995 年业务运行的防汛抗旱水文气象综合业务系统。随后，水文气象服务业务系统在国内逐步发展和应用。

（十二）生态气象学

这是以生态系统为中心，主要研究天气与气候过程对生态系统结构与功能的影响及其反馈作用的科学，是应用气象学、生态学的原理与方法研究天气气候条件与生态系统中诸因子间相互作用关系及其规律的一门科学。

七十年代以前，生态学所关注的主要是局地生物有机体与其环境之间的相互关系，认为气候决定着植被的过程与地理分布，但不能改变气候。气象学家强调热量与水分的传输，认为气候是由温室气体、气溶胶以及太阳辐射的变化引起的行星热力学和大气环流决定，并没有将植被变化看作是气候系统内的反馈作用。

七十年代以后，由于人类经济活动的迅速发展，使得自然环境的变化扩展到越来越广阔的区域，甚至达到全球的规模。八九十年代国际科学界联手针对全球环境变化开展了一系列重大国际科学计划，如国际地圈生物圈计划（IGBP）、世界气候研究计划（WCRP）、全球环境变化人文因素计划（IHDP）、国际生物多样性计划（DIVERSITAS）、国际卫星陆面气候学计划（ISLSCP）、全新世制图研究计划（COHMAP）等，彻底打破了生态学与气象学的学科研究界限。目前，人们已经广泛地认识到陆地生态系统对气候有着重要的反馈作用，且自然和对土地覆盖的人为干扰将改变气候。

全球环境变化及人类可持续发展的需求，推进了气象学与生态学交叉，为生态气象学的提出与发展奠定了基础。生态气象学作为一门新兴的交叉学科，正随着大气科学与生态学的发展，特别是遥感、计算机及网络技术的广泛应用，获得快速发展，增进生态系统与气候系统之间相互作用的认知，为解决全球环境变化及人类可持续发展提供科学依据。

三、应用气象学的发展前景

目前，应用气象学研究已经大大促进了中国应用气象业务服务的科技水平、形成了较为稳定的应用气象业务能力，但仍不能完全满足社会经济快速发展以及当前生态文明建设的需求，未来将在三个方面加强研究和应用工作：①应用气象学原理的研究；②应用气象学技术方法特别是模式的研究；③拓宽应用领域，并加强应用方法技术的研究与示范。

在农业气象学领域，随着现代农业生产的发展和大气科学、生物科学、农学以及相关学科和技术手段的发展，农业气象学的研究范围不断扩大，研究手段与服务水平不断提高，学科的理论基础不断深入，研究方法向复合系统与数值模拟方向发展。需进一步研究的问题主要表现在气象条件对作物影响的机理机制尚不十分清楚；农业气象灾害的成灾机理、病虫害发生流行的气象环境成因方面缺乏深入研究；灾害指标的构建大多基于统计分析和经验分析，在指标的机理性、针对性、适用性以及随其后和品种变化而更新等方面尚有较大差距；灾害监测的遥感反演信息不足、灾害预测预报数理统计模型的机理解释性和稳定性不够、作物生长模拟模型由单点或田间尺度向区域的升尺度应用不能满足服务需要、灾害风险评估尚不能实现全生育期多灾种综合动态评估等；此外，农业气象服务的精细化、定量化程度尚不能完全满足服务的需要。因此，农业气象学作为一门实验科学，需要进一步改进监测手段，在更多有控制的条件下，获取更准确、更广泛的科学数据，通过建立动态模拟模式，进行更加深入的定量化研究，从而更深刻地揭示大气、土壤物理环境、气象条件和农业生产之间关系的科学规律。人类活动与温室气体引起的长期气候变化，对农业生产影响的战略研究与对策研究已引起广泛的重视，这方面的研究将会使农业气象学与气候系统、大气科学、环境科学及作物生态学等有更密切的结合。此外，需要把农业气象学的科学技术成果进一步转化为生产力，进一步转化为气象为农业服务的能力，并将农业气象应用技术成果与农业气象服务产品更广泛地应用在现代大农业（种植业、林业、渔业、畜牧业等）生产、气候资源开发利用和生态环境治理中，有效地解决农业生产中相关的气象问题，为农业的可持续发展，做出积极的科技贡献。

在医疗气象学领域，尽管中国医疗气象预报和服务比国外落后几十年，但一进入公众的视野即引起了社会各界的广泛关注和一致好评，使这项工作在短短的几年中迅速在全国各级气象台站不同程度地开展起来。未来医疗气象学将进入更加快速的发展阶段，重点围绕四个方向开展工作。①开展应用数值模拟研究。数值模拟是开展气象、环境与健康关系机理研究的有机组成部分，也是疾病预测研究的重要方面，需要更加关注。②设立特殊观测项目。选择适合地点建造医疗气象服务需要的特殊观测项目，加强对紫外线、大气主要化学污染物等易对人体健康产生不利影响的因子监测。③加强气象部门内部的协同。医疗气象的研究、预报、服务不能分割，须建立规范化、本地化的预报、服务流程，健康气象这门跨多领域学科的特性决定了须组建气象、环境、医学及统计等背景的专业团队。④加强气象部门与医疗部门的合作。开展异常天气情况会商、资料共享、风险评估、减灾预案、合作立项等方面的合作。

在城市气象学领域，由于城市气象学与人们生产与生活密切相关，成为二十一世纪应用气象学研究的热点。未来城市气象学拟重点加强以下方面的研究：①城市冠层和边界层内的生物－物理－化学－社会过程形成机制和演变规律；②城市人类活动与大气环境的相互影响与气象环境灾害减缓机制；③精细化城市气象模式系统研发。

在环境气象领域，尽管环境气象学研究已有较长的历史，特别是在气候与环境变化等研究所需数据获取方面建立了全球大气观测网（GAW），为研究人类活动对气候与环境的影响提供了极为重要的基础，但环境气象学的科研与业务服务水平仍不能满足当前生态文明建设的需求。未来环境气象学拟重点加强以下方面的研究：①雾、霾和光化学烟雾的观测预报预警研究；②人类活动与大气环境的相互影响与环境气象灾害减缓机制；③精细化环境气象模式系统研发。

在交通气象领域，目前交通气象学的科研和业务服务水平仍远不能满足当前经济社会发展的需求。未来交通气象学将重点加强以下方面的研究：①精细化交通气象灾害监测预报预警技术研究；②交通气象致灾过程、调控机理及其区域分异规律研究；③交通气象的风险识别与评价技术。

随着经济社会发展需求不断增长，其他应用气象学领域都呈现良好和宽阔的发展前景。

第七节　大气动力学与大气模式

大气动力学的发展历程丰富多彩，其研究内容广泛，涵盖了中小尺度到大尺度、中高纬度到热带赤道以及平流层、对流层到边界层等多个领域。近年来，中层大气动力学的兴起更为这一学科注入了新的活力，这些众多内容共同构成了大气动力学的主要组成部分。大气模式由动力框架和物理、化学和生物等过程参数化模块组成。它与海洋、海冰和陆面等分量模式的耦合，可形成气候、地球系统模式和天气气候一体化模式，它们是开展天气气候模拟和无缝隙预报的核心手段。模式的研发与资料同化和可预报性问题密切相关。大气模式分为大气环流模式和数值天气预报模式。大气环流模式是气候、地球系统模式中的基础分量模式之一，而天气预报模式是进行全球中期天气预报和全球、区域短期、短时和临近天气预报不可或缺的手段。

一、大气动力学的发展历程

20世纪以来，气候学的概念经历了深刻的变革。在20世纪50年代前，气候通常被认为是一种统计意义上的平衡状态。然而，随着研究的深入，科学家们逐渐认识到，气候并非静止不变，而是充满了变动和波动。这种变动所引发的异常现象往往会造成严重的社会和经济损失。例如，世界各地每年都有区域性旱灾或洪涝发生，在中国，气候变动导致的灾害尤为显著。自20世纪80年代以来，随着人类活动引发的大气中温室气体浓度增加，全球气候变暖问题日益引起人们的关注。人们逐渐意识到，气候的变动和波动不仅源于大气内部的各种过程，还受到大气与其上边界和下边界之间各种物理和化学过程的制约。具体而言，气候是地球大气、海洋、冰雪、陆地等圈层之间相互作用的结果。为更好地描述和理解这些复杂的相互作用，科学界逐步发展了气候系统动力学学科领域。

大气是气候系统的重要组成部分，大气动力学通过揭示大气中的能量输送和运动过程，解释了气候系统中不同尺度的现象。大气动力学的研究始于罗斯贝（1939）的长波理论，他提出大气的流场主要由β效应导致的罗斯贝波动叠加形成，这一理论奠定了大气动力学发展的基础。基于长波理论，叶笃正提出了大气波动频散理论（1949），指出在西风带中，罗斯贝波的群速度可能大于其相速度。这意味着在中高纬度的西风带中，大气长波的能量可以在扰动本身抵达之前向下游传播，从而导致在上游扰动尚未到达时，下游地区已经出现新的扰动现象，这便是天气学中的"上游效应"。这一理论不仅在解释天气学中的扰动传播现象中占据重要地位，还在气候系统动力学中具有深远影响。在叶笃正的罗斯贝波能量频散理论基础上，霍西金斯（Brian John Hoskins）等（1981）研究了准静止罗斯贝波在球面上的二维频散特征，提出了波动群速度沿大圆传播的理论。这些理论成功解释了大气中的遥相关现象，即某地区大气环流的异常可能会引发其他地区大气环流的异常（Wallace等，1981）。随后，黄荣辉等人进一步发展了波动频散理论，研究了北半球夏季准定常行星波在球面上的三维传播特征（Huang等，1983），发现北半球夏季菲律宾附近的热源强迫形成的准定常行星波可以向东亚传播，进而形成东亚—太平洋型遥相关（Huang等，1987，1992；黄荣辉等，1988）。目前，大气遥相关理论不仅被广泛用于解释短期气候变异的激发机制，还常用于短期气候异常的预测，充分体现了叶笃正的大气波动频散理论在天气和气候动力学中的重要地位。

大气三圈环流是气候系统能量和动量分布的关键机制，在气候系统动力学中，它通过热力和动力过程调控地球的气候系统。杰弗里斯（Sir Harold Jeffreys，1926）发现，在中纬度对流层上层，大气扰动会形成扰动动量辐合，这种辐合作用维持了中纬度地表西风，并强迫出大气中的费雷尔环流圈（Eady，1950）。郭晓岚进一步发现，在正的涡度梯度背景下，正压扰动的耗散过程会在正压扰动区域形成扰动纬向动量辐合（Kuo，1951）。基于这一理论，学者们揭示了大气费雷尔环流圈形成的机制（Held，1975；Simmons等，1978）：在中纬度地区，斜压不稳定会导致斜压扰动发展，扰动向上传播至对流层高层，形成大气扰动，并将纬向动量向下传递；在高层，大气扰动的耗散会导致纬向动量辐合，从而驱动费雷尔环流圈。Held（2019）在对大气环流百年发展的回顾中，详细阐述了郭晓岚理论的重要贡献。大气环流中的能量传输和动量交换不仅影响日常天气形势，还对全球气候系统的长期变化产生重要作用。例如，随着气候变暖，极地放大效应可能会改变极地环流和费雷尔环流之间的相互作用，导致急流路径的改变，从而对中纬度气候模态和极端天气的频率与强度产生深远影响。

二、大气模式的发展历程

大气环流模式和天气预报模式的发展呈现高分辨率、物理过程精细化、计算稳定性与高可扩展性，以及与其他分量模式耦合的趋势。气候系统模式和天气气候一体化模式是大气、海洋、海冰和陆面等物理分量模式的耦合体，而地球系统模式还纳入地球深部过程及生物地球化学循环。这些模式是定量研究气候和地球系统变化、开展无缝隙预报的关键工具。在资料同化领域，集合与变分混合资料同化方法、合式资料同化方法是未来两大发展方向。在大气模式可预报性方面，主要借助目标观测、资料同化和集合预报等方法结合来提升预报预测技巧。

我国是开展数值天气预报研究较早的国家，1956 年中国著名气象学家顾震潮带领中国科学院和中央气象局的研究团队开始了数值天气预报研究，并在 1959 年实现了以正压地转模式为基础的准业务预报。这一时期还涌现了一些开创性、有深远影响的成果。如顾震潮、丑纪范提出的历史资料在数值预报中的应用，曾庆存建立的求解原始方程的“半隐式差分方案等。但受制于当时的计算条件与其他因素，中国数值天气预报总体上发展不快，特别是业务数值预报的步伐缓慢。二十世纪七十年代末到八十年代初，我国重新开始数值天气预报业务化的进程。经过三十几年，中国数值预报业务与研究均有了长足的发展，已跻身国际上为数不多的具有发布全球中期数值天气预报能力的国家行列。二十一世纪初，中国科学家自主研究发展了新一代全球、区域同化和预报增强系统（GRAPES），数值天气预报已成为气象业务与服务的重要基础。经过半个多世纪的发展，数值天气预报已经从早期的两三天的短期预报，发展到涵盖短期、中期（十天左右），以致月、季等多个时间尺度的预报；从单一的天气形势，到风、云、雨、雪、沙尘等多种要素预报。其预报水平也有极大提高，当前有效中期数值天气预报时效已达到八天左右。数值预报的巨大进步，同超级计算机和卫星探测技术的发展分不开，它们也将为数值预报的进一步发展提供更大的发展空间。

资料同化的概念及其理论是在数值天气预报实践中，伴随着数值模式以及观测技术的进步而逐步发展。早在 1958 年，顾震潮就提出在数值预报中引入历史资料的观点；丑纪范通过将微分方程定解问题变为等价的泛函极值的途径，推广了微分方程解的概念，引进新的广义解。至 1995 年，我国研究者根据国家气象中心有限区分析预报系统的基本方案，设计了一个以六小时为周期的间歇区域资料四维同化方案；1999 年，利用浅水方程模式进行了变分四维同化的数值模拟试验；2002 年，以中尺度模式 MM4 为基础，利用伴随码技术改进、完善了 MM4 伴随模式同化系统，并利用该系统进行了常规资料和非常规资料的伴随模式同化试验，并提出了利用进化方向遗传算法求解变分同化这一最优化问题的方法。目前业务同化系统主要采用三维变分同化方法，四维变分和集合同化系统尚处研发中。近年来，集合与变分的混合已成为国际同化领域的主流发展方向，我国的业务预报在这方面才刚刚起步。

我国大气环流模式的发展始于八十年代，先后设计并研发了具有自身特色的气候系统模式和地球系统模式体系。目前，在模式动力框架、物理过程、生物地球化学过程、多圈层耦合等方面取得重要进展，模式分辨率、物理过程精细度和耦合模式复杂度逐步提高，研发与评估水平不断提升。“九五”期间，国家气候中心和中国科学院大气物理研究所 LASG 合作研制了全球大气–海洋耦合模式（BCC–CM1.0）。2004 年起，中国气象局开发气候系统模式 BCC–CSM，BCC–CSM1.0 参与了 IPCC AR4 的耦合模式比较计划。中科院大气物理研究所大气科学和地球流体力学数值模拟国家重点实验室（IAP/LASG）有长期发展气候模式的积累，至 2011 年，发展建立了新版本的气候系统模式 FGOALS。近年，我国多个气候系统模式参与了 CMIP5 模式比较计划，完成了长气候和气候变化模式及预估，并提供数据下载。

我国在气候和地球系统模式发展上有一定基础，参加了历届国际模式比较计划，但与发达国家存在差距。未来将综合考虑多方面因素，发展高分辨率各分量模式并构建高分辨率气候系统模式，探索高分辨率模式的物理过程参数化方案，开发并耦合碳氮循环模块以形成地球系统模式。在耦合模式资料同化方法与预测方面，需研究统一框架下的同化方法，建立先进耦合模式同化系统，开展气候预测研究。在天气—气候无缝隙预报一体化模式框架方面，重点研究相关内容以提高预报预测水平，为国家提供科学依据。此外，中尺度天气预报模式对降水预报至关重要，需发展适合我国的高分辨率中尺度模式云模式，提高降水预报准确率。

参考文献

[1] 克里恰克 . 天气学：上［M］. 李琼芝，译. 北京：高等教育出版社，1958.

[2] 兹维列夫 . 天气学：上［M］. 张杏珍，等译. 北京：高等教育出版社，1960.

[3]《第二次气候变化国家评估报告》编写委员会. 第二次气候变化国家评估报告［M］. 北京：科学出版社，2011.

[4]《第三次气候变化国家评估报告》编写委员会. 第三次气候变化国家评估报告［M］. 北京：科学出版社，2015.

[5]《中国气象百科全书》总编委会. 中国气象百科全书：气象观测与信息网络卷［M］. 气象出版社，2016.

[6] 陈云峰. 20 世纪 80 年代人工智能在天气预报中的应用［J］. 气象科技进展，2018，8（3）：88–91.

[7] 陈云峰. 黄士松与副热带高压研究［J］. 气象科技进展，2013，3（2）：79–80.

[8] 崔学明. 农业气象学［M］. 北京：高等教育出版社，2006.

[9] 国家自然科学基金委员会，中国科学院. 未来 10 年中国科学发展战略：地球科学卷［M］. 北京：科学出版社，2012.

[10] 梁必骐. 天气学［M］. 中央气象局科教部组织，1980.

[11] 林元弼. 天气学［M］. 南京：南京大学出版社，1988.

[12] 戚启勋. 大气科学［M］. 大中国图书公司，1977.

[13] 钱维宏. 天气学［M］. 北京：北京大学出版社，2004.

[14] 邱金桓，陈洪滨. 大气物理与大气探测学［M］. 北京：气象出版社，2005.

[15] 孙淑清，高守亭. 现代天气学概论［M］. 北京：气象出版社，2005.

[16] 孙学金，王晓蕾，李浩，等. 大气探测学［M］. 北京：气象出版社，2009.

[17] 伍荣生. 现代天气学原理［M］. 北京：高等教育出版社，1999.

[18] 谢义炳. 天气学基础［M］. 北京：高等教育出版社，1959.

[19] 许小峰. 中国气象百科全书：气象科学基础卷［M］. 北京：气象出版社，2016.

[20] 周秀骥 高等大气物理学［M］. 北京：气象出版社，1991.

[21] 朱乾根，林锦瑞，寿绍文. 天气学原理和方法［M］. 北京：气象出版社，1981.

[22] 许致火，何建新，史朝，等. 我国地基天气雷达技术系统发展介绍［J］. 气象科技，2012，40（3）：

321–331，344.

[23] 何建新，王旭，刘艳. 自适应高斯频域滤波器在天气雷达中的应用［J］. 气象，2010，36（6）：117–121.

[24] 张人禾，汤绪. 全球气候行动：国际合作，协同奋进［J］. 科学，2024，76（4）：7–9，69.

[25] 黄建平，季明霞，刘玉芝，等. 干旱半干旱区气候变化研究综述［J］. 气候变化研究进展，2013，9（1）：9–14.

[26] 矫梅燕. 关于提高天气预报准确率的几个问题［J］. 气象，2007（11）：3–8.

[27] 傅刚，李鹏远，张苏平，等. 中国海雾研究简要回顾［J］. 气象科技进展，2016，6（2）：20–28.

[28] 傅刚，李晓岚，魏娜. 大气能见度研究［J］. 中国海洋大学学报（自然科学版），2009，39（5）：855–862.

[29] 李建平，陈文，周天军，等. 认识大气环流和气候系统动力学 100 年进步［J］. 气象学报，2025.83（3）：1–55.

[30] 伍荣生，党人庆，余志豪，等. 动力气象学［M］上海：上海科学技术出版社，1983：1.

第十一章　大气科学研究进展与科研成果

大气科学研究是推动大气科学事业发展的重要一环，特别是二十世纪五十年代以来，全球范围内的大气科学研究的各分支领域均取得很大发展。我国的大气科学研究也取得了飞速发展，逐渐与国际接轨，在某些领域有着明显的特色，甚至处于国际领先水平。

第一节　大气科学研究发展历程

中华人民共和国成立以来，我国的大气科学研究取得了许多显著成绩，但其发展历程和其他气象事业一样经历了曲折坎坷的道路，大体可以划分为三个阶段。

一、创立阶段

第一阶段是二十世纪五十年代到七十年代，为大气科学研究的创立和兴起阶段。1958 年，全国气象科研体系已初具规模，从事气象科研的单位包括中国科学院系统的中国科学院北京地球物理研究所、兰州地球物理研究所、北京地理研究所，气象部门系统的中央气象局气象科学研究所和观象台、各地气象局气象科学研究所，军队系统的空军司令部气象科学研究所，高校教育科研系统的北京大学地球物理系、南京大学气象系等。在气象科研专业人才方面，全国八百人，其中副研究员以上近四十人。科研领域，在天气、气候、大气探测（高空和地面探测设备）、大气物理与云雾降水物理、东亚大气环流、青藏高原天气学、数值天气预报、农业气象、航空气象、海洋水文气象、人工影响局部天气等方面取得了明显进展。课题主要集中在对东亚大气环流和我国天气气候特征的研究上，如旱涝、寒潮、台风、梅雨、青藏高原的动力作用及其对东亚和我国天气的影响等。研究重点是西风带的天气气候现象及其演变规律。

六十年代中期到七十年代后期，大气科学研究基本停滞。七十年代后期，大气科学研究进入整顿、恢复时期。随着研究机构、管理机构和学术团体的恢复，大量流散的科技人员归岗，中国的气象科技工作逐步走上正轨，大气科学研究工作得以恢复发展，在某些领域取得了重要成果，1978 年 3 月全国科学大会奖励气象部门的科研成果达七十四项。一些气象科研基础设施得到明显改善和发展。全国形成了分布于气象系统、中国科学院、高等院校、军队系统和产业部门五个主要体系的气象科研队伍。气象系统内部形成了国家、区域和省三级气象研究和开发结构体系。

二、加快阶段

第二阶段是二十世纪八十年代到二十一世纪初，为大气科学研究加快阶段。在天气学、动力气象学、极地气象、大气化学、大气边界层地转适应与锋生理论、动力气候、全球变化、气候变化、气候资源开发与利用、长期数值天气预报、热带气象、农业气象、大气低频振荡等研究领域逐步开展了大量研究，并取得许多研究成果。特别是在干旱、洪涝灾害、中小尺度强对流暴雨、台风系统等灾害天气预警、预测理论方法等方面取得突破性进展；我国气象学家开创的东亚季风系统高原影响及全球变化研究在国际科学界产生了重大影响。大量气象科技成果逐步投向气象业务应用，有力支撑了气象业务服务发展。

1978 年随着党的十一届三中全会的召开，我国迎来了科技发展的春天，气象科学技术事业也进入一个崭新的历史发展阶段。气象部门积极推进气象科学技术现代化建设，确立了“要全面贯彻气象工作方针，加快气象科学技术的发展，逐步实现气象科学技术的现代化，气象科学研究工作一定要走在业务建设和服务工作前面”的新时期气象科技工作指导原则，并组织编制了《1978—1985 年气象科技发展规划》。这一阶段，气象科研得到快速恢复和发展。八十年代初，气象部门的科研机构总人数发展到两千余人，具有高级工程师、副研究员以上人员共一百余人，其中约有六十人在科研岗位。

八十年代前期，大气科研领域组织开展了灾害性天气预报、青藏高原气象科学试验、气候和应用气候，以及农业气象、云雾物理和人工影响局部天气、大气污染等方面的研究工作，参加了全球大气试验及台风、季风业务试验，还开展了大气探测设备和探测技术方法的研究。许多成果在业务中得到应用，提高了气象业务水平和服务效益。

八十年代后期至九十年代，在天气、气候、应用气象、雷达气象、卫星气象、自动气象站等领域取得一定进展，出现了一些新的气象分支学科。在继续研究中高纬度天气过程及其演变规律的同时，研究领域向热带天气方向扩展，加强了对热带天气现象和规律的研究（如对台风异常路径及其天气影响）。我国气象学者开始系统开展短期气候预测系统的研究，并在青藏高原臭氧低值中心及其成因、能量频散及其波导效应、ENSO 循环动力学、环境动力学等领域取得重要成果。应用气候研究也扩展到风能、太阳能和大气污染等领域。在高空气候、气候变化、山区气候等方面研究也陆续开展。开辟了雷达气象、卫星气象、自动气象站等新的科研领域，促进了强对流天气的研究。自主研制了测雨雷达、卫星云图接收设备等并投入业务应用。

二十一世纪以来，气象科学基础研究与应用研究日趋融合、高新技术和理论成果的应用相辅相成，学科交叉与领域优势互补已成为新时代气象科技发展的主旋律。在卫星气象、雷达气象、人工影响天气等领域，一批集先进技术、自主创业的综合大气探测系统在气象的各个部门和学科得到广泛应用，极大地推动了大气科学研究和气象业务的发展。采用气象综合探测系统获取多源信息的模式同化技术已获得巨大进步，我国在数值预报模式变分同化系统技术方面已达到许多发达国家水平，并在提高业务天气和气候预报的水平方面发挥重要作用，推动了气象科研工作的发展。特别是随着气候与气候变化问题及环境恶化、气象灾害频发对社会经济影响的加剧，大气科学在面向经济社会重大需求的许多领域都有重大突破。2006 年 12 月颁布的《气象科学和技术发展规划（2006—2020）》提出了其后十五年我国气象科学技术发展的基本目标，确定了气象事业发展亟需科技支撑的重点领域、优先主题、重大气象科技研发任务、"十一五"期间的重大科技专项等。

三、全面发展阶段

第三阶段是21世纪10年代以后，为大气科学研究的全面发展阶段。2012年党的十八大和全国科技创新大会提出实施创新驱动发展战略，全国气象科技创新以问题为导向，以核心科技为重点，以体制机制创新为突破，进一步明确围绕关键核心技术问题推动气象科技创新工作，气象科技创新工程建设取得明显进展。2014年以后，中国气象局先后发布《关于强化科技创新驱动现代气象业务发展的意见》、《气象科技创新体系建设指导意见（2014—2020年）》、《国家气象科技创新工程支持保障措施》（气办函〔2015〕128号）、《中国气象局科学技术成果认定办法（试行）》（气发〔2015〕47号）、《加强气象科技成果转化指导意见的通知》（气办发〔2016〕19号）和《进一步深化省级气象科学研究所改革的意见的通知》（气办发〔2017〕28号）。

这一阶段，围绕国家级气象业务现代化重大核心技术突破，明确了高分辨率资料同化与数值天气模式、气象资料质量控制及多源数据融合与再分析、次季节至季节气候预测和气候系统模式三大攻关任务，通过几年的持续推进，三大攻关任务取得明显进展。明确了气象科技创新体系支撑气象现代化建设思路和气象科技改革发展重点任务。统筹制定科研基础条件2016年至2018年建设规划，强化野外科学实践基地规范化管理，推进大型科学仪器设备开放共享，提出了优化"一院八所"学科布局，建立科研业务有机结合、以核心业务为导向的学科体系和创新团队，针对重大业务技术集中力量联合攻关，统筹优化部门重点实验室布局。

第二节　大气科学重大项目进展及成果

大气科学国家重大项目有国家重大气象科技专项、国家科技计划中的重大气象科技项目、中央财政资助的重大气象工程项目和国家重大科技基础设施建设中的项目，具体包括国家科技攻关项目、科技支持计划、"973"计划、"863"计划、公益性行业专项、重大自然基金项目、国家重点研发计划等。

一、大气科学重大项目研究概述

中华人民共和国成立以来，一批有针对性的重大项目，特别是在科技部、财政部、国家基金委等部委的支持下，国家科技攻关项目、科技支持计划、"973"计划、"863"计划、公益性行业专项、重大自然基金项目、国家重点研发计划等的实施对大气科学的发展起到基础支撑和推动作用。在大气科学基础研究、应用基础研究、应用研究和重大技术开发等方面取得了丰硕成果，获得众多奖励。

"十五"以前（1986—2000年），大气科学学科年均受资助项目和资助金额相对较少，主要分布领域为气候学、大气动力学和大气物理学，其次是大气遥感和探测、大气边界层物理及天气学①。气候学分支领域的资助金额比例"七五"期间为19.55%，"八五"为17.92%，"九

① 许小峰、胡欣、王卫丹等：国内大气科学发展状况及优先领域分析。《应用气象学报》，2006（6）：657-664。

五”达到 28.23%，有显著的增加。相对而言，大气化学和大气环境分支领域的资助金额比例也有较大增长。天气学及大气边界层物理分支领域的资助金额从“七五”到“九五”有较大幅度的减少。整个中层大气物理学和应用气象学两个研究领域资助率较低，而行星大气学和气象仪器两个领域从未获得过资助。[①]“十五”到“十三五”期间（2001—2018 年），大气科学学科受资助项目总量有显著增加，并稳步上升（见表 11-1）。受资助较高的领域分别是气候学与气候系统、大气环境与全球气候变化、大气遥感和大气探测，其次是大气化学、大气动力学和数值预报与数值模拟。而中层与行星大气物理学气象探测原理、方法及数值分析两个研究领域资助率较低。上述资助领域的变化，间接反映了当前大气科学研究重心逐渐向气候和全球变化、大气遥感与探测、大气化学、数值预报与模拟等领域转变。

表 11-1 1997—2018 年大气科学国家自然科学基金项目分支学科分布[②]

年份 / 代码	D05	D0501	D0502	D0503	D0504	D0505	D0506	D0507	D0508	D0509	D0510	D0511	D0512	D0513	总计
1997—2000	2	15	10	13	4	3	36	54	12	1	16	5	8	0	179
2001—2005	138	22	23	43	8	17	72	118	42	10	25	17	33	0	568
2006—2010	26	21	61	105	17	52	108	254	80	41	82	59	99	4	1009
2011—2015	49	40	112	232	36	88	150	361	157	72	200	60	238	20	1815
2016—2018	7	37	70	106	26	64	76	247	94	44	145	46	122	20	1104
总计	222	135	276	499	91	224	442	1034	385	168	468	187	500	44	4675

二、大气科学重大项目研究进展

“五五”后期到“六五”期间，在国家科技三项费用的支持下，大气科学的科研工作有序进行，开展了气象探测仪器、主要灾害性天气规律、气候与气候变化、大气污染、天气预报方法及应用气象等方面的科学研究。先后组织了台风、寒潮、大风、暴雨、冰雹、低温连阴雨、五百年旱涝等历史气候、大气质量评定研究、高原气象、农业气候区划、小麦干热风、杂交水稻气象条件、农业气象产量预报、东部丘陵地区气候资源调查研究、风能太阳能利用、北方层状云资源调查等项目的科研协作组，在多省开展了层状云、积状云和人工防雹的试验研究。研制了多种大气科学仪器，极大地提高了大气探测水平和天气预报能力。

“七五”和“八五”期间，在数值天气预报，台风、暴雨等灾害性天气，地气相互作用，气候变化及其影响，大气成分，中尺度系统，农业气象等方面实施了一批重大项目。国家重点科技攻关项目“中期数值天气预报及灾害性天气预报研究”的实施，初步建成了中期数值天气业务预报系统，有效地提高了我国对灾害性天气的监测、预报能力，使我国的中期天气预报业务从主要以统计为主进入了数值预报时代。“八五”期间，国家气象局与中国科学院、国家教委共同主持完成了国家“八五”科技攻关项目——“台风暴雨灾害性天气监测预报技术研究”，研制了 S 波段多普勒雷达并投入业务试运行，完成了 714 天气雷达多普勒化；针对台风、暴雨的业务试验获得比较全面的资料；研究了台风、暴雨灾害性天气的各种预报方法和

① 罗云峰、周小刚、陆则慰等：大气科学学科 15 年回顾与展望。《地球科学进展》，2001（6）：865-870。

② 基金数据由南京信息工程大学朱紫阳老师提供。

数值预报模式，建立并完善了台风、暴雨预报预警服务系统；利用攻关成果建立的国家气象中心第二代数值预报系统可使预报时效明显提高。

国家自然科学基金重大项目“我国长江、黄河两流域旱涝规律成因与预测研究”深入研究了我国旱涝灾害的发生规律及其经济影响、发生的大气物理过程、发生前期大气下垫面热力状况的异常，以及我国旱涝与全球环流异常的关系，发展了我国长江流域夏季风降水的数值模拟以及我国灾害性气候的预测方法。“黑河地区地气相互作用观测实验研究（HEIFE）”是国际上首次在干旱地区进行的大型陆面过程实验研究。其成果获得1995年度中国科学院自然科学奖一等奖。“中国气候与海面变化及其趋势和影响的初步研究”项目通过收集、分析大量资料和野外调查，不仅对我国历史上不同时期的气候变化作了分析，还研究CO_2等温室气体增加对环境的影响问题。此外，还对西北、华北地区未来三十年的气候与水资源变化提出了预测性的建议。“中国地区大气臭氧变化及其对环境的影响”项目在国际上首次发现青藏高原上空有一个大气臭氧异常低值中心。

另外，从1986年开始，科技部建立了直接面向气象业务现代化和国民经济建设的气象科技“短平快”和“星火”开发研究项目。1986年组织实施“短平快”项目计划课题125个。气象科技“短平快”项目及其应用开发、产品推广计划的实施，促进了基层台站的科技进步、业务现代化建设和科技成果向业务的转化及推广，取得了良好的效果。

“九五”和“十五”期间，气候和气候变化越来越受到重视，对暴雨等灾害性天气的观测技术和预报理论、技术研究进一步开展，大气成分与大气污染、数值模式、农业气象等多方面研究取得长足进步。“九五”期间，重点加强了应用基础研究，在国家科技部和国家自然科学基金委员会的大力支持下，分别设立了“南海季风试验”项目、“青藏高原地－气系统物理过程及其对全球气候和中国灾害性天气影响的观测和理论研究”项目（简称“高原试验”项目）、淮河流域能量和水分循环试验项目（简称“淮河试验”项目）、“华南暴雨试验”项目，统称为四大试验项目。并于1998年5月至8月进行了联合外场观测试验。这次联合大气科学试验是以我国为主体进行的最大的一次大气－海洋－水文综合试验，通过对试验加密观测资料的初步分析，发现了一批观测事实，得到了一些重要的试验结果。

“九五”国家科技攻关重中之重项目“我国短期气候预测系统的研究”，从气候和前兆环流条件出发，概括出了影响我国汛期气候异常的主要因子，初步建立了厄尔尼诺监测与预测、重大旱涝灾害预测和年际气候预测分系统，研制了针对我国不同气候和灾害特征的七个区域级短期气候预测系统，建立了我国短期气候预测业务系统和超级集合预测应用系统，使我国成为少数几个利用气候预测模式发布预测产品的国家之一。项目成果获2003年度国家科技进步一等奖。

国家重点基础研究发展计划（“973”计划）项目“我国重大气候与天气灾害形成机理和预测理论研究”提出了多种实时观测资料的梅雨锋中尺度和暴雨多尺度物理模型，在中尺度暴雨系统的定量卫星遥感反演、多普勒雷达探测和反演理论和方法方面取得重大进展，研制了新一代非静力中尺度数值预报模式，并发展研制了云模式、边界层模式以及三维变分同化系统，该项目获2006年度国家科技进步奖二等奖。“首都北京及周边地区大气、水、土污染机理及调控原理”项目建立了北京城市边界层大气污染三维立体综合模型及其数据库，发现了城市不同区域、不同污染物“空气穹隆”三维结构的相关性及其时空变化同相位、多尺度特征，揭示了周边跨省（市）城市群落大气污染源对北京城市大气环境的重要影响及其大气污染物远距离输送效应。

国家科技攻关重点项目“中国气象数值预报技术创新研究”研发了具有自主知识产权的我国新一代气象业务数值预报系统，建立了具有同化气象卫星资料能力的全球资料同化系统和具有同化天气雷达资料能力的区域中尺度资料同化系统。该项目的成功实施标志着我国数值天气预报由以引进为主向以自主创新为主的转变。

“九五”国家科技攻关项目“农业气象灾害防御技术研究”分别开展秸秆覆盖麦田保墒增效技术，冬小麦有限水分胁迫增产技术，底墒利用技术，华北农业干旱识别技术和层状云识别和对流云人工增雨技术的研究，为指导农业气象灾害防御提供科学依据，并在农业生产和业务实践中推广应用。“全球环境变化对策与支撑技术研究”项目系统评估和认识了全球环境变化的历史、事实和机制，预测和评估了全球环境变化的影响，以及评估了全球环境国际条约和履约活动对我国经济和社会发展的影响。“农林重大病虫害和农业气象灾害的预警及控制技术研究”项目从农林业持续稳定发展的重大需求出发，针对我国农作物、林木重大病虫害和农业气象灾害频发的现状，将遥感技术、地理信息系统、全球定位系统等高新技术用于重大农业气象灾害和病虫害监测预警，在不同的农业生态区初步组建了农作物重大农业气象灾害和病虫害可持续控制技术。

国家科技基础条件平台项目“气象科学数据共享建设”是中国气象局作为第一个科学数据共享的试点部门而启动的科技基础性专项，项目建立“气象科学数据共享中心”，建立了覆盖全国、连通世界的分布式共享数据库和共享服务网络体系，基本形成了气象科学数据共享服务的标准规范体系。

国家自然基重大项目“内蒙古半干旱草原土壤－植被－大气相互作用（IMGRASS）”通过综合外场实验、过程分析和数值模式深入研究了中纬度半干旱草原气候生态相互作用中的多种时空尺度和多种物理—化学—生物学过程的作用，以及人类活动的影响，为人类活动对草原生态系统的影响和资源的可持续利用提出了科学指导性意见。“20世纪中国与全球气候变率研究”项目紧密结合中国的气候预测与研究实际，对南方涛动、中国全新世气温变化、西太平洋副热带高压等的研究成果均具一定的创新性，并在世界范围内首次重建1880年至1950年北半球五百百帕月平均高度场，在中国首次建立了1880年至1950年我国东部四季气温降水量图。“淮河流域能量与水分循环试验和研究（HUBEX）”项目选择全球独具特色的典型东亚季风区域—淮河流域，通过气象、水文等多学科综合观测试验，研究了淮河流域能量和水分循环规律，揭示了这一地区旱涝形成的机制，提高了后来的降水预测水平。此试验与南海季风试验、第二次青藏高原试验、华南暴雨试验一起被科技部评为1998年基础研究十大新闻之一。“长江三角洲地区低层大气物理化学过程及其与生态系统的相互作用”项目选择了在发展中城市化、工业化和农业增长较快的城乡复合体——我国长三角地区这一全球具有代表性的区域开展试验研究，为人类活动对农作物生态影响和我国经济可持续发展提供科学的指导性意见。“中国大气气溶胶辐射特性的研究”项目则是首次在全国组织五个点对大气气溶胶光学特性进行连续观测，得到大量宝贵的气溶胶光学厚度的数据，并用激光雷达探测了对流层大气气溶胶消光系数的垂直分布，取得多年的连续观测资料，以此建立了我国大气气溶胶辐射特性的气候模型。

“十一五”以来，一批重点项目的实施深入推进了大气科学的发展，在台风、暴雨等监测与预测理论，短时临近预报技术，大气成分及其气候效应，人工影响天气，新型雷达探测技术，数值预报，农业气象等方面取得显著进展。

“973”计划项目“我国南方致洪暴雨监测与预测的理论和方法研究”提出引发我国南方暴雨的天气学模型，及持续性暴雨形成的异常气候背景和物理模型，提出了反演三维温、湿廓线的理论和方法，利用双雷达资料反演出我国华南飑线的三维结构和登陆台风内部的中尺度结构，发展了双偏振雷达与毫米波云雾雷达的反演理论和方法，改进了中尺度暴雨数值预报模式系统，自主发展了一种新的四维变分同化系统，形成华南、华中、江淮和长三角观测区的五千米（三千米）和三小时（一小时）中尺度再分析场。“中国大气气溶胶及其气候效应的研究”项目已经在认识不同区域能见度——关键气溶胶组分的关系方面取得明显进展，初步建立了我国区域性的霾天气的数值预报系统，研究了我国气溶胶光学特性及其垂直分布的中长期变化特征。“台风登陆前后异常变化及机理研究”项目紧紧围绕台风登陆前后异常变化及成灾机理这一核心主题开展研究，提高我国对登陆台风的认识和预报能力。

国家高技术研究发展计划（“863”）重点项目“机载气象雷达云雨探测系统”在我国首次开展机载气象雷达云雨探测系统的研制工作，主要包括机载X波段相控阵多普勒雷达系统的研制、机载W波段雷达系统的研制、机载雷达的数据处理系统和地面应用系统研制。

国家自然科学基金重大项目“中国地区树轮及千年气候变化研究”在我国典型气候区采集树轮样本，研制采样点树轮年表，确定树轮指标的气候意义，在树轮气候重建、中国地区千年气候及东亚季风变化特征与规律分析、千年气候变化的非平稳动态模型与预测研究、气候系统模式的改进和千年气候变化模拟试验等方面有重要成果。

国家科技支撑项目“精细数值预报系统及短期气候集合预测研究”自主研发并建立了区域中尺度数值预报系统（GRAPES-MESO）（十五千米）、精细尺度数值预报模式系统（三至五千米）、交互式观测预报系统和月季尺度短期气候集合预测系统。“人工影响天气关键技术与装备研发”项目研制了混合云和暖云增雨催化作业技术，建成了混合云催化焰剂成核率检测装备，研发出一种暖云人工增雨焰剂催化剂，研制出一套无人驾驶机人工增雨催化作业技术。项目成果在奥运会及残奥会开闭幕式的人工消减雨工作中得到成功运用。“农业重大气象灾害监测预警与调控技术研究”项目研制了灾害立体监测技术方法，研制了基于植物机理模型、区域气候模式、3S等高新技术与常规技术相结合的灾害预警技术，建立了长、中、短期相链接的农业重大气象灾害预警技术体系，提出了农业灾害区划和农作物宏观布局方案，以及农作物种植结构优化模型，建立了重大农业气象灾害对农业的影响评估模型，并提出了森林可燃物综合管理与生态调控方案。

三、大气科学重大项目研究成果

在一系列科技项目的支持下，大气科学的各个领域取得丰硕成果并获得了众多奖励。1956年，中国科学院地球物理研究所主持完成的“西藏高原对东亚大气环流及中国天气的影响”获首届国家自然科学奖三等奖；1978年全国科学大会，全国气象行业有一百多项科研成果获得奖励，其中气象部门的获奖成果达七十四项。改革开放以来，大气科学蓬勃发展，众多科研项目获国家级奖励。

1981年至2017年，全国气象部门共获奖气象科技成果9358项，其中国家级奖励133项，省部级奖励2570项，气象部门省局级奖励3959项，其他448项。2013年至2017年，全国气象部门获国家级和省部级奖励共186项（见图11-1、表11-2、表11-3）。

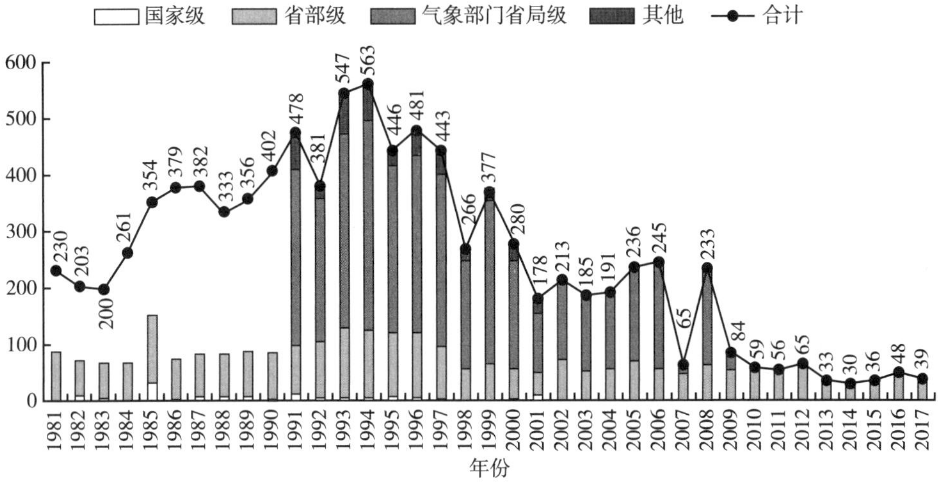

图11-1 1981—2017年气象部门获奖气象科技成果数

表11-2 1985—2018年全国气象科技成果一等奖与二等奖

年份	项目名称	奖励名称与等级	主持单位
1985	短期数值天气预报业务系统（B）的建立与推广应用	国家科技进步奖一等奖	国家气象局北京气象中心
	计算机自动化系统在气象通讯中的应用	国家科技进步奖一等奖	国家气象局北京气象中心电信台
	1981—1984年间四次大暴雨短期预报的成功和优质服务	国家科技进步奖一等奖	国家气象局北京气象中心气象台
	北方暴雨预报方法及理论研究的推广应用	国家科技进步奖二等奖	吉林省气象局气象科研所
	中国科学院万立方米高空科学气球技术系统	国家科技进步奖二等奖	中国科学院大气物理研究所
1987	东亚大气环流	国家自然科学奖一等奖	中国科学院大气物理研究所
	微波辐射计及其环境遥感应用	国家科技进步奖一等奖	北京大学
	旋转大气中运动的适应过程问题研究	国家自然科学奖二等奖	中国科学院大气物理研究所
	中国降水过程与湿斜压天气动力学	国家自然科学奖二等奖	北京大学
1988	全国农业气候资源和农业气候区划研究	国家科技进步奖一等奖	国家气象局
	714型台风警戒雷达系统	国家科技进步奖二等奖	国家气象局气象科学院
1989	NOAA系列气象卫星资料接收处理系统和开发应用服务	国家科技进步奖一等奖	国家气象局卫星气象中心
	暴雨数值天气预报及其业务应用	国家自然科学奖二等奖	中国科学院大气物理研究所
	全国十九省（市、自治区）风能资源调查研究	国家科技进步奖二等奖	国家气象局气象科学研究院
1990	华北平原作物水分胁迫和干旱	国家科技进步奖二等奖	国家气象局气象科学研究院
	我国酸雨的来源影响及其控制对策的研究	国家科技进步奖二等奖	北京大学

续表

年份	项目名称	奖励名称与等级	主持单位
1991	UHF 多普勒测风雷达系统	国家科技进步奖一等奖	国家气象局气象科学研究院大气探测研究所
	中国亚热带东部丘陵山区农业气候资源及其合理利用研究	国家科技进步奖二等奖	国家气象局
	北方冬小麦卫星遥感动态监测及估产系统	国家科技进步奖二等奖	国家气象局气象科学研究院
1992	灾害性天气监测和短时预报系统	国家科技进步奖一等奖	中国气象局中国气象科学研究院
1993	北方层状云人工降水试验研究	国家科技进步奖二等奖	中国气象局中国气象科学研究院
1995	东亚季风研究	国家自然科学奖二等奖	中国气象局中国气象科学研究院
	中国中期数值天气预报业务系统	国家科技进步奖二等奖	中国气象局国家气象中心
	风云一号气象卫星资料接收处理应用系统	国家科技进步奖二等奖	中国气象局国家卫星气象中心
	长期天气预报理论、方法和资料库建立	国家科技进步奖二等奖	中国气象局国家气象中心
	人工影响天气多尺度技术系统及催化系统的研究与应用	国家科技进步奖二等奖	黑龙江省人工影响天气研究中心
1997	我国台风、暴雨灾害性天气监测预报业务系统	国家科技进步奖二等奖	中国气象局国家气象中心
2000	数值气象预报的并行计算技术	国家科技进步奖二等奖	中国气象局国家气象中心
2001	卫星通信气象综合应用业务系统（9210 工程）	国家科技进步奖二等奖	中国气象局信息网络部（华信公司）
	农田温室气体排放过程和观测技术研究	国家科技进步奖二等奖	中国科学院大气物理研究所
2003	我国短期气候预测系统的研究	国家科技进步奖一等奖	中国气象局国家气候中心
2004	东亚季风气候—生态系统对全球变化的响应	国家自然科学奖二等奖	中国科学院大气物理研究所
2005	气候数值模式、模拟及气候可预报性研究	国家自然科学奖二等奖	中国科学院大气物理研究所
	全球变化热门话题丛书	国家科技进步奖二等奖	气象出版社
2006	我国梅雨锋暴雨遥感监测技术与数值预报模式系统	国家科技进步奖二等奖	中国气象局中国气象科学研究院
2007	海陆气相互作用及其对副热带高压和我国气候的影响	国家自然科学奖二等奖	中国科学院大气物理研究所
	风云二号 C 业务静止气象卫星及地面应用系统	国家科技进步奖一等奖	中国航天科技集团公司第八研究院
	我国新一代多尺度气象数值预报系统	国家科技进步奖二等奖	中国气象局中国气象科学研究院
2008	人工增雨技术研发及集成应用	国家科技进步奖二等奖	中国气象局中国气象科学研究院
	气象防灾减灾电视系列片：远离灾害	国家科技进步奖二等奖	北京风华气象影视集团

续表

年份	项目名称	奖励名称与等级	主持单位
2009	大气颗粒物及其前体物排放与复合污染特征	国家自然科学奖二等奖	教育部
	海河流域洪水资源安全利用关键技术及应用	国家科学技术进步奖二等奖	水利部
2010	环境与灾害监测预报小卫星超光谱成像仪	国家科学技术进步奖二等奖	中国科学院
	区域大气复合污染研究的技术体系及在珠江三角洲的应用	国家科学技术进步奖二等奖	教育部
2011	《防雷避险手册》及《防雷避险常识》挂图	国家科学技术进步奖二等奖	中国气象局
	河口海岸水灾害预警预报关键技术、系统集成及应用	国家科学技术进步奖二等奖	教育部
	大气环境综合立体监测技术研发、系统应用及设备产业化	国家科学技术进步奖二等奖	安徽省
	环境一号卫星环境应用系统工程	国家科学技术进步奖二等奖	环境保护部
	现代化人机交互气象信息处理和天气预报制作系统	国家科学技术进步奖二等奖	中国气象局
2012	黄土和粉尘等气溶胶的理化特征、形成过程与气候环境变化	国家自然科学奖二等奖	中国科学院
	中国大气污染物气溶胶的形成机制及其对城市空气质量的影响	国家自然科学奖二等奖	上海市
	过去2000年中国气候变化研究	国家自然科学奖二等奖	中国科学院
	Argo大洋观测与资料同化及其对我国短期气候预测的改进	国家科学技术进步奖二等奖	中国气象局
2013	沙尘对我国西北干旱气候影响机理的研究	国家自然科学奖二等奖	甘肃省
	中国西北干旱气象灾害监测预警及减灾技术	国家科学技术进步奖二等奖	甘肃省
2014	二十万年来轨道至年际尺度东亚季风气候变率与驱动机制	国家自然科学奖二等奖	江苏省
	青藏高原冰芯高分辨率气候环境记录研究	国家自然科学奖二等奖	中国科学院
	气候预测的若干新理论与新方法研究	国家自然科学奖二等奖	中国科学院
	农业旱涝灾害遥感监测技术	国家科学技术进步奖二等奖	农业部
	地球系统科学数据共享国家平台构建、关键技术与应用服务	国家科学技术进步奖二等奖	中国科学院

续表

年份	项目名称	奖励名称与等级	主持单位
2015	大气细颗粒物在线监测关键技术及产业化	国家科学技术进步奖二等奖	安徽省
	区域大气污染源高分辨率排放清单关键技术与应用	国家科学技术进步奖二等奖	教育部
2016	亚洲季风变迁与全球气候的联系	国家自然科学奖二等奖	中国科学院
2018	大洋能量传递过程、机制及其气候效应	国家自然科学奖二等奖	青岛市
	亚洲中部干旱区多尺度气候环境变化的特征与机理	国家自然科学奖二等奖	姚檀栋、程国栋、傅伯杰
	气候变化对区域水资源与旱涝的影响及风险应对关键技术	国家科学技术进步奖二等奖	王浩、周绪红、邓铭江
	台风监测预报系统关键技术	国家科学技术进步奖二等奖	中国气象局

表 11-3　1981—2017 年全国气象部门获奖气象科技成果

年份	合计	国家级	省部级	气象部门省局级	其他
1981	230	1	86	—	—
1982	203	10	62	—	—
1983	200	4	63	—	—
1984	261	—	66	—	—
1985	354	32	119	—	—
1986	379	3	70	—	—
1987	382	7	76	—	—
1988	333	7	75	—	—
1989	356	7	80	—	—
1990	402	2	82	—	—
1991	478	12	87	312	67
1992	381	5	99	254	23
1993	547	4	126	343	74
1994	563	4	122	371	66
1995	446	6	115	297	28
1996	481	4	117	313	47
1997	443	3	92	306	42
1998	266	—	56	191	19
1999	377	—	65	289	23
2000	280	2	54	191	33
2001	178	8	42	105	23

续表

年份	合计	国家级	省部级	气象部门省局级	其他
2002	213	—	71	142	—
2003	185	—	52	133	—
2004	191	1	54	136	—
2005	236	—	69	167	—
2006	245	1	54	190	—
2007	65	1	45	19	—
2008	233	2	61	169	1
2009	84	1	52	31	—
2010	59	—	59	—	—
2011	56	2	54	—	—
2012	65	2	61	—	2
2013	33	1	32	—	—
2014	30	1	29	—	—
2015	36	—	36	—	—
2016	48	—	48	—	—
2017	39	—	39	—	—
总计	8111	87	2174	3959	448

改革开放以来，重大气象成果转化取得显著效益。我国气象科研面向业务需要，在重大天气和气候灾害、城市大气环境污染、数值预报技术、卫星气象、雷达等气象探测设备技术开发等方面都开展了相关研究，不少成果转化为业务，推动了气象业务的发展。

“七五”期间，国家重点科技攻关形成了我国第一个具有中分辨率的中期数值天气预报业务系统（T42L9）成果，T42L9 正式投入业务运行，填补了我国在中期数值天气预报领域的空白，使我国步入了世界上少数几个能开展中期数值天气预报的国家行列。

“八五”期间，启动了“台风暴雨灾害性天气监测预报技术研究”科技攻关项目，该项目建立的国家气象中心第二代数值预报业务系统，使数值预报可用预报时效明显提高；台风路径数值预报系统和区域性暴雨系统正式投入业务应用，使预报精度明显改进；研制的 S 波段多普勒天气雷达和 714 天气雷达多普勒化改造，在灾害性天气临近预报和短时预报业务中发挥了重要作用，并为引进美国 NEXRAD WSR-88D 先进技术，中美合资组建北京敏视达雷达有限公司，奠定了坚实的技术基础。

“九五”期间，通过实施国家重中之重科技项目“我国短期气候预测系统的研究”，建立了月、季和年际尺度的业务动力模式系统和新一代短期气候预测业务系统，气候预测水平提高了 5% 以上；气候变化领域的科学研究成果则为我国应对气候变化和参与国际环境外交谈判提供了有力的科技支撑。此外，天气预报人机交互处理系统（MICAPS）和一些新型气象探测设备和仪器的研制也取得了重要突破。这些系统、设备和仪器在气象业务中得到普遍应用，大大提高了气象探测水平和天气预报服务能力。

从“十五”到“十一五”，“973”项目“我国重大天气气候灾害形成机理和预测理论研究”，在中尺度暴雨系统的结构与机理、暴雨形成的大尺度环流与气候背景，以及非静力、高分辨率中尺度暴雨数值模式系统等方面的研发取得了一系列创新性成果，有力提高了我国南方暴雨的预警能力；“973”项目“首都北京及周边地区大气、水、土环境污染机理及调控研究”成果被列为世界气象组织示范项目，为北京大气污染控制提供了科学参考。科技攻关项目“中国气象数值预报系统技术创新研究”，自主开发了我国新一代全球资料同化与中期数值预报试验系统（GRAPES），填补了我国在该领域的多项空白，其中“GRAPES 区域中尺度模式系统”推广应用到国内多家科研业务单位，进入业务试运行。人工增雨防雹技术研发和应用示范、重大农业气象灾害预警控制技术等也在“边研究、边试验、边应用”的原则指导下，起到了较好的示范应用作用。奥运气象科技项目针对奥运服务开发的多种预报服务系统，在奥运气象服务演练中得到检验，有效提高了 2008 年奥运气象服务工作水平。卫星遥感、农业气象灾害研究的一系列创新成果在业务服务中发挥了重要作用。

自 2014 年中国气象局明确提出四大核心关键技术攻关任务以来，形成大批科技成果，气象业务领域关键核心技术取得重大突破，部分领域达到国际先进水平。我国自主研发的全球数值天气预报模式投入业务化运行，2017 年有效预报时效达到七天；气象资料质量控制及多源数据融合与再分析项目取得重要突破，由此生成的降水、陆面、海洋、三维云等融合分析产品已对智能网格预报等业务形成有力支撑，研发的 2007 年至 2016 年全球大气再分析产品精度达到国际第三代同类水平，建立了与国际现阶段水平相当的东亚区域再分析系统；高分辨率气候模式与模式预测系统研发取得重要进展，模式性能跻身国际前列，次季节至季节预测技术稳步提高，气候预测模拟能力显著增强；天气气候一体化模式关键技术在东亚区云微物理过程、分量模式耦合等方面取得显著进展。

第三节　主要分支领域研究进展

一、灾害性天气与中小尺度天气系统动力及预报

我国是气象灾害十分频繁的地区。二十世纪五十年代开始根据实际任务提出的天气预报业务发展的需要，在寒潮、梅雨、暴雨、台风、雷暴大风和冰雹等灾害性天气特征、动力机制及其预报等方面都进行了大量的研究。

（一）灾害性天气研究概述

五十年代开始，我国陆续建立和扩展了中国近代天气分析和预报学科研究领域。此后在锋面和气旋、寒潮和降水、中小尺度天气预报等方面进行了大量研究。六十年代初，中小尺度天气分析开始受到重视，在中尺度强对流天气方面开展了外场试验和相关研究。同时还在积云动力学、大气非线性动力学与适应理论等方面取得重要进展。八十年代以来，我国的天气与天气预报研究取得快速发展。短期天气方面，主要是针对某些灾害性天气的成因、发展演变过程特征和规律等开展研究，作为开发天气预报方法的基础。此外，还在大气边界层地转适应与锋生理论、大气低频振荡等方面开展了大量研究并取得重要成果。八九十年代，能量天气学和湿有效能量的研究在短期灾害性天气预报中发挥了重要作用。中期天气方面，主要

进展是：研究了环流分型和历史相似的客观方法，环流型的持续、转换、调整及其与天气型的关系，寒潮、台风、连阴雨、汛末暴雨等中期天气过程的演变规律等。长期天气方面，系统开展了大气环流与长期天气过程的关系，包括造成大气环流异常的物理机制，大气低频振荡、遥感相关和瞬变波对大气环流的影响及高中低纬度大气环流相互作用等问题。

九十年代开始，国际上天气学理论与数值预报技术越来越紧密结合，我国在学习引进国外先进理论方法的基础上，针对锋面和气旋、寒潮和降水、中小尺度天气预报关键理论等问题，根据我国的具体天气过程特点，进行了大量研究和实践。还系统研究了季风等东亚大气环流并取得重要进展，提出了东亚季风系统和东亚副热带季风的概念，揭示了东亚大气环流与中国降水和旱涝的密切关系，其系列成果为我国夏季旱涝灾害天气预报提供了新思路和物理依据。

近几十年来，在天气预报技术方面也有突破。在我国经济发达地区，初步建立了中小尺度灾害性天气监测网，开展了暴雨、台风等灾害性天气形成机制及其监测与预报理论和方法的研究，灾害天气预警、预测水平明显提高。短期天气预报方法上引入了数值模拟研究，建立了短期数值天气预报业务系统。在长期天气预报方法方面，着重研究了西太平洋副热带高压的南北振荡与中国夏季雨带的关系、江淮流域夏季旱涝趋势的成因和季度长期预报方法。各区域中尺度天气预报模式的三天预报水平提高到当前一两天的预报水平。

随着天气预报理论体系不断完善，我国在天气系统变化的诊断研究方面取得了显著成绩，在天气的主要影响因子及机制方面取得重要进展，为成功进行天气预报、预测奠定了理论基础。在长期天气预报因子方面，重点研究了厄尔尼诺和南方涛动及南方涛动对中国天气的影响；极冰、火山灰、臭氧、天文因子等与大气环流异常及与天气气候的关系。在长期数值预报、统计动力预报方面设计了全球原始方程谱模式、地气耦合距平模式和全球海气耦合的季节相似动力学预报模式，开展了从月到年不同时段的预报试验。目前由全球中期数值天气预报模式、中期集合预报模式、有限区域数值天气预报模式和台风、沙尘暴、核污染扩散、大气污染数值预报模式等组成的数值天气预报模式体系初步建成。国家气象中心已成为世界气象组织的世界气象中心。

（二）主要灾害性天气研究

1. 寒潮天气研究

五十年代总结归纳出影响我国的主要寒潮路径，指出寒潮过程是大型环流急剧调整的结果。七十年代陆续完成了 1951 年至 1975 年的《中国寒潮年鉴》，这是寒潮研究的基本资料。到七八十年代，又进而研究寒潮过程与长波和超长波活动的关系。

2. 暴雨研究与预报研究

五六十年代，曾对长江流域的梅雨暴雨做过系统的研究。七十年代，又先后在湘中地区、华南、长江流域和华北，分别开展对暴雨的协作研究。1980 年出版的《中国之暴雨》系统阐述了中国暴雨的天气学特征、形成机制、分布规律等，对推动中国暴雨研究和预报业务发展起到了重要作用。八十年代以来侧重在暴雨的形成机制、落区、落时和定量的预报方法，完成了北方暴雨、长江流域暴雨、华南前汛期暴雨的外场科学试验和暴雨业务预报试验，进行了系统分析和研究。提出和发展了湿斜压大气、饱和湿空气动力学、高中低纬度天气系统相互作用、暴雨形成机制等理论以及中国暴雨的成因和物理图像及诊断分析技术和预报方法。

3. 台风天气研究

台风是典型的灾害性天气。二十世纪中叶，台风研究以大尺度环流影响为主，着重资料分析和统计研究，有少量动力学研究。最早是把台风涡旋当作一个质点，随大尺度引导气流飘移。五十年代着重研究台风的路径和登陆地点问题。七十年代台风强度和台风暴雨的预报技术有了新的发展，对突变台风的机理有了新认识。把台风当作一个轴对称的涡旋系统，并探讨了台风路径的转折与环流形势突变的关系，南海和近海台风发生、发展的条件，台风停滞打转，以及西太平洋上多台风活动和少台风活动时段的环流特征等。运用数值模式和流体力学模拟台风的结构和移动，在一定程度上能反映出台风与大尺度基本气流的相互作用。八十年代以来，随着遥感技术的发展，台风研究以中尺度分析为主，着重数值模拟和动力研究，并以登陆和突变为目标。研究侧重在近海台风的发生发展、台风路径、台风暴雨的预报方法方面。1979 年出版的《西太平洋台风概论》和 1987 年出版的《台风预报手册》全面介绍了我国台风研究的成就。1993 年至 1994 年我国组织开展代号为"CATEX"的近海台风外场科学试验，对台风的三维结构、中小尺度系统和地形对台风结构的影响等方面进行了广泛而细致的研究。九十年代后，有关热带气旋的突变及可预报性、结构和强度变化、热带气旋异常运动动力学、非对称结构对运动的影响、等值线动力学、能量频散及其波导效应、地形强迫下台风的异常运动、热带气旋与中纬度环流系统的相互作用等方面取得较高学术价值成果，推进了台风预报业务发展。

4. 中尺度强对流天气超短期预报研究

我国在八十年代初即捕捉了一些对流性天气过程并采集了大量资料。1986 年在国家"七五"科技攻关项目的支持下，开展了更大规模的中尺度强对流天气超短期预报研究。在全国建立了珠江三角洲、长江三角洲、京津冀、长江中游四个外场试验基地。利用取得的资料和各基地区域的历史资料，对登陆台风的风雨中尺度分布、暴雨中尺度分布及飑线、冰雹、龙卷、雷雨大风等开展了分析研究，发现了一些新的特征和变化规律，总结了一些天气概念模式。

二、东亚大气环流与季风气候研究进展

（一）东亚大气环流及其对中国气候的影响

东亚大气环流是影响中国气候特征的一个重要因素。探讨东亚大气环流与季风气候的特征、机制、成因及其影响等是最具有国际代表性的中国大气科学研究领域之一。早在二十世纪二十年代初，竺可桢、涂长望、赵九章、黄士松等老一辈气象学者就开启了大气环流与中国气候特征的研究工作。陆续发表了一系列研究成果，主要研究内容包括：中国气候形成的主要环流场、东南季风与中国雨量、中国气候概论、中国气候区域论、中国气候区的划分和四季的分配、支配各地各季的气团特性以及信风和季风热力学特性、中国季风的进退及其与雨量的关系、中国旱涝与世界涛动及大洋温度的关系、侵袭亚洲大陆的寒潮和台风的天气气候学特性及其与大气环流的关系等。

五十年代至八十年代，随着基本覆盖全国的气象观测站网的建立及研究队伍的壮大，一大批学者借鉴近代天气气候动力学思想和数学、物理及统计学方法，深入研究了东亚大气环流的时空规律及其对中国气候的影响，取得了大量的研究成果。特别是在阐明东亚大气环流结构与青藏高原对全球大气环流的影响方面有突出进展。叶笃正 1949 年在美国《气象杂志》

发表的《大气中的能量频散》首次把群速概念引入大气环流研究，证明西风带环流能量可远异于风速或波速向下游（或上游）频散，为长波发生发展预报提供重要理论基础。其中谢义炳1950年首先发现了东亚锋区与急流的多重结构，明确了东亚高空副热带急流的存在及其与极锋急流的相互作用。叶笃正和朱抱真1958年出版了《大气环流的若干基本问题》，阐述了北半球大气环流的观测现象，讨论了控制大气环流的基本因子；研究东西风带、经圈环流、平均槽脊和平均温度场的形成，还分析大气中角动量、动能、热量和水分的收支。这些工作在气候学研究中引进了动力气象学的研究成果，揭开了中国气候动力学研究序幕。1957年至1959年叶笃正、陶诗言和顾震潮为瑞典地球物理杂志《大地》写的《关于东亚大气环流》等三篇论文，总结了他们在五十年代有关东亚大气环流研究的成果，揭示了青藏高原对东亚大气环流的重要影响，指出其在西风带季节性跳跃中的作用，以及6月与10月大气环流的突变特征。1956年顾震潮与叶笃正发表《西藏高原对东亚大气环流及中国天气的影响》，从动力和热力作用两个方面全面分析和研究了青藏高原对东亚大气环流和中国天气系统的影响。随后，大量学者将高空环流与地面系统联系起来，对东亚大气环流型式和大型天气过程及其变化特征与机制、平均经圈环流、热带大气环流与台风及南半球大气环流等进行了深入分析，从而揭示了许多新事实，提出了许多新概念与新理论，包括：青藏高原对大气环流的动力（分支和阻挡）和热力（感热和潜热输送）作用，热源热汇的分布特征和平均槽脊的形成，环流的季节突变，北半球环流阻塞形势（阻塞高压）的维持、崩溃过程及其与东亚寒潮形成的关系，梅雨的形成、结构与性质，热带环流及南半球环流对东亚夏季大气环流的影响，以及湿斜压锋与湿斜压不稳定过程（谢义炳）、旋转适应理论（曾庆存）、倾斜涡度发展（SVD）理论（吴国雄）等；这些成果对深入理解中国气候的独特性、天气预报及短期气候预测起到了极为重要的作用，并对中国数值预报和气候模拟与预测研究等工作的创立与发展产生了重要影响。这些研究成果大多被总结在1991年出版的《当代气候研究》一书中。

八十年代起，随着观测（包括高空观测）资料的不断积累、丰富以及观测、研究分析手段的创新，如立体化（包括地面、近地层、高空大气观测，卫星观测，地基对空水汽观测）、系统性（包括气象、水文等常规观测，大气成分观测，冰川、冻土、积雪及生态系统观测）的气候观测、全球海洋观测实验、气候系统的数值模拟等，特别是在气候系统理论、地球系统科学和全球变化研究的带动下，关于中国气候特征及大气环流背景的研究也步入了一个新阶段。其研究特点主要体现在以下四个方面。①从气候系统及圈层相互作用的观点来阐述中国气候的基本特征，特别是更深入地研究了海洋、下垫面、冰雪圈与大气环流的相互作用及其对中国气候的影响机制。②从全球视角来研究的中国的气候问题，因而中国气候与全球各地的遥相关研究也得到了迅猛开展。③突出了对气候变异特征的研究，如对全球及东亚环流的变异性研究、季风环流的变异性研究、气候长期变化规律研究等有了显著进展。④突出了人类活动（如温室气体、气溶胶排放、土地利用变化）对气候的影响研究等。这使得这一阶段的研究成果极为丰富，且分支学科、领域的交叉与综合性更强，以至于很难对某一成果所属分支方向进行准确归属。

（二）季风气候及其成因机制研究

中国位于世界上季风气候最显著的东亚区域，季风气候研究一直是我国气候学研究的核心内容。中国季风区受东亚、南海及印度季风环流系统的影响，冬夏季风都很盛行，冬季主要受来自北方的大陆极地气团控制，近地面盛行以偏北方向为主的西北、北或东北季风；夏季主要受来自南方的热带大陆或海洋气团控制，近地面盛行以偏南方向为主的东南、南或西南季风。国内对季风问题的研究始于三十年代，近百年来，对季风气候的成因机制的探讨不断深入，由简单考虑区域海陆热力性质差异到从全球尺度综合考虑陆地 – 海洋 – 大气相互耦合作用，各阶段都有许多新认识和新发现。

五十年代以前，竺可桢、涂长望和黄士松等老一辈气象学家开启了中国现代的季风研究序幕，先后发表了《中国之雨量及风暴说》（竺可桢，1916）、《东南季风与中国之雨量》（竺可桢，1934）、《中国夏季风之进退》（涂长望等，1944）等代表性论文。他们依据零星的地面观测资料从海陆分布的角度对中国季风形成原因提出了许多创见。

此后，国内学者对季风气候的成因进行了初步探索，并认识到了我国季风的影响范围覆盖我国以及东亚地区，在季风命名上提出了高原季风，在成因上由海陆季风推进到高原季风的成因研究上。五十年代开始，国内学者开始将高空环流与地面系统联系起来分析东亚季风的形成机制，特别是青藏高原在东亚季风形成中的作用。五六十年代，叶笃正和陶诗言领导了中国科学院地球物理研究所大气环流研究组对亚洲大气环流和季风的结构、季节突变以及青藏高原的作用进行了大量研究，得到了许多成果。同一时期，高由禧和徐淑英指出影响中国的季风主要为副热带季风，并提出了“高原季风”的概念。以顾震潮和陶诗言为首的气象学家在探讨青藏高原和南亚高压对东亚季风和降水的影响等方面也进行了许多研究。作为对该时期研究成果的总结，先后出版了《东亚季风的若干问题》（高由禧，1962），《青藏高原气象学》（叶笃正等，1960、1979），《南亚高压》（朱福康，1980）等代表著作。叶笃正、陶诗言、朱抱真和陈隆勋四人因“东亚大气环流研究”获得 1987 年国家自然科学奖一等奖。

七八十年代，中国的季风成因机制研究取得突破性进展，一系列的季风试验开始实施，得以将诊断分析、数值模拟和近代探测技术相结合开展区域或全球尺度的季风形成机理研究。在认识东亚季风形成机理上的突出进步是提出了与印度季风相独立的东亚季风环流系统概念，同时对亚洲大气热源分布、南海西太平洋热带季风和大陆副热带季风以及季风在中国大陆推进的过程和特征、东亚季风系统中热带和副热带季风相互作用的特征、东亚季风与中国降水及旱涝的密切关系以及冬季风活动和形成的机理等也做了许多深入研究。热带气象学方面，1972 年由李真光负责开展的中国热带天气研究计划就含有中国季风研究课题，该课题于 1978 年成立了全国季风研究组，连续召开了两次学术研讨会，出版了两次“全国热带夏季风学术会议文集”。此外，为配合第一次全球大气观测试验（FGGE）计划中的季风试验（MONEX），中国在 1979 年夏天进行了第一次青藏高原试验，在高原增设了许多高空和地面观测站，获得了许多宝贵资料。1983 年，中美政府间联合开展“季风研究”项目，由国家气象局气象科学研究院主持。作为对全国季风研究组有关东亚季风研究成果的总结，国家气象局气象科学研究院于 1987 年出版了《季风论文专集》和《东亚夏季风》两本论文集。陈隆勋等人 1991 年的《东亚季风》和丁一汇 1994 年的《中国季风》等专著对这一阶段我国学者所取得的研究成果进行了系统的概括和总结。1997 年，陈隆勋、丁一汇、朱乾根、罗会邦、何金海五人因“东亚季风研究”获得了国家自然科学奖二等奖。

八十年代末特别是九十年代以后，季风成因机制研究进入新的阶段，开始了现代全球变化研究支持下由东亚季风的概念上升为东亚季风研究，关注陆地 – 海洋 – 大气间的相互作用对季风气候形成机制的影响，并将东亚季风置于亚洲季风系统和全球季风系统背景之下开展其多时空尺度变化特征及其成因机制等方面的系统研究。东亚季风环流系统概念提出后，许多研究进一步发现东亚季风与印度季风在系统组成、结构与水汽输送、降水等方面具有不同特征，东亚季风比印度季风更复杂。对亚洲季风和南海夏季风的爆发与形成机制、季节推进做了更深入研究。分析了东亚季风的多尺度振荡特征及其原因，表明印度季风、西太平洋副热带高压和中纬度扰动、青藏高原的热力异常、热带西太平洋暖池、ENSO 循环以及欧亚雪盖等都会影响季风的振荡特征，并从海 - 陆 - 气相互作用的角度梳理了各个因素对东亚季风系统变异的影响，进行了相关数值模拟研究的证实。此外，许多学者还对东亚季风异常与中国的降水及旱涝演变关系，冬季风活动过程及其机制，季风与全球变化等做了多方面的研究。九十年代后，诸项中外合作季风科学试验计划又陆续实施，包括中美季风合作项目，“中日亚洲季风机制”项目（1993—1999）等。特别是第二次青藏高原气象科学试验（TIPEX）（1998 年 5 月至 8 月），积累了大量高原热量平衡观测资料，相关单位和学者对青藏高原上热量平衡及对东亚季风的影响作了大量研究，出版了《亚洲季风》（丁一汇等，1994），《亚洲季风研究新进展》（何金海等，1996），《亚洲季风机制研究新进展》（陈隆勋等，1998）三本季风论文集（陈隆勋等，2006）。1998 年 5 月至 8 月中美科学家联合开展了南海季风科学考察试验（SCSMEX），由丁一汇和李崇银领导，试验旨在研究南海海洋 - 大气相互作用对南海季风爆发、维持及变化的影响（陈隆勋等，2006；丁一汇等，2004）。南海季风试验大量的观测事实，确认了中国科学家提出的南海是亚洲季风爆发最早的地区这一科学论断，并进一步揭示了南海季风爆发的确切日期、特征、演变过程及其与洪涝的关系。丁一汇（2013）主编的《中国气候》一书对季风试验结果及南海夏季风爆发与维持机制做了详细介绍，该书对近十余年关于东亚冬夏季风的研究也做了很好的总结。同一时期，陶诗言、黄荣辉、曾庆存、王会军、李建平、吴国雄、符淙斌等一大批气象学者在季风研究领域也取得了许多有价值的研究成果，对从不同角度认识季风的成因机制起了很大的推动作用。特别是二十一世纪以来，取得了一些有助于我们更好地理解东亚季风变化特征的新成果，例如东亚夏季风演变过程，包括在南海的建立和撤退的变化；东亚夏季风北边界活动带或东亚气候过渡带的变化；以及东亚夏季风与东亚冬季风的循环和二者之间关联的变化。此外，关于东亚季风变异的机理研究也有明显的进展，包括不同类型 ENSO 事件对东亚季风的影响，印度洋和大西洋对东亚季风的影响，以及中 - 高纬度大气过程在东亚季风变异中的作用。例如，李建平在回顾近十几年中国科学家提出的“海 - 气耦合桥、陆 - 气耦合桥和冰 - 气耦合桥”和“链式耦合桥”的概念框架内，系统总结出北半球中高纬对东亚气候影响的途径可归纳为四类：途径 A- 从北大西洋到东亚；途径 B- 从北太平洋到东亚；途径 C- 从北极到东亚；以及途径 D- 中高纬度和热带对东亚气候影响的协同效应。此外，还提出了描述两个或多个影响因子或过程的“联合效应”“协同效应”和“拮抗效应”等概念和判据，为今后客观地研究东亚季风成因提供了依据。

（三）大气环流和大尺度大气动力学研究

八十年代以来，对大气环流的研究进一步开展了大气环流及其异常的统计分析和诊断研究，青藏高原的大气环流动力和热力作用，大尺度低空急流的形成和维持问题，大气环流数值模拟等研究，并取得了一些突出成果。在大尺度大气动力学方面，旋转大气运动适应过程和演变过程、不稳定理论、大气阻塞动力学、大气运动谱结构、中高纬度大气二十至六十天振荡机理、湿斜压大气动力学等研究，取得大量有重要意义的结果。如在不稳定理论方面，发展了广义变分原理，研究了切变基本气流下第二类条件不稳定，研究了超高速和非地转不确定，系统地研究了大气中准定常行星波的形成、传播和异常机制，特别是理论计算得到行星波在三维空间传播时有两支波导的结论，引起了国际反响。在非线性动力学方面，主要对大气非线性波动、大气中的突变和分岔及混沌现象、非线性不稳定、劳伦兹引子的统计特征量和边缘概率分布的计算等有一些进展。

在热带环流和大气动力方面也有重要进展。热带环流方面，研究了各种尺度系统与天气尺度系统及各种系统的相互作用；计算了南亚热带辐合带分类型的能量平衡，进行了海温影响副高季节变动的数值试验，分析和研究了副高位置变动及变化的机制问题。对青藏高原及其附近地区的热量收支进行了诊断分析，进一步认识了这一地区的环流特征及高原对南亚夏季风建立的作用。对中层气旋、热带低压、热带云图及热带缓冲带反气旋进行了诊断分析，研究了加热场对热带扰动发展的作用。热带天气动力学方面，从理论上研究了热带大气超长波及中间尺度运动的性质、对流凝结反馈的作用、利用高截断正压谱模式模拟了副热带高压的渐变和突变、利用高截断斜压谱模式模拟了南亚高压及其东西震荡的机制。上述研究增进了对热带大气动力学过程的认识。

三、青藏高原气象研究进展

青藏高原是世界上最高和地形最复杂的大高原，具有独特的天气气候特征，更重要的是它不仅对我国、对亚洲，而且对全球大气环流和天气气候的形成都有重要作用。

二十世纪三十年代，竺可桢、徐近之等就根据青藏高原建立的几个有限的气候站资料研究了高原上的天气气候特征。四十年代开始注意到高原对周围大气环流和天气气候的影响，但所依据的资料仍然来自地面观测。高空探测网的建立把青藏高原气象的研究推进到一个新的阶段，叶笃正首先发现并证实了青藏高原对西风的机械阻挡所引起的分支现象。在五十年代，随着中国高空气象探测网迅速建成，他和顾震潮等人在上述基础上又作了许多工作。陶诗言、叶笃正、朱抱真等从观测研究和动力研究发现和证实了青藏高原对大气环流的季节突变，对常定行星系统的形成、对西风带移动性槽脊的影响等许多事实。与此同时，广大业务和研究工作者还针对高原特点提出了一套适合青藏高原地区使用的分析预报方法，初步了解到青藏高原天气系统的特殊性质和活动规律。此时期另一重大成果是张丙辰等发现高原对我国东部天气系统如江淮切变线、华南与昆明准静止锋、西南涡等有重大影响的许多事实，这些成果都收集在《青藏高原天气学》一书中。①

六十年代以来，理论研究的主攻方向从高原的机械动力影响转向热力影响，特别在数值模拟试验的方法被应用到探讨大气环流研究的领域以后，高原影响作为大气环流形成的主要因子之一进行许多有成效的试验。在这个阶段中，初步弄清了青藏高原在冬季是一个冷源，而在夏季是一个强大的热源，以及作为冷热源对高原季风和东亚季风的影响。中国科学院开展了流体力学模拟试验，成功的模拟出青藏高原的动力影响和热力影响的许多事实。此外，在这一阶段中天气学和诊断分析研究也取得很大的进展，陶诗言等首先发现夏季活动于青藏

① 乔全明、张雅高:《青藏高原天气学》。气象出版社，1994 年，第 1–4 页。

高原上空的南亚高压的东西振荡与西太平洋副热带高压的进退有一定的关系，在这个基础上所进行的一系列的研究，进一步确证它的强度、位置、活动对中国东部季节的转换，汛期降水的多寡，伏旱期的长短等都有密切的关系。这些研究已应用于中长期预报，收到了明显的效果。

围绕青藏高原，我国先后组织实施了三次大型气象科考试验。1979 年 5 月至 8 月，首次组织了大规模的青藏高原气象科学试验和理论分析研究，得到一批重要研究成果。如揭示了高原夏季热源的基本状况及其季节变化的特点；基本上搞清了 1979 年初夏北半球大气环流季节转换的主要过程和高原所起的作用；基本上搞清了高原低涡和切变线的性质、结构、形成原因及其对高原天气的影响；证实了夏季高原北侧可以形成小高压，斜压波在北坡加速、易于发展，在南坡减速、很难出现斜压不稳定等。还得出高原的主要加热区不在其主体上空，而在孟加拉湾；高原热低压对高空青藏高压和低空西南季风的形成起了主要作用；西来动力性高压通过高原混合作用可以变性为热力性高压等结论。此次青藏高原气象科学试验和研究对推动中国高原气象工作的发展起到重要作用，在国际上也引起了重视。

1998 年 5 月至 8 月，组织了高原地—气物理过程现场观测试验（简称第二次青藏高原科学试验），首次取得了一批有价值的高原边界层物理数据，并建立系统的高原边界层综合数据库，填补了国际上青藏高原边界层问题地—气物理过程综合资料的空白。综合分析了高原边界层结构及其各类动力学特征，首次揭示出高原边界层地 – 气过程综合物理图像。采用 TIPEX 现场观测资料揭示了高原与南海、印度洋季风的相互作用影响区域的水汽输送特征对东亚夏季降水及中国区域洪涝的作用。理论研究提出了青藏高原加热作用的感热气泵（SHAP）概念模型与 TIPEX 观测研究揭示出高原摩擦层 EKMAN 螺线及热力混合层高度特征十分吻合。

2013 年底，我国启动了第三次青藏高原边界层与对流层观测的科学考察，围绕我国灾害性天气气候预报关键技术，构建青藏高原及周边区域三维点 – 面结合综合观测系统，实现高原陆面、边界层、对流层的天基、空基和地基一体化观测，逐步实现长期观测；充分利用历史资料、现有业务系统和高原中西部观测及遥感资料以及试验期间的加密观测资料，提高高原地区卫星反演产品的精度，发展地面、高空和卫星遥感等资料的融合分析技术；建立高原复杂地形下的陆面 – 边界层和云降水物理过程模型和相关数值预报模型参数化技术；提出青藏高原影响我国灾害天气和极端气候事件的新认识，发展青藏高原及下游灾害天气预报技术和极端气候事件的短期气候预测方法，为提高中国暴雨和旱涝预报业务能力提供技术支撑。该计划分两个阶段进行，第一阶段在 2014 年至 2017 年开展，主要进行陆面高原边界 – 对流层综合观测、资料融合、区域数值模式、高原影响及预报方法研究；第二阶段于 2018 年至 2021 年开展，主要进行高原地 – 气物理过程、模式物理过程发展，高原对我国天气气候影响机理及在预报中的综合应用研究。目前已取得了阶段性进展。

此外，2004 年，中国气象局联合中国科学院等单位，通过中日合作 JICA 项目，推进了中国东部上游灾害天气的多源信息综合平台及其监测预警系统的构建，为高原灾害性天气敏感区的早期预警、预测提供了重要技术支撑。近几年我国学者还开展了青藏高原对亚洲环境影响的观测研究，在国际上提出青藏高原上空夏季臭氧浓度比周围偏低，存在着“类臭氧洞”现象（周秀骥等，1995、2004）。研究结果还表明，青藏高原是北半球对流层与平流层大气交换的重要通道。

四、气候系统与气候变化研究进展

我国气候变化基础科学和适应领域取得显著进展，在极端气候事件的检测与归因、气候变化预估、气候变化影响与评估、气候系统模式研发等方面都取得重要成果。

（一）气候系统与气候变化研究概述

七十年代，我国开始系统组织和实施气候变化的科学研究。八十年代开始，随着对气候成因及其机制的深入探索，提出和发展了气候系统的概念，把气候变化的原因归结为地球各个圈层相互作用的结果，气候研究逐渐发展成为对气候系统进行全面而综合的研究。

八九十年代，研究项目涉及气候变化科学的诸多方面，包括"全球气候变化预测、影响和对策研究""我国未来二十至五十年生存环境变化趋势的预测研究""中国气候与海平面变化及其趋势和影响的研究""全球气候变化与环境政策研究""我国陆地生态系统碳循环研究""我国重大气候和天气灾害的机理和预测理论的研究""我国冰冻圈动态过程及其对气候、水文、生态的影响机理与适应对策"等重大科技项目和研究计划，研究了中国国家尺度的陆地生态系统碳循环的主要过程、碳储量、净吸收和净排放及其发生机理等。国家"十一五"支持的气候变化和节能减排有关研究计划的开展和完成，有力推动了我国气候变化科学的发展。

随着一系列气候领域科学研究计划项目的实施，我国气候与气候变化研究取得大量成就，在气候观测、物理气候与气候成因、区域气候、类型气候、资源气候和气候区划、历史气候与古气候、应用气候、气候变化等方面，都取得许多重要成果。主要有：气候系统的观测得到明显改进，中国气候观测系统初步建成；亚洲夏季风环流的暴发、中断及平均环流结构等方面研究取得重大成果；热带太平洋、印度洋的海陆气相互作用，青藏高原、南北半球中高纬度地区冰雪—海洋—大气相互作用，亚洲季风系统的季节和年际变化的物理机制及其对东亚气候的影响等取得重要进展；ENSO强信号事件及其对我国气候影响的机理及厄尔尼诺预报等取得重要进展；东亚季风及我国气候演变趋势的季节、年际预测水平显著提高，开展了我国沙尘暴季节数值预报研究、大气环流异常的动力数值预测研究及对古气候的观测和模拟研究；副热带季风系统及与其密切联系的气候、气候变化等方面研究取得重要进展；气候异常的人类活动影响研究，开展了大气中温室气体含量、水分环境及气溶胶粒子的浓度等对气候变化的影响；对我国重大旱、涝发生机理有了新认识。同时，季风气候、农业气候、干旱气候、风能和太阳能等气候资源普查、气候风险评估等诸多气候研究领域也开展了大量研究，并取得重要成果。

（二）气候系统和气候变化重要前沿领域研究

1. 过去气候变化研究

在历史气候资料整编方面有重要进展。由中央气象局气象科学研究所组织，各省气象局参加，先后与北京大学及南京大学进行合作的近百人参加的研究，整理了1470年以来全国一百二十个地区上千个县的地方志，及明、清实录、故宫奏折。该书于1981年由地图出版社出版。图集包括1470年至1979年，共五百一十年，逐年一百二十个站的旱涝等级分布。《中国近五百年旱涝分布图集》是继五百年旱涝等级资料整编之后，世界第一本长序列历史气候图集，为研究旱涝的时空变化提供了宝贵的基本资料。[①] 首次呈现了全国大部分地区逐年的旱涝

① 王绍武：《现代气候学研究进展》。气象出版社，2001年，第128–129页。

时空分布序列，勾画出了全国近五百年的旱涝的分布形式。该图集的整理使历史气候的研究开始了系列化和大面积分析的新阶段，推动了中国的气候变化研究。由于应用了统计学分析，使气候变化研究由定性向定量阶段过渡。[①]

此后，又相继整编出《中国千年气候编年史》《中国三千年气象记录总集》《中国气象灾害大典》等，连同已完成的《二十四史气候史料集》《古代逐日天气记录整理》等，已初步构成了中国三千年气候文献记录资料基本体系，研制出“中国三千年历史气候基础资料系统”。

在过去气候变化重建与气候变化特征分析上有重大突破。我国的气候变化研究开始于二十世纪二十年代，学者利用丰富的史料，对历史时期气候变化进行了考证。1920 年蒙文通发表的《中国古代北方气候略考》是我国近代气候变迁研究最早的文献。竺可桢 1924 年发表的《南宋时代我国气候之揣测》、1925 年发表的《中国历史上气候之变迁》，使用了大量的史料文献，创造性地进行了文献中的气候信息提取和分析研究。在地质时期气候研究方面，李四光在上世纪三十年代完成了《冰期之庐山》的研究，对中国第四纪冰期和间冰期进行划分，开创了我国第四纪古气候研究。

二十世纪中叶以前的研究已有一些学者开始利用各地的地方志研究旱涝的变化。但是大多数只限于对受旱、受涝县数的统计。竺可桢于 1972 年发表的“中国近五千年来气候变迁的初步研究”，初步建立了我国五千年来的温度变化序列，是一篇在历史气候研究中具有划时代意义的重要著作。[②]

八十年代以来，随着地球系统科学的诞生与全球变化研究的不断深入，以及研究手段和技术的不断发展，对过去数百年、数千年乃至上万年的气候重建及变化规律研究，开始朝着高分辨率、定量化、综合集成研究的方向发展。[③] 中国学者在这些方面做了大量工作，手段也从原来单一的文献分析迅速发展为文献资料与自然证据（如孢粉、树轮、湖泊沉积、冰芯等）并举分析与集成，建立了一批具有国际水平的高分辨率气候变化序列，阐述了我国过去两千年气候变化的主要特征。代表性成果如施雅风等对中国全新世大温暖期的深入探讨，张兰生等对中国北方地区全新世气候环境变化的探讨，满志敏、张修桂等对中国四千五百年以来气候冷暖变化、唐代气候及中世纪时期前后的气候特征分析，张德二关于中世纪暖期的研究，王绍武等利用综合对比和按面积加权方法建立的中国及东、西部过去一千二百年每五十年温度变化序列，以及一些利用中国历史文献所重建的区域干湿与降水变化等，均取得了突破性的进展。特别是张丕远等对历史气候变化研究方法的探讨，重建的中国东部地区四十五个站点过去两千一百多年的旱涝等级序列和对中国历史时期气候变化的深入分析，以及近年葛全胜等对过去两千年中国温度变化的定量重建与气候变化规律的集成分析，大致代表了我国这一时期历史气候研究的基本趋势。上述这些研究成果也基本反映了我国这一时期历史气候领域的研究水平。

2. *气候变化基础科学研究及归因监测、人类活动影响研究*

八十年代，我国气象学家开创了以气候变化为主要内容的全球变化研究，在国际科学界

---

① 徐淑英、郑斯中：三十年来我国的气候学研究工作。《地理学报》，1979（4）：293-304。

② 竺可桢：中国近五千年来气候变迁的初步研究。《考古学报》，1972（1）：15-38。

③ 葛全胜、何凡能、郑景云等：20 世纪中国历史地理研究若干进展。《中国历史地理论丛》，2005（1）：6-15。

产生了重大影响。九十年代以后开展了气候变化物理成因诊断、人类活动对气候的影响等系列研究。在青藏高原、海岸带等重点研究区域取得了许多具有重要国际影响的成果；主持、主导了“季风亚洲区域集成研究（MAIRS）”等国际科学研究计划和大型国际科学试验；对中国区域陆地生态系统碳源和汇的空间分布格局、生态系统碳氮相互作用及其对气候变化响应形成了初步认识；编制完成了《中国气候变化国别研究》《气候变化对生态环境和人类健康的影响以及适应对策》《中国西部环境演变评估》《气候变化国家评估报告》等。

在建立近五百年我国东部历史气候旱涝等级变化数据集基础上，由此具备了对强降水和特大干旱等极端天气气候事件发生等级的监测能力。建立了权威的近五十年中国区域月平均气温和月降水量格点数据集，给出了我国近五十年平均气温以 0.022℃速度上升，并且明确这种变暖的趋势主要是由于人类活动排放过量温室气体引起的。在区域气候变化方面，发现近百年我国半干旱区出现了强化增温，主要由辐射强迫过程引起。陆 – 气相互作用和人类活动放大了半干旱区局地温度响应强度。而海 – 气相互作用通过改变海 – 陆和南 – 北热力差异，进而影响西风带、行星波和阻塞频率的强度，从而调制半干旱区年代际尺度的气候变化。此外，近些年我国半干旱区的气候变干与东亚夏季风减弱有关。半干旱区的沙尘气溶胶也能通过影响局地能量和水循环从而改变降水。

3. 气候变化影响、适应及其减缓领域研究

在气候变化影响、适应及脆弱性研究方面，开展了三峡工程建设气候可行性论证和水库周边气候立体监测，以及气候变化对我国大中型水库水资源的影响和水库对局地气候的反馈评价工作。评估了气候变暖背景下青藏铁路建设工程铁路沿线冻土带的变化趋势，为工程建设提供科学依据；完成了气候变化影响下我国“南水北调”建设的可行性影响评价报告。开展了气候变化对区域尺度水资源的影响模拟，初步建立了气候变化对水资源影响评估业务规范。重点加强了风能、太阳能的调查、评估和监测，建立我国风能、太阳能资源专业观测网，引进、开放和建立适合中国气候和地形特点的高分辨率风能、资源数值模式系统，开展了我国风能、太阳能资源的详查和精细化评估工作。开放了适合我国国情的气候变化社会经济影响模型，应用三种模型完成了温室气体排放及其对宏观经济的影响模拟计算；提出了我国未来温室气体排放情景。

在气候变化减缓研究方面，建立和完善了大气温室气体浓度和排放的监测系统和分析手段，开展了温室气体大气浓度，工业源、农业源、垃圾填埋温室气体排放参数监测和排放量计算的初步资料，发展和改进了相应的物理模式和计算方法；提出了减排温室气体技术评价方法、评价指标体系及减排的相对附加成本计算方法；提出了我国减缓主要温室气体的对策和建议，包括能源技术管理政策、减排 CO_2 技术对策、推广减排新技术政策等；重点组织了全球气候变化的战略与对策研究，包括气候变化问题的平等权利准则，清洁发展机制，技术转让等焦点问题，为公约谈判提供科学基础。

4. 气候数值模拟和预测研究

我国气候模式的发展始于八十年代。此后大气环流模式、海洋模式、陆面过程模式、耦合系统等迅速发展，气候模拟与短期气候预测也从最初的以大气模式为主向海 – 陆 – 气 – 冰（甚至更多分量）耦合的气候系统模式方向发展。八十年代中期，中国在引进改造国外模式的基础上，建立了具有自己特色的大气环流模式，进而又引进了几个其他全球环流模式。气

候模拟的研究工作陆续在几个地方展开，完成了许多与气候变化有关的成功试验，例如利用二层模式模拟气候平均状态、大气环流的季节变化。中国科学院大气物理研究所将八十年代初以来研制的大气、大洋环流等模式发展为气候模式（九层），并从一开始就参与了 IPCC 历次气候变化评估报告。北京师范大学、清华大学和国家气候中心的数值模式也参加了 IPCC-AR4 和 IPCC-AR5 的评估报告。与国际其他气候数值模式的模拟结果相比，我国气候模式模型对于夏季西太平洋副热带高压的北进，东亚夏季季风雨带向北推进过程有较好的模拟结果。

由于气候系统的复杂性和混沌性，气候预测到目前为止仍然是大气科学领域的难题，整体来看，气候预测处于研究、试验和业务应用不断改进的阶段①，主要集中在短期气候预测。短期气候预测主要指月、季、年时间尺度的气候预测。我国是世界上开展短期气候预测研究和业务最早的国家之一。早在三十年代涂长望就进行了三大涛动与中国旱涝关系等方面的研究，1958 年提出了“长期天气预报”的概念。我国的短期气候预测技术大致经历了经验统计分析、物理统计分析、动力统计相结合三个主要发展阶段。

七十年代以前，是我国短期气候预测的艰苦创业阶段，资料匮乏，计算条件落后，以经验统计分析为主要手段，采用历史资料和天气气候分析。七十年代到九十年代前期，随着资料种类和样本长度的增加，以及计算机计算的应用，我国短期气候预测的物理统计技术得到很大发展。七十年代后以多种数理统计方法为基础建立的统计预测模型在实际业务预测中取得了一定效果。八十年代以来，随着短期气候预测理论研究的发展和观测事实的不断揭示，物理因子分析受到极大重视，对影响大气环流和气候异常的物理因素的分析，从广度和深度方面均有很大发展，如海气相互作用、陆地热状况、低频振荡、遥相关型等。“七五”“八五”期间中国气象局重点研究课题的实施，有力推动了我国短期气候预测研究和业务工作的发展。先后研究了 ENSO 事件、青藏高原热状况对东亚大气环流和中国气候的可能影响，以及东亚遥相关型、东亚阻塞高压、西太平洋副热带高压、亚洲季风、南亚高压、北太平洋涛动、南方涛动、准两年振荡（QBQ）等大气环流异常与中国夏季降水的关系分析，提出了各种具有一定物理意义的预测概念模型，是这一阶段预测思路的显著特点。

九十年代后期以来，“九五”重中之重项目“我国短期气候预测系统的研究”开始实施，使得我国短期气候预测技术和现代化水平上了一个新台阶，进入了动力与统计相结合的新阶段。通过该项目的研究，首先，更加深入地研究了海、陆下垫面热力因素和东亚大气环流异常与我国气候变化特别是汛期旱涝的关系，加深了对我国气候异常物理成因的认识，建立了物理概念比较清楚的中国夏季降水物理统计综合预测模型。其次，研究建立了我国第一代动力气候模式系统。研制了一套月、季、年时间尺度的物理统计预测模型，发展了一套月、季时间尺度的动力气候模式预测系统，并进行了解释应用方法研发，初步实现了动力和统计相结合思想在业务中的应用。该模式成为我国进入 IPCC 第四次评估报告的仅有的两个模式之一。2005 年起，国家气候中心启动了新一代多圈层耦合的气候系统模式研制工作，先后建成了耦合大气、陆面、海洋、海冰分量在内的不同版本的气候系统模式 BCC_CSM1.0，BCC_CSM1.1 和 BCC_CSM1.1（m）。同时，基于全球近一百一十千米中等分辨率的新一代气候系统模式

① 贾小龙、陈丽娟、高辉等：我国短期气候预测技术进展。《应用气象学报》，2013，24（6）：641-655。

BBC_CSM1.1（m）研发了第二代短期气候预测模式系统。

二十一世纪初，我国开始更加强调自主研发数值预报业务系统。经过近十年的努力，我国新一代全球、区域多尺度通用同化与数值预报系统（GRAPES）自主研发取得有效进展，被列为科技部“十五”重大科技成果之一。以GRAPES为基础，又构建了中尺度同化预报系统（GRAPES-MESO）和全球同化预报系统（GRAPES-GFS），并投入业务运行。此外，近十年来，我国在大气数值模拟领域的科学和技术，包括动力框架、模式物理、资料同化、集合预报和模式评估等均取得明显进展。动力框架方面，重要工作包括对现有模型架构的改进，以及对适用于大规模并行计算和全球多尺度模拟的新技术探索；模式物理方面，在不同过程的参数化上取得了一系列成果，特别是为适应模式分辨率的增加而兴起的尺度自适应型参数化方案的研究；数据同化方面，我国的四维资料变分系统已经建成并已在国家气象中心业务运行，显示出进步效果。同时，集合预报在业务预报系统中的作用愈发凸显，与其相关基础技术也得到了发展。此外，涵盖关键性能指标和标准化测试协议在内的模式评估策略已经得到了广泛应用。它们为评估模式优缺点和改进模式性能提供了重要的指示意义。

五、大气科学其他重点领域研究进展

（一）大气物理与人工影响天气研究

大气边界层物理研究，主要开展了一些野外试验和数值模拟的研究。新的研究成果主要集中在浅薄斜压对流边界层的波和湍流结构、夜间稳定边界层特征、夜间边界层热力结构、低层雷暴等方面。我国人工影响天气以大气物理学为基础，围绕采用人为手段使天气现象朝着人们预定的方向转化进行了全面研究。

1. 大气物理与人工影响天气研究概述

大气物理和人工影响天气是我国发展最早的气象学科领域。我国的大气物理是在中华人民共和国成立以后才迅速和全面发展。在五十年代初期，我国的大气物理研究主要集中在臭氧观测、能见度观测、闪电光谱、近地面层大气结构等方面。1958年后，由于农业生产对人工降水的需要，全国开展了大规模人工影响天气的试验，加速了我国云雾降水物理的创建，在几年时间里，全国范围内初步形成了一支科研队伍，全面开展了云降水宏观与微观结构的高山与飞机观测、云降水动力学、云降水微物理学及雷雨云物理研究，并取得重要成果；同时开展了大气臭氧与大气光学、边界层大气物理研究。六十年代开始，由于我国核技术发展和工业建设的需要，带动了我国大气边界层物理与大气湍流的飞速发展；由于我国卫星及航空技术与应用的飞速发展的需要，也由于气候变化研究和大气遥感发展的需要，大气辐射、大气中辐射传输规律及辐射气候效应、大气遥感原理及信息提取技术等研究逐渐成为主要研究方向，并取得一系列重要研究成果。七十年代以来，全球环境气候的重大变化及人类活动对地球环境影响重大问题，进一步推动了大气物理学的发展。从五十年代开展云雾物理特征与人工影响天气研究以来，逐步创建了大气辐射、大气遥感、大气电学、大气边界层、中高层大气物理学等分支学科，并取得丰硕成果。我国先后开展了极具中国特色的青藏高原大气辐射、雷电观测研究，提出了青藏高原大气辐射和雷电物理特征，成功进行了人工引雷试验。开展了利用微波、激光等探测大气物理特征的研究，研制出多种大气物理探测仪器。

九十年代开始，在我国西北干旱、半干旱地区系统开展了复杂下垫面陆气相互作用过程研究，揭示了沙漠、绿洲、戈壁、草原等下垫面状况下大气边界层结构特征。随着我国城市化的发展，系统地开展了城市边界层物理特征的研究，揭示了我国城市热岛效应及污染扩散特征等。针对我国空间探测与气候变化研究的需求，创建了我国中高层大气物理学，揭示了我国高原地区平流层臭氧分布与变化等中高层大气物理的特征。针对我国干旱、冰雹灾害的需求，创建了我国现代人工增雨与防雹技术。

二十世纪末以来，大气物理学有了质的飞跃和发展，先进大气物理探测技术、数值模式的应用与经济社会发展的新需求，使大气物理学的发展呈现多学科交叉与结合发展的特征。我国在云降水物理、云与辐射的相互作用、气溶胶的光学特性、气溶胶的辐射强迫、大气辐射传输及其计算新方法、大气成分探测等结合的研究方面取得重要进展，揭示了其变化对我国气候、环境变化的影响特征。结合冰雹、雷电、大风与强降水特征，揭示了强灾害性雷暴物理特征。

2. 大气物理各个分支领域的研究进展

在大气边界层物理化、大气湍流形成机制和边界层与自由大气相互作用等方面也取得一些进展。此外，在边界层的数值模式方面也有较大进展，如陆面过程模式、城市边界层模式和大涡模式研究及海洋大气边界层物理过程的数值模式中的参数化。

大气辐射研究，开展了红外辐射透过率和大气冷却率计算方法的研究，所获得的计算方法与国外已有的方法比较，既省时又能保证计算精度。开展了遥感、光化学和大气光学特性等方面的计算方法的研究；开展了云辐射的反馈作用及其在天气气候动力模式中的应用研究。近年来，又开展了沙尘对太阳短波辐射和大气长波辐射的散射作用，解释了沙尘暴对天气气候的“阳伞”效应。此外，我国在微波遥感原理和反演方法研究也取得很大进展。

大气遥感研究，在完成了多波段探测温、湿、云和降水的微波遥感试验之后，发展了一套反演计算方法。激光雷达遥感主要开展了沙暴结构、由火山爆发引起的平流层气溶胶变化和低能见度等方面的研究。此外，还开展了激光闪烁遥感降雨参数原理的研究。

中层大气物理研究，在臭氧层变化研究、光化学与离子化学研究、中层大气波动与湍流的研究、重力波在平流层均匀风场与切变风场中向上传播的波谱的变化研究等有一些进展。近年来，我国大气科学非常重视中层大气物理过程及其与对流层大气相互作用的研究，并取得很大进展。不仅建立了探测基地对中层大气的重力波进行探测，而且对中层大气与对流层大气耦合和相互作用的动力、物理过程做出系统研究，特别是关于北半球冬季平流层与对流层通过准定常波和极涡进行相互作用的研究取得重要成果。近年来，中层大气的化学过程及中层大气物理过程的数值模拟研究也得到重视。

气溶胶－云－辐射相互作用研究，开展了大量基础性观测研究工作，并在我国华北、华东、华南等地组织了多个外场观测试验；建立了多个地基气溶胶遥感监测网络，获得了大量气溶胶特性的观测数据，并结合卫星遥感和模式模拟等手段，比较系统地研究了我国气溶胶－云－辐射的时空变化特征及气溶胶直接和间接气候效应。赵春生对我国 2011 年至 2018 年光散射增强因子 f（RH，λ）的研究进展进行了系统梳理，包括加湿浊度计的仪器研发，中国地区外场 f（RH，λ）的观测，f（RH，λ）的参数化方案和 f（RH，λ）在气溶胶特性观测方面的应用，讨论了利用外场观测数据对各种 f（RH，λ）的参数化方案进行检验的不同表现，并总结了各种利用气溶胶化学组成进行 f（RH，λ）参数化的方案。还介绍了新发展的一系列气溶胶变量观测的方法，如气溶胶吸湿性因子、云凝结核浓度、气溶胶液态含水量和气溶胶不对称因子。

云物理研究，对北方层状云进行了系统的飞机探测研究，对北方人工影响天气工作的深入开展具有重要指导意义。在冰雹物理结构研究中，收集了大量有关雹谱的资料，发现在高原和西北地区出现的冰雹直径一般偏小，而在长江流域以南地区则偏大。

云和降水的数值模拟研究，建立了一维、二维积云和层状云的数值模式、冰雹云模式。近年来，观测技术和数值计算的发展进一步拓宽了我国云降水物理的研究，不仅在云结构与降水动力过程、对流系统产生机理、气溶胶对云雾和降水的影响等理论上取得重要进展，而且在精细分辨的云数值模式的研发上也取得很大进展。

大气电学研究，主要进展有大气电的观测研究并发现了一些特殊现象，如西北地区的云放电特征研究。研制了最新的 VHF 辐射源探测和三维定位系统，可以对雷暴内的闪电做到高时间分辨率的三维描述。还开展了人工引发雷电的特色研究。特别是随着高时间和高空间分辨率闪电探测和定位技术的不断发展，中国大气电学研究近年来取得了很多重要进展。我国学者在青藏高原及其周边地区的雷暴云电荷结构及闪电特征、雷暴云电荷结构和闪电开展了数值模拟，并在冰雹云、台风、飑线等不同强对流灾害性天气的闪电特征等方面取得了突破性认识，获得了发生在雷暴云上方的中高层大气放电事件的观测证据。郄秀书对近十年来我国大气电学研究进展总结涵盖以下五个方面：①闪电探测和定位技术；②基于火箭－拖线技术的人工引发闪电物理过程和放电参量；③自然闪电的物理过程和连接过程；④不同雷暴系统的闪电活动特征和云内电荷结构；⑤雷暴和闪电对中上层大气的影响。

3. 人工影响天气领域研究

我国人工影响天气起源于二十世纪中叶，经过几十年发展，已成为我国防灾减灾的重要手段。我国人工影响天气在监测、指挥、数值模式及作业技术等研究领域取得显著进展。特别是数值模式在人工影响天气作业时对云演变的预报和识别、作业的效果评估及作业方法等应用得到很大发展。研制了无人驾驶小飞机并在云物理探测和人工增雨作业时飞行，实现了对典型降水云系的云水资源状况的及时了解和增雨潜力的准时科学评估。建立了人工增雨示范区，并提出了主要降水云系人工增雨的科学概念模型，这些相关研究对我国人工增雨作业起到科学指导作用。此外，近年来建立了将统计检验、物理检验和数值模式相结合的人工影响天气综合检验方法，这些研究不仅提高我国人工影响天气的有效性，还促进了云降水物理学的发展。

我国还先后开展了若干人工影响天气的重大科学试验，包括：①北方层状云人工降雨试验（1981—1992）；②人工增雨技术研究与示范外场科学试验（2001—2006）；③人工增雨关键技术与装备研发外场科学试验（2006—2011）。

（二）大气化学研究进展

大气化学主要研究大气成分的性质和变化，源和汇，化学循环及发生在大气中、大气和陆地及海洋之间的化学过程。大气化学研究现状及成果表现在大气成分观测网络不断扩大、数值模式和预报系统不断发展、探测能力不断提高、对大气成分的变化规律和机制的认识有了提高。

1. 大气化学研究概述

五十年代以前，我国几乎没有大气化学的系统研究工作，仅有零星的大气臭氧测量和大气气溶胶粒子的观测。1958 年科学院建立北京、昆明臭氧柱体总量 Dobson 仪监测站，开始进行臭氧的观测。到九十年代又分别在浙江临安、黑龙江龙凤山以及青海瓦里关山增加了三个布鲁尔（Brewer）臭氧观测站。同时，香港也建立了布鲁尔臭氧观测站。

六十年代初开始结合云雾物理研究，开展凝结核、冰核的观测和人工凝结核和冰核的凝结及成冰性能的实验研究。七十年代起，我国设环境保护机构，开始建立环境监测站网，对 SO_2、气溶胶等污染物进行监测。八十年代中期，中国气象局开始建立全国酸雨监测站网，建立了浙江临安、北京上甸子与黑龙江龙凤山区域大气环境背景站。1994 年 9 月在 WMO 支持下气象部门在青藏高原建立瓦里关全球大气化学本底观象台。而香港也在九十年代初，就开始大气化学本底观测。中国气象科学研究院在南极考察中作了长期监测太阳辐射和臭氧总量的观测。

在设立站网的同时，一些单位也注意发展各种大气化学的遥感探测手段。八十年代，北京大学地球物理系和中国科学院大气物理研究所发展了太阳辐射计等，用以遥感大气臭氧、气溶胶浓度以及 NO_2 光解系数。对曙暮光散射观测，得到 40 ~ 60km 高度上臭氧浓度的反演结果。用氧分子激发的 1.27μm 气辉强度计算出 60km 以上臭氧特性。南京大学大气科学系与紫金山天文台合作进行了毫米波遥感大气臭氧的探测试验。自 1966 年起，中国科学院大气物理所即研制地基激光雷达探测大气气溶胶分布和污染扩散。九十年代利用激光雷达和天光偏振观测到 El Chichon 和 Pinatubo 火山爆发的气溶胶，并用以研究其对气候的影响。九十年代中期，安徽光学机械所发展的 UV-DIAL 激光雷达可检测 19 ~ 45km 高度的臭氧和气溶胶。

为了解经济发展造成污染的影响和机理，以期制定防治对策，国家组织和支持了一系列综合性研究计划，推动我国大气化学的研究。在 1985 年至 1995 年间，连续三次开展了“我国酸雨来源、影响及其对策”的科技攻关项目，组织包括气象、环境、能源等科研院校数十个单位、数百位专家和科技工作者参加研究。在 1991 年至 1995 年“全球气候变化预测”科技攻关课题中设专题研究“温室气体浓度和排放监测”；1994 年至 1997 年由国家自然科学基金支持“中国地区大气臭氧变化及其对环境生态影响”重大项目；1997 年启动了国家自然科学基金重点课题“中国地区气溶胶辐射特征”研究；1998 年启动了国家自然科学基金重大项目“长江三角洲大气物理化学过程及其对生态影响研究”。此外，1998 年还启动了与日本合作的青藏高原大气臭氧探测的国家自然科学基金课题。

2. 大气化学主要研究领域进展

（1）酸雨研究

自“六五”计划开始，历经“七五”“八五”期间的酸雨研究，基本揭示了我国酸雨的分布演变趋势和成因。八十年代，大体以长江为界，以南为酸雨区，川黔为重酸雨区，随着经济的高速发展，到九十年代，酸雨区已扩展至北方地区。华北、东北时有酸雨发生。我国酸雨主要是燃煤释放的 SO_2 溶入云雨水滴经与 H_2O_2 氧化反应为硫酸而致酸的，即是所谓的硫酸型酸雨。在一些大城市如北京、广州、上海等地，大气中 NO_x 的浓度已越过 SO_2。其致酸物是硫酸硝酸混合型的。酸雨会危害农作物和侵蚀材料，造成经济上损失。由于我国南方多为酸性土壤，承受酸雨的作用极为有限。在酸雨研究中发展了包括污染物排放、大气输送、气相光化学、液相光化学和干、湿沉降等过程的三维欧拉型污染物输送转化沉降模式，探讨源汇关系和试验控制对策方案。此外，酸雨研究还带动了云雨化学研究，为此发展了多种类型的云雨化学数值模式，研究云雨酸化机理。

（2）大气臭氧研究

中国对流层光化学烟雾的研究，始于二十世纪七十年代，经兰州、北京等地外场探测和烟雾箱模拟表明 NO_x 和 VOC 的光化反应，产生高浓度的 O_3、PAN 和 HNO_3 等高氧化性物种，是造成此种低能见度烟雾的原因。高浓度 O_3 会刺激人的呼吸道，破坏植物的叶面气孔，影响植物的生长发育。其先行物主要是来自能源和工业活动的高温燃烧和汽车排放的尾气。此外，植物排放的非甲烷碳氢化合物（NMHC）也可以是其先行物的来源。随着经济的发展，此项污染将会更加严重，并向农村发展，从而影响农业生产。

九十年代开始了较系统的中国大气臭氧研究计划。通过计划的实施，了解了中国地区臭氧变化概貌，卫星资料分析发现了青藏高原夏季臭氧柱体总量低于同纬度的平均值，总结出由南到北臭氧柱体总量年际降率增大的规律。此种逐年递降趋势反映了臭氧层的耗损。在四个不同的背景站，进行了长达一年的对臭氧及其先行物的观测并建立了数据库；不同测点的物种变化规律不尽相同，反映了其污染状况和地理特征。资料结果表明，像浙江临安的农村地区，其地面臭氧浓度已经达到危害农作物的水平。对不同植物和土壤的 NMHC、N_2O、OCS 等排放率进行了测定，编制了 1° ×1°有关 NO_x、SO_2、CO_2、CH_4，NH_3 等物种的全国排放清单。建立了一维臭氧对流层大气化学模式，模拟了臭氧与微量气体的日变化，研究了臭氧在对流层内的时空分布及循环。利用一维时空化学模式模拟研究南极臭氧洞的形成。就 CFC 和冰相气溶胶对臭氧破坏的机理作了实验室的研究；用模式预测了按国际协议禁用 CFC 的规定后大气臭氧层恢复的时间。同时进行了我国大气本底站的可行性研究，为建立我国本底监测网提供了科学依据。廖宏等人对 2011 年至 2018 年期间我国对流层臭氧年际和年代际变化及其化学与气候相互作用取得的主要研究进展进行了回顾，总结了中国对流层臭氧尤其是近地面臭氧污染的时空分布特征和变化趋势，归纳了影响臭氧浓度年际、年代际变化的主要驱动因素及过程，还对流层臭氧对中国气候的影响及未来气候与排放变化对臭氧浓度的影响进行了概述并提出在该领域未来需要进一步解决的科学问题和研究方向。

（3）大气气溶胶研究

气溶胶是较早开始研究的对象，早在二十世纪六十年代，由于云雾物理和人工影响天气研究的需要进行了凝结核计数测量、盐核测量。气溶胶作为污染物，为求其来源，发展了受体模式，用多元分析的方法，处理气溶胶的成分分析的资料，得到不同源的贡献。沙尘暴是中国北方春季多发的天气现象，最初的研究是针对沙漠迁徙、陆地和海洋沉积。对搜集到的样品，进行了组分分析，并用数值模拟方法分析沙尘暴的源地分布以及传输规律。基于辐射和气候研究的需要，八十年代起，中国对气溶胶的物理化学成分进行了深入的观测研究，进行气溶胶辐射和光学特征的测量，测定气溶胶的光学厚度、折射指数，获得了有关气溶胶化学性质、粒子分布、化学成分及其粒子尺度分布的有统计意义的资料和分析结果等，发展了由气体到粒子的转化数值模式。采用化学元素质量平衡法和因子分析法判断和分析城市气溶胶的来源，在气溶胶干湿沉降、气溶胶可溶性物质的酸度及降水化学等方面也开展了一些研究。在西北沙漠地区和城市郊区开展了微量气体浓度的连续对比观测，发现这些微量气体成分和本底浓度有明显的季节变化和逐年增加趋势。近年来，观测和数值模拟研究了气溶胶与季风的相互作用及其机理，研究表明季风对气溶胶溶度有重要影响；气溶胶也对季风产生影响。

（4）温室气体研究

八十年代末中国为研究全球气候变化开始了温室气体排放系统的研究，主要集中于测定不同地区的温室气体浓度以及不同生长条件下稻田 CH_4 和 N_2O 排放规律，研究了控制施肥和灌水等农业措施来减少排放的方法。

（5）大气质量模式研发

我国引进消化国际上先进的大气污染扩散模式，积极发展有自主知识产权的数值模式。我国学者自主开发了我国区域空气质量模式（NAQPMS），并在此基础上，发展了空气质量多模式集合预报系统，并成功用于我国重点城市一些重大活动时空气质量的预报。我国还研发了城市空气质量模式和多尺度空气质量模式（RAMS-CMAQ），主要用于东亚地区或我国城市群区域大气气溶胶、臭氧和前置物演变过程和其后环境效应方面的模拟研究，取得很多有意义的结果。

六、大气科学试验与基地建设进展

二十世纪六十年代中期以来，我国曾组织多次全国性的暴雨科学试验，并取得不少具有科学意义和业务应用价值的成果。八十年代以来，我国前沿科学应用理论与新技术的发展，推动了我国各类大气科学试验的成功实施，并在理论与应用研究方面取得了丰硕成果，确定了我国大气科学试验的七大重点目标，即青藏高原影响、季风、暴雨、台风、大气化学、人工影响天气和农业气象（表 11-4）。我国大气科学试验从试验规模、实施范围到探测技术手段和装备均有长足发展，受到国际科学界广泛关注，并取得许多重要成果。

表 11-4 我国开展的主要大气科学试验

试验目标	试验名称	时间（年）	主持或组织单位
青藏高原大气科学试验研究	第一次青藏高原大气科学试验（QXPMEX-1979）	1979（5—8 月）	中国科学院与中央气象局
	第二次青藏高原大气科学试验（TIPEX）	1994—2000(1998)	中国气象局与中国科学院
	中日合作 JICA 计划青藏高原及周边区域新一代气象综合观测试验	2005—2009	中国气象局
季风科学试验研究	南海季风试验（SC-SMEX）	1996—2000(1998)	中国气象局与中国科学院
	淮河流域能量和水分循环试验（HUBEX）	1998—1999	中国气象局与北京大学
	亚洲季风年科学试验（AMY）	2008—2009	2008 年亚洲季风年（AMY）国际计划科学指导委员会
暴雨科学试验研究	台风、暴雨灾害性天气监测、预报技术研究	1991—1995	中国科学院
	海峡两岸及邻近地区暴雨科学试验	1998（5—6 月）	中国气象局
	长江中下游梅雨锋暴雨科学试验研究	2001—2002	中国气象局
	南方致洪暴雨中尺度系统科学试验研究	2004—2009	中国气象局
台风科学试验	中国登陆台风科学试验（CLATEX）	2002（7—8 月）	中国气象科学研究院
	台风登陆过程外场科学试验	2008—2009	中国气象局、中国科学院和高等院校

续表

试验目标	试验名称	时间	主持或组织单位
大气化学科学试验	西太平洋臭氧及其前体物考察科学试验（PEM-WEST）	1991（8—11月）、1994（2—3月）	中国气象科学研究院、美国NOAA空气实验室及NASA
	中国地区大气臭氧变化及其对气候环境的影响科学试验	1994—1997	中国气象科学研究院
	长江三角洲低层大气物理化学过程及其与生态系统的相互作用科学试验	1998—2004	中国气象科学研究院
	中国大气气溶胶及其气候效应的研究科学试验	2004	中国气象局
	奥运空气质量保证科学试验	2008（6—9月）	中国气象科学研究院、北京市气象局
	大气环境现场科学试验	—	—
人工影响天气科学试验	北方层状云人工降水试验	1981—1992	中国气象科学研究院
	人工增雨技术研究与示范外场科学试验	2001—2006	中国气象科学研究院等
	人工增雨关键技术与装备研发外场科学试验	2006—2011（2009）	中国气象科学研究院
农业气象科学试验	作物水分胁迫和干旱试验研究	1983—1988	中国气象局
	我国亚热带东西部丘陵山区农业气候资源及其合理利用试验研究	1981，1987	中国气象局
	温室气体对作物影响试验研究	1992，1999	中国气象科学研究院
	农业气象防灾减灾试验研究	“九五”到“十一五”	中国气象局、农业部、林业部、水利部和中国科学院

从1989年建设强风暴实验室等国家气象局重点实验室以来，不断加强气象科技基础平台建设。到2017年，气象部门形成由九个国家级气象科研院所、二十五个省级气象科研所，一个国家重点实验室（灾害天气国家重点实验室）、四个国家野外观测研究站、一个国家气象科学数据共享服务平台、十六个部门重点实验室（表11-5）、三个联合共建实验室、三个联合研究中心、二十一个野外科学试验基地（表11-6），以及各级业务单位、行业其他力量构成的国家、区域和省三级气象科技创新体系。

表11-5　2023年中国气象局重点实验室情况

研究领域	实验室名称	依托单位	所属地区
大气探测	中国气象局中国遥感卫星辐射测量和定标重点开放实验室	国家卫星气象中心	北京市
	中国气象局气象探测工程技术研究中心	中国气象局气象探测中心	北京市
	中国气象局大气探测重点开放实验室	成都信息工程大学	四川省
	中国气象局雷达气象重点开放实验室	中国气象科学研究院、南京大学大气科学学院、中国气象局气象探测中心	北京市、江苏省

续表

研究领域	实验室名称	依托单位	所属地区
环境气象	中国气象局大气化学重点开放实验室	中国气象科学研究院	北京市
	中国气象局气溶胶与云降水重点开放实验室	南京信息工程大学	江苏省
	中国气象局水文气象重点开放实验室	国家气象中心、河海大学	北京市、江苏省
气候学	中国气象局－南京大学气候预测研究联合实验室	国家气候中心、南京大学	北京市、江苏省
气候与气候变化	中国气象局树木年轮理化研究重点开放实验室	中国气象局乌鲁木齐沙漠气象研究所	新疆维吾尔自治区
	中国气象局干旱气候变化与减灾重点开放实验室	甘肃省气象局	甘肃省
	中国气象局上海城市气候变化应对重点开放实验室	上海市气象局、同济大学	上海市
	中国气象局气候资源经济转化重点开放实验室	重庆市气象局、中国气象局气象发展与规划院	重庆市
天气与数值预报	中国气象局区域数值天气预报重点开放实验室	广东省气象局	广东省
	中国气象局台风数值预报重点开放实验室	上海市气象局	上海市
	中国气象局地球系统数值预报重点开放实验室	中国气象局地球系统数值预报中心	北京市
	中国气象局龙卷风重点开放实验室	广东省气象局、北京大学	广东省
	中国气象局海峡灾害天气重点开放实验室	福建省气象局、复旦大学	福建省
	中国气象局流域强降水重点开放实验室	中国气象局武汉暴雨研究所	湖北省
应用气象	中国气象局交通气象重点开放实验室	江苏省气象局	江苏省
	中国气象局空间天气重点开放实验室	国家卫星气象中心	北京市
	中国气象局旱区特色农业气象灾害监测预警与风险管理重点开放实验室	宁夏回族自治区气象局	宁夏回族自治区
	中国气象局农业气象保障与应用技术重点开放实验室	河南省气象局	河南省
	中国气象局城市气象重点开放实验室	北京城市气象研究院、中山大学大气科学学院、南京大学大气科学学院	北京市
	中国气象局航空气象重点开放实验室	华风气象传媒集团有限责任公司、中国民用航空飞行学院	北京市、四川省
	云降水物理与人工影响天气重点开放实验室	中国气象局人工影响天气中心	北京市

表 11-6　2023 年中国气象局野外科学试验基地

学科方向	基地名称	依托单位	所属地区
草原生态气象	中国气象局锡林浩特草原生态气象野外科学试验基地	内蒙古自治区气象局	内蒙古自治区
大气电学	中国气象局雷电野外科学试验基地	中国气象科学研究院、中国气象局广州热带海洋气象研究所	北京市、广东省

续表

学科方向	基地名称	依托单位	所属地区
大气化学	中国气象局瓦里关大气本底野外科学试验基地	青海省气象局	青海省
	中国气象局上甸子大气本底野外科学试验基地	北京城市气象研究院	北京市
	中国气象局临安大气本底野外科学试验基地	浙江省气象局	浙江省
	中国气象局龙凤山大气本底野外科学试验基地	黑龙江省气象局	黑龙江省
	中国气象局阿克达拉大气本底野外科学试验基地	中国气象局乌鲁木齐沙漠气象研究所	新疆维吾尔自治区
大气环境	中国气象局邢台大气环境野外科学试验基地	河北省气象局	河北省
大气探测	中国气象局北京大气探测技术野外科学试验基地	中国气象局气象探测中心	北京市
大气物理与大气环境	中国气象局秦岭气溶胶与云微物理野外科学试验基地	陕西省气象局	陕西省
干旱成因、监测与致灾机理	中国气象局定西干旱气象与生态环境野外科学试验基地	中国气象局兰州干旱气象研究所	甘肃省
海洋气象	中国气象局南海（博贺）海洋气象野外科学试验基地	中国气象局广州热带海洋气象研究所	广东省
	中国气象局三沙海洋气象野外科学试验基地	海南省气象局	海南省
交通气象	中国气象局金坛交通气象野外科学试验基地	江苏省气象局	江苏省
农业气象	中国气象局固城农业气象野外科学试验基地	中国气象科学研究院	河北省
农业气象与遥感	中国气象局郑州农业气象野外科学试验基地	河南省气象局	河南省
青藏高原气象	中国气象局高原陆气相互作用野外科学试验基地	中国气象局成都高原气象研究所	四川省
沙漠气象	中国气象局塔克拉玛干沙漠气象野外科学试验基地	中国气象局乌鲁木齐沙漠气象研究所	新疆维吾尔自治区
山地气象	中国气象局大理山地气象野外科学试验基地	云南省气象局	云南省
生态环境	中国气象局淮河流域典型农田生态气象野外科学试验基地	安徽省气象局	安徽省
	中国气象局墨脱大气水分循环综合观测野外科学试验基地	西藏自治区气象局、中国气象科学研究院	西藏自治区
生态气象	中国气象局青海高寒生态气象野外科学试验基地	青海省气象局	青海省
生态与农业气象	中国气象局东北地区生态与农业气象野外科学试验基地	中国气象局沈阳大气环境研究所	辽宁省
湿地生态气象	中国气象局乌梁素海湿地生态气象野外科学试验基地	内蒙古自治区气象局	内蒙古自治区
台风研究	中国气象局华东台风野外科学试验基地	中国气象局上海台风研究所	上海市
卫星遥感	中国气象局遥感卫星辐射校正场野外科学试验基地	国家卫星气象中心	甘肃省
云降水物理与人工影响天气	中国气象局华北云降水野外科学试验基地	北京市气象局	北京市
云物理	中国气象局龙门云物理野外科学试验基地	中国气象局广州热带海洋气象研究所、中国气象科学研究院	广东省
	中国气象局五台山云物理野外科学试验基地	山西省气象局	山西省

续表

学科方向	基地名称	依托单位	所属地区
云物理与人工影响天气	中国气象局吉林云物理野外科学试验基地	吉林省气象局	吉林省
中小尺度暴雨监测预警预报	中国气象局长江中游暴雨监测野外科学试验基地	中国气象局武汉暴雨研究所	湖北省

参考文献

[1] 黄荣辉. 大气科学和全球气候变化研究重大科学问题 [M]. 北京：科学出版社，2016.

[2] 乔全明、张雅高. 青藏高原天气学 [M]. 北京：气象出版社，1994.

[3] 邱金桓、陈洪滨. 大气物理与大气探测学 [M]. 北京：气象出版社，2005.

[4] 王绍武. 现代气候学研究进展 [M]. 北京：气象出版社，2001.

[5] 温克刚. 中国气象史 [M]. 北京：气象出版社，2004.

[6] 吴阶平、季羡林. 20 世纪中国学术大典：大气科学 [M]. 福州：福建教育出版社，2002.

[7] 许小峰. 中国气象百科全书：气象科学基础卷 [M]. 北京：气象出版社，2016.

[8] 中国气象学会. 大气科学学科发展报告（2009—2010）[M]. 北京：中国科学技术出版社，2010.

[9] 中国气象报社. 第三次青藏高原大气科学试验进展顺利 [EB/OL].（2014-11-06）[2021-01-17]. http://www.cma.gov.cn/2011xwzx/2011xqxxw/2011xqxyw/201411/t20141106_266334.html.

[10] 中国气象局. 中国气象现代化 60 年 [M]. 北京：气象出版社，2009.

[11] 王绍武，罗勇，赵宗慈，等. 新一代温室气体排放情景 [J]. 气候变化研究进展，2012，8（4）：305-307.

[12] 王绍武，罗勇，赵宗慈，等. 气候变暖的归因研究 [J]. 气候变化研究进展，2012，8（4）：308-312.

[13] 胡永云. 全球变暖的物理基础和科学简史 [J]. 物理，2012，41（8）：495-504.

[14] 胡晓华，费建芳，张翔，等. 气象条件对大气波导的影响 [J]. 气象科学，2007,（3）：349-354.

[15] 伍荣生，谈哲敏，王元. 我国业务天气预报发展的若干问题思考 [J]. 气象科学，2007,（1）：112-118.

[16] 钟珊珊，何金海，管兆勇，等. 1961—2001 年青藏高原大气热源的气候特征 [J]. 气象学报，2009，67（3）：407-416.

[17] 陈冬冬，戴永久. 近五十年我国西北地区降水强度变化特征 [J]. 大气科学，2009，33（5）：923-935.

[18] 黄小刚，费建芳，张根生，等. 一种台风海面非对称风场的构造方法 [J]. 热带气象学报，2004,（2）：129-136.

[19] 周雪松，谈哲敏. 华北回流暴雪发展机理个例研究 [J]. 气象，2008,（1）：18-26.

[20] 黄建平，陈文，温之平，等. 新中国成立 70 年以来的中国大气科学研究：气候与气候变化篇 [J]. 中国科学：地球科学，2019，49（10），1674-7240.

[21] 王体健，高太长，张宏昇，等. 新中国成立 70 年来的中国大气科学研究：大气物理与大气环境篇 [J]. 中国科学：地球科学，2019，49（12），1833-1874.

[22] 孟智勇，张福青，罗德海，等. 新中国成立 70 年来的中国大气科学研究：天气篇 [J]. 中国科学：地球科学，2019，49（12），1875-1918.

第十二章　大气科学人才教育与培养

大气科学发展，人才是根本。大气科学人才教育培养为气象人才队伍建设提供有力支撑，从高等院校的专业教育，到科研院所的人才培养，再到气象行业的在职培训，探讨影响大气科学教育发展的多重动因。

第一节　大气科学人才培养概述

中华人民共和国成立以来，伴随着气象事业的迅速发展和国家教育体制改革的不断深入，大气科学教育培训经历了从无到有、从小到大的过程；实现了以中等气象教育为主，到以气象高等教育为主的转变；气象部门教育培训的工作重心也经历了以教育为主体到以培训为主体的发展历程。我国大气科学教育培训的能力不断增长，规模不断扩大，为气象事业发展和人才队伍建设提供了有力的支撑，也成为气象现代化体系建设的重要内容。

一、大气科学中等教育情况

中华人民共和国成立初期，为进一步适应气象站网建设和气象业务发展的需要，一大批气象中等专业学校相继建立，专业设置不断增加，培养规模不断扩大，教育质量不断提高，专业人才不断增多。中央气象局三所直属气象中等专业学校的创办，拉开了气象中专教育的发展序幕。

1955 年 1 月，经国务院批准，中央气象局将一年制的北京气象学校改为三年制的正规中等专业学校，校名定为中央气象局北京气象学校，设气象、农业气象、高空气象三个专业。1956 年 5 月 31 日，经高教部批准，中央气象局将成都气象学校改为中等专业学校，设气象、农业气象、气象通信三个专业。1958 年 4 月 15 日，经高教部批准，中央气象局成立了湛江气象学校，设立气象、农业气象、海洋水文气象专业。据统计，仅在 1955 年至 1965 年十年间，中央气象局所属的这三所中等专业学校共招收培养中专生 6655 人。这三所学校的毕业生分配到全国气象台站后，大多成为台站的业务骨干。

当时，多数省、自治区、直辖市气象局也纷纷创办气象中等专业学校。1959 年 8 月，中央气象局在河北保定召开了第一次全国气象教育工作会议，总结交流了“大跃进”以来干部培训的经验。当时全国培养气象中等技术人员有三种形式：第一是自办独立的中专技校；第二是本省、市、自治区中等农林水利等学校开设气象或农业气象专业；第三是几个省、市、自治区协作合办中技校。这次会议后，省属气象中等专业学校得到迅速发展。到 1961 年为止，共有二十二个省、自治区先后成立了气象学校（或设立气象班），培养中专生 3800 多人。

1962 年，按照教育部关于中央各部委所属中等专业学校调整的要求，中央气象局仅保留了三所直属中等专业学校：北京气象专科学校中专部、湛江气象学校、成都气象学校。1963 年，根据教育部《关于核对保留中等专业学校名单的通知》，除上述三所中专学校外，另列上了四川省气象学校。后经省里批准，1965 年湖北省气象学校恢复招生，新疆也成立了伊犁气象学校。

1966 年“文化大革命”开始，气象中等教育中断。中央气象局直属的北京气象专科学校和湛江气象学校于 1969 年 12 月 4 日被撤销。保留下来的成都气象学校，1973 年 9 月至 1977 年 1 月共招收、培养气象通信、雷达、高空专业中专生 493 人。省属气象学校 1973 年以后逐步恢复了少数学校；1973 年至 1977 年，共培养中专生 1402 人。

特别是党的十一届三中全会后，各省、自治区、直辖市气象部门为解决气象人才不足的燃眉之急，纷纷恢复、新建气象中等专业学校，到 1984 年全国已达二十一所。

1979 年，湛江气象学校恢复，并于当年开始招生。1980 年 4 月，江西南昌气象学校和甘肃兰州气象学校划归国家气象局与地方双重领导，以国家气象局领导为主。1980 年 11 月，经教育部批准，湛江气象学校和兰州气象学校列为重点中专学校，南昌气象学校列为国家气象局重点中专学校。三所中等专业学校按重点中专学校的要求，进行了全面建设。1977 年至 2000 年，三所学校共毕业普通中专生 15107 人，其中为本部门培养的学生 8442 人，这些毕业生成为当时基层台站的一支重要力量。

2000 年，根据国家改革教育体制改革的总体要求，中国气象局所属兰州、南昌、湛江三所中专学校移交地方政府管理。各省区气象局所属中专学校（除河北、安徽、湖北、四川、新疆等以外），相继撤销或改建为气象培训中心。

二、大气科学高等教育情况

（一）大气科学本科教育情况

为适应气象事业和气象科学发展对高层次人才的需要，从二十世纪五十年代初期开始，气象高等教育得到发展，并先后创办了四所气象高等院校。

1953 年 12 月 29 日，经政务院批准，在原军委气象局气象干部学校的基础上，成立了北京气象专科学校，转归中央高等教育部领导。从此，我国有了第一所专门培养气象人才的高等院校。1955 年 8 月 27 日，国务院、国防部批示：“为适应军队建设需要，现决定将北京气象专科学校拨归军队建制，更名为‘中国人民解放军气象专科学校’。”当年招生一百零一名，学习天气预报，学制二年。1960 年 4 月，经国务院批准，北京气象学校扩建为北京气象专科学校，设天气预报专业，学制二年（以后改为三年）。

此外，还有南京气象学院和成都气象学院两所气象高等院校。1960 年 1 月 12 日教育部正式批复：“同意以南京大学气象系为基础，成立南京大学气象学院，将来学院独立后南京大学仍保持一个气象系。”“设天气与动力气象学系、气候学系、大气物理学系、农业气象学系。各设一个专业，学制五年，规模两千人。”该学院作为中央气象局直属单位，委托江苏省代管，并于 1960 年秋季招生 168 人，与南京大学气象系合并上课。1963 年南京气象学院建设已初具规模，60 级至 63 级四届学生总数已达 591 人。1965 年 7 月，首届学生 136 人毕业。“文化大革命”中，南京气象学院中断了招生。1972 年 5 月至 1977 年 2 月，共培养了五届三年制大学普通班学员共 924 人。

"文化大革命"后，气象院校得到了迅速恢复与发展，特别是在 1978 年，三所中央气象局直属高等院校获得国家的大力支持。2 月南京气象学院经批准被列入全国重点高校之一；4 月批准成都气象学校扩建为成都气象学院；12 月教育部同意恢复北京气象专科学校，该校于 1984 年 2 月扩建为北京气象学院。

经过若干年的努力和发展，南京气象学院已成为气象类学科专业齐全的全国重点高等院校。成都气象学院已办成了"理工结合，以工为主；气电结合，以电为主"的院校。北京气象学院 1984 年开始招生本科生，1990 年被中国气象局调整为以高层次的继续教育为重点的高等院校。据统计，南京气象学院 1981 年至 2000 年，共毕业本科生 5820 人，普通专科生 4214 人；成都气象学院自建院至 2000 年，共毕业本科生 3665 人，专科生 2869 人；北京气象学院 1978 年复校后至 1998 年共毕业本科生 631 人，普通专科生 817 人。至 2000 年底，南京气象学院已建七个系，十七个本科专业；该院还设有研究生部和气象科学研究所，并且是世界气象组织区域气象培训中心。成都气象学院已建九个系，十三个本科专业，并设有成人专科、函大和夜大。

2000 年，国务院进行了部属院校管理体制改革，南京气象学院和成都气象学院实行了中央和地方共建、地方管理为主的管理体制。改制后的南京气象学院和成都气象学院分别改建为南京信息工程大学和成都信息工程学院，并继续以局校合作的形式，为气象部门承担气象学历教育工作。北京气象学院于 1999 年经中编办批准转建为中国气象局培训中心。

（二）大气科学研究生教育情况

二十世纪五十年代，中央气象局没有直属高等本科院校，而当时的科研单位也不具备培养研究生的条件。1955 年，为适应气象事业发展需要，国家首次选派章基嘉、张家诚、杜行远、黎光清同志到原列宁格勒水文气象学校攻读研究生，这几位同志后来均取得了苏联副博士学位。到六十年代，我国才开始摸索，并逐步建立研究生培养体系。

1. 硕士研究生培养

1964 年，中央气象局气象科学研究所首次在气候学专业招收研究生，学制为三年。1965 年又分别在天气动力学专业和气候学专业招收硕士研究生。两届共招生五人，后因"文化大革命"而中断招生。

1978 年，我国恢复研究生招生制度后，中国气象科学研究院成为国务院学位委员会首批批准的硕士学位授予单位之一，也是大气科学学科专业最齐全的招生单位。招生专业包括天气动力学、气候学、大气物理、大气探测和大气遥感、大气环境、农业气象等。同年，中国气象科学研究院首先恢复了天气动力学专业和气候学专业硕士研究生招生工作。1981 年 11 月，国务院学位委员会批准中国气象科学研究院为硕士学位授予单位。1998 年，国家对学科专业进行了调整，将大气科学学科的六个专业调整为两个专业，即气象学专业和大气物理学与大气环境专业。2006 年 1 月，国务院学位评定委员会正式批准中国气象科学研究院为大气科学一级学科硕士学位授权点。

南京气象学院 1978 年开始招收硕士研究生，其研究生教育大致经历了三个时期：1978 年至 1985 年为独立招生阶段；1986 年至 1997 年为与中国气象科学研究院联合招生阶段；1998 年至 2000 年管理体制改革时又恢复独立招生。自 1981 年国家开始实行学位制度后，该院经国务院批准，该校在天气动力学、气候学、农业气象学、大气物理学、大气探测学五个专业有硕士学位授予权。

据统计，自 1964 年至 2008 年，中国气象科学研究院与南京气象学院共培养了硕士研究生毕业生 576 名（含联合培养人数），其中有 80% 以上的硕士研究生被分配到气象部门工作，现已成为气象科研、业务和教学工作的骨干力量，在气象现代化建设中发挥了重要作用（见图 12-1）。

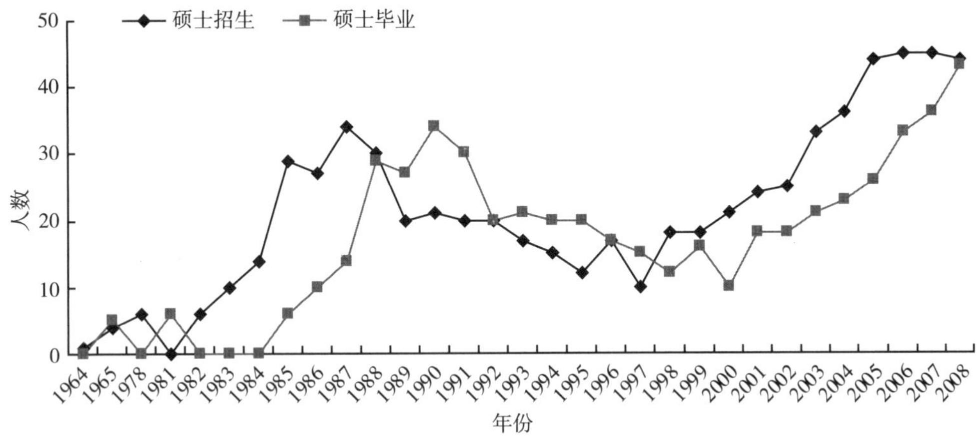

图 12-1 1964—2008 年硕士招生和毕业人数情况

2. 博士研究生培养

我国的博士研究生招生可以追溯到 1987 年。当前 7 月，国务院学位委员会批准了周秀骥（原中国科学院大气物理研究所博士生导师）、秦曾灏（原山东海洋学院博士生导师）、廖洞贤分别为中国气象科学研究院大气物理和天气动力专业的博士生导师，并在当年招收了三名博士生。

1993 年，国务院学位委员会批准了中国气象科学研究院与南京气象学院（以下简称“两院”）联合申报博士学位授权单位和天气动力学专业博士学位授权点；1994 年 9 月首次招收两名博士研究生入学，从而使“两院”完善了两个层次的研究生学位教育；1998 年又批准了“两院”联合申报的大气物理学与大气环境专业博士学位授予点，培养方式为独立招生和独立培养；2003 年 10 月，国务院学位委员会正式批准中国气象科学研究院可单列博士生招生计划，与有学位授予权的单位开展联合培养博士生工作。2003 年 11 月，中国气象科学研究院与中国科学院研究生院签订了联合培养博士生的合作协议，并从 2004 年开始单列博士研究生招生计划。此外，2003 年，中国气象科学研究院根据中国气象局与美国大学大气研究联合会的协议，开展联合培养博士研究生的工作。2000 年前后博士研究生招生数量有了较大增长（见图 12-2）。

我国早期大气科学的博士点名称是“天气动力学”，开设院校有北京大学、南京大学、南京气象学院等。1999 年，大气科学成为一级学科博士点。根据教育部要求，本科气象学、气候学和大气物理学与大气环境专业合并为大气科学专业。”

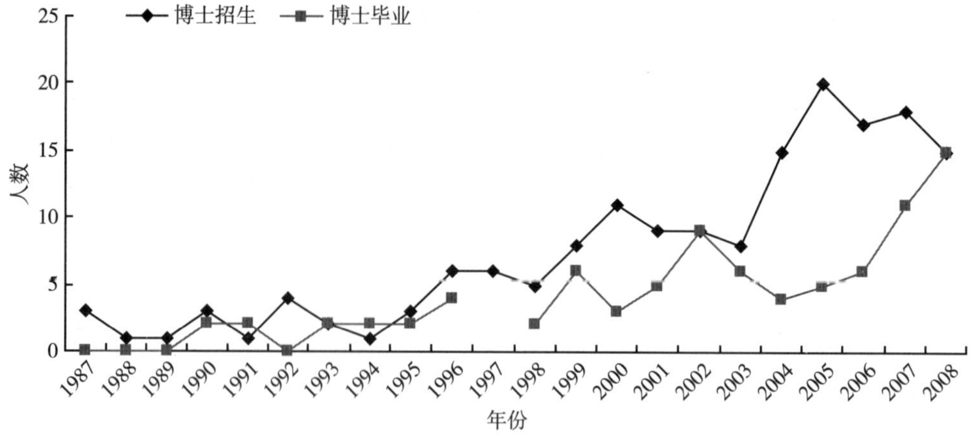

图 12-2　1987—2008 年博士招生和毕业人数情况

二十世纪末，除气象部门承办高等气象教育外，我国一些综合性大学和有关科学研究院也开展大气科学高等教育和研究生人才培养，为气象事业发展提供大量气象人才。

进入新世纪以来，大气科学教育与培训工作发展进入新阶段。在气象学科建设与人才培养方面，自 2002 年开始，中国气象局已先后与北京大学、北京师范大学、南京大学、浙江大学、中国海洋大学、中山大学、兰州大学、中国科技大学、国防科学技术大学、云南大学、南京信息工程大学、成都信息工程学院、香港城市大学等二十多所高校签订了全面合作协议；与教育部、江苏省人民政府三方共建南京信息工程大学；与四川省人民政府共建成都信息工程学院。通过局校合作，有效地支撑了现代气象业务体系建设。

在气象培训方面，2009 年印发了《中国气象局关于加强气象人才体系建设的意见》，明确提出制定并实施“强基工程”，加强教育培训制度建设，提升教育培训能力。2010 年，出台了《中国气象局关于加快气象培训体系建设的意见》，提出从构建开放式气象培训体系、加强气象部门培训机构建设、着力实施重点培训、加强师资队伍建设等七个方面加强气象培训体系建设。2011 年，中国气象局培训中心改为中国气象局气象干部培训学院，2012 年，相继挂牌成立河北、安徽、湖北、湖南、四川、新疆、辽宁等七个国家级气象培训分院，印发了《中国气象局气象干部培训学院发展规划（2011—2020）》及七个国家级气象培训分院的发展规划。逐步形成了以预报员岗位系列、司局级领导干部系列、处级干部系列、县局长系列、党校班、气象新技术新方法等为代表的核心班型。

第二节　大气科学高等院校人才培养

按照国家规定的设置标准和审批程序批准举办，在完成中等教育的基础上进行的大气科学类专业教育，通过全国统一考试招收培养对象，是培养气象高级专门人才的教育。气象高等教育分专科、本科和研究生三个层次，研究生分攻读硕士学位和博士学位两个独立培养阶段。

一、大气科学高等院校人才培养历程

我国气象高等教育起源于二十世纪二十年代早期留学回国人员竺可桢等编印教材进行的气象培训，到四十年代末在北京大学、东南大学（南京大学前身）、清华大学、浙江大学等高校逐步开展了近代气象高等教育。中华人民共和国成立以后，我国大气科学高等教育得到很大发展，并经历以下历程。

（一）中华人民共和国成立初至二十世纪七十年代末

1949 年中华人民共和国成立以后，仅南京大学、清华大学设有气象系。在中山大学、兰州大学、原青岛海洋大学（现中国海洋大学），原杭州大学（现并入浙江大学）、云南大学、中国科技大学和沈阳农业大学［1952 年组建，由当时的复旦大学农学院（茶叶专业除外）和沈阳农学院部分专业合并而成］等高校中设立了大气科学类专业。此外，伴随着 1952 年全国院系调整，如原南京大学气象系与浙江大学、齐鲁大学相关学科合并成立新的南京大学气象系并设有气象、气候、大气物理三个专业；清华大学气象系并入北京大学物理系，设立气象学专业；1952 年，原北京农业大学（现中国农业大学）开始培养农业气象方向的研究生。

这一阶段由气象部门举办气象高等院校逐步建立。1953 年 12 月，经政务院批准在原军委气象局气象干部学校的基础上，成立了北京气象专科学校，转归中央高等教育部领导，从此我国有了一所专门培养气象人才的高等院校。中央气象局于 1960 年 6 月致函教育部："为了加强高级气象技术干部的培训工作，以适应气象事业发展的需要，我局决定从今年六月起将北京气象学校改为专科性质的学校，定名北京气象专科学校，建制仍属我局，学校的领导关系和组织机构不变。特报你部备案。"从此，北京气象学校升格为北京气象专科学校。北京气象专科学校于 1969 年 12 月 4 日宣布被撤销，1978 年 12 月，经国务院批准，北京气象专科学校在原址恢复。于 1984 年 2 月将北京气象专科学校升格为北京气象学院，兼负本专科学历教育和气象部门在职人员的高层次继续教育双重任务。1978 年成都气象学校更名为"成都气象学院"，设气象通信、气象雷达、高空气象、气象四个本科专业，学制四年。

1959 年 10 月，中央气象局决定建立南京气象学院并报国务院审批。1960 年 1 月 12 日教育部正式批复，同意以南京大学气象系为基础，成立南京气象学院，将来学院独立以后南京大学仍然保持一个气象系，设置天气与动力气象学系、气候学系、大气物理学系、农业气象学系。各设一个专业，学制五年，规模两千人。该学院作为中央气象局直属单位，委托江苏省代管。1960 年 1 月 14 日，江苏省政府决定成立南京气象学院筹建委员会。中央气象局随即派谢斌等组织筹建队伍进行筹建，并于 1960 年秋季招生 168 人，与南京大学气象系合并上课。1961 年 5 月经中共中央农村工作部批准，中央气象局党组成员、观象台台长罗漠任学院副院长。

这一阶段其他部委的许多高校设立了气象类专业。原中央大学改名为南京大学后，1952 年全国院系调整时，浙江大学地理系气象组、齐鲁大学天算系气象组并入南京大学气象系。除了气象学专业外，还成立了气候学专业，1958 年又建立大气物理专业。

1952 年院系调整，清华大学气象系并入北京大学地球物理系，有气象、大气物理等专业。

1953 年山东大学物理系气象组调整到海洋系，建立海洋气象系。

1953 年根据著名科学家竺可桢、涂长望倡议，北京农业大学开始培养农业气象研究生。1956 年 7 月 14 日在农学系设立农业气象专业。1958 年建立农业物理及农业气象系，设农业气象专业。

1958年沈阳农学院设立农业气象专业。

1958年中国科学技术大学建立，设立了应用地球物理系，其中设有天气控制专业、无线电控专业、高层大气物理专业。著名科学家赵九章兼任系主任。

1958年黑龙江水利电力学院成立气象水文系，设立气象专业。

1958年兰州大学地质地理系设立气候专门组。

1958年广西农学院设立农业气象系。

1959年安徽农学院设立农业气象专业。

1960年杭州大学设立气象专业。

1961年中山大学设立气象专业。

还有甘肃农业大学、青海农牧学院、内蒙古农牧学院南京农学院、河南农学院、浙江农业大学昆明农林学院等在1958年以后相继设立农业气象专业，有些师范院校的地理系也设有气象专业组。至1961年设有气象专业或农业气象专业的院校有三十多所。

1962年10月10日国务院《关于中央各部门直属高等学校调整方案的批复》，保留了中央气象局直属的北京气象专科学校和南京大学气象学院，1963年5月14日，教育部和中央气象局联合发文通知南京大学气象学院，同意南京大学气象学院独立建院，校名改称南京气象学院。1963年8月，原借读于南京大学的60级学生全部返院上课。至1963年南京气象学院建设已初具规模：60级至63级四届学生总数已达591人，教职工247人，已建成教学大楼、学生宿舍、食堂、综合服务楼、医务所、图书馆等。1965年7月，首届学生136人毕业。到1966年学院的师资力量、教学设施得到进一步加强，办学条件大有改善，教学质量显著提高。

其他部属和省属院校气象类专业，经调整保留的有：南京大学气象系、北京大学地球物理系、杭州大学气象系、中国科技大学应用地球物理系、山东海洋学院海洋气象专业北京农业大学农业物理及农业气象系、中山大学气象专业，安徽农学院和沈阳农学院农业气象专业、广西农学院农业气象专业。经过调整，气象中高等院校的布局基本上与气象事业的建设和发展相适应。

1966年“文化大革命”期间，气象教育工作中断五六年。1970年至1971年，当校内教学任务不多时，便组织教师到各地搞短期训练班试点，为气象台站业务人员讲课。1971年开始在校内先后举办天气预报班两期，培训533人，1973年与南京大学气象系、北京大学地球物理系、中国科学院大气所联合举办了统计预报进修班，效果较好，对气象统计预报方法的扩大和提高起到了促进作用，深受气象台站的欢迎，受到培训的共212人。1972年5月至1977年2月，培养了五届三年制工农兵学员共924人。

1971年，国务院科教组在全国教育工作会议上与中央气象局就气象类专业的布局和任务问题进行了研究，商定南京气象学院面向全国招生，北京大学地球物理系面向长江以北招生，南京大学气象系面向长江以南招生，中山大学气象专业面向中南招生，兰州大学气象专业面向西北招生，中国科技大学的气象专业并入吉林大学成立气象专业面向东北招生，杭州大学气象专业面向浙江、福建、江西三省招生，云南大学成立气象专业面向西南招生，山东海洋学院海洋气象专业面向山东省招生。以上各气象类专业，1970年至1976年都相继招收了工农兵学员并举办了有关进修班，共毕业（结业）学生5200多人。

1977年，恢复高考，各级气象部门所属的气象院校及其他部委院校的气象类专业，围绕气象科技工作的恢复和气象事业现代化建设的发展，得到了迅速恢复和新的发展。到1978年，全国初步形成了一个多层次、多规格、多种形式的承担普通教育与成人教育双重任务的气象教育体系，为改善气象队伍的人才结构做出了重要贡献。

（二）1978年到二十世纪末

1978年党的十一届三中全会以后，教育工作重新得到重视，各级气象部门、气象院校及其他部委、国家教委所属院校的气象类专业拨乱反正，围绕国家现代化建设和气象科学迅速恢复。

1. 气象部门所属气象高等院校加快发展

气象部门建立了三所各具特色的气象学院。1978年2月17日，南京气象学院列入全国重点高等学校，实行中央气象局和江苏省双重领导，以中央气象局为主。这表明国家对气象高等教育的重视，也为南京气象学院的发展创造了有利条件。1978年4月27日，教育部发出《同意恢复和增设普通高等学校的通知》，成都气象学校扩建为成都气象学院，设气象雷达、气象通信、高空气象、气象四个专业，规模一千二百人。于是中国又有了一所为气象探测和气象通信现代化培养高等人才的院校。1978年12月28日，教育部发出《关于同意恢复和增设一批普通高等学校的通知》同意在原址恢复北京气象专科学校，设天气预报、农业气象专业，实行中央气象局与北京市双重领导，以中央气象局领导为主。

2. 其他部委院校气象类专业不断发展

1978年全国恢复高等学校统一招生考试制度以后，北京大学、南京大学、兰州大学、中山大学青岛海洋大学、杭州大学、云南大学、北京农业大学、沈阳农业大学、广西农业大学十所院校的气象类专业先后都恢复招生。1980年经教育部批准，吉林大学的气象专业调回中国科技大学，恢复为大气物理专业。各校都根据本校学科的优势，积极培养气象人才，特别是高层次的人才。1978年国家恢复培养研究生的制度以后，都相继招收了研究生1981年中国学位制度颁行后，经国务院学位委员会批准，第一批有权授予博士和硕士学位的单位和学科专业有：南京大学的天气动力学专业和气候学专业，北京大学的天气动力学专业，第一批有权授予硕士学位的单位和学科专业有：北京大学的大气物理专业，兰州大学的天气动力学专业，中山大学的天气动力学专业，北京农业大学的农业气象专业，山东海洋学院的海洋气象专业。1984年经国务院学位委员会批准，第二批有权授予博士学位的单位和学科专业有：北京大学的大气物理学专业：山东海洋学院的海洋气象专业，第二批有权授予硕士学位的单位和学科专业有：南京大学的大气物理与大气环流专业。1986年以后国家学位委员会批准的有权授予博士、硕士学位的单位和学科专业有：兰州大学天气动力学专业，杭州大学气象专业兰州大学大气环境专业，中国科技大学大气物理专业，云南大学天气动力专业，沈阳农业大学应用气象学专业。此外，还有空军气象学校于1979年经军委批准扩建为空军气象学院，主要为军事部门培养中高级以上气象科技人才，1985年开始有天气动力学等六个学科招收硕士研究生。

3. 大气科学学科及其分支学科不断完善

九十年代以前，国家尚未对学科分类做出明确的规定，学科和专业基本混为一谈。1990年，国务院学位委员会和国家教育委员会联合下达《授予博士、硕士学位和培养研究生的学科、专业目录》的通知，明确了大气科学一级学科及二级学科的设置。从此时开始，大气科学的分支学科开始规范化。大气科学一级学科下设天气动力学、气候学、大气物理学、大气环境、大气探测与大气遥感以及应用气象学几个分支。1997年国家又颁布新一轮的《授予博士、硕士学位和培养研究生的学科、专业目录》，将大气科学的二级学科设置为气象学和大气物理学与大气环境。后虽经1998年和2005年两次修订，大气科学的二级学科分类沿用至今。高校的大气科学学科基本按照以大气科学为一级学科，气象学、大气物理学与大气环境为二级学科设置。

4. 研究生教育起步与发展

1978年，我国恢复了研究生教育制度，现有的气象学、气候学、大气物理学三个专业每年招收一定数量的本科新生，研究生教育也从此开始发展。南京大学作为我国大气科学教育的翘楚，1978年，南京大学气象系招收了恢复高考之后的第一届本科生一百一十七名和硕士生七名。在这一阶段，伴随着我国学位制度的实行，研究生教育逐渐发展。1983年，在全系师生的努力下，建立天气动力学和气候学两个博士点，并于两年之后开始招收第一批博士生。1986年，气象系更名为大气科学系，建立天气动力学、气候学、大气物理学三个博士点，以及大气环境本科专业。至此，南京大学大气科学系较早形成了本硕博一体的人才培养序列。

（三）二十一世纪以来

二十一世纪是大气科学学科步入全面发展的阶段，在学校布局方面，拥有气象相关专业的各校不断增加，已经拥有气象相关的高校也在不断调整学科布局。除此以外，高校的大气科学学科设置增加了一些新的二级学科。

2000年2月，根据国务院关于进一步调整国务院部门（单位）所属学校管理体制和布局结构的决定，南京气象学院和成都气象学院实行“中央与地方共建以地方管理为主”，南昌、湛江和兰州三所气象学校划转地方管理。2004年6月，兰州大学根据国家气象事业发展人才培养的需要，为推动学校大气科学学科的更快发展，成立我国高校第一个大气科学学院。现今，已有兰州大学、南京大学、南京信息工程大学、中山大学、成都信息工程大学等已经建立了大气科学学院。

中国气象局与教育部联合组建高等学校大气科学类专业教学指导委员会、气象职业教育教学指导委员会，加强对现代气象业务体系相关学科建设的指导，研究大气科学学科专业结构优化的政策举措。自2011年以来，各高校自主设置了十七个左右的二级学科，在本科生和研究生培养上，整体呈现出逐年上升趋势。此外，中国气象局携手各合作高校，积极推动研究生导师和气象局科技人才“双挂、双聘”工作；支持各相关高校教师围绕气象科学事业的关键科学问题，开展科学研究，加强能力建设；有针对性地与高校共建大气科学学科教学实习基地。

这一阶段，在大气科学学科及分支学科的设置上，新学科呈现新的发展。2011年教育部公布的学科目录，气象领域仍保留大气科学一个一级学科，但对二级学科不再有明确的限定，允许各学位授予单位根据国家和区域经济社会发展对人才的需求，结合本单位的学科基础设置二级学科。各高校可以自主设置二级学科，自主设置的二级学科主要包括大气物理学与大气环境、气象学、气候系统与气候变化、应用气象学、大气遥感与大气探测、雷电科学与技术、3S集成与气象应用、空间天气学、海洋气象学、气象信息技术、气候学、物理海洋学、环境气象、大气化学、雷电监测与防护技术、气候变化风险管理和气象灾害监测与预警等。

二、大气科学高等人才教育大学及院系

近年来，四十二所高校和科研院所增设了大气科学专业，形成了专科、本科、研究生多层次的人才培养体系。其中较早开设大气科学专业的高等院校有二十五所，包括北京大学、清华大学、南京大学、南京信息工程大学、兰州大学、中山大学、中国科学技术大学、云南大学、国防科技大学、中国海洋大学、成都信息工程大学、浙江大学、中国农业大学、中国科学院大学、南开大学、复旦大学、华东师范大学、沈阳农业大学、中国地质大学（武汉）、内蒙古师范大学等。南京信息工程大学、成都信息工程大学、北京大学、南京大学、兰州大学等高校开展从本科生到研究生的气象学科建设，拥有大气科学人才完整培养体系。

（一）南京信息工程大学

南京信息工程大学是以江苏省管理为主的中央与地方共建高校，主要在大气科学学院、应用气象学院、大气物理学院和滨江学院招收大气科学类专业学生。2017 年成为国家双一流建设高校，大气科学学科入选一流学科建设序列。

大气科学学院设有大气科学本科专业；气象学、气候系统与气候变化两个硕士点；大气科学一级学科博士点，气象学、气候系统与气候变化两个二级学科博士点；设有大气科学一级学科博士后科研流动站。现有专任教师 146 名，包括教授（研究员）71 人、副教授（副研究员）50 人、博士生导师 62 人、硕士生导师 77 人。有中国科学院院士一人，各类国家级人才 30 余人。

生态与应用气象学院设有应用气象学、生态学、农业资源与环境和智慧农业四个本科专业，应用气象学、生态学、农业资源与环境三个学硕点和农业、气象（气象服务与应用）两个专硕点，生态学（一级）、应用气象学（二级）、环境生态学（二级）、碳中和科学与技术（交叉）四个博士点。现有专任教师 89 人，包括教授 32 人、副教授 40 人，各类国家级人才 8 人。

大气物理学院设有大气科学（大气物理模块）、气象技术与工程两个本科专业；大气物理学与大气环境、大气遥感与大气探测、空间天气学三个学硕点以及气象、资源与环境（气象工程）两个专硕点；大气物理学与大气环境、大气遥感与大气探测、空间天气学三个学术型博士研究生学位授权点以及气象专业博士学位授权点。现有专任教师 81 人，包括教授 23 人、副教授 58 人。拥有海外院士 2 人，各类国家级科研人才 10 人。

南京信息工程大学滨江学院成立于 2002 年，是经教育部批准、由南京信息工程大学和南京信息工程大学教育发展基金会共同举办的独立学院，滨江学院大气与遥感学院大气科学专业依托南京信息工程大学大气科学专业开设。2021 年，经教育部批准成立无锡学院。

2018 年，南京信息工程大学大气科学类专业本科生招生 1183 人，研究生招生 428 人（其中博士研究生 102 人）；大气科学类专业本科生毕业 835 人，研究生毕业 307 人（其中博士研究生 68 人）；大气科学类专业本科生毕业进入气象部门工作 222 人（占比 26.59%），研究生毕业进入气象部门工作 216 人（占比 70.36%）。

（二）成都信息工程大学

成都信息工程大学是四川省和中国气象局共建省属普通本科院校。学校创建于 1951 年，前身为中国人民解放军西南空军气象干部训练大队；1978 年升格为本科成都气象学院；2015 年，更名为成都信息工程大学。学校以信息学科和大气学科为重点，以学科交叉为特色，多

学科协调融合发展。

学院设有大气科学和应用气象学两个本科专业；大气科学学术型硕士、气象和农业专业学位硕士三个硕士学位点和大气科学博士学位点。现有专任教师100余人，其中高级职称比例超过55%，博士学位比例近90%。有14位教师获聘为科研院所和高校博士生导师，另有硕士生导师70余人。

电子工程学院（大气探测学院）是全国高校中唯一从事气象探测工程与技术人才培养的单位。学院现有电子信息工程（含气象探测、信号处理两个方向）、电子信息科学与技术、生物医学工程三个本科专业，信息与通信工程、气象探测技术两个学术型硕士学位授权点。

2018年，成都信息工程大学大气科学类专业本科生招生675人，研究生招生191人；大气科学类专业本科生毕业664人，研究生毕业149人；大气科学类专业本科生毕业进入气象部门工作199人（占比29.97%），研究生毕业进入气象部门工作87人（占比58.39%）。

（三）南京大学大气科学学院

南京大学是教育部直属重点高校。南京大学大气科学学院设有大气科学和应用气象学两个本科专业，气象学、大气物理学与大气环境和气候系统与气候变化三个研究生专业，拥有大气科学一级学科博士点。

2018年，南京大学大气科学类专业本科生招生83人，研究生招生76人，其中博士研究生32人；大气科学类专业本科生毕业78人，研究生毕业45人，其中博士研究生16人；大气科学类专业本科生毕业进入气象部门工作者五人（占比6.41%），研究生毕业进入气象部门工作者13人（占比28.89%）。

（四）兰州大学大气科学学院

兰州大学是教育部直属重点高校。兰州大学大气科学学院始于1958年成立的气象学教研组，2004年6月成立我国高校第一个大气科学学院。兰州大学大气科学学科点具有国务院学位委员会批准的大气科学一级学科博士学位授予权，拥有气象学、大气物理学与大气环境、气候学三个二级学科博士点，气象学、大气物理学与大气环境、应用气象学、气候学四个二级学科硕士点。建有一个大气科学博士后科研流动站、一个大气物理与大气环境国家重点培育学科、一个甘肃省一级重点学科、一个大气科学国家高等学校特色专业建设点、一个大气科学省部科学研究与人才培养基地。学院设有一个教育部重点实验室、四个研究所和三个中心，即半干旱气候变化教育部重点实验室、气象学研究所、大气物理与大气环境研究所、环境变化研究所、大气遥感研究所、兰州大学环境质量评价研究中心、教学实验中心、大气科学省级实验教学中心。学院设有大气科学和应用气象学两个本科专业。学院2018年有教职工77人，其中教学科研人员54人，教授19人，副教授21人，讲师14人，教授级高级工程师两人、高级工程师三人，工程师六人，博士生导师11人，硕士生导师24人。中国科学院院士一人、国家杰出青年基金获得者两人、国家千人计划特聘教授一人、长江学者特聘教授一人、教育部高校青年教师奖一人、国家优秀青年基金获得者两人、教育部新世纪优秀人才两人、国务院学位委员会学科评定组成员一人、教育部大气科学教学指导委员会副主任一人、甘肃省领军人才三人、甘肃省跨世纪学科带头人两人、甘肃省教学名师两人、国家级大气科学教学团队一个、教育部创新团队一个、黄大年式教师团队一个；另有兼职教授30余人（包括两院院士六人）。

2018 年，兰州大学大气科学类专业本科生招生 181 人，研究生招生 95 人，其中博士研究生 33 人；大气科学类专业本科生毕业 168 人，研究生毕业 73 人，其中博士研究生 20 人；大气科学类专业本科生毕业进入气象部门工作 11 人（占比 6.55%），研究生毕业进入气象部门工作 23 人（占比 31.51%）。

（五）中山大学大气科学学院

中山大学是教育部直属重点高校。中山大学大气科学学院建立了从本科、硕士到博士的完整人才培养体系。设有气象学、大气物理学与大气环境、气候变化与环境生态学三个硕士点和博士点，设有大气科学、应用气象学两个本科专业。2018 年全院教师团队共 66 人，现有教授 24 人，副教授 27 人，讲师两人，工程师三人。其中千人计划入选者一人，“973” 项目（重大）首席科学家两人，国家重点研发计划首席科学家一人，长江学者特聘教授两人、杰出青年基金获得者三人、优秀青年基金获得者两人、青年千人计划入选者三人。

2018 年，中山大学大气科学类专业本科生招生 105 人，研究生招生 64 人，其中博士研究生 23 人；大气科学类专业本科生毕业 77 人，研究生毕业 20 人，其中博士研究生八人；大气科学类专业本科生毕业进入气象部门工作者两人（占比 2.60%），研究生毕业进入气象部门工作者十人（占比 50%）。

（六）北京大学物理学院大气与海洋科学系

北京大学是教育部直属重点高校。北京大学物理学院大气与海洋科学系具有包括本科生、硕士和博士研究生在内的完整的人才培养体系。“大气科学” 学科是国家一级重点学科，具有大气物理学与大气环境和气象学两个国家二级重点学科，自设气候学和物理海洋学两个二级学科。大气与海洋科学系设有大气物理学与大气环境、气象学、物理海洋学硕士点和博士点，设有大气科学专业本科。大气与海洋科学系 2018 年有教职工 28 人，其中教授 12 人，副教授 8 人、高级工程师 2 人，讲师及研究员 6 人。国家杰出青年基金获得者 3 人、青年千人计划 4 人、优秀青年基金获得者 2 人（青年长江学者和青年拔尖人才各 1 人），另有兼职教授 4 人（均为中科院院士）。

2018 年，北京大学大气科学类专业本科生招生 23 人，研究生招生 33 人，其中博士研究生 18 人；大气科学类专业本科生毕业 12 人，研究生毕业 26 人，其中博士研究生 17 人；研究生毕业进入气象部门工作 4 人（占比 15.38%）。

（七）中国科学技术大学地球和空间科学学院

中国科学技术大学是中国科学院所属重点高校。中国科学技术大学地球和空间科学学院 1982 年获得大气科学一级学科硕士学位授予权。学院在大气科学专业培养本科、硕士研究生。该专业 2018 年共有教师 18 人，其中教授 7 人，副教授 8 人。

2018 年，中国科技大学大气科学类专业本科生招生 15 人，研究生招生 30 人，其中博士研究生 8 人；大气科学类专业本科生毕业 15 人，研究生毕业 19 人，其中博士研究生 5 人；研究生毕业进入气象部门工作 4 人（占比 21.05%）。

（八）中国海洋大学海洋与大气学院海洋气象学系

中国海洋大学是教育部直属重点高校。中国海洋大学海洋与大气学院大气科学专业以“海洋气象” 为特色，是我国培养海 – 气相互作用与气候、海洋气象学等方面人才的重要基地之一。目前海洋与大气学院下设海洋气象学系，拥有大气科学本科专业，以及大气科学博士学位授予权一级学科点，下设大气物理学与大气环境和气象学两个二级学科博士和硕士点，设有博士后流动站。学校大气科学专业2018年拥有专任教师27人，实验技术系列教师3人。其中教授10人（博士生导师8人）、副教授9人、讲师8人。

2018年，中国海洋大学大气科学类专业本科生招生80人，研究生招生44人，其中博士研究生7人；大气科学类专业本科生毕业80人，研究生毕业44人，其中博士研究生7人；大气科学类专业本科生毕业进入气象部门工作31人（占比38.75%），研究生毕业进入气象部门工作13人（占比29.55%）。

（九）国防科技大学气象海洋学院

中国人民解放军国防科技大学是中央军委直属重点院校。国防科技大学气象海洋学院，是全军唯一一所培养军事气象、海洋与空间环境保障人才的专业院系。学院现有大气科学一个博士后科研流动站，大气科学一个一级学科博士学位授权点，气象学、大气物理学与大气环境等五个二级学科博士学位授权点，气象学、大气物理学与大气环境等十三个硕士学位授权点，军事气象学、军事海洋学等九个本科专业，现已涵盖气象海洋领域从预选士官到博士研究生和高科技培训干部的所有层次，是国家和军队气象海洋领域人才培养的主要基地和摇篮。

2018年，中国气象局与中央军委训练管理部院校局沟通，协调国防科技大学重点面向无大气科学类专业设置高校的省份，招收培养大气科学类专业无军籍本科生，弥补全国气象行业人才缺口。

（十）云南大学资源环境与地球科学学院大气科学系

云南大学是教育部直属重点高校。云南大学资源环境与地球科学学院大气科学系建立于1971年，该系设有大气科学本科专业，具有大气科学一级学科博士和硕士学位授予权，设有气象学、大气物理与大气环境2个二级学科博士点和硕士点；具有云南省大气科学博士后流动站。现有专任教师33人，包括教授5人，副教授18人，讲师10人。拥有国家自然科学基金杰出青年基金获得者1人、国家自然科学基金优秀青年基金获得者1人、云岭学者1人、云南省教学名师1人、云岭青年人才11人。

2018年，云南大学大气科学类专业本科生招生73人，研究生招生17人（其中博士研究生3人）；大气科学类专业本科生毕业78人，研究生毕业16人（其中博士研究生3人）；大气科学类专业本科生毕业进入气象部门工作31人（占比39.74%），研究生毕业进入气象部门工作8人（占比50%）。

（十一）复旦大学大气科学研究院大气与海洋科学系

复旦大学是教育部直属重点高校。2016年4月复旦大学成立大气科学研究院，增设大气科学学科。2017年大气科学研究院分别获得本科生和研究生招生资格，成为全校唯一同时开展本科生和研究生培养的科研机构。2018年1月，复旦大学批准建立大气与海洋科学系，现设气象与大气环境、气候与气候变化以及物理海洋与海洋气象三个学科方向。2018年3月，大气科学一级学科博士学位授权点获国务院学位委员会审批通过。大气与海洋科学系现已组建了一支实力雄厚的师资队伍，其中包括中国科学院院士2人、国家杰出青年科学基金获得者4人。

2018年，复旦大学大气科学类专业本科生招生18人，研究生招生30人，其中博士研究

表 12-3　13 所高校大气科学本科毕业生人数统计（人）

高等学校＼年度	2009	2010	2011	2012	2013	2014	2015	2016	合计
北京大学	26	15	18	32	23	23	19	16	172
南京大学	84	69	84	93	93	92	104	86	705
南京信息工程大学	902	935	1037	1120	885	925	990	929	7723
兰州大学	162	161	172	172	194	192	182	177	1412
中山大学	107	112	99	105	80	90	100	83	776
中国科技大学	12	12	19	10	12	16	14	15	110
云南大学	34	31	37	41	28	35	44	53	303
成都信息工程大学	156	166	179	248	232	253	335	378	1947
中国海洋大学	68	91	90	91	85	90	86	77	678
浙江大学	20	19	17	18	18	8	10	13	123
国防科技大学	20	25	21	28	28	20	30	20	192
中国农业大学	215	185	172	245	267	177	167	109	1428
沈阳农业大学	35	35	38	30	32	43	32	30	275
合计	1841	1856	1983	2233	1977	1964	2113	1986	15844

从 2009 年至 2016 年，13 所高校大气科学本科毕业生人数分布对比见图 12-5。

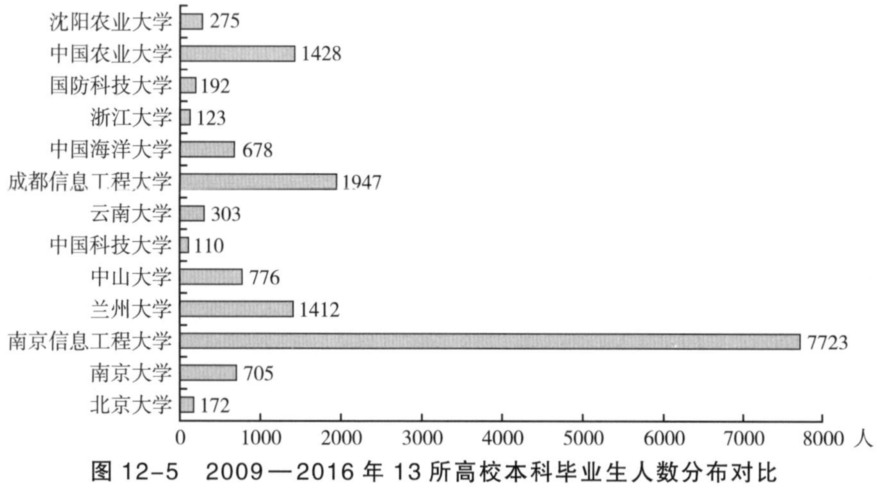

图 12-5　2009—2016 年 13 所高校本科毕业生人数分布对比

据统计，从 2009 年至 2016 年，13 所高校毕业的大气科学本科生中，每年进入气象部门工作的约占总数的 30% ~ 50%，且呈现丘型趋势（见图 12-6）。

其中南京信息工程大学的本科毕业生进入气象部门的毕业生最多，共 2362 人，进入气象部门比率为 40%，其次是国防科技大学，进入气象部门的毕业生为 904 人，该校大部分毕业生进入军队气象部门，比率高达 80%，成都信息工程大学进入气象部门的比率最高，达到 43%（见图 12-7）。

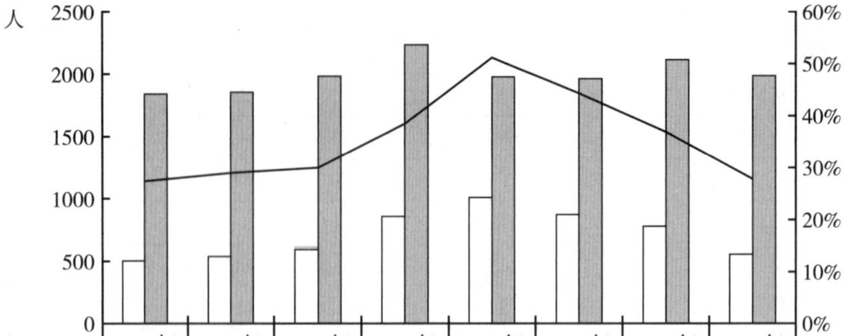

	2009年	2010年	2011年	2012年	2013年	2014年	2015年	2016年
接收毕业生	503	537	595	859	1010	872	781	555
高校毕业生	1841	1856	1983	2233	1977	1964	2113	1986
接收毕业生比例	27%	29%	30%	38%	51%	44%	37%	28%

图 12-6　13 所高校本科毕业生总数与气象部门接收人数对比

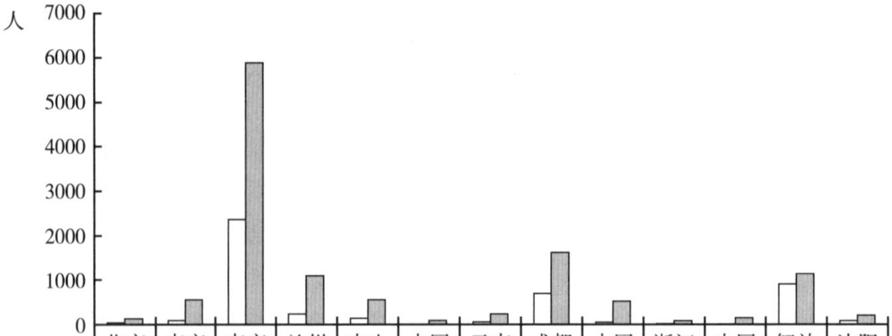

	北京大学	南京大学	南京信息工程大学	兰州大学	中山大学	中国科技大学	云南大学	成都信息工程大学	中国海洋大学	浙江大学	中国农业大学	解放军理工大学	沈阳农业大学
接收毕业生	39	91	2362	233	140	5	57	693	45	11	8	904	84
高校毕业生	131	552	5886	1089	557	86	238	1625	519	84	147	1137	205
接收比率	30%	16%	40%	21%	25%	6%	24%	43%	9%	13%	5%	80%	41%

图 12-7　13 所高校本科毕业生人数与气象部门接收人数的分布对比

从 2009 年至 2016 年，19 所高校大气科学研究生毕业人数分布对比见表 12-4、图 12-8。

表 12-4　2009—2016 年 19 所高校大气科学研究生毕业人数统计

年度 / 高等学校	2009 年		2010		2011 年		2012 年		2013 年		2014 年		2015 年		2016 年		合计	
	博士	硕士	博士	硕士	博士	硕士	博士	硕士	博士	硕士	博士	硕士	博士	硕士	博士	硕士	博士	硕士
北京大学	5	13	6	16	8	16	9	15	14	11	12	17	7	5	19	7	80	100
清华大学	0	0	0	0	0	0	0	1	0	1	0	8	2	7	4	21	6	38

续表

高等学校＼年度	2009 年		2010		2011 年		2012 年		2013 年		2014 年		2015 年		2016 年		合计	
	博士	硕士	博士	硕士	博士	硕士	博士	硕士	博士	硕士	博士	硕士	博士	硕士	博士	硕士	博士	硕士
南京大学	10	32	19	32	21	30	15	28	8	33	16	38	6	39	17	37	112	269
南京信息工程大学	36	180	31	202	32	277	32	342	59	322	27	295	49	290	46	297	312	2205
兰州大学	8	14	14	18	23	29	20	32	14	48	15	44	48	13	19	38	161	236
中山大学	1	17	2	17	2	17	5	21	4	20	0	25	3	20	2	0	19	137
中国科技大学	3	7	3	9	2	6	7	5	3	9	3	11	4	11	21	14	46	72
云南大学	0	23	1	26	1	19	3	15	2	20	2	12	0	15	4	12	13	142
成都信息工程大学	0	18	0	18	0	23	0	49	0	50	0	69	0	86	0	155	0	468
中国海洋大学	12	15	8	22	1	27	10	18	2	23	6	27	4	25	0	19	43	176
浙江大学	1	10	0	4	1	6	1	5	0	6	0	6	3	0	1	8	7	45
中国农业大学	0	9	2	16	3	16	4	16	4	15	4	16	7	12	5	15	29	115
国防科技大学	12	109	4	98	9	86	13	67	13	45	9	51	5	33	9	84	74	573
南开大学	5	14	5	15	8	23	4	22	4	22	4	24	3	21	2	20	35	161
复旦大学	8	13	11	12	9	15	8	15	4	6	7	12	5	6	3	3	55	82
中国科学院大学	67	9	67	12	85	13	85	8	76	9	83	13	50	50	74	19	587	133
华东师范大学	0	2	3	3	1	3	0	4	1	3	1	4	0	0	0	5	6	24
沈阳农大	0	6	0	5	0	13	0	17	0	10	0	10	0	25	0	22	0	108
中国地质大学	0	2	0	2	0	1	0	2	0	4	0	0	0	0	0	0	0	11
合计	168	493	176	527	206	620	216	682	208	657	189	682	196	658	226	776	1585	5095

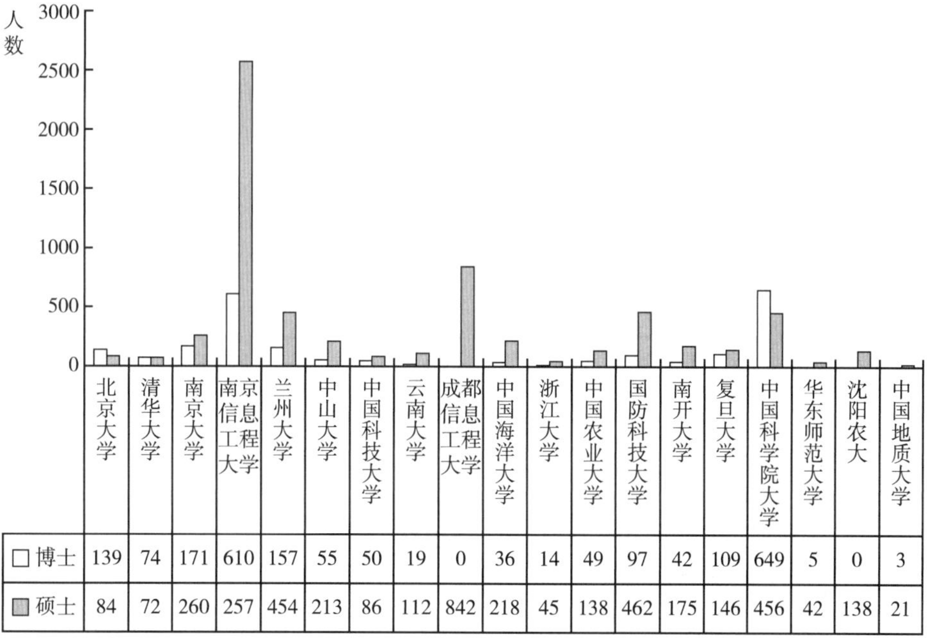

	北京大学	清华大学	南京大学	南京信息工程大学	兰州大学	中山大学	中国科技大学	云南大学	成都信息工程大学	中国海洋大学	浙江大学	中国农业大学	国防科技大学	南开大学	复旦大学	中国科学院大学	华东师范大学	沈阳农大	中国地质大学
□博士	139	74	171	610	157	55	50	19	0	36	14	49	97	42	109	649	5	0	3
▨硕士	84	72	260	257	454	213	86	112	842	218	45	138	462	175	146	456	42	138	21

图 12-8　2009—2016 年 19 所高校大气科学研究生毕业人数分布对比

据统计，从 2009 年至 2016 年，19 所高校毕业的大气科学研究生中，进入气象部门工作的研究生的比例震荡式增加，从 2013 年至 2016 年均超过 50%，气象部门已经成为大气科学研究生最重要的就业方向（见图 12-9）。

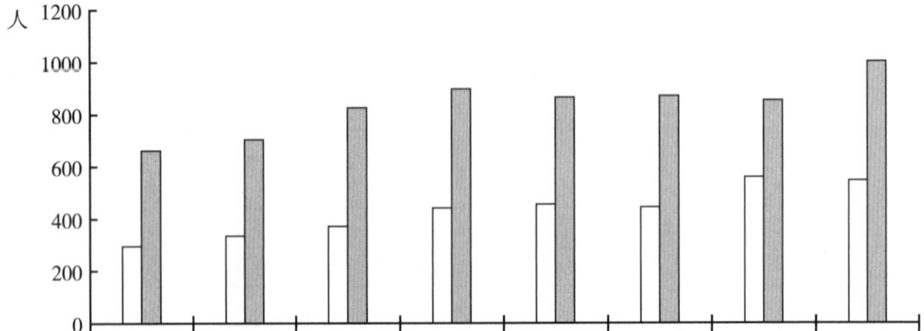

	2009年	2010年	2011年	2012年	2013年	2014年	2015年	2016年
□接收毕业生	296	335	372	442	455	444	559	547
■高校毕业生	661	703	826	898	865	871	854	1002
百分比	45	48	45	49	53	51	65	55

图 12-9　19 所高校研究生毕业生总数与气象部门接收人数对比

其中 2016 年南京信息工程大学的毕业生进入气象部门的最多，解放军理工大学的毕业生均进入军队气象部门（见图 12-10）。

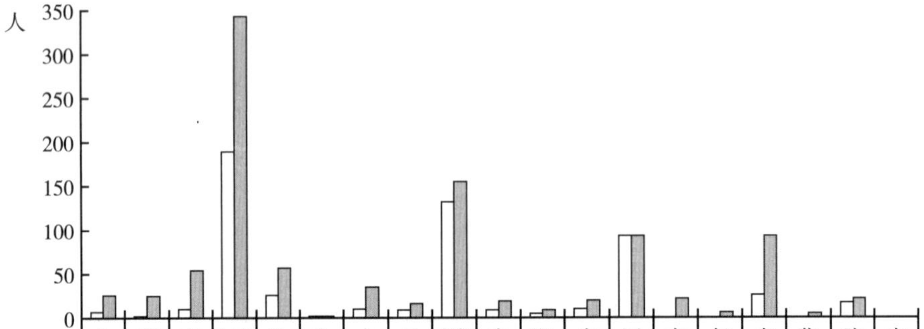

	北京大学	清华大学	南京大学	南京信息工程大学	兰州大学	中山大学	中国科技大学	云南大学	成都信息工程大学	中国海洋大学	浙江大学	中国农业大学	国防科技大学	南开大学	复旦大学	中国科学院大学	华东师范大学	沈阳农业大学	中国地质大学
□接收毕业生	7	2	10	189	26	2	10	9	132	9	5	10	93	0	0	26	0	17	0
■高校毕业生	26	25	54	343	57	2	35	16	155	19	9	20	93	22	6	93	5	22	0

图 12-10　19 所高校研究生毕业生人数与气象部门接收人数的分布对比

第三节　大气科学科研院所人才培养

我国科研院所一直是培养高等人才的重要机构，大气科学高等教育也不例外，一些科研院所一直承担着大气科学高等教育的任务，为气象事业发展培养和输送人才发挥了重要作用。

一、科研院所大气科学高等教育历程

从中华人民共和国成立初期至七十年代末，我国从事大气科学及其相关学科研究的科研的科研机构主要为中国科学院大气物理研究所和中国气象科学研究院。1956 年，国家开始制定我国第一个长期科学技术发展规划，同时要求各部门组织制订各自的远景计划。1956 年 3 月中央气象局完成了《关于气象事业十二年发展远景计划》的制定工作，并对气象科学研究需要开拓的重点学科、研究机构的设立和研究人员的培养等作出了部署。在此背景下，1956 年 8 月 1 日，中央气象台正式改名为中央气象科学研究所。至此，中央气象局第一个气象科学研究机构正式成立。

1953 年 3 月成立了专门致力于我国农业气象研究的华北农业科学研究所农业气象组，吕炯任主任，这是我国最早的农业气象科研机构。此后，我国的农业气象迅速发展，并相继成立了一批以农业气象为主导的科研院所，代表性的有中国农业科学院。

改革开放以后，中国科学院大气物理研究所、中国气象科学研究院不断发展，成长为我国大气科学领域重要的科研机构，拥有硕博一体的研究型人才培养体系。中国科学院大气物理研究所主要从事大气科学中的基础性研究工作，承担国民经济建设和国防建设中具有战略性、基础性和前瞻性的重大科学研究任务，同时也致力于高技术开发及其在大气科学研究中的应用。中国气象科学研究院是具有国际先进水平的综合性国家级气象科学研究机构，成为我国气象科学研究，特别是应用气象科学研究的中坚。与此同时，其他从事大气科学相关学科研究的科研机构也逐步建立。中国环境科学研究院大气环境研究所致力于解决我国大气环境领域的突出环境科学与技术问题。

二十一世纪以后，中国科学院大气物理研究所、中国气象科学研究院、中国环境科学研究院大气环境研究所、中国农业科学院农业环境与可持续发展研究所等从事大气科学及其相关学科的研究的科研机构的支撑下，这些科研机构继续开展了大气科学硕士和博士研究生教育，培养了大量高等气象人才，为推动中国气象事业现代化建设进程，为国民经济建设、国防建设和提高我国气象科技水平做出了巨大贡献。

二、中国科学院大气物理研究所等研究所人才培养现状

（一）中国科学院大气物理研究所历程与概况

中国科学院大气物理研究所是我国最早从事现代自然科学研究的八个研究所之一，也是中国气象事业的雏形。其前身可追溯到 1928 年成立的中央研究院气象研究所，竺可桢任首任所长。我国著名的气象学家赵九章、涂长望、叶笃正、顾震潮、陶诗言等，都在气象研究所学习和工作过。赵九章是中央研究院气象研究所的第二任所长，是中国第一位将数学、物理

和流体力学原理引进气象学中的学者。

中华人民共和国成立以后，中国科学院大气物理研究迅速发展。1950 年 1 月，气象、地磁和地震等部分科研机构合并组建成地球物理研究所，对外称地球物理和气象研究所，成为当时中国科学院十三个研究所之一。赵九章任中国科学院地球物理研究所所长，分别从美国和瑞典回国投身我国气象事业的叶笃正和顾震潮担任气象研究室的主任。同年，叶笃正代表赵九章与气象局共同领导筹建了“联合天气预报中心”和“联合天气资料中心”。经过十年的发展，气象研究室的研究队伍和技术力量有所壮大，成为当时国内大气科学研究中心。1966 年，根据我国气象事业发展的需要，中国科学院决定气象研究室从地球物理所分出，成立大气物理研究所，下设五个研究室：雷电物理研究室、云物理研究室、中小尺度动力学研究室、大尺度大气动力学研究室、低纬度气象研究室。

“文革”期间，中国科学院大气物理研究所的广大科技人员出于对发展大气科学的责任感，排除干扰，在曲折中前进，研究所在基本建设、探测仪器研制及科研工作的某些领域仍取得一定进展。如 1973 年开始建设位于河北省香河县城关的大气综合观测试验站，以后该站成为我国第一个平流层高空气球观测基地。1976 年又开始建设 325 米高的气象观测塔，1979 年正式投入使用，为城市大气环境研究发挥了重要作用。1975 年建成了 TQ-6 百万次计算机房。不仅如此，大气所在“文革”期间还承担了十多项军事科研任务，如我国核弹发射的气象保障任务，核污染扩散观测，激光雷达、激光测云仪和激光武器的研制及与高空飞行有关的气象问题研究，战时天气预报等。陶诗言和顾震潮因圆满完成核试验气象保障任务而分别荣立一等功。此外，在探测设备的研制方面填补了我国不少空白。1966 年研制出我国第一台红宝石激光雷达，1969 年研制成功我国第一台自动卫星云图接收设备，1974 年试制成功单点声雷达测温系统，1975 年底完成超声风速温度仪的研制任务并做出了样机。与此同时，研究工作也取得了进展，如开展了我国大气污染研究、卫星气象研究、青藏高原气象考察等；数值天气预报研究获重大进展；在大气遥感理论研究中做了许多开拓性的工作。

1978 年起，大气所恢复招收研究生、职称晋升考核等，科研工作进入了一个新阶段。此后，叶笃正所长又提出大气所气象和大气物理的发展方向，主持制定出大气所科研发展规划（草案），其中包括战略设想、八年规划和三年计划，为大气所的发展指明了方向。

改革开放以后，中国科学院大气物理研究经历了科技体制的重大变革。根据改革形势和大气所发展要求以及世界大气科学的发展趋势，曾庆存所长主持制定了“大气所办所方针和改革设想”，使全所的职工真正面向全国、面向世界、面向未来。从 1993 年开始，为了适应国家科技体制改革及社会主义市场经济的发展，大气所在洪钟祥所长领导下，制定了大气所结构调整方案和“九五”以及 2010 年科技发展纲要，积极稳妥地进行了科研结构调整，准确定位，明确目标。1997 年大气所成为中国科学院认定试点所。1997 年 7 月，王明星所长主持大气所工作，提出十二项任期目标，明确提出要在 2010 年前把大气所建设成具有国际水平的、有持续创新能力的大气科学综合研究中心。1999 年 7 月院党组批准大气所知识创新工程试点方案，在院党组和有关业务局的领导下，大气所从科学目标凝练、组织落实、结构调整、创新运行机制建立、队伍建设、人才培养、经费管理使用等各方面有计划、有步骤地全面展开，取得了可喜的成果。

二十一世纪以来，大气物理所知识创新工程全面推进阶段的工作开始，并将重点开展现代科学研究所的体制建设、文化建设、高水平人才队伍建设、园区建设及相关的配套改革，努力把大气物理所建设成为国际知名的具有现代化运行体制的研究所，为大气科学及相关学科的发展，以及国家经济和社会可持续发展做出更大的贡献。经过几届所领导及数代科学家们和全所职工的艰苦创业，大气物理所的研究领域不断扩展，研究队伍逐步壮大，已成为国内大气科学高层次人才培养基地，为我国大气科学事业的发展、进步，为国家、社会和经济的发展做出了重要贡献，在国际上享有较高声誉。2005 年 5 月，王会军研究员担任大气所所长。创新二期试点工作在院评估中获得优秀，被评为 A 类研究所。2006 年，大气所开始全面部署知识创新工程三期工作，进一步完善研究所战略定位，制定近中期战略目标，凝练六大学科领域方向。2009 年至 2014 年，大气所制定了“十二五”和“创新 2020”发展战略规划。凝练确定了五大主要学科方向和七个重点研究领域。制定“一三五”规划并全面推进实施。成为中国科学院首批“创新 2020”整体择优支持单位。2014 年 5 月，朱江研究员担任大气所所长。研究所总结“十二五”工作，并参加了中国科学院组织的“十二五”验收工作，重大突破“亚澳印太‘泛亚澳季风区’气候系统动力学研究”及重点培育方向“气候异常预测新理论和新方法”“典型陆地生态系统的地气碳氮交换和模型研究”被评为优秀，在国际上处于领跑地位。同时继续凝练学科方向，制定并深化大气所“十三五”发展规划和“一三五”规划任务目标，推动取得重要原创性和系统性成果；积极参与北京市怀柔科学城建设，落实“地球模拟装置”的申报和建设工作。总之，大气所是我国大气科学基础研究的最高学术研究机构，聚集了一批科技英才，代表我国大气科学基础研究的水平。“创新”和“国家需要”是大气物理所立足的根本。从中华人民共和国成立初期东亚大气环流和季风理论研究、五十年代云物理研究的开拓及数值天气预报和方法的提出、六十年代空气污染气象学的发展、七十年代卫星气象学、大气遥感理论和大气探测技术研究的开展和应用、八十年代的气候数值模拟和预测研究、九十年代的全球气候与环境变化和自然控制论的创立，到二十一世纪的地球系统模拟装置的建设，大气所科学家们以其特有的科学洞察力，高瞻远瞩，始终抓住创新和高起点这两个关键问题，这是大气所基础研究长期保持高水平的主要原因，也是大气所能不断为国家经济和社会发展做出贡献的动力所在。

（二）中国科学院大气物理研究所人才培养现状

现有在职职工 530 余人。其中，科研人员约占 80%，研究员及正高级工程技术人员 110 余人，中国科学院院士 6 人，第三世界科学院院士 1 人、欧亚科学院院士 2 人。有国家海外高层次人才引进计划（千人计划）入选者 5 人，“青年千人计划”入选者 7 人，“万人计划”入选者 5 人；中国科学院“百人计划”入选者 21 人；国家杰出青年基金获得者 16 人。大气所是国务院学位委员会批准的首批博士、硕士学位授予单位，设有大气科学一级学科博士学位培养点，大气科学、海洋科学、环境科学与工程 3 个一级学科硕士学位培养点，以及环境工程硕士专业学位培养点。现有在学研究生 410 余人，其中博士生 270 余人、硕士生 130 余人。

2018 年，中国科学院大气物理研究所大气科学类专业研究生招生 132 人，其中博士研究生 82 人；研究生毕业 100 人，其中博士研究生 79 人。

（三）中国科学院西北生态环境资源研究院

由原中国科学院寒区旱区环境与工程研究所、地质与地球物理研究所、西北高原生物研究所等 6 家单位于 2016 年 6 月整合而成。西北研究院兰州本部是国务院学位委员会首批博士、硕士学位授予权单位，是中国科学院博士生重点培养基地，设有地理学、大气科学和地质学三个博士后科研流动站。现有院士4人，研究生指导教师235人，其中博士生导师106人，每年招收博士研究生88名，硕士研究生78名。博士和硕士招生专业均包括气象学、大气物理学与大气环境、自然地理学、生态学、防灾减灾工程及防护工程等专业。

2018年，西北研究院大气科学类专业研究生招生17人，其中博士研究生8人；研究生毕业15人，其中博士研究生7人；研究生毕业进入气象部门工作7人（占比46.67%）。

（四）中国科学院青藏高原研究所

中国科学院青藏高原研究所于2003年成立，实行“一所三部”的运行方式，三个部分别设在北京、拉萨和昆明。青藏高原所现有科研人员161人，其中正高级41人、副高级42人，科技支撑人员55名、管理人员23人。包括中国科学院院士3人、中国科学院外籍院士2人、基金委创新群体2个、国家杰出青年基金获得者12人、国家优秀青年科学基金获得者4人。青藏高原所现有大气物理学与大气环境、自然地理学、构造地质学3个博士研究生培养点，大气物理学与大气环境、生态学、自然地理学和构造地质学4个硕士研究生培养点。现有研究生283人，其中博士生160人、硕士生123人，在站博士后55人。

2018年，中国科学院青藏高原研究所大气科学类专业研究生招生11人，其中博士研究生5人；研究生毕业4人，其中博士研究生2人；研究生毕业进入气象部门工作2人，占比13.33%。

三、中国气象科学研究院人才培养现状

（一）中国气象科学研究院历程与概况

1956年8月1日，中央气象台改名为中央气象科学研究所，中央气象局第一个气象科学研究机构正式成立。1970年1月2日，国务院、中央军委决定，将总参军事气象局与中央气象局合并，合并后仍称中央气象局。气象科学研究所仍作为中央气象局下设单位。1973年3月6日，国务院、中央军委决定，中央气象局与总参气象局分开。

1978年6月15日，气象科学研究所与气象科技情报研究所合并，组建中央气象局气象科学研究院。

1982年，中央气象局改名为国家气象局，气科院也相应改名为国家气象局气象科学研究院。从1985年起，开始探索科研体制改革和贯彻落实《气象事业现代化建设纲要》，提出了《气象科学研究院十年规划纲要》，在《规划纲要》中进一步明确了科研工作的发展方向、任务和奋斗目标。1985年起为贯彻《中共中央关于科技体制改革的决定》和《中国气象局关于气象体制改革的决定》，气科院逐步实行院、所长、课题组长负责制。1988年气科院逐步推行了课题承包责任制和管理目标责任制，引入了竞争机制，实行了课题招标和人员的优化组合，进一步推进了气象科研与业务、经济相结合。1991年国家气象科学研究院更名为中国气象科学研究院。1992年中国气象科学研究院已经进入全国科研院所综合科技实力运行绩效评价前300强。一直以来，气科院紧密结合我国气象业务现代化建设的实际任务，跟踪世界大气科学发展前沿，不仅为我国防灾减灾和大气环境保护的持续发展提供高水平的科学和技术支持，更为国民经济的可持续发展以及国防建设做出了巨大的贡献。

新世纪以来，气科院按照中国气象局和科技部的要求，结合前期改革实践的情况，继续

生 15 人。

（十二）中国农业大学资源与环境学院农业气象系

中国农业大学是教育部直属重点高校。中国农业大学农业气象系源于 1956 年成立的农业物理气象系，1992 年并入资源与环境学院。设有应用气象学本科专业，农业气象学专业博士点、大气科学一级学科硕士点（包括气象学、大气物理与大气环境两个硕士专业）、农业硕士专业学位点。2018 年，农业气象系有教职工 15 人，其中教授 5 人、副教授 7 人、讲师 2 人。

2018 年，中国农业大学大气科学类专业本科生招生 17 人，研究生招生 27 人，其中博士研究生 7 人；大气科学类专业本科生毕业 18 人，研究生毕业 25 人，其中博士研究生 8 人；研究生毕业进入气象部门工作者 6 人（占比 24%）。

（十三）浙江大学地球科学学院大气科学系

浙江大学是教育部直属重点高校。地球科学学院前身是 1936 年由时任校长竺可桢先生创办的史地系，通过八十年的发展，地球科学学院已经发展成为一个学科综合性强的学院，下设大气科学系、地质学系、地理科学系和地球信息科学与技术系四个系，设有大气科学本科专业，入选国家级一流本科专业建设点。现有地质学博士后流动站和地质学一级学科博士学位授权点，下设有地球气候与环境二级学科博士学位授权点。整个学院现有中国科学院院士 3 人；教职工 146 人，其中教授（正高）32 人，长聘教授 1 名，长聘副教授 5 名，“百人计划”研究员 11 人，副教授（副高）24 人，博士生导师 55 人，硕士生导师 23 人。

2018 年，浙江大学大气科学类专业本科生招生 12 人，研究生招生 10 人，其中博士研究生 4 人；大气科学类专业本科生毕业 7 人，研究生毕业 6 人，其中博士研究生 4 人；大气科学类专业本科生毕业进入气象部门工作者 3 人（占比 42.86%），研究生毕业进入气象部门工作者 5 人（占比 83.33%）。

（十四）中国地质大学（武汉）环境学院大气科学系

中国地质大学（武汉）是教育部直属全国重点大学。大气科学系始于 2005 年设立的大气物理与大气环境研究所，2015 年在环境学院正式成立大气科学系，2016 年设置大气科学一级硕士点。大气科学系拥有一支以中青年博导、教授、博士为学术骨干的师资队伍，该系现有在编教师 24 人，其中教授 7 人，副教授 14 人，讲师 3 人。聘有讲座教授及兼职客座教授 7 人，其中中国工程院院士 1 人，外籍教授 1 人。

2018 年，中国地质大学（武汉）大气科学类专业本科生招生 33 人，研究生招生 11 人，其中博士研究生 4 人；大气科学类专业研究生毕业 3 人。

（十五）沈阳农业大学农学院

沈阳农业大学是以辽宁省管理为主、辽宁省与中央共建的重点高校。农学院下设应用气象学和大气科学本科专业，是东北地区唯一的气象类本科专业。学院拥有大气科学二级硕士点，并设有应用气象教研室与大气科学教研室。2018 年拥有专职师资队伍共 13 人，其中教授 2 人、副教授 4 人、讲师 7 人。

2018 年，沈阳农业大学大气科学类专业本科生招生 53 人，研究生招生 18 人；大气科学类专业本科生毕业 68 人，研究生毕业 17 人；大气科学类专业本科生毕业进入气象部门工作者 12 人（占比 17.65%），研究生毕业进入气象部门工作者 16 人（占比 94.12%）。

（十六）清华大学理学院地球系统科学系

清华大学是教育部直属重点高校。1932 年，清华大学地理学系更名为地学系，下设地理、地质、气象三个组；1947 年，原有的地学系气象组独立成气象学系；1952 年，清华大学地学系、气象学系调出并入北京大学；2009 年 3 月，清华大学成立了地球系统科学研究中心（简称“地学中心”）和全球变化研究院；2016 年 11 月，在地学中心的基础上成立地球系统科学系（简称“地学系”）。

2018 年，地学系教职工队伍共 31 人，其中正高级职称 13 人、副高级职称 17 人、初级职称 2 人。教师队伍中包含“千人计划”获得者 2 人，“青年千人计划”获得者 3 人，“青年拔尖人才”计划获得者 3 人。目前拥有大气科学一级学科硕士学位授权点。地学系目前尚未开始招收大气科学本科学生，但已面向全校本科生开展“大气科学（全球变化方向）”辅修专业教育。目前，地学系每年招收大气科学的博士生、硕士生各 10 余名。

（十七）华东师范大学地理科学学院

华东师范大学地理科学学院由华东师范大学地球科学学部管理，学院现开设地理科学、地理信息科学、自然地理与资源环境三个本科专业，未开设大气科学本科专业，在二级学科硕士学位授权点包含“气象学”专业，每年招收气象学硕士生两三人。

（十八）安徽农业大学资源与环境学院

安徽农业大学资源与环境学院 2004 年成立，设有环境科学、环境工程、生态学、农业资源与环境、地理信息科学五个本科专业，未开设大气科学本科专业，在二级学科硕士学位授权点包含“气象学”专业，每年招收气象学硕士五六人。

（十九）东北农业大学资源与环境学院

东北农业大学资源与环境学院 2000 年成立，2016 年通过教育部普通高等学校本科专业备案审批开设应用气象学本科专业。学院现有农业资源与环境一级博士学位授权学科和博士后流动站各一个，其中包括生态工程与农业气象、土壤学、植物营养学、环境保护与修复等五个二级学科博士点。气象学科 2018 年有教师 4 人，其中教授 1 人，副教授 2 人，讲师 1 人，博士生导师和硕士生导师各 1 名。本学科依托生态学硕士点，自 1990 年起开始招收气象生态方向硕士研究生，现已毕业 10 余名，在读 8 名；同时，又挂靠作物生态学博士点，于 2001 年开始招收气象生态方向博士研究生，目前已毕业博士研究生 5 名，在读 2 名。

（二十）广东海洋大学海洋与气象学院

广东海洋大学是广东省人民政府和国家海洋局共建的省属大学，2001 年湛江气象学校并入海洋大学。海洋与气象学院是广东海洋大学重点建设和优先发展的学院之一，拥有海洋科学一级学科博士点、一级学科硕士点，本科有海洋科学、大气科学和应用气象学三个专业，应用气象学专业 2017 年开始招生。学院拥有一支高层次人才领衔、青年教师为主、充满活力、具有良好国际化学术背景的师资队伍。现有教职工 95 人，国内讲座教授 5 人，客座教授 4 人，专职教师 76 人，实师 6 人。

2018 年，广东海洋大学大气科学类专业本科生招生 150 人，毕业 139 人，进入气象部门工作 51 人（占比 36.69%）。

（二十一）中国民航大学空中交通管理学院

中国民航大学空中交通管理学院是我国空管人才培养的发源地和主力军。学院现设有三个硕士研究生专业：交通运输规划与管理、交通信息工程及控制和交通运输工程（工程硕士）；两个本科专业：交通运输、应用气象学。学院于2014年成立航空气象系，2018年有专职气象教师10余人，其中高级职称2人、博士6人，中国科学院大气物理研究所和民航气象系统客座教授3人。中国民航大学"应用气象学"本科专业2017年获批。

（二十二）中国民用航空飞行学院空中交通管理学院

空中交通管理学院是中国民用航空飞行学院下属的二级学院，从20世纪60年代开始从事民航空中交通管理人才的培养。空管学院现有交通运输、导航工程、应用气象三个本科专业和一个交通运输工程研究生专业。

（二十三）内蒙古大学生态与环境学院大气科学系

2017年1月由内蒙古大学与内蒙古自治区气象局联合申办，内蒙古大学成立了以培养大气科学和气象科学为主的大气科学系，2017年3月获得本科生招生资格，2017年9月招收首批大气科学专业本科生。

2018年拥有专职师资队伍共10人，其中教授2人、副教授6人、讲师2人。现有在校大气科学本科生69人，其中2017年首批招生35人、2018年第二批招生34人。

（二十四）江西信息应用职业技术学院气象系

江西信息应用职业技术学院是经江西省人民政府批准，教育部备案的公办专科层次普通高校。起源于1956年江西省气象局气象干部培训班，1977年设立南昌气象学校。2002年，南昌气象学校升格为大专层次的普通高校，更名为江西信息应用职业技术学院。气象系设有大气探测技术、防雷技术、大气科学等三个专业。2018年有教职工34人，其中教授2名，副教授8名，讲师7名。

2018年，江西信息应用职业技术学院气象类专科生招生136人，毕业216人。

（二十五）兰州资源环境职业技术学院气象系

兰州资源环境职业技术学院是由原甘肃工业职工大学和原国家重点中专兰州气象学校于2004年合并组建，属专科层次的普通高等职业院校。气象系前身是成立于1951年的兰州气象学校，2018年有大气科学技术、大气探测技术、应用气象技术、防雷技术四个教学专业，34个行政班级，在校学生1264人，教职员工30人，其中教授2人、副教授3人，讲师及以下专业教师22人，专职实验员2人。2018年，兰州资源环境职业技术学院气象类专科生毕业261人。

三、大气科学高等教育学制与课程现状

2000年，国务院进行部属院校管理体制改革，南京气象学院和成都气象学院改变隶属关系，实行中央和地方共建、地方管理为主的管理体制。全国大气科学高等教育学制与课程也进行相调整和完善。

（一）大气科学培养模式

我国的高等院校关于大气科学人才培养，在不同时期的总体的培养目标差异不大，培养

目标的差异主要反映在学制和课程上。[①] 在培养目标上，大体以培养拥有正确的政治方向，热爱祖国，拥护中国共产党的领导，以及能在大气科学及其相关领域从事科研、教学和技术工作等的人才为培养目标，但不同的大学在培养模式有一定区别。

南京信息工程大学大气科学学科根据国家高等教育办学方针和本院人才培养特色定位，以目标为导向，以学生为中心，联合国际、国内著名气象科研和业务单位，针对现代气象业务对大气科学专业人才需求多元化的特点，切实推进“应用型”“精英型”“国际型”大气科学专业人才培养模式，共同培养面向大气科学科研和业务工作的具有综合素养高，专业理论知识扎实，具有创新思维与创新能力以及国际视野和国际交往能力，且实践能力强的创新性高级专门人才。大气科学作为学校的特色重点专业，瞄准学科发展前沿和国家需求，积极推进专业建设工作全面发展，打造全国领先、国际一流的大气科学专业。

南京大学大气科学学科实行“应用型”和“基础型”两类人才培养方式，但是不同时期的教育方式有所差异。尤其是近几年来，南京大学先后经历过多次重大的教育改革。一是2009年启动本科生“三三制”培养方案，后2017年又重新改革了“三三制”。二是2014年制定博士“四三三”培养，2016年启动了硕士研究生“二三三”教育改革。[②]

在本科生的培养方式上，早期的本科生培养方式基本按照传统的气象教学方式。2009年南京大学推出“三三制”的人才培养方案，即“三阶段培养”和“三种选择发展途径”。按照院系大类招生，学生可以在培养的各个阶段根据自己需求选择不同的发展路径。2017年，制定了新的“三三制”本科生教学方案，实现了大气科学分别从数理类和地球科学与资源环境类同时招生。实现了从单独的院系实行大类培养到多个院系大类培养的跨越。体现了南京大学大气科学学科本科生“宽基础、多学科”的培养特点。

在研究生的培养上，首先发展起来的是博士的“四三三”教育，按照“四个阶段”“三个环节质量控制”“三种奖助激励”的方式培养，并以“南京大学优秀博士生创新能力计划”为延长学制度博士生提供科研保障。在博士教育改革以后，2016年对硕士生启动了“二三三”培养方式，为硕士研究生的培养提供三条个性化的培养路径，以更好适应社会对不同形式人才的需求。

此外，为进一步提高南京大学大气科学学科的学术影响力以及提高人才培养的质量，南京大学不断探索国际化、创新型人才的培养方式，国外或境外众多高校达成全面协议定期举行双边学术研讨会和开展联合培养，如与美国俄克拉何马大学在大气科学领域人才培养和科学研究签订合作协议。

北京大学的大气科学设立于物理学院，大气科学专业实行多模式培养方案，设有层次分明的模块化课程体系，并且多数课程每学期滚动开课，为同学们提供自主选择、灵活安排的广阔空间。大气科学学科积极营造优良的学术环境，大力实施以参与研究为引导的自主学习，全面培养同学们的创新性思维和工作能力，并提升同学们的综合素质，为培养优秀创新型人才贡献力量。

---

① 梁必骐、范绍佳、陈毓芬：我国大气科学人才培养现状的分析。《中山大学学报论丛》，1998（2）：170–174。

② 李波：综合型大学体育硕士研究生教育改革设想与实践研究——以南京大学为例。《湖北体育科技》，2017，36（12）：1094–1099。

中山大学的大气科学本科生采用大类培养的方式。入学以后一、二年级进行大气科学大类培养，主要培养学生的数理基础、计算机及外语能力、大气科学基础、综合素养，之后三、四年级实行分流培养。大气科学专业围绕天气和气候相关的动力学，以及天气、气候的分析预报方法设置课程；应用气象学专业围绕大气物理、大气环境以及城市气象学设置课程（见图 12-3）。

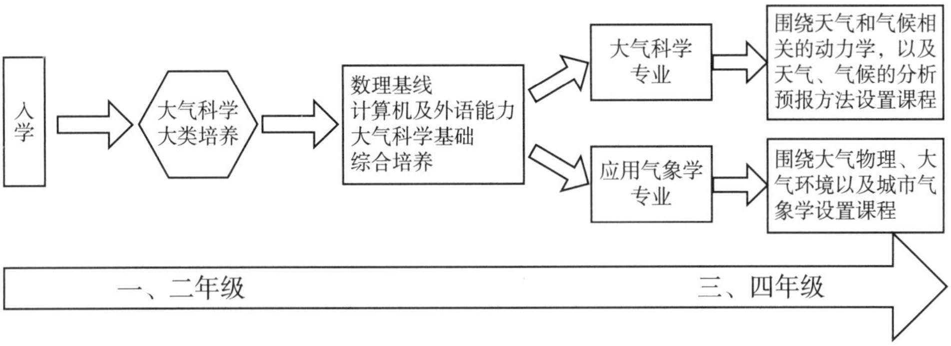

图 12-3　中山大学大气科学本科生培养方式

（二）大气科学课程设置

随着社会经济发展和科技进步，大学科学学科的课程设置也在进行不断调整与改革，以更好适应国家对气象人才的需求。据《高校气象学科建设与人才培养调研报告》，近几年来，我国大部分的大气科学本科生基本形成了由公共基础课、学科基础课、专业课程组成的理论课程，以及实践教学两部分组成（见表 12-1）。

表 12-1　大气类本科专业课程体系

课程性质	课程类别	课程类型	主要课程名称
理论课程	公共基础课程	必修	思想政治理论、外语、高等数学、物理、计算机等
	学科基础课程	必修	数理方法、大气流体力学、热力学、大气物理学、气象学、天气学、动力气象学、大气探测、气候学、天气学原理等
	专业课程	必修	天气分析与预报、遥感气象学、数值预报、应用气象学、统计天气预报、雷达气象学、卫星气象学、雷电监测与预警技术
		选修	中长期预报、诊断分析、大气环流、农业气象、航空气象、中小尺度气象、污染气象、热带气象、海洋气象、特种气象观测技术、气象仪器计量检定技术、公共气象服务、雷电科学基础等
实践课程	集中实践教学	必修	课程实习、毕业实习等
		选修	天气分析预报综合实验、气象观测综合实践等

资料来源：《高校气象学科建设与人才培养调研报告》

从几所学校具体课程体系来看，二十世纪末，为迎接新世纪的知识变革，紧跟国际大气科学发展趋势，本科生的教育又经历了一系列改革。其中，对课程设置做了较大的调整，一是淘汰老旧课程，部分本科生课程被纳入研究生课程中；二是开设较多的计算机选修课；三是针对“基础性”和“应用性”人才分流培养，开设不同的课程。①1999 年以来，南京大学课程设置总体强调通识教育、专业教育和多元培养相结合，本科生的课程体系由通识通修课、学科专业课程、开放选修课程（本专业选修课、跨专业选修、公共选修等）以及毕业论文几大模块组成。②

南京信息工程大学的课程设置主要分为公共基础课程、学科基础课程、专业主干课程、专业任选课程、集中性实践环节等板块，具体的课程设置如图 12-4 所示。

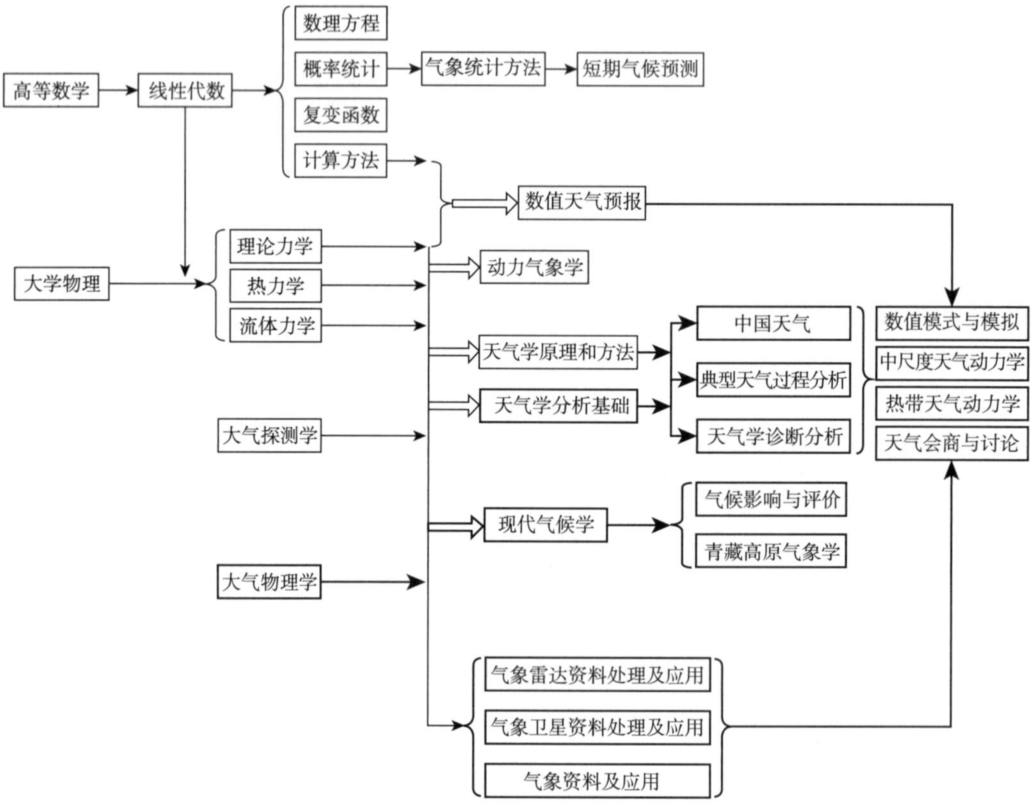

图 12-4 南京信息工程大学大气科学专业课程体系及关联图

北京大学大气科学课程体系由公共与基础课程、核心课程、限选课程、通识与自主选修课程、综合指导课几个模块组成，大气科学的专业学分可以替代部分选修课学分。核心课程、本专业必修课程超出规定学分可以替代限选课程模块的理学部、信息与工程学部课程；核心课程、限选课程超出规定学分可以替代通识与自主选修课模块的课程，有特殊标注的除外；

---

① 《面向 21 世纪高等理工科教育教学内容和课程体系改革计划》工作指导小组：《挑战·探索·实践　面向 21 世纪高等理工科教育教学内容和课程体系改革研究成果：第 2 集》。北京航空航天大学出版社，1999 年，第 260-263 页。

② 《南京大学本科人才培养方案及指导性教学计划》（2009 版）。南京大学大气科学学院资料室馆藏资料。

留学生和港澳台学生可以免修政治理论课程，替代为汉语、中国政治、经济、文化、历史等方面课程。

成都信息工程大学大气科学学科课程设置由必修、限选、任选、创新实践四个部分组成。其中，大气科学、环境科学为主干课程，大气科学概论、大气物理、大气探测学、天气学原理、动力气象学、气候学等是大气科学本科生教育的主要课程（见表 12–2）。

表 12–2　成都信息工程大学大气科学学科课程设置情况

课程类别		学时数	学时百分比	学分数	学分百分比
必修	公共课	770	29.6%	40.5	24.40%
	学科基础	764	29.45%	41.0	24.70%
	专业基础	478	18.43%	26.5	15.96%
	实践环节	—	—	18.0	10.84%
限选	专业方向	222	8.56%	12.0	7.23%
任选	专业任选	144	8.55%	8.0	4.82%
	公共任选	216	8.33%	12.0	7.23%
创新实践		—	—	80.0	4.79%
合计		2594	100.00%	166.0	100.00%

（三）大气科学师资情况

教师是促进学科发展的重要力量，也是人才培养的基础。伴随着大气科学学科领域的拓展的同时，师资的需求也不断增加，各类气象相关院校都积极引进高层次的人才，师资水平有了很大提高。

南京大学大气科学学院具有一支由中国科学院院士和优秀中青年学术骨干组成的学术思想活跃、年龄和学缘结构合理并在国内外具有较高学术影响力的师资队伍。全院在职教职工 95 人，包括教授 29 人，副教授 27 人，讲师和助理研究员 24 人。其中拥有中国科学院院士 2 人，教育部长江学者特聘教授 1 人，国家杰出青年基金获得者 3 人，中组部学者 5 人（含“青年千人”），新世纪“百千万人才工程”国家级人选 2 人，国家优秀青年基金获得者 2 人，教育部新（跨）世纪优秀人才 4 人，其他省部级人才 10 余人。拥有国家自然科学基金委员会创新团队 1 个，江苏省创新团队 1 个，江苏省六大人才高峰创新团队 1 个。

南京信息工程大学的大气科学学科门类全，人才数量大，多个学院拥有大气科学或气象相关学科的人才培养工作。此处选取南京信息工程大学大气科学学院、应用气象学院、大气物理学院三个学院详细说明。

南京信息工程大学大气科学学院前身是 1960 年南京气象学院创建时建立的气象学系。学院现有教职工 140 人，其中专任教师 122 名。专任教师中，教授（研究员）44 名、副教授（副研究员）31 名、博士生导师 49 名、硕士生导师 52 名，50 岁以下教师博士化程度达 100%，具有国际化经历达到 83.02%。拥有“国家级优秀教学团队”“江苏省高校青蓝工程优秀学科梯队”“江苏省普通高校优秀学科梯队”。学院有院士 1 人、科技部“973”首席 2 人、教育部长江学者特聘教授1人、享受“国务院政府特殊津贴”12人、国家杰青4人（海外杰青2人）、教育部“新世纪优秀人才支持计划”1人、入选“国家百千万人才工程”4人、获邹竞蒙气象科技人才奖3人、江苏省有突出贡献中青年专家3人、江苏省“双创”人才2人、江苏省“双创”博士2人、江苏省特聘教授5人、江苏省教学名师1人、江苏省先进工作者（劳模）1名、入选江苏省“333跨世纪学术、技术带头人培养工程”16人、入选江苏省“青蓝工程”18人，50余名教师获“江苏省优秀科技工作者”“江苏省优秀教育工作者”“教学名师奖”“优秀教学质量奖”等荣誉。

南京信息工程大学应用气象学院的前身是农业气象学系，成立于1960年，由我国著名农业气象学家冯秀藻先生创建。1989年更名为应用气象学系，2006年8月成立应用气象学院。学院拥有一支年富力强、学历与职称结构合理、综合素质高的师资队伍。现有专任教师81人，其中教授27人、副教授28人，专任教师博士化率达到100%、国际化率（一年以上出国）超过60%。拥有中组部“千人计划”、“青年千人”、江苏省“双创计划”、江苏省“外专计划”、江苏省“特聘教授”“三三三”工程、“青蓝工程”以及“六大人才高峰”等高层次人才31人。

大气物理学院溯源于1960年创建的南京气象学院大气物理学系。学院现有中国科学院双聘院士1人、江苏省特聘教授1人、教授12人、副教授22人、博导10人；具有海外工作经历的教师达80%，具有博士学位的教师达90%，35岁以下100%具有博士学位。此外还聘任海外知名高校的6位专家担任学院的非全时教授、近20位海内外知名专家学者担任学院的兼职教授。教师中入选江苏省“普通高校优秀学科带头人”2人、江苏省“青蓝工程”和“333人才工程”22人（次）、享受江苏省“六大人才高峰”计划资助5人。

中山大学大气科学学院现有一支充满活力与较高学术造诣的师资队伍，全员教师团队共66人，包括教授20人，副教授13人，工程师3人，讲师3人，专职科研人员和博士后27人。其中包括国家“千人计划”特聘教授1人，教育部“长江学者”特聘教授2人，国家杰出青年基金获得者3人，“973”项目首席科学家2人，国家重点研发项目首席科学家1人，国家青年“千人计划”3人，国家优秀杰出青年基金获得者2人，教育部青年“长江学者”1人。

还有就现有数据来看，成都信息工程大学大气科学学院有教授23人，副教授18人，讲师35人。北京大学物理学院大气与海洋科学系有在职教师28人，客座教授9人，兼职教授4人。

（四）大气科学毕业生情况

从2009年至2016年，我国13所高校大气科学本科毕业生人数合计15844人（见表12-3）。其中，2009年1841人，2010年1856人，2011年1983人，2012年2233人，2013年1977人，2014年1964人，2015年2113人，2016年1986人，毕业人数基本平稳，2012年、2015年人数略高。其中，南京信息工程大学本科生毕业生人数占较大比重，约占总数的49%；其次是成都信息工程大学和国防科技大学，毕业生人数占总人数的比例分别是12%和9%；2016年与2015年相比，毕业人数增长最明显的是浙江大学，增长30%，其次是云南大学，增长20%；反之，国防科技大学降低了35%，中国农业大学降低了33%。

特别是核心课程体系不断完善，开展以“基础课程、专题课程、特色课程”三位一体分层分类的模块化课程体系建设。形成了面向领导干部和业务人员的党性教育、综合素质、岗位技能、新技术新方法等分层分类的核心课程体系。仅 2018 年就新编教材 17 本，教材总量达 226 册；新增教学案例（个例）30 个，开发管理和业务类教学案例（个例）累计 90 多个，远程新增课件 643 学时，网络公开课累计达到 6571 学时。

（三）气象师资情况

一直以来，干部学院采取送教师到业务一线锻炼学习、下基层台站挂职、入知名高校和培训机构进修、赴境外著名气象业务机构访学、给教师压担子等多种方式，加强专职教师队伍建设，选送优秀教师赴境外培训进修达百余人次，切实提高了专职骨干教师队伍的理论基础、业务能力和教学水平。

“十一五”期间干部学院专职教师承担教学任务达 148 万学时，比“十五”期间增长 220%。在临近预报、领导干部培训理论与方法、远程教育技术等领域，形成了一支既懂气象业务服务管理又懂教育规律的专职师资团队，在“三大轮训”过程中发挥了重要的骨干作用。坚持领导干部上讲台制度，兼职教师队伍不断壮大，师资库初具规模。中国气象局领导及职能司领导和专家院士，五年来共计三百多位领导专家利用干部学院的培训平台为学员授课，专家的精彩授课深受学员欢迎。逐步组建海外师资团队，坚持邀请世界一流的气象专家参与轮训授课，先后邀请美国高校、业务等部门资料同化、临近天气预报、雷达气象和雷电等一流专家一百二十多人次为学员授课，如强对流天气分析和预报专家、华盛顿大学大气科学系教授、美国天气局西雅图预报台台长、佛罗里达大学气象系教授等。这样一支结构合理、专兼结合的高素质骨干师资队伍基本满足了气象事业发展对教育培训的需求。

中国气象局气象干部培训学院非常重视自己的师资队伍建设，出台和落实一系列师资培养、考核、管理制度，包括《211 师资培养计划（2017—2020）》《兼职教师管理办法》《职称考核认定办法》《接收教师进修管理办法》等。每年都派出青年教师参加培训、国内外交流、锻炼实习等，加强分院师资培养，建立干部学院与分院教学团队、攻关团队联合工作机制，分院访问进修、跟班学习、举办师资培训。

（四）气象培训毕业人员情况

从中华人民共和国成立初期军委气象局在各大军区建立气象训练队开始，到建立南京、北京、成都气象学院及三所重点中专、二十一所省属中专和其他院校设立气象专业，构成了多层次、开放式气象人才培养体系，开展了大规模气象人才的教育培训工作。改革开放后，气象部门加大对人才培养的人力物力投入，提升了直属高校和直属中专学校的教育能力，逐步打破了影响气象现代化建设的人才短缺瓶颈。根据统计，截至 2000 年院校管理体制改革时，局属三所气象学院和三所气象中专学校共培养出博士生 22 人，硕士生 572 人，本科生 10116 人，专科生 14476 人，中专生 16875 人。这些人才被输送到全国各级气象部门，成为气象事业发展急需的高素质骨干，也是当今专业技术队伍中的一支重要力量。气象队伍由中华人民共和国成立初期的六百多人发展到现在的七万多人。

2000 年部属院校管理体制改革后，气象部门重新组建中国气象局气象培训中心及省局培训中心，承担了气象新业务、新技术培训和干部轮训任务；建立了全国气象远程网络培训系统，成为基层台站人员提高业务能力的重要途径。据不完全统计，从 1979 年到 2008 年底的三十多年时间里，全国气象部门参加新业务、新技术培训 19.4 万人次，外语培训 1.6 万人次，实现了每五年轮训一次全国业务技术和管理人员的目标。同时，气象部门建立了教育、科研、业务和企业共同参加重大业务项目的联合攻关制度，形成以重大项目带动人才培养的机制；进一步完善了访问进修和学术技术交流制度，推进了科研、开发和业务人才之间的合理流动，促进了气象队伍整体素质和创新能力的提高。

2009 年至 2017 年，国家级气象培训总量呈大幅上升趋势，京外教学点培训量也呈同步上升趋势（见图 12-11）。仅 2017 年中国气象局系统组织面授培训班就达 176 期，培训量达到 16.7 万人天。除了面授培训外，建立了远程培训教学平台，2011 年至 2017 年远程学习时长逐年明显递增，2017 年远程培训全部覆盖，在线学习时长累计约 373.9 万小时。

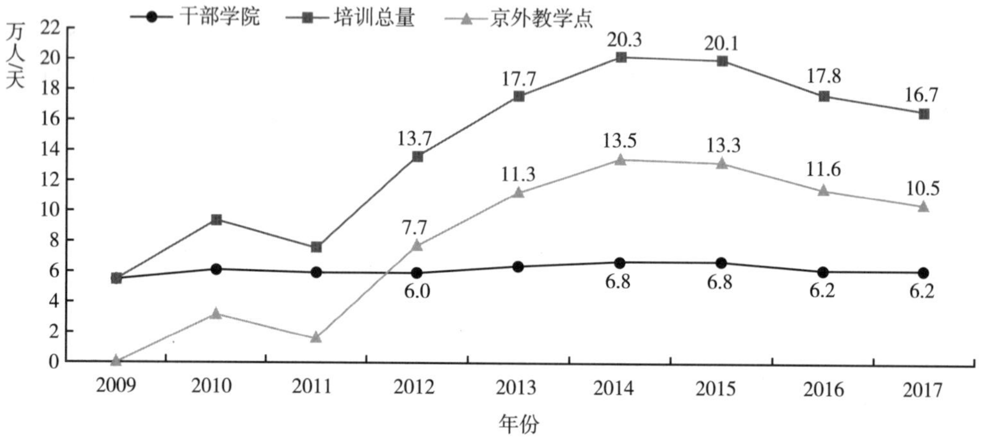

图 12-11　2009—2017 年中国气象局干部学院组织完成面授培训量

目前，除了全国大规模轮训外，气象卫星综合应用业务系统、新一代多普勒天气雷达、山洪地质灾害、气象灾害预警等重大工程培训，使各级气象业务人员掌握和应用新技术新理论新方法的能力不断提升；天气预报员、综合观测人员、资料业务人员上岗培训，使近两千名新进毕业生具备相应岗位的必备知识技能；充分利用现代信息技术建立的远程培训，实现了全国气象部门五万多名正式职工、两千多个基层台站的气象远程同步在线学习。近十五年来，累计完成业务管理骨干培训 1042 期，培训各类学员 45606 人次，培训量累计达 107.76 万人天，远程培训累计 271.3 万人次。

在国际培训方面，中国积极利用 WMO 区域培训中心（南京和北京），面向全球，特别是对发展中国家和最不发达国家开展气象业务培训。2011 年至 2017 年，该中心每年均承办热带气旋类研修或培训项目。2012 年台风委员会第四十四届决定将 WMO 南京区域培训中心作为台风委员会培训中心。迄今已开展十一期培训，学员 318 人。WMO 区域培训中心（北京）在 2012 年至 2017 年国际培训人员数呈上升趋势，共组织二十八期培训，学员七百人（见图 12-12）。

改革开放以来，我国十分重视气象人才的出国培训和外国专家来华访问。出国培训人数从改革开放初期的年均一百多人增加到 2017 年的一千二百多人，来华访问人员从改革开放初期的年均一百人增加到 2017 年的五百多人。

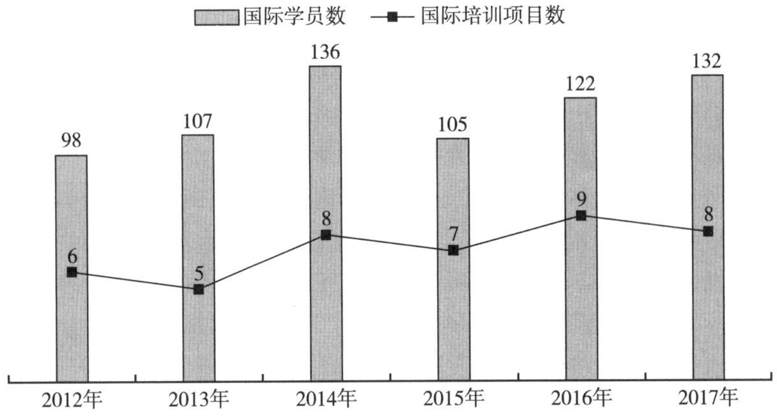

图 12-12 2012—2017 年 WMO 区域培训中心（北京）国际培训的学员数和项目数

党的十八大以来，气象教育培训提质增效非常显著①。仅 2018 年共举办国家级培训班 147 期，面授培训各类干部职工近 5250 人次，培训量 12.6 万人天。其中，干部类 66 期 2460 人次，业务类 81 期 2790 人次。各省（区、市）气象培训机构举办省级培训班 663 期，培训各类干部职工 3.1 万余人次，其中干部类 243 期 1.3 万人次，业务类 420 期 1.8 万人次。远程培训在线学习时长累计 418.7 万小时，较 2017 年增加 12%。培训总体满意度为 97.6 分。

干部教育培训有新突破。统筹推进中共中国气象局党校建设，进一步明确党校组织机构、职责、发展目标和主要任务，完善党校工作规则和党校工作体制机制。坚持党校姓党的根本原则，着力加强干部理论教育、党性教育和专业化能力培训，及时将习近平新时代中国特色社会主义思想进教材、进课堂，全年培训领导干部 2925 人次，44379 人天，比 2017 年增加 30%。按照党校教学要求，重新策划优秀中青年干部培训班，举办了中青班、青干一班、青干二班 3 类班型 5 个班次的培训，182 名年轻干部接受了系统的理论教育和严格的党性教育。系统设计了党员党务干部培训系列班型，包括入党积极分子、新党员、党务干部、支部书记等培训班。首次设计了任职培训系列班型，包括司局级领导干部、省级以上气象部门处级领导干部、地市局长和县局长的任职培训，填补了气象部门领导干部任职培训的空白。首次举办了高层次专家研修班。加强党性教育基地建设，中国气象局党性教育基地（湖南韶山）被列入中央和国家机关党校党性教学基地名录，新增党性教育教材 9 本，培养现场主讲教师 6 人。

业务技术培训有新亮点。服务保障国家重大战略，开展了生态环境气象、应对气候变化和气候资源、气象卫星在生态环境监测应用、气象灾害防御等专项培训 8 期 265 人次。开展围绕重大工程项目的新技术新方法培训，完成了天气雷达、山洪、人影、海洋等重大工程培训 27 期 526 人次。开展了预报员轮训 8 期 233 人次，3 年累计开展 28 期轮训 963 人，2019 将完成全员轮训。开展预报预测、观测、农业气象等上岗培训和气象基础知识培训 32 期 872 人次。面向海军、空军等部门举办了预报预测等行业培训。

① 资料来源：中国气象局气象干部培训学院。

干部调训有新举措。选派干部参加中央干部院校调训 242 人次。其中省部班参训 9 人次；厅局班参训 89 人次，比 2017 年增加 1.3 倍；中央国家机关司局级干部研修班参训 30 人次；处级班参训 39 人次。105 名司局级干部参加中组部干部网络学院学习。省以下气象部门参加地方党校系统培训 930 人次，比 2017 年增加 23%。同时，聚焦国家战略加强面向政府和行业的培训。与中组部联合举办为期 1 周的地方党政领导干部防灾减灾与安全生产气象保障研究班，29 名副市长参加培训。与人力资源社会保障部联合举办气候资源开发与利用研修班，省级发展改革委（能源局）、电网公司、新能源企业、气象部门 62 人参加。

国际培训有新拓展。首次开展“一带一路”沿线国家观测装备保障远程国际培训，采用“在线自主课件学习”和“远程同步授课”两种形式，对来自 55 个国家和地区的 116 名学员进行了培训。首次举办东盟国家灾害性天气临近预报技术示范培训，持续开展航空气象服务、风云四号卫星产品应用等国际培训，年内完成国际培训 7 期 211 人次。

远程培训有新进展。大力开展远程培训，举办远程培训 20 期，开展农业气象面授和远程相结合的混合式培训和自动站虚拟仿真远程实操类培训。面授与远程相结合的混合式培训方法在 20 余个培训班中推广使用。加强远程培训考试，开展气象业务技术类和大气科学基础知识类远程培训约 2.62 万人次，组织 7300 多人参加 10 门在线考试。远程培训在线学习时长累计 418.7 万小时，较 2017 年增加 12%（见图 12-13），4.5 万人次参加在线学习。

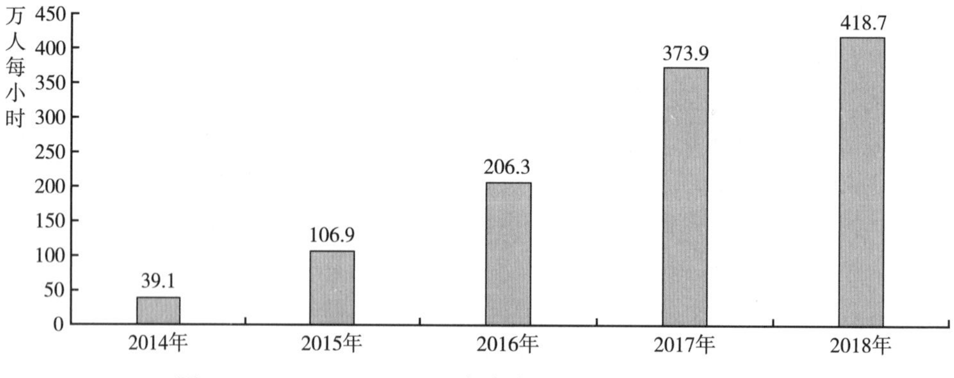

图 12-13　2014—2018 年气象远程培训在线学习时长

第五节　大气科学教育发展动因

中华人民共和国成立以来，我国大气科学教育发展取得辉煌成就，分析大气科学教育发展取得如此成就外部动因和内在发展规律，主要体现在以下方面。

一、教育传承

从学科发展的角度来说，无论是近代气象学还是现代大气科学，都渊源“气象”。近代气象学的发展有赖老一辈科学家的艰苦付出，他们在气象观测、天气学、动力气象学、气候学和大气物理学等领域做出了开创性的工作，为我国大气科学的形成奠定了坚实的基础，逐步形成了与现代数学、物理、高新技术相结合，与地球系统科学相衔接的大气科学教育体系。

南京大学、浙江大学、清华大学是中华人民共和国成立以前主要开展气象教育的三所高等院校。南京大学是我国最早开展气象教育的高等院校之一，成立了我国第一个气象专业，并在我国高等院校中率先建立气象系。由此可见，南京大学的大气科学学科拥有深厚的气象基础。此外，1952 年创建的气候学专业以及 1958 年创建的大气物理专业均为我国高等院校中首次创建同类专业。在国家政策的支持下，气象学、气候学、大气物理学三个专业的不断发展，形成了以大气科学为一级学科，气象学、大气物理学与大气环境两个二级学科的学科布局。不仅如此，在我国气候变化研究刚起步之际，南京大学便开展了气候变化相关问题研究，这为后续自主增设气候系统与气候变化二级学科奠定了良好的基础。由此可见，学科的传承为现代大气科学学科的发展奠定了良好的基础。

浙江大学史地学系也是中华人民共和国成立前我国气象教育的重要基地。1936 年 3 月，竺可桢执掌浙江大学，同年 8 月，浙江大学史地学系成立。1949 年，文学院史地学系改属理学院，并改为地理系。史地学系虽只短短存在了十三年，却为我国培养了大批气象人才。如郭晓岚、叶笃正、谢义炳、周恩济、施雅风、毛汉礼、姚宜民、束家鑫、张镜湖、吕东明、欧阳海、左大康和林晔等。

清华大学的气象教育始于 1929 年，1929 年成立地学系，开设气象课程并建立气象台。1946 年成立气象系，李宪之任主任。中华人民共和国成立以前，也只有清华大学和今南京大学设有气象系。李宪之任主任以后，一方面抓教师队伍，聘请谢义炳、涂长望、顾震潮等气象大家来清华上课；另一方面，李宪之不断购买气象仪器、设备、图书资料等改善教学环境，并重建气象台。当时的清华气象台的资料是华北地区最完整、最准确、最全面、最可靠的，每月还以报表的形式与国外交流。1952 年，院系调整，清华大学的气象系划归北京大学物理系，为气象专业。

二、国家需求

不同层次的高等院校在社会经济发展、社会服务中发挥着不同的作用，也肩负着不同的国家使命。我国现代大气科学学科人才培养，以南京、北京等地居多，但是这些地方培养出来的学生不愿意去比较偏远的地方。于是国家对我国的各大区域进行了整体规划，力求气象能够普及到各大高校。西北地区的兰州大学应国家意志创办气象学专业，西南地区成立成都气象学院，以适应国家西部战略需求，促进大气科学学科的全面发展。

南京气象学院的建立当属服务国家使命的典型代表。1960 年以前，全国的气象教育都处于相当薄弱环节，仅有北京大学、北京农业大学、南京大学和山东海洋大学设有比较正规的气象方面的系或者专业。党的八届八中全会上提出了农业是国民经济跃进的基础与农业四化的任务，这就对以农业服务为重点的气象工作提出了更高的要求。考虑到上述原因，为了满足我国高校对气象人才的迫切需求，有必要兴建一所较为完备的气象学院。由于从头建设一所学院存在诸多困难，尤其是师资问题。恰好南京大学大气科学学科基础深厚且学科齐全，师资力量雄厚，拥有良好的教育资源，于是在南京大学气象系的基础上独立建院，建立南京大学气象学院，下设天气与动力气象、大气物理、气象学和农业气象等三个专业。并以南京大学的名义招收前三年（1960 年、1961 年、1962 年）的学生，作为过渡阶段，南京大学的气象系仍旧保留。1963 年，南京大学气象学院独立建校，校名改为南京气象学院。[①]

三、行业需求

大气科学与人类生活息息相关，是人类生产生活中不可或缺的一部分。尤其是伴随着全球气候异常日趋明显，导致旱涝、台风等极端天气频繁发生，这使大气科学在防灾减灾中也发挥着越来越重要的作用。大气科学人才培养除了适应气象系统的需要，也涉及农业、航空、航海、军事、医疗等诸多领域，无论是何种领域，都涉及气象，气象科技的发展应服务于行业需求。近几年来，中国气象局推进气象现代化建设的步伐加快，《全国气象现代化发展纲要（2015—2030 年）》中提出建设具有世界先进水平的气象现代化体系，达到“一流装备、一流技术、一流人才、一流台站”的战略目标，不断提高“气象预测预报、气象防灾减灾、应对气候变化、开发利用气候资源”四个能力。

社会经济建设和推动世界先进水平的气象现代化体系的驱动下，促进了大气科学人才培养。高等院校及科研机构是大气科学人才输出的重要力量，尤其是以北京大学、南京大学、南京信息工程大学、中山大学、兰州大学等为代表的拥有完整大气科学人才培养体系的高校为气象行业输送了不同层次的气象人才，或者依托自身的资源优势，举办各种气象培训班，为气象及相关部门培训业务人才。此外，大气科学人才培养离不开科研的支撑，为了满足社会需求，大气科学的科研成果对提高防灾减灾的能力、促进经济发展有重要意义。例如，2014 年，南京大学团队基于《近海台风短临预报技术》项目的所研发的预报系统在关键技术上取得重大进展，提高了台风预报强度和路径预报的准确度，并在国家气象中心和浙江省气象台投入运行。

四、气象学家的积极推动

一代又一代科学家的传承推动了现代大气科学学科的发展。竺可桢作为我国气象学界的“鼻祖”，培养了我国最早一批气象人才。他于 1918 年从美国回国以后，相继在多所大学执教。1928 年中央研究院气象研究所成立后，在 1928 年至 1937 年，竺可桢开办了四届气象学习班，又培养了一批气象人才。二十世纪三十年代以后，我国一批公费留学生陆续回国，并先后在各个大学执教。1935 年，留英博士涂长望任教清华大学；1936 年李宪之德国学成归来后进入清华大学，教授气象学、天气预报和理论气象学三门课程。1938 年留德博士赵九章回国，到西南联大任教，讲授高空气象学、理论气象学和大气物理学。1939 年涂长望应时任浙江大学校长竺可桢的之邀，到浙江大学史地系任教。竺可桢从 1936 年以后，任浙江大学校长十三年，创建研究生部，培养了我国较早的一批气象学家，其中 1943 年第一批硕士毕业的有郭晓岚、叶笃正和谢义炳等，1945 年毕业于西南联大研究生院的有顾震潮。此外，国内高校，伴随着中央大学、清华大学气象学的发展和独立建系，使得我国的气象教育进一步完善，更培养了一批后来称为气象学界著名的专家、教授，如程纯枢（1936 年毕业于清华大学地学系）、陶诗言（1942 毕业于中央大学地理系）、高由禧（1944 年毕业于重庆中央大学地理系）等。

---

① 南京大学档案馆：《中央气象局、江苏省委、南京市教育局、本校关于筹建气象学院、设立附中、政治系、党委、校长两办公室合并办公、启用印信的报告、批复》。实体分类号：1960-Y，案卷号：58。

1949年，中华人民共和国成立以后，面对中华人民共和国气象事业百废待兴的局面，同年12月涂长望和赵九章分别写信给国外的朋友和学生，动员他们回国建设中华人民共和国的气象事业，先后响应回国的有：朱岗昆、顾震潮、叶笃正、谢义炳、顾钧禧、朱和周、谢光道、黄士松、刘好治等。他们中的大多数人回国后进入高等院校或研究机构工作，在大气科学的各个领域颇有建树。

涂长望，任中华人民共和国成立后的第一任中央军委气象局局长，至任职以来，兢兢业业，在气象人才培养、气象教育、气象科研等方面做出了卓越贡献。涂长望潜心气象科学研究，他以英国、挪威和美国气象学派理论为基础，在中国长期天气预报、中国气团和锋面、中国气候和东亚环流研究和应用等方面均做出了重要贡献。

顾震潮，1950年放弃即将获得的博士学位，回国参与现代气象事业建设，五十年代中期，他开创了我国的数值预报事业。六十年代，开创了云物理和人工影响天气、雷电物理、大气湍流和大气探测等领域。六十年代中期，他在中国原子弹和氢弹的试验中，为核爆的气象保障工作做出了重要贡献。1978年，他发表著作《云物理学》，推动了中国云物理学的发展。

叶笃正，四十年代起一直从事气象科学及有关交叉学科的科学研究和人才培养工作，他在大气环流理论、大气动力学、青藏高原气象学、东亚地区大气环流、全球变化等研究领域做出了重要贡献。1979年2月，叶笃正、高由禧等著《青藏高原气象学》出版，标志着气象学中“青藏高原气象学”这一新分支学科的建立。全球变化科学兴起初期，叶笃正积极参与了国际地圈－生物圈研究计划（IG-BP）建立和规划工作。

谢义炳是我国现代天气学和大气环流学奠基人之一。他在东亚降水天气系统与湿斜压天气动力学、热带大气环流和中低纬度环流相互作用、大型环流系统三维结构和基础理论方面，做出了许多开创行动成果。

黄士松专长天气动力学专业，长期从事中、低纬度大气环流及灾害性天气气候方面研究，对大气环流、副热带高压、季风、暴雨、台风、极地海冰对气候影响等问题均有创造性研究，提出了许多新的发现、理论和观点，为丰富天气动力学内容及提高我国天气预报水平做出了重要贡献。

李宪之在气象考察、气象科学研究、气象教育方面有卓越贡献。1927年，他加入西北考察团，积累了大量的一手资料，为后来的研究奠定了良好的基础。1936年李宪之获博士学位回国后，先后在清华大学、西南联大、北京大学执教，教授气象相关课程，是我国气象高等教育事业的奠基人。

赵九章是我国现代气象学的奠基人之一。他的博士论文《关于湍流风落分布参量的确定》，在气象学的湍流研究方面具有重要意义。1938年，他发表的《信风带主流间热力学》是我国第一篇动力气象学论文，把数学和物理引入气象学。他的另一篇文章《大气长波的斜压不稳定》，提出了行星波斜压不稳定的概念，指出实际大气在斜压状态下可以是不稳定的，为现代天气预报提供了重要的理论基础。他两部著作《高空大气物理学》《云雾降水物理基础》分别是空间物理领域和云雾物理研究的重要理论成果。

五、资源环境的支撑

教学资源环境的优化促进了大气科学科研发展和人才培养。

首先，科技进步推动了大气科学的发展。现代大气科学学科的发展与现代科技发展密切相关，尤其是 AI 技术的日益成熟，加快了气象 AI 领域的应用。

大气探测技术日趋成熟，计算机技术的发展及推广对促进大气科学研究大有裨益。进入二十一世纪以来，我国的数值预报技术大大提高，高性能的计算机研制能力已经赶上发达国家。2016 年我国首台全部采用国产处理器构建的超级计算机“神威·太湖之光”正式运行对开展全球大气动力过程模拟以及大气模式的重构意义重大。不仅如此，现代新兴科学技术对大气科学的也产生了重要影响。例如，人工智能和大数据技术的成熟为海量数据分析提供了便利，数值预报发展迅速。科技发展也对人才培养提出了更高要求，2023 年就有三所高校增设了大气科学类本科专业。

其次，大气科学的长远发展有赖于科学研究，而科研离不开科研平台的支撑。科研平台是促进学科建设的重要支撑力量。以研究室、研究中心、协同创新中心、实验室等为代表的大气科学科研平台的建设和完善，不仅有利于促进科学研究和人才培养，对促进大气科学学科发展也有重要作用。不仅如此，特别是近几年来，局校合作不断加强，已经建立了多个产学研合作基地，有助于进一步促进人才培养，以培养出适应行业需求的应用型人才。

最后，高校间的广泛合作为大气科学学科发展提供了更广阔的空间。伴随着我国高等院校大气科学及其相关学科建设的完善，很多高校已经拥有了完整的大气科学人才培养体系，高校（科研机构）之间的广泛合作为大气科学学科发展提供了更广阔的空间。例如，2012 年，由南京大学牵头的气候变化协同创新中心正式创建，该中心汇聚了复旦大学、中山大学等众多高校。南京大学大气科学学科通过与其他高校广泛开展合作，为学科的发展提供了更广阔的平台，因为这样的平台不但深化了南京大学气候变化领域研究，提高了科研产出和人才培养的质量，而且有利于发挥高校的协同作用，提升我国的气候变化研究水平，为人类应对气候变化提供科学依据。

参考文献

[1]《面向 21 世纪高等理工科教育教学内容和课程体系改革计划》工作指导小组. 挑战·探索·实践：面向 21 世纪高等理工科教育教学内容和课程体系改革研究成果：第 2 集［M］. 北京：北京航空航天大学出版社，1999.

[2] 陈云峰. 浙江大学史地系对气象人才的培养和贡献［J］. 气象科技进展，2016，6（4）：75-78.

[3] 戴舟，温克刚. 辉煌的二十世纪新中国大记录：气象卷（1949—1999）［M］. 北京：红旗出版社，1999.

[4] 杜芳. 中国气象局：2020 年基本实现气象现代化［N］.《经济日报》，2015-09-16.

[5] 梁必骐，范绍佳，陈毓芬. 我国大气科学人才培养现状的分析［J］. 中山大学学报论丛，1998（2）：170-174.

[6] 张辉，叶梦姝，吴紫煜. 涂长望与两所“北京气象专科学校”［J］. 气象科技进展，2024，14（6）：81.

坚持深化改革的方向，建立以“开放、流动、竞争、协作”管理运行机制，制定了《中国气象科学研究院深化改革实施方案》，并于 2001 年 12 月获得中国气象局党组的原则批准。气科院自此时开始从科研结构调整、学科设置、制度创新、机制转变、人员调整与分流等方面全面启动了深化改革的实施方案。

2001 年 9 月，气科院结合实际情况，提出了《中国气象科学研究院深化科技体制改革试点实施方案》，于 2002 年 12 月得到中国气象局党组批准，自 2003 年开始全面实施。在方案中，进一步明确了气科院在新世纪的战略定位：“中国气象科学研究院是中国气象局的最高研究机构，是国家社会公益类研究院，是我国大气科学研究，特别是应用基础研究和技术开发的中坚和高层次人才培养基地。以应用基础研究和应用研究为主，同时兼顾基础研究。所从事的研究应是面向中国气象事业现代化进程中提出的‘高’、‘新’科学技术问题以及国家急需解决的与防灾、减灾和大气环境有关的科学技术问题，同时要抓住国际大气科学前沿领域和未来发展中的科学技术问题开展综合性和前瞻性研究以及社会和市场需求的高新技术研究。”同时，进一步加大了科研机构和学科领域的调整力度，在建立现代科研院所制度，提高科技创新能力方面取得了较明显的进展和时效，为促进气象公益科研事业健康发展奠定了基础。

（二）中国气象科学研究院人才培养现状

中国气象科学研究院（以下简称气科院）是中国气象局直属国家级研究院，是国家级气象科研基地和人才培养基地，也是全国气象部门唯一的研究生培养单位。1978 年恢复研究生招生培养制度以后，气科院成为国务院学位委员会首批批准的硕士学位授予单位之一。现拥有大气科学、环境科学与工程两个一级学科硕士学位授权点，自然地理学和物理海洋学两个二级学科硕士学位授权点。现拥有一批高水平的研究生导师队伍，其中，两院院士 9 人、国家杰出青年基金获得者 5 人、国家“万人计划”人才 3 人、国家“千人计划”人才 6 人、国家“百千万人才工程计划”人才 6 人，中国气象局部门级人才 60 多人，50 位研究生导师在国际重要学术组织任职。截至目前，气科院已与南京信息工程大学、复旦大学、中国科学院大学、中国地质大学（武汉）等院校联合培养博士研究生 190 人、独立培养硕士研究生 918 人，所培养的研究生已经成为气象及环保、民航、水利等行业，以及高校和科研院所业务、科研、教学和管理岗位上的一支重要力量。

2018 年，中国气象科学研究院大气科学类专业研究生招生 63 人，其中联合培养博士研究生 19 人；研究生毕业 54 人，其中联合培养的博士研究生 11 人；研究生毕业进入气象部门工作 31 人（占比 57.41%）。

四、中国农业科学研究院农业环境与可持续发展研究所人才培养现状

（一）农业环境与可持续发展研究所历程与概况

二十世纪五十年代以后，中国现代农业气象学逐步建立并取得突飞猛进的进展，其特点是成立专门的农业气象研究、教学和业务管理机构。在当时中国科学院竺可桢副院长的倡导下，经科学院与农业部协商，由中国科学院地球物理研究所与华北农业科学研究所合作，于 1953 年 3 月成立了华北农业科学研究所农业气象组，吕炯任主任。这是我国最早成立的农业气象科研机构。

1957 年 1 月 4 日，中国科学院、中央气象局与农业部签订了“关于设立农业气象研究室

的合同”，以中国科学院地球物理研究所与华北农业科学研究所合作设立的农业气象研究组为基础，扩充建立农业气象研究室，作为中国农业科学院的组成部分。合同期为三年。1957 年 3 月，中国农业科学院成立后，同年 4 月成立中国农业科学院农业气象研究室。1960 年初，合同期满，中国农业科学院仍保留农业气象研究室建制，中国科学院和中央气象局的人员陆续回到所在单位从事农业气象工作。

中国农业科学院农业环境与可持续发展研究所，2001 年组建于北京，其前身是始建于1953年的华北农业科学研究所农业气象组和成立于1980年的中国农业科学院生物防治研究所。建所以来，研究所致力于农业环境领域的科学发现和技术创新，重点研究人类生产活动影响下光、温、水、气等环境要素的演变规律及其与农业生物和农用投入品相互作用机理及调控与保护对策，引领领域科技方向，支撑农业可持续发展。

（二）农业环境与可持续发展研究所人才培养现状

中国农业科学研究院农业环境与可持续发展研究所（简称“环发所”）是中国农业科学院直属研究所之一，截至 2018 年底，在职人员 179 人，拥有人社部“百千万人才工程”国家级人选、国家有突出贡献中青年专家等国家和部级高层次人才队伍 25 人。环发所设有气象学二级学科硕士研究生培养点，以及农业气象与气候变化二级学科博士研究生培养点，主要开展气候资源与气候变化、气象灾害与减灾、温室气体排放及减排、农业气候资源利用与减灾、气候变化影响与适应、农业温室气体排放及减排等研究。

2018年，环发所大气科学类专业研究生招生7人，其中博士研究生4人；研究生毕业9人，其中博士研究生 2 人；研究生毕业进入气象部门工作 5 人（占比 55.6%）。

五、科研院所大气科学教育学制与课程设置

（一）大气科学培养模式

科研机构的大气科学人才培养目标也基本相似，即在掌握本学科坚实的理论基础和系统的专业的知识基础上，有创新精神、创新能力和从事科学研究、教学、管理等工作能力的高层次学术型专门人才以及具有较强解决实际问题的能力、能够承担专业技术或管理工作、具有良好职业素养的高层次应用型专门人才。但是，在培养方式上，各个研究机构的研究生培养存在一些差异。

中国科学院大气物理研究所在硕士研究生的培养方式上，硕士研究生培养采取“两段式”的培养模式，包括课程学习和科研实践两个阶段；实行导师或导师小组负责制。课程学习阶段要求研究生通过集中授课等方式，完成基础理论和专门知识的学习。科研实践阶段要求研究生依托导师或导师小组的科研项目、科研条件和科研设施，进行科研实践和开展学位论文工作，获得从事科学研究、教学、管理或独立承担专门技术工作的能力。

博士研究生培养以科学研究工作为主，结合科研工作进行课程学习，包括跨学科课程的学习，以提高理论水平和实验研究能力。重点是培养博士研究生独立从事科学研究工作的能力和创新研究能力。博士研究生的培养工作采取导师负责或导师小组集体培养相结合的办法。

中国气象科学研究院士中国气象局综合性科学研究机构，同时也是中国气象局培养高层次人才的基地，承担了气象系统的研究生培养任务。自 1978 年恢复研究生招生制度以来，气科院成为国务院学位委员会首批批准的硕士学位授予单位之一，也是大气科学学科专业最齐

全的招生专业。气科院在发展过程中，与多所高校建立了广泛的合作关系。1993 年国务院学位委员会批准了气科院与南京气象学院联合申报博士学位授权单位和天气动力学专业博士授予点；1998 年又批准了气科院与南京气象学院联合申报大气物理学与大气环境专业博士授予点，培养方式为独立招生和独立培养。2003 年，国务院学位委员会又正式批准气科院可单列博士生招生计划，与有学位授予点的单位展开联合培养博士生工作。至今，气科院已与中国科学院、中国地质大学、复旦大学等建立了广泛的合作关系，共同培养博士研究生。

（二）大气科学课程设置

中国科学院大气物理研究所的博士研究生课程和硕士生课程均实行学分制管理。研究生获得学位所需的学分，由课程学习学分和必修环节学分两部分组成，二者不能相互替代。研究生修读的课程包括学位课和非学位课等。学位课是为达到培养目标要求，保证研究生培养质量而必须学习的课程，分为公共学位课和专业学位课两类。非学位课是为拓宽硕士生知识面、完善知识结构或加深某方面知识而开设的课程。

（三）大气科学师资情况

大气物理研究所现拥有一级学科“大气科学”博士、硕士学位培养点，一级学科“海洋科学”和“环境科学与工程”硕士学位培养点以及环境工程全日制专业学位硕士培养点。现有博士生导师 98 名（其中中国科学院院士 10 人，“杰青”13 人，“千人计划”3 人，“百人计划”18 人），国内外联合博士生导师 45 人，硕士生导师 85 名。

中国气象科学研究院拥有研究员 59 人，其中包括两院院士 4 人，“杰青”2 人，“万人计划”1 人，“百千万人才” 4 人，“优青” 1 人，领军人才 8 人，特聘专家 1 人。

中国环境科学研究院大气环境研究所承担着大气物理与大气环境方向的研究生培养工作，拥有众多该领域的专家。中国农业科学院农业环境与可持续发展研究所拥有农业气象与气候变化专业博士学位授予点，以及大气科学硕士学位点。据不完全统计，中国农业科学院农业环境与可持续发展研究所共有 8 名研究院承担博士生培养工作，13 名研究员承担硕士培养工作。

第四节　气象行业人才培训

气象行业人才培训是气象人才培养重要形式，尤其在中华人民共和国成立初期，气象行业培训是气象教育主要形式，大量气象技术人才通过气象技术培训走上工作岗位，为早期气象事业发展及时提供人才保障，也为以后的气象行业培训提供经验和借鉴。

一、气象行业人才培训概述

中华人民共和国成立初期，为满足国家对气象人才的紧急需求，开展了多种形式的短期培训。气象部门制定了“短期的、操练式的、与世纪需要密切结合的大量培养训练”的原则，通过组建直属气象干部学校、设干部训练队分别培训助理预报员、观测员等技术干部，并教育部协商，采用了扩大气象专业本科招生名额和举办两年制专科的方法，培训了大量气象人员，基本上适应了当时的急需。

1949 年 11 月华东空军干训大队气象训练队在南京成立，归属华东空军干训大队，编为第四中队，负责培训空军气象台站的地面观测人员。五十年代，军委气象局与清华大学合办了气象观测训练班，共有学员 79 名，主要培养航空气象及一般观测人员，结业后分配到全国各地。于 1950 年 12 月，军委气象局举办了北京干部训练班，为期六个月，培养学员 258 人，其中 158 人分配到空军海军各军区气象处等单位参加工作。1951 年 1 月，西南军区气象处在成都举办了西南气象干部训练班，主要为西南培训气象技术干部，并为西北、中南输送人才。该班在 1953 年前属军事编制，第一至三期学员均为军人。1954 年 12 月 9 日改名为中央气象局成都气象干部学校，主要为西南、西北地区培训气象技术干部。1951 年至 1956 年该校先后开办地面观测、农业气象观测、气象业务训练班八期，培训 3046 人。1954 年至 1955 年并办有气象站主任和在职观测员轮训班两期。轮训干部 186 人。1951 年东北军区气象处成立了长春气象干部训练队，后改为中央气象局长春气象学校。1951 年至 1955 年共培训气象观测人员四期约400人，毕业后分配到东北三省及内蒙古气象台站以后又改名长春气象通信干部学校，主要培训气象通信干部。1951 年西北军区气象处在兰州成立了干部训练队，主要为西北地区培训气象观测人员，1951 年至 1954 年共招生培训 610 人，分配到西北气象台站参加创建工作。1951 年 3 月，中南军区在汉口成立了中南气象干部训练大队，1951 年至 1954 年共培养气象观测员二百多人，分配到中南各省气象台站。根据统计从 1950 年至 1956 年全国气象部门通过短期训练，共培养初级气象技术人员一万多名，适应了中华人民共和国气象事业创建的急需。

1978 年改革开放初期，我国气象行业培训主要为实现干部队伍革命化、年轻化、知识化、专业化，各级气象院校纷纷举办领导干部轮训班，提高了领导干部的综合素质和管理水平。根据统计 1981 年至 1991 年，南京气象学院和北京气象学院共培训处级和司局级领导干部四百多人次；与此同时，各省、自治区、直辖市气象部门也依托省气象学校举办了处科级领导干部和气象台站长培训班，广泛地轮训了气象台站长和处科级领导干部。在开展干部轮训的同时，还紧密结合气象事业现代化进程，围绕气象学科的发展，依托气象学院或气象学会举办了新知识、新理论、新技术的培训，如动力气候、高等天气学、近代气候学、非线性大气动力学、中尺度对流系统的诊断和预报等。1979 年至 1997 年，参加培训的人数在十五万人次以上。

改革开放以来，在开展外语强化培训的同时，气象部门还大力选派外语能力强、专业基础好的人员赴国外参加培训。充分开发部门内外、海内外各种教育培训资源，通过与国内外教育、科研机构和相关国际组织的广泛合作，建立双边或多边科技协作关系，通过申请世界银行贷款、互派专家学者等方式，选派了近两千人次出国工作、学习深造、参加学术会议以及进行学术考察和访问，大力培养了具备国际视野的气象专业人才。

1999 年，北京气象学院转建为中国气象局培训中心。许多省级气象局相继撤销了一批省属中专学校，将其转建为省级气象培训中心。改革调整后全国 31 个省级气象部门中，独立设立培训机构的省份共有 13 个，与其他单位联合的有 11 个省份。

进入新世纪以来，气象教育培训事业发展进入新阶段。在气象学科建设与人才培养方面，自 2002 年起，中国气象局已先后与众多所高校签订了全面合作协议，共同推进气象干部培训事业。2009 年中国气象局印发了《中国气象局关于加强气象人才体系建设的意见》，明确提出制定并实施“强基工程”，加强教育培训制度建设，提升教育培训能力。2010 年，出台了《中国气象局关于加快气象培训体系建设的意见》提出从构建开放式气象培训体系、加强气象部门培训机构建设、着力实施重点培训、加强师资队伍建设等七个方面加强气象培训体系建设。2011 年，中国气象局培训中心更名为中国气象局气象干部培训学院，2012 年以来，河北、安徽、湖北、湖南、四川、新疆、辽宁七个国家级气象干部培训分院相继挂牌成立，印发了《中国气象局气象干部培训学院发展规划（2011—2020）》及七个国家级气象干部培训分院的发展规划。2014 年，中国气象局制定印发《2013—2017 年气象部门干部教育培训规划》《中国气象局气象干部培训学院气象现代化实施方案（2014—2020）》。

一直以来，各级气象培训教育紧紧围绕气象事业发展需求，不断加强培训能力建设，积极创新培训内容，不断改进培训方式，努力提高培训质量，已初步建立了以国家级、省级培训中心为主体的气象培训体系。

二、气象干部培训转型发展历程

目前，我国气象干部教育培训机构体系，形成了以中国气象局气象干部培训学院、国家级气象干部培训分院为主体，省级气象培训机构、业务单位、高等院校、科研院所、党校和行政学院、相关部委机构以及世界气象组织及相关国际培训机构等构成的体系。中国气象局气象干部培训学院是国内唯一的综合性、专业化、高层次国家级气象教育培训机构，是高层次气象骨干人才培训基地、世界气象组织区域培训中心、世界气象组织、气象卫星协调组虚拟实验室优秀中心。主要承担气象部门中高层次管理干部、中高级专业技术人员继续教育，气象业务和相关领域高新技术推广应用培训、师资培训、气象远程培训，气象培训教材的制作和对下业务指导等工作，并为亚洲区域及其他发展中国家培训气象业务及管理人员。我国气象干部培训转型发展经历以下阶段。

（一）转型起步阶段（1990—1999）

九十年代，气象教育培训面貌发生了重大变化，气象业务所需要的一般技术人才基本饱和，而新技术和高层次人才严重不足。面对当时形势，北京气象学院首先要求全体干部和教职工转变观念，深刻领会中国气象局党组关于北京气象学院从本专科学历教育向高层次气象继续教育转轨的深刻意义，展开学习和讨论，解放思想，统一认识，振奋精神，创造条件，在实践中积极探索高层次继续教育的内涵、特点、规律、形式和途径，尽快从思想、组织、师资、管理、政策、体制和机制上转变，逐步形成与高层次继续教育相适应的新的教育结构模式，特别是采取切实措施加强师资队伍建设。

北京气象学院于 1990 年 8 月将高级进修部、函授中心和气象高等教育自学考试办公室三个机构合并为干部培训中心，开始从实质上进行办学方向的调整。在学院“转轨”期间，中国气象局党组给予了高度关注和一贯支持。1995 年 2 月，中国气象局领导来校指导工作。他们在全院干部教师大会上的讲话中，从气象工作的全局出发，结合学院的发展历程，深刻阐明了转轨的重大意义，对各项工作提出了明确要求，指明了前进方向，勉励大家为气象现代化建设培养高层次人才做出更大的贡献。他们的讲话使我们深受启发和鼓舞。

在转轨时期，北京气象学院党委的态度是明确的、坚决的，在步骤和措施上是积极的、稳妥的。对上级主管部门的指示坚决贯彻，并积极主动地反映情况，争取更多的指导和支持；对全校师生员工积极宣传，正确引导，倾听群众意见，帮助群众解决思想和实际问题，上下形成合力，渡过艰难时期，顺利实现转轨。学院采取措施，开展调研，制订规划、计划和方案，并组织落实实施，成立了继续教育相关机构，初步形成了高层次继续教育运行机制。为了落实转轨方案提出的办学任务，开创办学的新局面，

1994年把大气科学系和高级进修部合并为一个教学实体，加强气象科技培训的力量，与社会科学系的管理人员培训形成“两个轮子一起转”的局面。紧接着又出台了各种管理规章制度，规范了教学组织管理、学员管理、后勤管理和财务管理等各方面的工作，使工作逐步走向规范有序。

在转轨初期，在培训体制机制和政策措施很不完善的情况下，党委领导教职工积极开展继续教育和培训工作，各部门齐心协力确保上级下达的重点班型和气象卫星综合应用业务系统（9210工程）培训，努力办好指令性班型，同时自办和协办一些班型。使培训班、进修班逐年增加，培训人员逐年增多，教师得到了锻炼和提高；并且发挥地处北京特别是局大院的人才优势，形成一支以校内为主、校内外专兼结合的教学骨干队伍，逐步提高培训质量和效果。在转轨时期的前五年，每年平均举办培训班十二个，受训学员四百人。1996年，培训班达到五十个左右，培训人员约两千人。经过几年坚持不懈的努力，为气象继续教育尽快进入正常运行轨道奠定了基础。到1999年，初步形成了高层次继续教育、面向社会办学和后勤服务等部分有机结合的新型结构。

在确保高层次继续教育这个重点的前提下，学校对普通高等教育丝毫没有放松，坚持以教学为中心，加强教学管理，提高教学质量，妥善处理好高层次继续教育和普通高等教育的关系。为了加快转轨步伐，集中师资力量搞好办学重点的转移，学院根据中国气象局领导和科教司的指示精神，于1996年6月提出申请不再进行本科教学工作评价。鉴于学院将从1997年起停止招生，而1996年有在校本科生187名的实际情况，制订了逐步结束本科教学工作的稳妥的措施和步骤，切实保证教学质量直至全部本科生顺利毕业。在办学重点转移的过程中，教学人员通过合理分流和转变知识结构，逐渐适应转轨后的办学模式，找到在新的办学条件下自己的位置，安下心来接受新的教学任务。转轨阶段实际上是学院转建为培训中心的磨合过程，在思想上、师资上、硬件上、软件上为顺利转建做好准备。

（二）快速发展阶段（1999—2012）

1999年1月20日，中国气象局党组做出决定，撤销北京气象学院，成立中国气象局培训中心。北京气象学院转建为中国气象局培训中心，是气象事业现代化发展的需要，是顺理成章、水到渠成的一件大事。这一战略决策将把原北京气象学院建成为“国际先进，国内一流，办学条件优越，师资队伍精良，运行机制完善，能承担气象继续教育和较高层次岗位培训的国家级培训基地”。

1998年，中国气象局培训中心领导班子以贯彻落实中国气象局党组第三十一次会议纪要精神及局领导对培训中心工作指示为重点，组织了一系列的学习贯彻和研讨活动，将全体教职工的思想统一到局党组的决策上来，牢固树立一切为气象事业发展服务的观念。引导职工把培训中心的工作融入气象事业发展的大局，主动适应气象事业发展的需要，积极为气象事业发展做贡献。

中国气象局培训中心成立之后，继续在全体干部职工当中统一思想，明确局党组决心建设较高层次气象继续教育培训基地目的意义，深刻领会其中的内涵，进一步提高认识，只有

思想上做到统一，认识上做到一致，步调才能整齐划一，劲才能往一处使，真正形成合力。在此基础上就要脚踏实地地干事，制订工作计划和发展规划，中心成立了改革发展领导小组，精心设计和规划未来五年及十年的发展计划和规划，深化改革，调整用人机制，用制度规划各项工作，重新走出一条与本科教育截然不同的较高层次气象继续教育的路子。

2011 年，中国气象局培训中心改为中国气象局气象干部培训学院，确立了“教学、科研、咨询”三位一体的办学理念。逐步形成了以预报员岗位系列、司局级领导干部系列、处级干部系列、县局长系列、党校班、气象新技术新方法等为代表的核心班型。

（三）全面发展阶段（2012 年以来）

党的十八大以来，中国气象局气象干部培训学院进入全面发展阶段。2012 年以来，中国气象局气象干部培训学院相继挂牌成立河北、安徽、湖北、湖南、四川、新疆、辽宁七个国家级气象干部培训分院，印发了《中国气象局气象干部培训学院发展规划（2011—2020）》及七个国家级气象培训分院的发展规划。2014 年，中国气象局制定印发《2013—2017 年气象部门干部教育培训规划》《中国气象局气象干部培训学院气象现代化实施方案（2014—2020）》。

2015 年，气象部门大力加强气象高等教育和学科建设，与教育部联合印发了《关于加强气象人才培养工作的指导意见》，联合组建了新一届气象职业教育教学指导委员会，启动了大气科学类本科专业优化调整工作，完成了气象高职专业目录修订，启动了大气科学专业人才培养评估。2015 年气象培训体系建设继续加强，气象行业培训体系逐步健全，推进气象教育培训现代化，加强分层分类培训，逐步形成运转协调、界面清晰、灵活高效、协调发展，与气象事业改革与发展相适应的气象培训体制机制。

2016 年，通过进一步推进培训体系建设，增强了气象培训能力，编制了《培训分院建设指南》《培训分院建设阶段评估指标（2016 版）》，修订《干部学院深化气象培训体制改革实施方案》，推进了气象干部学院自身改革。积极推进气象教育工作，举办了高校教师现代气象业务研修班，协调南京信息工程大学、成都信息工程大学继续增加大气科学专业省外招生计划。协调教育部在南京信息工程大学为新疆气象部门招收大气科学专业民族生。

2017 年，全国气象部门扎实推进气象培训体系建设，分层分类开展业务和管理国家级培训，不断提高气象教育培训质量，积极开展气象教育和人才培养工作，较好地完成了气象教育培训工作任务。特别是 2017 年中国气象局党校及八个分校成立以来，气象培训的能力不断提升，规模不断扩大，效果日益凸显，气象培训体系日臻成熟。持续推进了教学内容和方式改革，教学活动更加规范化、系统化、科学化，培训质量和效益稳步提高。落实促进气象高等教育与现代气象业务相衔接，积极支持高校气象学科和专业建设，推进增设气象硕士专业学位申报工作，探索启动气象类专业评估认证工作，支持内蒙古大学等五所高校增设气象类专业，联合主要高校优化气象专业本科招生计划，委托南京信息工程大学、成都信息工程大学、云南大学等高校为基层台站招收气象专业定向生。

三、气象行业干部培训现状

全国气象行业培训已经形成比较完善的体系，气象培训工作已经成为气象事业发展重要组成部分，成为有效解决全行业气象科学技术知识更新和塑造政治思想高素干部职工队伍最重要阵地。

（一）气象培养模式

在培训教学过程中更加注重应用先进的培训理念和培训方式。在气象业务培训过程中，充分发挥计算机辅助教学在培训中的作用，加强了实习实训环境和模拟培训平台的开发应用，开发了“雷暴临近预报模拟培训系统”，通过在系统中设计不同的实习环境，开展特色的案例教学，提高了培训效益。在预报员轮训中首次使用了实时个例点评法，邀请专家、教授对学员个例分析结果给予实时点评，创新提出包括小组研讨和专家点评集中研讨两个环节的分段式个例点评法，促进了教师与学员、学员之间的充分研讨和交流，实现了教学相长。遵循干部成长规律和成人教育规律，在培训前坚持“提前预习”和“两个带来”制度，注重教学案例库建设，将研究式、案例式、研讨式、体验式教学等贯穿始终，在气象灾害应急、新闻发言人、气象影视节目制作和党校班等教学中，充分发挥了情景模拟式教学方式的优势和作用。

除此之外，气象远程培训也成为重要培训形式，从 2014 年至 2018 年，全国气象远程培训在线学习时长累计 1144.9 万小时。

（二）气象课程设置

结合现代气象业务和服务的特点与气象人才发展规划的要求，加强培训需求调研，逐步探索形成了以培训需求为导向的核心培训课程体系和培训内容更新机制。遵循成人教育规律，根据气象预报预测人员的类别、层次和岗位的特征，建立了以气象基础知识培训、“新任预报员－普通岗－关键岗－首席岗”预报员岗位培训、高级研讨培训为主的预报预测人员培训系列课程体系，实现了气象专业学历教育与继续教育的衔接；落实中央“大规模培训干部、大幅度提高干部素质的要求”，建立了以司局级领导干部上岗培训、专题研讨班、处长综合素质培训班、处级干部管理专题培训班、省气象局处长培训班、地区气象局局长班、县局长轮训、党校班为主的领导干部培训课程系列。

经多年教学实践，干部学院围绕领导干部培训、预报预测人员培训、新技术新方法培训、气象重大工程建设项目培训、国际培训五大系列，开发了六十多个品牌培训班型，形成了反映气象业务服务管理最新进展、内容丰富、层次清晰的培训课程体系。

中国气象局十分注重培训教材建设，大力推动各培训机构针对不同培训课程内容和要求，及时编写培训讲义教材，开发课件和教学案例，凝练培训和教学研究等成果，实行培训教材更新机制。共组织编写各类培训教材和讲义八十余本。2008 年启动了《现代气象业务丛书》编写工作，中国气象局主要领导亲自担任了《现代气象业务丛书》主编，这套系列教材包括现代天气业务、数值预报、现代气候业务等共计十五个分卷，约一千万字，是历史上首次全面反映现代气象业务发展状况的系列丛书；2010 年又启动了《基层台站气象业务系列培训教材》的编写，包括地面观测、县级气象管理等十六个分册，因贴近基层工作实际，已成为深受基层台站人员欢迎的自主学习的参考资料。初步形成了领导干部培训、现代气象业务培训、预报员培训和基层台站人员培训四大培训系列教材。经多年积累，共引进了美国 Comet 项目各类课件共计 235 个，编制了大批业务类和管理类教学案例，开发了《新一代天气雷达资料的分析与应用》《CINRAD/SA 雷达机务》《高炮人工防雹增雨业务规范》等五百余个流媒体、视频 DVD 课件或交互式网络课件，覆盖了预报预测、地面综合观测、防雷检测等业务领域，其中新一代天气雷达应用、自动站原理与维护、气候变化专题讲堂等成为精品课件。

第十三章　现代科技与大气科学

大气科学研究地球大气，而要获取大气信息，就要综合运用现代科学技术，通过各种仪器与设备，观察和测定地球大气各个高度上的物理状态、化学性质和物理现象的发生、发展和演变，并将取得的资料进行分析研究，以揭示大气变化过程的内在规律。因此，没有大气探测，大气科学就无从发展。大气探测技术的发展过程中出现了三次革命。第一次革命是二十世纪初世界地面气象要素探测系统的建立，第二次革命是三十年代高空气象要素探测系统的发展与建立，第三次革命是遥感技术的发展。[①] 现代科技正是通过大气探测这一环节对大气科学的发展产生深刻影响。

第一节　大气科学相关学科的发展

大气科学是多学科交叉的综合性、基础性、应用性学科，既涉及数学、物理、化学等基础学科，又与海洋、资源与环境、空间、生态、农业、社会等学科密不可分。大气科学的发展离不开相关基础和应用学科的发展，大气科学的发展又对促进邻近学科发展有着重要作用。特别是二十世纪五十年代以后，相关学科和技术的新发展进一步推动着大气科学的飞速发展，同时大气科学和其他学科与技术的交叉融合趋势也越来越显著。

一、自然科学

大气科学发展的历史表明，自然科学尤其是基础科学的重大突破和新技术的出现对大气科学的发展有很大的影响。几乎每一次大气科学对基础学科理论进展的吸收都会为大气科学带来重要转折或质的飞跃，而且大气运动的复杂现象也促使了基础学科理论的更新和完善。[②]

大气科学问题本质上就是数学和物理问题，现代大气科学的特性和发展规律就是需要把大气现象转化为可以定量求解的物理和数学方程，坚实的数学、物理、化学和生物理论体系是天气、气候和大气环境可预测的基础。[③] 现代大气科学之所以能确立，离不开早期开拓者们对物理学和数学等基础学科理论成果的吸收、消化和应用。自十九世纪后期到二十世纪中期

---

① 张文煜、袁久毅:《大气探测原理与方法》。气象出版社，2007 年，第 8-9 页。

② 肖子牛、叶梦姝：大气科学历史进程中多学科的交叉影响。《气象科技进展》，2014，4（6）：50-53。

③ 高学浩、陈正洪：大气科学原始创新的学科背景视角。《气象科技进展》，2014，4（6）：46-49。

先后建立的现代流体动力学、理论物理学和化学的理论和研究方法，为人们观测、分析大气现象，了解大气过程，建立定量规律，并进而发展预测的科学理论和方法提供了关键的原理和理论基础。① 比如流体力学方程成为大气动力学的基础，偏微分方程理论用于建立大气运动和变化的数学语言描述，非线性系统理论使人们认识到随机性背后隐藏的有序性，场论为气象学中的位势理论提供理论工具，概率论为气象的统计预报打下基础，计算数学支撑了气象数值模拟预报技术的实现等。特别是挪威学派和芝加哥学派的努力，创造性地将数学物理的最新理论和方法引入研究大气运动与进行天气数值预报，将近代关于天气现象的定性解释和零散的知识更新成为现代大气科学，建立起来了现代大气科学的基础理论体系。

二十世纪，特别是五十年代以来，物理和数学等基础学科的新发展进一步地促进了大气科学的繁荣，大气科学与数理基础理论的融合还在持续。例如，近几十年来非线性数学和非线性物理学中被称为“新三论”的突变论、耗散结构理论及协同学又为大气科学带来了新的研究视角，促进了当前对非线性大气过程的物理本质的认识和发展。在未来几十年里，随着数学中非线性计算方法和非线性物理学取得新的进展，在大气湍流、大气随机过程与确定性过程转换、不同尺度大气过程的非线性相互作用、天气预报及人工影响天气等方面将导致新的概念和方法的产生，从而在研究和预报转折性天气或大气状态的突变方面很可能会有所突破。

此外，数理基础学科和相关自然科学的发展对大气科学各个分支领域的发展也有重要促进作用。例如，现代声学、现代光学及微电子学等方面的进展已广泛地用于研究大气结构、大气辐射及大气遥感。凝聚态物理学的成就将有可能对云雾降水物理学及大气辐射等大气物理学研究起促进作用。

二、信息科学

近五六十年来，信息科学取得了迅速发展，已成为当前新技术革命的理论基础，并已广泛应用于许多学科、工程技术和社会管理的实践，从而促进了这些学科和技术的发展；而信息技术（遥感技术、通信技术和计算机技术）的迅速发展和应用，已使许多领域的技术面貌发生了根本的变革。

二十世纪中期以来，大气科学进入蓬勃发展期，其发展的支柱是全球观测系统和大气综合观测能力的提高、新的资料同化与融合方法、使用巨型高速计算机、新的动力学理论和化学机理等，从而推动数值天气预报业务化、大气科学各个分支学科的涌现及深入的国际合作。上述发展均离不开信息科学技术的巨大的推动和促进作用，特别是以遥感技术和计算机技术为代表的新技术被引到大气科学领域，推动了大气科学学科的蜕变以及各个分支领域突飞猛进的发展。

遥感和通信技术的发展推动了大气综合观测能力的提高。在国际大气科学的发展过程中，世界天气监视网的发展以及一系列综合性观测试验所取得的成就已充分说明信息技术的重要作用。二十世纪九十年代以来，以卫星遥感、雷达、飞机、地面等先进探测和通信技术为基础，逐渐发展起来地基、空基和天基相结合的全球立体观测系统，是推动当代大气科学数据获取、分析及理论技术迅速发展的重要驱动力。现代气候系统的概念也是建立在全球观测系

① 罗云峰、周小刚、陆则慰等：大气科学学科 15 年回顾与展望。《地球科学进展》，2001（6）：865-870。

统发展的基础之上的；没有对地球各个圈层的全球尺度观测是不可能建立任何全球模式的。无论大气环流模式、海洋—大气耦合模式，还是全球气候系统模式毫无疑问都需要对大气、海洋、陆面、冰冻圈及生物圈层有全面的了解。卫星观测是提供这些资料的主要来源。因为只有卫星观测才能覆盖那些荒无人烟的高山、冰原、沙漠、大海等没有可能进行日常观测的地区。五十年代后期人造地球卫星的发射提供了广泛的前景。到了八十年代初，人们逐渐开始了全球海冰、积雪、大洋中部海面温度的观测，因此也就积累了足够的覆盖全球的观测，这为建立全球气候系统模式打下了重要的基础。我国在大气科学的某些领域迄今存在着一些空白或较大的差距，关键也是技术问题。为促进我国大气科学和技术的发展，必须充分利用先进的信息技术，建立和发展我国的国家大气监视网，促进气象业务系统和科研手段的现代化。①

通过遥感技术和通信技术等获取的大数据还需要基于计算机技术进行资料的同化和处理分析。当代大气科学的发展离不开计算机科学的进步，计算机科学的发展和应用进一步促进了数值天气预报及大气物理、大气化学和气候学数值模拟研究的发展。七十年代以来，气候系统和地球系统概念的先后建立就是以高速电子计算机的发明和发展为科学支柱的。在没有发明高速电子计算机之前，科学上的大量计算都是靠人力进行的。Walker 为了研究世界三大涛动，在第一次世界大战之后就曾经雇佣了二百多人，进行了四年的计算，这才导致了二三十年代发表著名的“世界天气”系列研究。那时唯一的工具是手摇计算机。在这种情况下，数值天气预报是不可能实现的。最早的实验证明计算的速度远远落后于天气发展的速度，因此无论原理如何，从技术上讲，数值预报是不可能的。②

1946 年，世界上第一台电子计算机 ENIAC 诞生，使得解大气现动力方程进行数值预报成为可能。1950 年，“计算机之父”冯·诺依曼（John von Neumann）和美国气象学家查尼（Jule Gregory Charney）等用准地转正压模式，在电子计算机上成功对北美地区五百百帕等压面的高度场作了二十四小时的预报。此后各国陆续建立了数值预报业务，中国于 1965 年陆续开展数值天气预报业务。目前国际上最快的计算机已经达到了每秒万亿次，中国自行设计的计算机也步入世界先进行列，数值预报也就成为许多国家气象局天气预报以及短期气候预测的主要业务。全球气候变暖预估研究的一个重要基础就是用耦合模式或全球气候系统模式做长期积分，有时是达到百年以上的积分。

高速电子计算机的发展推动了五十年代以来大气科学逐渐进入数值试验和大气模式实验模拟的阶段。到八十年代，高速电子计算机计算速度已经提高到每秒百万次至千万次以上，具备了长期积分全球大气环流模式的能力。大气环流模式、海洋—大气耦合模式乃至全球气候系统模式相继发展。开始只是进行三天的短期数值预报，八十年代逐渐开始试做月平均环流预报，模式也逐渐改为以海洋—大气耦合模式为主。目前逐日预测大约以十天为界，欧洲哈得来中心的十天预测达到了相当高的水平。月平均环流的短期气候预测也做到一至三个季度。为了进行未来数十年到一个世纪的气候预估，全球气候系统模式在研制与不断改进之中。为了研究千年乃至万年的古气候变化，又开发了中等复杂程度的气候模式。这些模式的建立

① 国家自然科学基金委员会：自然科学学科发展战略研究报告之四：大气科学。《科技导报》，1992（7）：29-32，15。

② 王绍武：从“气候”到“全球气候系统”概念的发展。《气象科技进展》，2011，1（3）：28-30。

成为当前气候预测与预估及古气候模拟的主要手段。

此外，云计算、物联网、移动互联、大数据、人工智能等新信息技术的深入发展也有利于推动构建气象大数据在各个行业部门的开放共享机制，开展精细化的气象预报预警服务。我国目前正在积极推动智慧气象的发展。

三、社会科学

和自然科学相比，社会科学是到了近代才建立起来的十分“年轻”的知识领域。大约在十九世纪初，政治学、经济学、法学、社会学等社会科学才建立了各自的概念体系和基本理论。但在整个二十世纪，社会科学以极快的速度发展起来，飞速发展和转型的社会形态为社会科学带来了丰富的研究素材。社会科学的目的是解释社会现象、指导社会运行，大气科学在服务现代社会经济、指导百姓生活扮演着不可或缺的角色，因此如何传播大气科学、帮助政府和公众理解和应用大气科学，不仅是大气科学的发展目标，更是社会科学的研究主题。

特别是进入二十一世纪后，大气科学与社会学、经济学、政治学、法学、传播学等社会科学广泛融合、相互渗透，可能开启大气科学崭新的发展阶段，成为二十一世纪大气科学新的增长点。例如，以当前热门的全球气候变化以及全球环境问题为例，全球变暖带来的天气、气候及环境问题不仅仅是科学问题，更成为与世界各国政治决策、经济发展、公众生活密切相关的议题。在经济学方面，防灾减灾与公共气象服务的社会与经济效益日益凸显，商业天气保险不断应用推广，要使大气科学更好地降低社会运行风险、保障人民生命财产安全，气象经济学的研究十分必要；在政治学方面，虽然以前也有学者对气候变化和文明兴衰的关系进行初步探索，但现代社会的气候资源利用、气候变化减缓及应对要求的行动方案已经远远超出了科学家的工作范围，而是更多地涉及政府管理、公共政策、国际关系等复杂的影响因素，迫切地需要深入研究气候变化的政治学；在法学方面，因为气象信息的制作应用的整个流程需要受到法律的规范，在保证其正常运行的基础上使其应用范围最大化；在传播学方面，大气科学是公众最容易接触到也最容易误解的一门现代科学，如何科学地传播天气信息、提高公民气象科学素养、让天气信息更好地指导公众防灾减灾和生产生活，是气象传播学的研究重点。

四、学科交叉

二十世纪五十年代以后，大气科学和其他学科与技术的交叉融合趋势越来越显著，不仅推动着大气科学的发展，也影响着相邻学科的发展。我们可以从学科内部交叉和学科间交叉两方面展开阐述。

学科内部交叉主要指大气科学各个分支学科之间及大气科学与地球科学中的海洋学、水文学、地理学、地质学、地球生物化学等各分支学科的交叉，这种交叉对推动地球系统科学各个学科都有重要意义。以地球系统科学的发展为例。地球系统科学是研究地球系统各圈层的功能、变化过程和相互作用，预测地球系统未来发展态势。它把地球作为一个整体，认识其过去和现在并预测未来，其研究空间范围从地心到大气圈层，时间尺度从瞬间到数十亿年。①“地球系统科学”一词最早见于美国国家航空航天局（NASA）在1988年发布的报告《地

① 中国科学院:《2018科学发展报告》。科学出版社，2018年。

球系统科学：深入认识》。此后，NASA 又发布相关报告对地球系统科学的研究对象、研究内容、研究方法及时空范畴等学科内涵做了进一步阐释。地球系统科学的概念在我国的最初提出是八十年代，钱学森提出要开展地球表面各圈层相互作用研究；2003 年，任美锷等建议开展地理科学系统研究，提出“人类圈”，将人类与自然（环境）作为两个对等部分，研究其相互影响和相互作用。这是我国科学家首次明确提出地球系统科学的理念。

地球系统科学的崛起是在七十年代提出气候系统概念及其之后提出的地球系统概念的基础上逐渐发展起来的。① 地球系统科学强调地球系统的整体性及其与外部环境间的相互作用，它研究地球五大圈层（大气圈、生物圈、水圈、岩石圈和冰冻圈）及其三大过程（生物过程、物理过程、化学过程）的驱动机理和运行规律。在全球变化和可持续发展的大背景下，地球系统科学特别强调人类活动对地球环境演变过程的影响。在出版的《21 世纪中国地球科学发展战略报告》及《未来 10 年中国学科发展战略——地球科学》（2012 年出版），均将地球系统科学与大气科学、地质学、地理学、海洋科学、地球物理学、地球化学等一起列为地球科学的重要分支学科。从方法论层面讲，地球系统科学强调采用地球系统观测、地球系统理论、地球系统模拟和地球系统集成等方法进行研究。因此，地球系统科学极其重视多学科交叉的角度来研究整个地球系统，建立协同的国际计划。

因此，不论从地球系统科学的发展历程还是从该学科的学科内涵，地球系统科学与大气科学都有着极为紧密的关联。八十年代起，随着地球系统科学和圈层相互作用概念的提出，大气科学研究进入了一个崭新的历史发展时期。如果说传统的大气科学是以地球大气中的各种过程为主要研究对象的话，当代大气科学的发展已经越来越步入更宽广的领域，已从水圈、岩石圈、冰雪圈、生物圈和人类活动对全球气候的相互影响、相互作用、相互反馈的角度来全方位地研究大气运动变化的本质，研究天气和气候系统演变的规律，从而赋予大气科学以更多的内涵和外延 ②。作为二十一世纪地球科学发展的前沿方向，地球系统科学倡导的研究范式、研究方法和研究理念必然会对未来大气科学发展产生更加广泛而深远的影响。在地球科学整体发展背景条件下，二十一世纪大气科学研究的主题，将从气象灾害更加全面地拓展到环境和资源；大气科学将更加紧密地与地球科学其他分支交叉结合，将各个圈层视为耦合的巨系统，构建中尺度地球系统动力学数值模式，并在非线性大气预测理论和方法上取得新的突破。

学科外部交叉指大气科学与非地球系统科学的其他学科间的交叉融合，如与数理科学、自然科学、信息科学、社会科学等。例如，非线性大气动力学的出现是大气科学对自然科学重大贡献的一个典范。在六十年代初洛伦兹（Hendrik Antoon Lorentz）对于非线性动力学的发展有重大贡献。他提出了在大气非线性运动方程组的解中存在着分叉混沌及怪吸引子的现象，他的理论引起自然科学的很大轰动。这个理论不仅使大气动力学大大发展，而且使得数学物理学甚至生物学工程技术科学也得到重大的发展，并产生很大的突破。洛伦兹所提出的这些理论对于现代科学的各个领域所取得突破性进展有很大贡献。在洛伦兹提出非线性理论系统之前，对于科学问题的认识要么是确定论，要么是随机论，然而洛伦兹提出确定论与随机论不能截然分开，它们之间是有联系的。在非线性动力体系中有序的运动在一定条件下可以演

---

① 陈泮勤：地球系统科学的发展与展望。《地球科学进展》，2003（6）：974-979。

② 罗云峰、周小刚、陆则慰等：大气科学学科 15 年回顾与展望。《地球科学进展》，2001（6）：865-870。

变成无序运动，这无疑是科学认识的一次重大突破，有科学第三次革命之称。①

此外，大气科学的一个重要目标即运用大气变化规律来提高预测天气、气候与污染现象和极端天气气候灾害事件的能力，为人类预防和减轻灾害的影响、合理利用气象和气候资源谋福利。因此，大气科学的发展必然会和探讨与“人”相关的社会科学及应用科学产生关联。特别是在二十世纪之后，随着生产力的提高和社会经济的发展，人类社会对于大气状况的深入了解和对未来天气、气候的预测等提出了巨大的需求。随着大气科学的不断发展，其能够提供服务的对象和产品种类也更加丰富，在大气科学的社会功能上，其与医学、农学、交通工程、环境工程等领域交叉，在服务公众与行业中发挥着越来越显著的社会价值，并进一步派生出了农业气象、医疗气象、交通气象、环境气象、航空气象等许多分支学科，各个分支领域蓬勃发展，推动大气科学得到了更加专业和深入的应用。

五、大气科学学科内涵的扩展

大气科学是研究大气圈内所发生的一切物理和化学过程，并研究大气圈与水圈、岩石圈和生物圈的相互作用，以及人类活动对天气气候及大气环境的影响的一门学科。这是我们当前对大气科学学科内涵的界定。然而，大气科学学科的内涵一直在随着科技的进步和学科的发展在不断演变、扩展和丰富。

大气科学的前身为天气学或气象学。在很早以前，人们就对大气中各种现象进行观测、分析和研究，并发展成为气象学。但在十九世纪以前，气象学一直作为地理学的一个分支领域，主要描述地方或局地的天气和气候状态。这主要受到技术发展的影响和限制，人们对大气的理解主要局限于日常天气或气候现象和近地面的气象要素变化。

二十世纪初，随着气象要素观测仪器的发展，以及生活和生产活动的需要，气象学从地理学中分离出来，开始形成一门独立的学科。特别是二十世纪科学技术的发展提供了探测和了解大气的技术手段，使得人类对于大气的了解逐渐从定性走向定量，从地面直到高空，从局部地区到全球范围，从一般的气象要素到许多重要的大气特征量，逐渐获得真实大气运动变化的全貌。大气科学从此完成了由传统地理学的一个分支向现代（地球）实验科学的重大变革。② 二十世纪中叶，随着雷达、卫星等新的观测技术的形成，气象学的研究领域不断开拓。二十世纪七十年代，气候系统的概念提出。从 1979 年第一次召开世界气候大会，到 IPCC 于 1990 年、1995 年、2001 年、2007 年、2014 年先后发布了五次评估报告，气候系统逐渐演变为“全球气候系统”的概念。人们不再把气候视为“不变的”“地面的”及“局地的”现象，气候是在全球气候系统影响下形成的，是地球五个圈层相互作用的结果。③ 于是，气象学和气候学发展成为大气科学。

随着气候系统模式，天气－气候系统模式概念的提出和付诸实际，大气科学正走向全方位的交叉与开放，各分支领域在继续深化研究的同时，更加重视综合和集成研究，强调观测、分析、理论、模拟和预测等各种研究方法的有机联系和结合；重视全球气候和环境变化及其

① 黄荣辉：大气科学百年回顾。《科学》，2002，54（4）：11-14。

② 罗云峰、周小刚、陆则慰等：大气科学学科 15 年回顾与展望。《地球科学进展》，2001（6）：865-870。

③ 王绍武：从“气候”到“全球气候系统”概念的发展。《气象科技进展》，2011，1（3）：28-30。

影响、预测和控制问题；重视人类自身生存环境的优化和对自然灾害在一定范围内的人为调控。进入二十一世纪，建立大气－冰雪－陆地－海洋－生物过程相耦合的完整的天气和气候动力学模式系统，注重系统中各组成成分相互作用的研究，尤其是其中物理、化学和生物过程的相互作用以及人类活动的影响，已成为国际大气科学发展的主流。

总而言之，当代大气科学已从传统的关于大气本身的科学，发展为关于大气－海洋－冰雪－陆表－生物圈相互作用以及人类活动可以显著影响的地球系统科学，是从各圈层与人类活动相互作用这一更为宽广的角度探讨天气气候系统演变规律，大气科学被赋予更多的内涵和外延。近百年来，人类活动对地球系统产生了显著的影响，人类活动如何影响气候和全球变化已成为当代大气科学中迫切需要解决的重大基础科学问题。另外，当代大气科学在我国经济社会的快速发展中具有越来越重要的地位。在全球变暖的背景下，极端天气、气候和环境事件频繁发生，严重的气象和环境灾害造成我国社会经济和人民生命财产的重大损失。认识全球变暖背景下灾害性天气、气候与环境演变的规律、成因及其预测理论，服务于减灾防灾，是国家社会经济发展的重大迫切需求。当代大气科学发展迅速，其内涵不断深化，外延不断扩大，与其他学科的交叉渗透日益密切，在社会经济发展中，特别是在防灾减灾和应对气候变化领域发挥着越来越重要的作用。这为我国大气科学学科新一轮发展提供了良机。

第二节　传感器技术

传感器是能够感受规定的被测量并按一定规律转换成可用输出信号的器件或装置的总称，也是大气探测系统的基本元件。很多大气现象，如温度、压力、湿度等都是非电量，这些非电量早期都采用非电量方法测量。然而二十世纪大气科学取得迅速的发展，其原因之一就是重视观测系统的建设和新探测技术的应用。大气科学的发展对测量准确度和测量速度提出新的要求，传统方法不能满足测量要求，必须采用传感器电测技术，把非电信息转换为电量信息。① 从非电量到电量的转变主要体现在传感器敏感元件的变革上。

一、温度测量：从玻璃液体到热敏电阻

气温是描述某地区天气、气候特征的重要参数，对地面和高空温度场分布的分析，是天气预报的重要依据。测量气温有两类不同的型式，接触式测温仪器和非接触式（即遥感式）测温仪器。本节只考虑接触式测温仪器。

玻璃液体温度表依据热胀冷缩效应，当温度变化时，玻璃球中的液体（水银、酒精等）体积会发生膨胀或收缩，使进入毛细管中的液柱高度发生变化，从刻度尺上就可指示出温度的变化。显然，玻璃液体温度表需要人工读数，不适应遥测自动化的发展趋势。但是由于其结构简单，准确度高，目前仍应用于气象台站，并且气象仪器检定中的标准温度表还有采用这种类型的温度表。后来还出现了能够自动记录气温连续变化的双金属片温度计，但双金属片位移量的放大和记录仍然是通过机械装置实现的。

---

① 谷有臣、孔英、陈若辉：传感器技术的发展和趋势综述。《物理实验》，2002（12）：40-42。

电测温度表的敏感元件主要有金属电阻和半导体热敏电阻。综合而言，金属电阻中铂的性能最好，不但已广泛应用于气温的自动测量中，还用作基准温度表。与金属电阻相比，温度系数大、电阻率高是半导体热敏电阻制作温度表的有利因素。半导体热敏电阻目前主要用于无线电探空仪上，用于探测高空气温。

二、气压测量：从水银到硅压阻

气压的测量，对于天气分析和预报具有重要意义，天气系统的移动与水平气压梯度的大小有关，因此气压的测量要尽可能地迅速、准确。

测量气压的方法有多种。最初采用力平衡方法，比如水银气压表，就是利用一根管顶抽成真空的玻璃管内的水银柱的重量与大气压力相平衡的原理而制成的。然而水银这种敏感元件在生产和使用过程中存在不少问题，比如水银净化处理流程烦琐；水银面易产生"杂质氧化层"，影响仪器的精确度；槽部玻璃圈易破裂，制造、维修及运输较困难等。针对水银面易被污染的问题，长春仪器厂于1965年至1966年进行了攻关试验，改进的气压表水银面能保持较好的光洁度。[①] 但是水银气压表更难处理的问题在于水银污染严重，并且水银柱的高度不易自动采集，难以实现自动化测量，在气象业务中已逐渐被淘汰。另一类非电测气压传感器是空盒气压表，采用金属弹性膜盒作为感应元件，依靠金属膜的弹性力来平衡大气压力。膜盒组形变的传递和读数都由机械装置完成。空盒气压表具有便于携带，使用方便，易于维护等优点，因此很适合野外工作时使用，缺点是精确度较低。

电测气压传感器是将大气压力的变化转换成电信号的变化，再经过电子测量电路对信号进行测量和处理而获得气压值。目前在我国自动气象站中，普遍采用电测气压传感器测量气压，常用的电测气压传感器有膜盒式电容气压传感器、振筒式气压传感器、压阻式气压传感器。其中硅压阻气压传感器是国际上较为先进的压力传感器。二十世纪六十年代初出现，随着半导体工业和集成电路的迅速发展，到七十年代已在航空、宇航等领域得到广泛应用。目前其性能已完善，应用范围更为广泛。2011年，张卫星等人对比了硅压阻和电容膜盒两种气压传感器在电子探空仪上的表现，认为硅压阻气压传感器的一致性和稳定性均优于电容膜盒气压传感硅压阻，因而是一种更理想的电子探空仪气压传感器。[②]

三、湿度测量：从干湿球到湿敏电容

空气湿度是表示大气中水汽含量多少的物理量，这个水汽含量可以用不同的物理量来表示，从而产生了不同的测量方法。对于水汽压，可以用蒸发表面冷却降温的方法来进行测量，称为干湿法（也叫热力学法）。制作干湿球温度表可以是前述的各种测温敏感元件，比如水银或者铂电阻。WMO推荐的标准通风干湿表就采用铂电阻作为温度表。干湿法的缺点之一在于需要稳定的通风速度，否则干湿表系数不准确从而影响观测精度。缺点之二是低于冰点时操作变得复杂，因此气象站规定，气温降到 -10.0℃以后，停止观测湿球温度，改用毛发湿度表测湿。

---

① 于治信：小动槽水银气压表。《气象》，1979（7）：36-38。

② 张伟星、王晓蕾、陈晓颖等：电子探空仪气压传感器特性。《解放军理工大学学报（自然科学版）》，2011，12（6）：696-701。

吸湿法测湿度的敏感元件主要经历了毛发、肠膜、氯化锂、湿敏电容等。1951 年，二机部十局电工研究所完成了美式探空仪的剖析和关键部件的预研工作，特别是氯化锂湿敏电阻的研究取得一定成果。电阻式氯化锂湿度片虽然能够测量湿度，但在低湿和高湿情况下的性能不太稳定，并且测量结果容易受到温度影响，因此现在应用不多。目前自动气象站和无线电探空仪上使用较多的一种测湿元件是湿敏电容。这种方法是以固体吸湿材料的介电特性与环境湿度的关系为基础的，最广泛应用的是聚合性材料。比如芬兰 Vaisala 公司生产的 HUMICAP 湿度传感器的敏感元件就是高分子聚合物薄膜。湿敏电容结构精巧，基本上不会改变被测环境，常温下响应速度快。根据 WMO 对高空基准站的要求，国产 GPS 探空系统逐渐完成从湿敏电阻到湿敏电容湿度传感器的转换。

总之，气象传感器敏感元件的发展动向首先是研制新的热敏、压敏和湿敏电子元件，以减少变换，使其电子化、数字化、集成化，实现气象要素的直接测量，提高精确度和可靠性，又方便信息传输、显示与处理。

四、从探空仪的发展看传感器技术的影响

温度、气压、湿度敏感元件的变革是地面气象要素探测系统向高空气象要素探测系统发展的技术基础。高空温压湿的探测是高空气象探测的主要内容之一，主要的探测方法有气球探测、气象飞机探测、气象火箭探测、无线电探空仪探测、大气遥感探测和 GPS 大气探测等。在气象业务中，常用的是无线电探空仪探测法。无线电探空仪由气象要素传感器、编码装置和发信装置等部分组成，在 35km 高度以下随气球或降落伞的上升或下落不断感应不同高度上的温、压、湿气象要素变化，并将气象要素的变化转换成电信号，由无线电发射装置发送回地面接收系统。

无线电探空仪的工作环境和方式给传感器提出了很高的要求。第一，大气 35km 高度以下，气象要素变化范围大：温度为 -90 至 40℃，气压为 5 至 1050hPa，相对湿度为 0% 至 100%，因此要求传感器有较大的动态测量范围。第二，传感器边上升边测量，采样周期短，要求传感器的敏感元件具有较小的滞后系数。第三，传感器的敏感元件需要具备将气象要素的变化转换成电信号的能力。此外，探空仪是一次性使用的仪器，成本不能太高，要求结构简单、体积小、重量轻、坚固性好、防辐射、防云雨沾湿等性能。

从二十世纪六十年代开始，我国高空气象探测业务中主要使用机械式电码探空仪；七十年代开始研制电子式探空仪，并得到部分使用；九十年代开始研制数字式探空仪，目前已代替电码式探空仪；二十一世纪初开始研制 GPS 探空仪，并已逐渐投入气象业务应用中。表 13-1 显示了我国几代探空仪的传感器敏感元件的变革之路。

表 13-1 我国三代探空仪敏感元件的演变

气象要素	机械式电码探空仪	数字式探空仪	GPS 探空仪
温度	双金属片	热敏电阻	热敏电阻
气压	金属膜盒	硅膜片	电容式膜盒
湿度	肠衣	湿敏电阻	湿敏电容

科学仪器哲学的开拓者盖里森曾通过关注科学仪器的连续性以及围绕着科学仪器变化的实验过程展现了二十世纪粒子物理学史。他把粒子物理学的探测器划分为两种传统：视觉探测器的图像传统与电子探测器的逻辑传统。图像传统与逻辑传统分别呈现的是同型表征与同源表征。图像传统的目标是表征自然过程的丰富性和复杂性——产生一类清晰性（单个图片作为新实体或效应的证据）图像。逻辑传统已使用与电子逻辑电路相连的电子计数器。这些计算（而不是绘图）机器聚集大量数据以作出关于粒子或效应存在的统计论证。受此启发，我们可以把传感器也对应为两种传统。不同的是，传感器在视觉探测阶段是利用机械手段把敏感元件的变形放大来显示，这种显示是某一个可测量（比如水银柱的高度）的可视化，而不是图像。所以传感器的第一个传统应该称为视觉探测的形变传统。第二个传统的内涵是一致的，但是电子式探空仪的逻辑电路所连接的不是电子计数器，而是对气象要素所引起的敏感元件的变化量进行数字化的转换和记录。按照这个划分，机械式电码探空仪仍然属于视觉形变传统，从数字式探空仪开始才进入了电子逻辑传统。

从前述内容可以看到，探空仪的这一转变使得探测范围变大、探测精度提高，使得对高空大气各层温、湿、压的大范围精确探测成为可能，从而大大推动了大气科学的发展。

五、探空仪对大气科学的影响

以往，科学史与科学哲学有一种文本偏向，关注文本而忽视仪器和观测，致力于用文本而非仪器对科学展开言说。“纵观大量的科学哲学和科学史著作，除开理论优位这种传统贯穿始终外，还同时伴随有一个被遗忘的对象，那就是科学仪器。”① 然而，在大气科学史和研究综述的文章和著作中，气象仪器总是占据不小的篇幅，这充分说明了气象仪器对大气科学发展的重要性。大气探测是大气科学的基础，只有充分地观测资料，大气科学其他分支学科才有可能得到发展。

探空仪的出现深刻地推动了大气科学理论的发展。二十世纪初，大气探测一般只能在地面上对大气温、湿、压进行观测，因此，天气预报只能根据地面气象要素的变化而进行。1928年发明无线电探空仪后，使得对二十多千米以下的大气各层温、湿、压探测成为可能。并且，由于四五十年代天气预报的需要，高空探测迅速在陆地上推广，这使制作高空天气图成为可能。经过近一个世纪的努力，大气探测已形成了全球多层次、多尺度的探测网，这不仅为天气预报提供了丰富的资料，而且为大气环流、中小尺度气象学等分支学科的发展提供了可靠的观测资料，这是二十世纪大气科学研究能取得重要成就的一个重要保证。2016 年，中国气象局综合观测司组织研制出新型电子探空仪，并开展了新型探空仪的业务比对试验，将新型探空仪和当时业务在用探空仪与国际先进的 RS92 型探空仪进行同球比较。试验结果表明，相比目前在用各种探空仪的指标，新型探空仪各项性能指标有明显提高。中国气象局为了提高国内高空观测质量，于 2020-01-01 T07:00 全国高空站开始使用新型电子探空仪。此外，探空仪的使用使得高层气流的观测事实逐渐清楚，罗斯贝（1939）从理论上和观测方面发现了控制天气和大气环流变化的大气长波，并且，他从二维无辐散的涡度方程出发求出了长波公式，求得了与实际吻合的长波移速和发展率。这种长波是与地面天气图所看到的高、低压相对应。

① 吴彤：《复归科学实践：种科学哲学的新反思》。清华大学出版社，2010 年，第 237 页。

在这之后，他的学生和合作者相继提出了斜压不稳定理论和正压不稳定理论以及大气长波的频散理论，对大气长波产生机制作了深入研究，很好地说明了大气环流的演变。这些理论形成了在大气科学理论中占有重要位置的芝加哥学派，而芝加哥学派所建立的大气波动力学的理论体系是二十世纪大气科学理论最重要的研究成就。

第二次世界大战以后，世界各地建立了大量的高空观测站，使得许多大气环流事实揭示出来，这就使得五十年代大气环流的研究产生了两个分支：一是关于全球大气环流形成机理的研究；二是关于大气环流数值模拟的研究。从五十年代起人们对大气环流形成机理作了很多研究：从大气运动的能量平衡来解释大气环流的演变，特别是提出有效位能的概念，提出了大气温度在空间分布的不均匀性是引起大气运动的根本原因，这使得人们对大气环流演变的物理本质有了更深刻的认识。而这一认识的根本来源之一就是探空仪的观测资料。

五十年代我国学者在大气环流变化方面也做出了许多国际领先的研究。我国学者分析了大量东亚大气环流演变的事实，提出了东亚大气环流季节转换是突变的，这个看法比八十年代国际上许多学者提出大气环流的非线性突变要早二十多年。并且，针对大气动力学中的一个基本问题“准地转平衡是如何形成的”这一大气动力学中基本问题，我国学者指出这里有一个运动尺度问题，对于大尺度运动，应是风场向气压场调整，而对于中、小尺度运动，应是气压场向风场调整，我国学者严格地证明了这个论断。这些证明的基本资料不可避免地来自高空探测的观测事实。

一般来说，大气探测技术的发展过程中出现了三次革命。第一次革命是二十世纪初世界地面气象要素探测系统的建立，第二次革命是三十年代高空气象要素探测系统的发展与建立，第三次革命是遥感技术的发展。可以说，探空仪的出现开启了第二次大气探测技术的革命，继而引起了大气科学理论的变革，加深了我们对大气的物理认识。也就是说，仪器在科学发展，甚至科学革命发生过程中同样具有重要作用。此前，库恩在《科学革命的结构》中给出的相继范式更替的科学革命形象主要定位在观念和理论转变上。但是戴森将科学革命区分为观念与概念驱动的革命以及工具与仪器驱动的革命，他认为库恩的《科学革命的结构》只重视前者而忽视后者。戴森认为，科学来源于两种古老传统的结合：一是古希腊的哲学思索，二是比它更早的、而在中世纪的欧洲繁荣起来的工艺技术的传统。由这两种不同的传统出发，就可以有两种不同的科学革命，而大多数新近的科学革命都是工具与仪器驱动的。①

第三节　遥感技术

遥感技术的形成与发展以及它与全球定位系统和地理信息系统科学的融合、渗透和统一，形成了新型的气象观测信息系统，为大气科学研究提供了新的科学方法和技术手段，导致了大气科学的研究范围、内容和方法的重要变化，标志着气象信息获取和分析处理方法的一场革命，即第三次大气探测技术革命。

---

① 石诚：论盖里森的科学仪器史与科学仪器哲学。《科学技术哲学研究》，2013，30（5）：57-61。

一、大气遥感技术的兴起与发展

遥感的含义是在远离目标、与目标不直接接触情况下判定、量测并分析目标的性质。对目标进行信息采集主要是利用了从目标反射或辐射的电磁波。电磁波在介质中传输时，会与介质发生作用而改变特性，如波长、传播方向、振幅和偏振面。因此通过对遥感观测到的电磁波特性的分析，可以反演与之发生相互作用的介质的性质，从而识别目标和周围的环境条件。① 大气遥感一般利用大气自身辐射、其他自然辐射及与大气相互作用的物理效应进行观测。

大气遥感这一学科名词的广泛应用始于二十世纪六十年代后期，但大气遥感的规模性研究应用则始于四十年代后期。当时微波雷达迅速应用于区域云雨结构的监测与强天气的报警，对气象学应用起到重要的推动作用，并迅速在以后十多年内形成了一门雷达气象学，至今仍在蓬勃发展。而 1957 年苏联第一颗人造地球卫星上天和 1960 年美国第一颗气象卫星上天则标志着大气遥感借助于卫星平台，可以实现对全球大气状况的监视与测量。由于卫星载荷重量、功耗与体积的限制，在相当长时期内未能将微波雷达等主动遥感技术应用于卫星遥感，利用光学、红外和微波被动测量来遥感大气参数的研究就成为卫星大气遥感的主流。这一类工作极大地推动了卫星遥感原理与技术的深入探索。至二十一世纪初的四十年发展，大气遥感已发展成为大气科学最为活跃的支柱学科之一。简而言之，前二十年更多着重于大气遥感原理与理论系统的建立、初步技术试验，以及急需而又相对易于实现的应用，后二十年则更多着重于系统深入的试验应用，并且更深入地将大气遥感与大气科学的其他分支相互渗透，在建立遥感地球—大气科学应用模型方面趋向成熟。

我国大气遥感的发展与国际是同步的，在六十年代已经得到了国家和相关学者的关注。在业务应用上，气象雷达的发展是地基大气遥感的重要应用。我国利用国外气象卫星的研究应用始于七十年代初。自七十年代初，我国开始自主气象卫星风云系列的研发工作，至今取得了极轨与地球同步气象卫星二大系列举世瞩目的成就。这些成就集中于中国气象局的业务系统内。与此同步，我国大气遥感在研究所和大学内亦在不同阶段取得了研究进展，构成了对国际大气遥感研究的实质贡献。②

二、天气雷达的发展与影响

地基遥感遥测气象观测包括天气雷达、风（温、湿）天气雷达、GPS/MET、雷电观测、激光雷达、地面微波辐射计等的观测。我们以天气雷达为例，按其关键技术的发展规律，回顾我国模拟天气雷达、数字化天气雷达、多普勒天气雷达的演变之路。

我国的模拟天气雷达是指二十世纪六十年代后期到八十年代初生产的，显示回波强度模拟信号的天气雷达，包括由 843 军用雷达等改型的天气雷达和 711、713、714 等显示模拟信号的雷达。五十年代末，我国开始着手筹划模拟天气雷达的研制。1965 年，成都 784 厂改装的两部波长十厘米军用 843 型雷达在广州和福州进行试用观测，这标志着我国模拟天气雷达的问世。1969 年，无锡无线电厂三厂开始制造波长三厘米 711 天气雷达，1971 年定型生产。

---

① 徐冠华、田国良、王超等：遥感信息科学的进展和展望。《地理学报》，1996（5）：385-397。

② 吕达仁、王普才、邱金桓等：大气遥感与卫星气象学研究的进展与回顾。《大气科学》，2003（4）：552-566。

1974 年，开始在 722 厂试制波长五厘米的 713 天气雷达，1976 年定型，投入小批量生产。[①]到 1980 年，形成了由二十六部 713 天气雷达站、八部 843 改装型天气雷达、三部进口天气雷达、十四部 711 天气雷达组成的我国模拟天气雷达观测网，在科学研究和国民经济建设、国防建设中发挥了重要作用。

1980 年左右，我国的云雾物理学和降水研究的观测资料通常是综合飞机的机载传感器观测资料和雷达资料。雷达资料提供云的宏观分布和降水云类型，机载传感器的穿云实验提供细节信息（雨滴谱等）。雨滴谱是反映降水微观物理过程和宏观动力结构的主要指标之一。雨滴谱又称雨滴尺度分布，是指单位体积内各种大小雨滴的数量随其直径的分布。比如游来光等分析了 1978 年、1979 年飞机观测的云液水含量资料，从而研究层状云中的液水含量和降水条件。其中，云中液态含水量资料，是使用 A-27 型机载液态含水量仪获得的。云层的宏观资料，是依据飞机观测记录及银川气象台雷达观测记录，并参考定时天气图得到的。1979 年至 1980 年，黄美元等人在新安江流域上空进行了飞机探测，用铝箔取样器在层积云内进行大云滴观，从而研究暖云降水的物理过程。此外，杨培才等人还根据在山西昔阳（1970—1976）和北京（1973—1977）两地用雷达研究冰雹云的结果，总结了冰雹云回波系统和单体的主要特征。

由于模拟天气雷达主要采用的是二十世纪六七十年代的技术，雷达只能提供模拟的回波信号，所以探测资料只能拍照保存而不能进行数字处理。随着电子计算机的发展，八十年代中后期，我国气象部门对模拟天气雷达进行数字化改造后，进入了数字化天气雷达时代。数字化雷达是指能提供回波强度数字信息的天气雷达系统。计算机对雷达探测的回波信息进行数字化处理，生成各种定量的监测、分析和预警产品，大大提高了信息处理的速度和雷达的加工、分析和预警能力。到九十年代初，由四十部五厘米和十五部十厘米数字化天气雷达组成的国家天气雷达基本站网形成。除此之外，约一百六十部 711 型天气雷达作为基本站网的补充也进行了数字化改造，重点进行局地天气监测。国家天气雷达基本站网和局地警戒天气雷达，在科学研究和天气预报中发挥着越来越重要的作用。数字化天气雷达的缺点是只能提供单一的云和降水的回波强度信息，及早发现中小尺度灾害性天气的能力有限，于是催生了多普勒天气雷达的出现。

多普勒效应是奥地利物理学家多普勒（Christian Andreas Doppler）1842 年首先从运动着的发声源中发现的现象，多普勒天气雷达的工作原理即以多普勒效应为基础。国外从 1958 年就开始用连续波多普勒雷达探测暴风雨这类灾害性天气。但是由于当时的技术水平无法实现实时的资料处理，整个六十年代和七十年代初期，多普勒雷达仅是研究人员手上的重要探测工具。大量资料被记录在磁带上，留待以后进行分析研究。到七十年代初期，新出现的脉冲对处理多普勒信息的技术很快被气象研究人员采用，从而发展了对天气回波信息进行处理的脉冲对处理器，为天气多普勒雷达的实时资料处理、实时显示提供了可能。1975 年，彩色显示技术引用到天气多普勒雷达上，比分层显示技术更进一步，回波强度、平均径向风速、谱宽的分层等级由六个扩大到十六个。为了尽快在业务中应用，一些国家进行了大量的研究，在此期间又出现了多矢量显示系统和双天气多普勒雷达的“共面观测技术”。前者是在单部天气多普勒雷达上使用，它将回波强度、平均径向风速和谱宽三个量进行综合，在一个荧光屏

① 温克刚：《中国气象史》。气象出版社，2004 年，第 447 页。

上显示，能迅速辨认风暴中出现的中尺度涡旋、境界龙卷等。后者用于天气多普勒雷达系统，可以得到风暴中三维风场结构。[①] 到这时，天气多普勒雷达系统趋于完善，成为公认的探测云、雨降水中的气流结构和雨滴分布，进行云雾物理研究及灾害性天气警戒的一种有效工具。这一过程初步显示，仪器的进化和有效利用有赖于技术的综合创新，即不同理论基础的技术（如脉冲对和彩色显示）创新性地综合运用于一个仪器中，使其更加完善和适应实际情况。

这样，采用脉冲多普勒技术，就可以测定散射体相对于雷达的速度，除云和降水回波强度，还可以反演出大气风场、气流垂直速度的分布以及湍流情况等。这对研究云和降水物理学、云动力学，分析中小尺度天气系统，警戒强对流天气等具有重要意义。1991 年至 1997 年，美国在全国及海外布网的 165 台 NEXRDA 被称为天气雷达系统的典范，是当时世界上最先进的和最精确的天气雷达系统。为了适应现代气象的发展需要，1994 年中国气象局制定了《我国新一代天气雷达发展规划（1994—2010）》。1999 年，我国第一部合资生产的新一代天气雷达（CINRAD/SA）在安徽合肥架设成功。2000 年正式启动我国新一代天气雷达网建设。到 2008 年底，全国已完成 146 部新一代天气雷达的建设任务。根据我国天气雷达的特点，在沿海省份及主要降雨流域布设 S 波段雷达，内陆地区布设 C 波段雷达，显著提高了我国天气预报的准确率。

在统筹考虑各方面雷达建设需求的基础上，中国气象局组织有关部门陆续编写了《天气雷达发展规划（2001—2015 年）》《新一代天气雷达建设增补站点方案》等，并于 2009 年启动了雷达布点增补建设。截至 2017 年底，全国有 198 部新一代多普勒天气雷达业务运行，形成当今世界上技术先进、规模最大的新一代天气雷达监测网。近地面覆盖范围约 220 万平方公里，基本覆盖全国气象灾害易发区和服务重点区，实现六分钟一次的数据实时传输和全国及区域联网拼图。天气雷达资料已初步应用于数值预报业务，使六小时内中雨预报准确率提升近 10%。2018 年，我国又新增十三部新一代天气雷达。此外，随着我国雷达技术和水平的不断提高，特别是地物对消能力、反射率、速度和谱宽等主要技术指标达到国际先进水平，雷达产品还打入国际市场，出口印度、韩国和罗马尼亚等国家。

仍然以雨滴谱观测为例，看看观测方法的变化和对理论的促进表现在哪些方面。前述的雨滴谱观测实际上都属于滤纸色斑法，其他传统测量方法还有动力学法、面粉团法、快速摄影法和浸润法。传统方法普遍存在精度低、工作量大、实时性差、成本高及无法自动完成测量分类等缺点。以雨滴谱仪为代表的新型雨滴谱测量技术包括冲击雨滴谱仪、光学雨滴谱仪和声学雨滴谱仪以及雷达技术等克服了这些缺点，在降水粒子观测和降水物理研究中发挥了重要的作用。[②] 尤其是通过雷达测量估算地面降雨是雷达气象学研究的重要课题。在不考虑垂直气流速度的情况下，垂直指向雷达的多普勒径向速度等同于降水粒子的末速度，所以多普勒谱包含了雨滴谱的信息。目前微型降雨雷达已较好地应用于长期无人值守的雨量测量、混合云层监测和气象雷达的校正。雷达反演降水技术的优势是能在相对高的时空分辨率下实现大面积（约为 10000km^2）的观测，克服了雨滴谱仪采样空间较小的局限性。

云结构的形成、演变是降水相关研究的基础。最近几年我国在云主动探测和被动遥感探

① 曹学柱：国外天气多普勒雷达发展概况。《气象科技》，1984（2）：73-81。

② 朱亚乔、刘元波：地面雨滴谱观测技术及特征研究进展。《地球科学进展》，2013，28（6）：685-694。

测研究方面取得了明显进展，特别在地基雷达探测（云雷达、偏振雷达等）、机载探测和卫星遥感探测等方面取得了明显的进步。云雷达、偏振雷达等在云降水结构和演变的观测中具有十分重要的作用。毫米波云雷达具有波长短（3mm 或 8mm）、灵敏度、分辨率高（小于 50m）的特点。主要缺点是易被液态水衰减，探测范围有限。例如，房彬等采用雷达—雨量计—粒子激光探测仪联合校准法，结合了雨量站观测资料单点精度高和雷达资料时空分辨率高的优点，提高了降水量的估算精度，更好地反映了降水的空间分布。①

三、气象卫星发展的影响

二十世纪五十年代后期，空间技术迅速发展，出现了人造卫星。利用卫星这个运载工具接收大气中的各种辐射信息，进行遥感探测就称为气象卫星遥感探测。天气雷达是主动式大气遥感探测，而气象卫星是被动式大气遥感探测。这种方法利用自然界已有的各种辐射能量进行大气遥感，不需要人工辐射源。1960 年 4 月 1 日，美国成功发射了第一颗气象试验卫星泰罗斯 -1（TIROS-1），开创了人类从太空自上而下观测大气的新纪元。此后，国际上气象卫星技术的快速更新迭代则如火如荼地进行着。

我国在该领域的研究是从接收国外卫星云图开始。1969 年，通过一台自行研制的设备，中国科学家第一次接收到美国艾萨（ESSA）气象卫星传输的云图。以现在的技术来看，这些云图质量并不高，但它们提供的全新视角，成功带动了大气科学领域持续多年的研究热潮。到七十年代末，各省都有自动图片传送系统（APT）接收站。大多数自动图片传送系统（APT）接收站是接收泰罗斯 -N 卫星的低分辨扫描辐射仪云图，有几个站接收日本地球静止气象卫星云图。中央气象台还接收由华盛顿世界气象中心和日本气象厅发送的太平洋的卫星探空和测风资料。大多数天气预报部门的预报员在做短期预报时，常常参考卫星云图资料。根据七十年代使用气象卫星资料的经验，气象学家认为卫星资料对于改善天气分析和预报是有用处的，尤其是在西藏高原和我国邻近海域，卫星资料是天气分析和预报的重要工具。例如，早年高原上的气象员认为，由于喜马拉雅山的阻挡，印度的季风低压、孟加拉湾风暴对于高原并没有什么影响，也不知道来自阿拉伯海的热带云涌能影响高原。有时候高原上出现了一场大暴雪，不知道是什么天气系统引起的。有了卫星云图以后，才知道高原南边的热带天气系统对高原是有影响的。②

中国于 1970 年开始研制风云一号 FY-1 极轨气象卫星，虽然起步较晚，但是近五十年来，气象卫星及应用事业取得了快速的发展。1988 年 9 月 7 日，我国自行研制的第一颗极轨气象卫星 FY-1A 发射成功，标志着我国正式成为拥有气象卫星的国家。1990 年 9 月 3 日又发射成功 FY-1B 星，其发送的卫星云图资料在气象业务中得到应用，并为气候研究积累了珍贵的历史资料。1999 年 5 月 10 日和 2002 年 5 月 15 日又分别发射成功 FY-1C 和 FY-1D 星，卫星运行状况和寿命均达到业务运行的水平，在雪灾、沙尘暴等科学研究、环境监测和国防建设方面发挥了重要作用，同时也被世界气象组织纳入全球业务应用气象卫星序列之中。

---

① 黄美元、沈志来、洪延超：半个世纪的云雾、降水和人工影响天气研究进。《大气科学》，2003（4）：536-551。

② 陶诗言、方宗义、李玉兰等：气象卫星资料在我国天气分析和预报上的应用。《大气科学》，1979（3）：239-246。

由于极地轨道和静止轨道对于天气观测的互补优势，我国在气象卫星发展初期即提出了同时发展极轨和静止两个系列气象卫星的思路。风云二号系列静止气象卫星在二十世纪八十年代上马，是我国第一代静止气象卫星。其中风云二号A星于1997年6月10日发射成功，风云二号B星于2000年6月25日发射成功，姿态均为自旋稳定，只有一个三通道扫描辐射计，设计寿命三年。2004年10月19日风云二号C星成功发射。从风云二号C星起，扫描辐射计将由三个通道增加到五个通道，在性能上较风云二号A、B两星有较大的改进与提高。D星、E星、F星分别于2006年、2009年和2012年发射。2014年12月31日，风云二号08星（即G星）成功发射。风云二号静止气象卫星资料越来越成为天气分析、预报服务中必不可少的重要监测手段。对灾害性天气的监测，特别是对台风、暴雨、洪水、沙尘暴等重大自然灾害的监测，静止气象卫星发挥了重要作用。2018年发射的风云二号H星，是我国第一代静止轨道气象卫星的收官之作。风云二号H星继承了风云二号系列卫星技术成熟、运行稳定的特点，使得风云卫星在轨布局更好地覆盖我国天气系统上游地区和"一带一路"沿线国家和地区。

风云一号极轨气象卫星只有成像仪器，难以对数值天气预报提供强有力的支持。因此，我国在发展第二代极轨气象卫星风云三号时，将红外和被动微波垂直探测技术作为优先考虑的对象。2008年，风云三号A星成功发射，可每日无缝隙获取全球250米分辨率真彩色云图。2010年、2013年分别成功地发射了风云三号B星、C星。2017年发射的风云三号D星搭载了十台先进的遥感探测仪器。其中，红外高光谱大气探测仪覆盖通道较以往仪器数量增加了七十多倍，可使登陆台风等高影响天气预报时效进一步提前。

风云四号静止气象卫星是我国第二代静止气象卫星，未来的主要发展方向是，增加对地观测的频次和观测区域的机动性，进一步提高短时和短期天气预报的准确率，加强对中小尺度天气系统的监测和分析；增加成像扫描辐射计的探测通道，提高天气分析和地球环境变化动态监测服务的能力；增加红外大气垂直探测仪，实现三维探测，获取大气垂直探测资料；增加微波探测仪，努力实现全天候的探测。2016年，中国新一代静止气象卫星风云四号A星成功发射，搭载了多通道扫描成像辐射计、干涉式大气垂直探测仪、闪电成像仪和空间天气监测仪四台遥感仪器，卫星云图最高分辨率达五百米，可最快一分钟生成一次区域观测图像。同年，我国成功发射了全球二氧化碳监测科学实验卫星（简称"碳卫星"），地球上空的碳卫星家族在继美国、日本之后，首添"中国造"。

目前，中国成功发射十七颗风云系列气象卫星，其中八颗在轨稳定运行，被世界气象组织（WMO）纳入全球业务应用气象卫星序列，成为全球综合地球观测系统的重要成员，也是空间与重大灾害国际宪章机制的值班卫星，为九十三个国家和地区的防灾减灾和经济社会发展做出贡献。

如何更加有效地利用卫星观测资料来深化我们对大气的认识？这需要研究反演温度、湿度和云等大气参数的理论和方法。中国自二十世纪七十年代起对卫星遥感的理论和方法研究非常重视，在大气温度廓线、云特性、气溶胶和降水的反演理论和方法以及云迹风等研究领域取得了很大的进展。[①] 例如，准确获取大气温度和湿度的初始场是提高数值天气预报准确性

① 方宗义、许健民、赵凤生：中国气象卫星和卫星气象研究的回顾和发展。《气象学报》，2004（5）：550-560，717。

的前提和必要条件。自 Kaplan 首次提出利用卫星遥感大气温度廓线以后，大气遥感理论和反演方法研究受到人们的广泛关注。反演方法的研究使得气象卫星资料在数值预报中的发挥重要作用。把气象卫星探测的全球大气状况参数输入数值预报模式是改善常规探测资料不足、提高模式预报精度和延长预报时效的重要手段，也是发展卫星探测技术的初衷之一。但是由于初期卫星反演产品的精度不高、卫星探测方式与常规探测不同，直到八十年代，气象卫星资料对数值预报模式的影响甚微，在一些地区甚至出现负效应。后来遥感探测技术的发展，数值模式初值处理技术的进步，计算机运算速度呈量级提高，更多、更好的卫星遥感观测值已经成为提高模式预报性能的主要途径。

另外，1985 年以来，随着气象卫星定量遥感探测能力的增强，卫星探测资料在暴雨、中尺度对流云团等方面的研究更加深入。在国家“973”计划支持下的“中国灾害性天气形成机理和预测理论研究”项目中，利用卫星遥感手段获取暴雨信息，研究其形成机理是其主要内容之一。张文建和方宗义等利用多种遥感信息，从多个侧面分析了 2002 年、2003 年多次暴雨过程的行星尺度和天气尺度的特点，尤其是其中的中尺度暴雨云团的活动及演变。不仅揭示了暴雨过程中天气尺度系统与中尺度系统之间的相互作用，暴雨的多尺度特性及中尺度对流复合体（MCC）与中尺度对流系统（MCS）之间的共同点和差异，还给出了一个中尺度对流复合体的三维结构。

第四节　计算机技术

随着计算机技术的发展，计算机在气象领域的应用越来越广泛。计算机从早期的单纯用于数值计算，发展到目前的遍及数据采集、通信传输、资料处理、数据分析、模式运算、图形图像处理及动画制作、产品分发等科学研究和业务应用，成为所有气象研究和业务的基础技术平台和不可或缺的基本工具。近代大气科学发展的历史，在某种程度上体现了以计算机为代表的现代信息技术在气象领域中应用的历史。

一、气象通信现代化

二十世纪五十年代至七十年代，气象通信形式主要是莫尔斯通信、电传通信和无线传真，二十世纪八十年代，随着通信网络技术的发展，气象通信开始步入自动化，计算机通信逐步取代传统的人工通信。

（一）我国第一代自动化气象通信系统

1973 年 7 月，周恩来总理亲自批准建设现代化的北京气象通信枢纽系统工程（BQS）。BQS 系统工程引进了日本日立公司两台 M-160II 和一台 M-170 计算机。两台 M-160II 以热备用方式进行通信处理，是一个自动收集、中转、编集气象电报，同时把气象资料填成天气图的实时联机系统。它通过一百多条国际和国内气象专用线路，与日本东京、西德奥芬巴赫、朝鲜平壤等国外气象中心，以及国内地区气象中心、省气象台等气象部门相联结，日夜不停地进行全球气象资料的接收、交换和处理。① 它是“世界气象组织”全球电信系统主干线上的

① 应显勋：北京气象枢纽系统软件概况。《气象科技》，1982（5）：69-72。

一个区域通信枢纽。

计算机在通信中的应用使气象资料的传输时效不断提高。由于报类、等级的不同，所提高的时效也不同，大多数电报的时效提高了一至三小时。由于通信能力的提高，许多人工无法处理的气象资料均由计算机进行快速处理和分发。在资料传输内容方面也更加全面，从基本的地面、探空、测风等常规观测资料到各类各层的分析预报产品，从海上传播探测报告到飞机、卫星探测报告，以及各类台风、雷达及图形资料都能迅速准确地提供给预报业务和研究人员使用。

（二）第二代气象通信系统

随着我国气象事业的快速发展，尤其是中期数值预报业务系统对通信的要求，气象部门通信系统的更新问题也提上日程。此次更新是通过国家"七五"重点工程——北京气象中心扩建工程（"873"工程）的建设而逐步实现的。"873"工程引进了美国 DEC 公司、CDC 公司和国产的计算机系统，采用一台 VAX6320 计算机、三台国产的 NCI2780 和四台 MIRA 通信前置机构成 VAX 群机系统，以替代原 BQS 系统的 M-160II 通信系统。新通信系统的最大特点是处理能力强，运行速度快，存储量大，扩充灵活，操作方便。该系统每日发送的信息量也从十五兆字节增加到三十兆字节。

1997 年，根据业务发展的需要，该系统完成了第二次设备改造。由 DEC 的 ALPHA1000 型小型计算机替代了 NCI-2780 计算机，业务处理能力和速度均有明显提高。

（三）第三代气象通信系统

让我国气象通信再上一层楼的是"气象卫星综合应用业务系统"（代号 9210 工程）的建设。9210 工程从 1993 年开始建设，1999 年全部建成投入业务运行。这是我国气象现代化建设中规模最大、覆盖全国、前所未有的大型气象通信网络工程，总投资高达五亿元人民币，历时八年建成了卫星广域网、话音网、数据广播网、接收网、计算机局域网、CHINAPAC 地面迂回备份网和气象信息综合分析处理系统，创建了由一个国家级主站、六个区域级站、二十五个省级站、三百多个地市级站、两千多个县级站组成；空中与地面相结合，专网与公网相结合；以卫星通信为主，地面通信为辅；以专网为主，公网为辅；覆盖全国，集中控制，分级管理的五级气象信息网络系统，形成了我国第三代气象通信系统。在莫尔斯电报时代，国家气象中心通信台每天有一百多人守在电报机前，手工听报、抄报；在第一代自动化通信系统时代，那里有二三十人运行各种设备；如今，国家气象通信台只需要六七人轮班值守，监控运行大型计算机系统。

进入二十一世纪以来，我国又先后建成了全国地面气象通信宽带网络系统、地市级以上气象部门新一代卫星气象数据广播系统（DVB-S）、全国天气预报电视会商与电话会议系统。我国气象通信进入了气象卫星、雷达网和光纤、通信卫星互相配合的时代。

二、数值预报实用化

1969 年初，气象科学研究院购置的 DJS-6（即 108 计算机）是我国气象部门的第一台运算速度每秒五万至七万次的电子计算机，科技人员以此为基础，开展数值预报的研究工作，并在该计算机上输出了第一张曲线天气图。七十年代后期，高性能巨型计算机的问世，使得气象科学在某些领域，尤其在数值天气预报领域获得了突破性的进展。九十年代中期以来，高性能计算机能力明显增强。国家级业务中心先后建成了银河Ⅱ、CRAY J90、CRAY EL98、CRAY C92、IBM SP2、IBM SP、曙光 1000A、银河Ⅲ、神威Ⅰ、神威新世纪 -32I、神威新世纪 -32P 以及 IBM Cluster 1600 等高性能计算机系统。

1978 年，气象局引进了一台每秒百万次运算能力、内存 4MB、磁盘 2.1GB 的 M-170 计算机，主要用于气象数据处理和运行 MOS 数值预报模式，从此结束了我国没有数值预报业务的历史。1980 年和 1983 年，A 模式和 B 模式分别投入运行，标志着我国数值天气预报全面进入实用化阶段。1991 年引进美国 CDC 公司的 Cyber962 和 Cyber992 计算机，为 T42L9 中期数值天气预报提供了良好的计算机运行环境，使我国成为当时世界上仅有的 9 个能制作中期数值天气预报的国家之一。1993 年，四个 CPU、每秒四亿次浮点运算的国产银河巨型计算机 YH-2 为第二代中期数值预报业务系统 T63L16 提供了运行环境。

神威高性能计算机系统的峰值计算能力为 15.75 万亿次每秒，存储容量为 128TB。2009 年国庆前期，GRAPES-RUC 和 GRAPES 云模式两个数值预报系统成功移植到神威高性能计算机系统并投入运行，为中央气象台提供数值预报产品，为国庆期间的气象服务提供保障。

从 2001 年起，中国气象局开始自主研发 GRAPES，并在区域模式上取得成功。经过十几年发展，GRAPES-MESO 中尺度区域模式、GRAPES-TYM 区域台风模式等相继研发成功。2018 年 7 月，GRAPES 全球四维变分同化系统（GRAPES-4DVAR）投入业务化运行。2018 年 11 月 28 日，中国气象局数值预报中心自主研发的 GRAPES 全球集合预报系统（GRAPES-GEPS）通过业务化验收评审，标志着我国建成了以自主研发的 GRAPES 为核心的全球、区域确定性和集合预报系统，并对台风、环境响应、海浪等专业模式提供支撑的完备的数值天气预报体系。

2021 年 9 月 30 日，中国气象局地球系统数值预报中心成立，发展我国自主可控的地球系统数值预报模式。2021 年 12 月 15 日，中国气象局自主研发的气象大数据云平台“天擎”正式业务化运行，标志我国气象部门向着高度集约的业务与研发向“云 + 端”新业态迈进。2024 年 6 月 18 日，中国气象局与清华大学共同推出“风清”全球中短期预报系统、“风雷”临近预报系统和“风顺”全球次季节—季节预测系统，有效降低了目前主流气象预报大模型对国际再分析资料的依赖度。

三、计算机与集合预报

由于大气是一个高度非线性的系统，因而数值天气预报的结果对初始条件的微小误差非常敏感。初始资料误差、模式误差，以及大气系统本身的混沌特性使数值预报存在不确定性，预报问题就由原来的确定性预报转变成概率预报，成为对大气未来状态的概率密度分布进行估计的问题了。Epstein（1969）为解决这一问题先在理论上提出了动力随机预报。后来，Leith（1974）提出了一个比较适合于实际应用的所谓“蒙特卡罗”预报（Monte Carlo forecasting）。经典的集合预报基本上就是基于这一蒙特卡罗预报概念的。蒙特卡罗预报在业务预报上应用的一大难点是它需要耗费大量的高速计算机的机时来完成。由于近年来计算机技术的突飞猛进，其运行速度越来越快，这一难点已逐渐地不再成为一个主要的障碍。经历了上世纪七八十年代的研究探索和数值试验后，美国于 1992 年建立了集合数值预报业务系统，这标志着集合数值预报已进入了实际业务应用的成熟阶段。现在，在美国、欧洲等发达国家的数值预报业务体系中，集合预报已占据了非常重要的位置，而且集合预报产品已在气象台站得到了广泛的应用。

我国的国家气象中心集合预报系统于1998年6月建成，1999年2月开始业务试验，2001年3月业务运行。①1995年国家气象中心安装了IBM/SP2巨型计算机，为开展集合预报提供了必要的客观条件。从1996年5月开始以原有的动力延伸预报为基础，着手建立一套中期集合数值预报系统。该系统以T63L16为基础，采用时间滞后平均法生成初始扰动，组成12个成员的集合预报。在1999年初建立了奇异向量法（T21L16）生成初始扰动的第二代集合预报。1999年底，以T106L19全球模式为基础，采用奇异向量法生成初始扰动，32个成员的第三代集合预报系统在国产神威巨型机上建成了。神威集合数值天气预报系统使用了神威计算机中的264个PE、16个IOP，存储总量达120G，程序总量36万行。其中主要对占用资源大、数据文件交换量大、运行时间长的五个部分进行了并行，即资料同化、集合预报初始场生成子系统中的奇异向量生成部分、模式预报、模式后处理和产品生成子系统。并行方法的使用提高了系统的并行解算效率，缩短了运行时间，满足了实际预报的时效要求。然而，计算机与集合预报的关系并不是单向的促进关系。一方面计算机技术的发展使得计算量巨大的集合预报成为可能；另一方面，这种可能是有条件的，集合预报的算法在许多方面受到计算机计算资源的限制。比如，由于计算资源有限，集合预报中的成员数目不能无限地增多。所以，人们提出了具有动力学结构的扰动场，即所谓的“增长模”（growing mode），它们能在模式中迅速增长。目前所用的大致有两类，一是欧洲中期天气预报中心（ECMWF）使用的是“奇异向量法”，二是美国国家环境预报中心（NCEP）使用的是“孵化法”。研究表明，从计算机资源方面而言，孵化法明显优于奇异向量法。再如，有研究表明，对于地形依赖性强、空间上变化大的天气现象如降水，只有当用分辨率足够高的模式来做集合预报时才能准确地捕捉到该现象中比较细的空间结构。然而，因为计算机资源的限制，集合预报又不太可能用很高分辨率的模式来做。鉴于集合预报能比单个高分辨率模式的预报提供更多、更可靠的信息，所以一个很重要的问题就是在给定的计算机条件下如何合理地搭配模式的分辨率与集合中成员的数目（即分辨率与成员数目之比）。②

近年来，得益于计算技术进步，尤其是高性能计算、大数据和AI技术，AI气象模型发展迅猛，集合预报迎来新变化。最近十年来，以提升强降水预报能力的对流尺度集合预报，成为国际发展趋势，欧美等发达国家都已经建立了二至四公里的对流尺度集合预报业务。我国基于自主研发的全球及区域一体化数值天气预报模式，中国气象局地球系统数值预报中心研发了从全球五十公里到重点区域三公里高分辨集合预报系统的零至三百六十小时无缝隙集合预报系统及产品。这些集合预报产品在国内外气象服务和科学研究中发挥了重要作用。其中，AI技术在集合预报中扮演着重要角色，通过数据同化提升初始场精度，深度学习算法智能生成初值扰动和量化模型不确定性，丰富预报情景。

计算机技术不仅是一种实验工具和计算载体，还是大气知识的形成过程的深度参与者。

① 田华：国家气象中心中期集合预报系统概况。《新疆气象》，2004（5）：1-3，6。

② 杜钧：集合预报的现状和前景。《应用气象学报》，2002（1）：16-28。

参考文献

[1] 陈泮勤．地球系统科学的发展与展望［J］．地球科学进展，2003（6）：974–979.

[2] 高学浩，陈正洪．大气科学原始创新的学科背景视角［J］．气象科技进展，2014，4（6）：46–49.

[3] 国家自然科学基金委员会，中国科学院．未来10年中国学科发展战略　地球科学［M］．北京：科学出版社，2012.

[4] 罗云峰，周小刚，陆则慰，林海．大气科学学科15年回顾与展望［J］．地球科学进展，2001（6）：865–870.

[5] 王绍武．从"气候"到"全球气候系统"概念的发展［J］．气象科技进展，2011，1（3）：28–30.

[6] 温克刚．中国气象史［M］．北京：气象出版社，2004.

[7] 吴阶平，季羡林．20世纪中国学术大典　大气科学［M］．福州：福建教育出版社，2002.

[8] 吴彤．复归科学实践　一种科学哲学的新反思［M］．北京：清华大学出版社，2010.

[9] 肖子牛，叶梦姝．大气科学历史进程中多学科的交叉影响［J］．气象科技进展，2014，4（6）：50–53.

[10] 张文煜，袁久毅．大气探测原理与方法［M］．北京：气象出版社，2007.

[11] 赵同进，朱振全．十年文萃《中国气象报》创刊十周年优秀作品选集［M］．北京：气象出版社，1999.

[12] 中国科学院．2018科学发展报告［M］．北京：科学出版社，2018.

[13] 中国气象报．气象现代化大盘点［EB/OL］．［2018-12-27］．http://www.cma.gov.cn/2011xzt/2018zt/20180917/2018091702/201812/t20181227_510269.html

[14] 中国气象局．中国气象现代化60年［M］．北京：气象出版社，2009.

[15] 中国气象学会．大气科学学科发展回顾与展望　纪念改革开放30年［M］．北京：气象出版社，2008.

[16] 陈振林．我国气象防灾减灾能力建设与实践［J］．阅江学刊，2013，5（3）：21–25.

[17] 王春乙，张继权，霍治国，等．农业气象灾害风险评估研究进展与展望［J］．气象学报，2015，73（1）：1–19.

[18] 丁一汇，王会军．近百年中国气候变化科学问题的新认识［J］．科学通报，2016，61（10）：1029–1041.

[19] 矫梅燕，龚建东，周兵，等．天气预报的业务技术进展［J］．应用气象学报，2006,（5）：594–601.

[20] 陈振林．以高质量气象文化建设助推气象高质量发展［J］．旗帜，2024,（1）：16–18.

大事记

公元前2100年，陶寺古观象台在今山西襄汾建立，是迄今为止发现的中国最早的古代观测机构遗址。

公元前1300年，殷商时期甲骨文中开始有简单地气象观测记录及预报天气之卜辞，并已使用候风羽观测风场，记有四方之风、云和云雨所来的方位及连续的气象记录。

公元前30世纪，炎黄大战发生，这是气象史上规模最大的气象战，包括将风、雨、雾等用于战术。

战国时代，《吕氏春秋》首次将四种风向升级为八种风向，首次将云状合理分成四类，并且论述八十二种物候，十二个节气。

汉代，淮南子完成二十四节气，首先描述风和湿度的观测方法。始使用铜凤凰和相风铜乌测风。

公元前90年左右，西汉《逸周书》完成七十二候的区分。

公元80年左右，东汉王充发现琴弦的松弛度可预测降雨。

魏晋南北朝，三国时期，利用天平式湿度计预测晴雨，改相风铜乌为相风木乌。

437年，南北朝宋文帝时期，祖冲之在南京鸡笼山（北极阁）设置司天台（观象台）。

636年，唐代李淳风将风向区分为二十四个方位，并将风力分成十级。

唐代，黄子发著预报风雨专书《相雨书》。

1086年，北宋时期，沈括合理解释霭和虹的成因。

1247年，南宋时期，秦九韶创降水量、降雪量和面积雨量的计算技术，称为天池测雨、圆罂测雨、峻积验雪、竹器验雪等。

明朝时期，明初设太史监，后改为太史院。1368年，太史院改称司天监，洪武三年改为钦天监，此天文观测机构沿用到清末。

1385年，明洪武十八年在南京鸡鸣山西侧山巅上建立观象台，是世界上最早的一个观象台。

1500年，明朝娄元礼编《田家五行》（占候谣谚），并创新式测晴雨之术。

1597年，意大利科学家伽利略·伽利雷设计了温度计，为气象观测仪器拉开了序幕。

明末清初，传教士高一志的著作《空际格致》专论天文、气象、地理学、地震学等地球科学知识，其中气象知识为当时最早介绍来华的西方气象知识

1629年，徐光启提出“急要事宜四款”，其中第四款是加强科学研究，“旁通十事”，这10类学科中包含气象学、物理学与机械工程、地理学与制图学等，表明当时对气象学十分重视。

清初，游艺所著《天经或问》，在《地》一卷里，涉及很多有关气象方面的内容，有一定科学意义，被认为是我国较早的一本带有初浅气象原理的著作。

1670 年，比利时传教士南怀仁将西方的湿度计和空气温度计（寒暖计）传入中国。

1674 年，南怀仁撰写《灵台仪象志》，详细介绍了温度计、湿度计的制作、使用和校验的方法。

1677 年，钦天监统一制作测雨器，并下令直隶（河北）等地记录逐日晴雨，观测雨、雪、风、雷等现象。

1743 年，法国传教士戈比在北平开始做气象仪器的观测工作。

1761 年，我国数学家戴源所著《测园图解》中介绍方形测雨器和蒸发器，并附有用法，据考证关于测雨器的原型很有可能来源于宋君荣和钱德明自巴黎观象台引进北平气象观测所用的仪器。

1771 年，英国皇家学会天文学家、数学家马修·雷珀在广州进行每天三次，包括气压、温度、风向等气象要素观测，并撰写成气象报告，气象观测记录为 1991 年 7 月 17 日—1774 年 12 月 31 日，至今仍保留在英国皇家学会图书馆。

1787 年，法国皇家科学院地理和导航学科会员，同时法国驻中国广州公使高根在澳门及广州进行过短暂气象观测。

1841 年 1 月，俄国东正教会在北平正式设立测候站，每天 5 至 21 时每隔两小时观测，共计 9 次，测量气压、气温、绝对湿度、比湿、风向、降雨、雪量等气象要素。

1849 年，俄国人在北平设立地磁气象台。

1853 年，浙江宁波华花圣经书房出版美国基督教传教士玛高温译著《航海金针》，该书是中国第一部真正意义上系统介绍西方气象防灾气象译著。

1855 年，英国医生合信编《博物新编》，首次将气压的观念和气压表传入中国。

1868 年，上海江南制造总局设立翻译馆。19 世纪 70 年代科学家华蘅芳与外人合作翻译了《测候丛谈》《御风要术》《气学丛谈》等气象书籍，成为我国最早翻译的 3 本近代气象学书籍，成功将近代西方气象学引入中国。

1871 年，江南制造局初刊华蘅芳笔述、金楷理口译《御风要术》。

1873 年，法国传教士朗怀仁在上海设立徐家汇气象台。

1877 年，江南制造局出版由华蘅芳笔述、金楷理口译、赵宏绘图，合作翻译《测候丛谈》。

1879 年，7 月 31 日，上海徐家汇观象台能恩斯神父根据海关发来的气象观测数据，绘制出中国第一张台风路径图。

1883 年，香港天文台正式落成，次年元旦开始气象观测。

1895 年，南京金陵大学在汇文书院时期，学校在博学馆（文理科）附设有气象观测所，进行简易气象观测，一直持续到抗日战争爆发后为止。

1898 年，德国人在青岛设置青岛观象台。

1902 年，河北省立农学院建立，下设气象观测所，现存气象观测记录为 1913 年 12 月至 1937 年 5 月；山西农林学堂成立，后称山西省农业专门学校。1914 年，依据农商部要求附设测候所，现存观测记录为 1916 年 1 月至 1937 年 9 月。

1904年，三江师范学堂招收速成科学生，学堂开设课程中包括地理。

1905年，京师大学堂设立农科。

1906年，张謇创办南通博物苑，苑内设立测候所。当年9月1日用他本人出资从日本购置的测风速、风向、雨量等仪器开始正式观测。

1907年，两江师范学堂开设的本科理化数学部，其中开设天文气象课程；京师大学堂设立经、法、文、格致、农、工、商七科，其中格致科为理科，1909年格致科下设地质学门，在格致科中包含气象学知识。

1909年，南通博物苑的测候所开始作天气预报。

1910年，中山大学农学院测候所开始气象观测，前身为“广东省地方农林试验场附设测候所”，其观测工作持续到1937年8月。

1912年，中央观象台成立，下设天文、历数、气象和磁力四科，隶属教育部，因经费原因气象科未能成立。高鲁任首任台长，这是近代中国官办的第一个综合性国家观象台；张謇成立南通甲种农业学校，开设气象课程，并将博物苑的观测仪器移至农校，设立测候所；京师大学堂改名为北京大学，格致科改为理科，下设物理门。

1913年，江苏省立淮阴农业学校设立测候所，当年7月开始气象观测。现存观测记录为1928年1月至1936年10月；教育部准许中央观象台成立气象科，蒋丙然担任科长。中央观象台及气象科的建立，成为中国气象事业建制化的起点和标志；中央观象台台长高鲁创办《气象月刊》；9月，北洋政府在北京建立南苑航空学校，课程设置有气象学。

1914年，7月，中央观象台发行了我国第一本气象期刊——《气象月刊》；农商部令各省农林机关设立农业气象观测所，后成立北京三贝子花园、山西农专和北京农专等3个观测所。

1915年，中央观象台开始绘制天气图，试作天气预报，次年正式发布预报，每日白天、晚上各1次，用悬挂信号旗方式公布于众；《气象月刊》改为《观象丛报》；河北保定农校为设立气候测站派员来中央观象台实习并代购置各项气象仪器。

1916年，张謇独资创建“南通军山气象台”落成，次年元旦开始气象观测。

1917年，蒋丙然在北京大学兼课，讲授气象学，并编写教材《理论气象学》，该书是我国最早的近代气象学教科书。

1918年，从哈佛大学毕业回国的竺可桢被聘到武昌高等师范学校担任地理学、天文学专任教员，持续两年时间；广州岭南大学（又称“广州基督学院”）成立农学院，设立“斐文气候观测所”。

1919年，浙江省立甲种农业学校（浙江大学农学院前身）设立测候所，1933年12月停止工作；秋，南京高等师范学校改国文部为国文史地部，理化部为数理化学部，开始有地学课程。次年，地学系成立，课程中增加了地质学、自然地理学和气象学。

1920年，夏，竺可桢应郭秉文校长之邀，受聘为南京高等师范学校教授，教气象学课程和地学通论等课程；竺可桢率先在南京高等师范学堂时期，在学校文史地部开设气象学课程，这是我国最早在高等学校独立开设气象课。

1920—1921年，竺可桢在国立东南大学编写了完整的《气象学》讲义和《地理学通论》。

1921年，秋，东南大学正式开学。竺可桢所倡建的新型地学系也于是年招生授课。地学系下设气象组，竺可桢任系主任兼组长，目的在于拓宽地学研究领域；中央观象台举办第一期气象训练班，时间 3 个月，培训了 30 多名测候人员。

1922 年，10 月，中国天文学会成立，主要由中央观象台的高鲁等人发起。

1923 年，1 月，竺可桢编著的《气象学》一书正式发行出版，首次系统地将西方最新的气象学科学理论和实用性知识编写为教材传授给高校学生；国立东南大学地理气象测候所成立，属地学系管辖；中央观象台招收第二期气象训练班，所有课程与第一期相同，学成毕业人数约十余人。

1924 年，10 月 10 日，中国气象学会在青岛成立，蒋丙然为首任会长，竺可桢等为理事。

1925 年，7 月，中国气象学会发行会刊，到 1935 年 4 月 11 日年改名为《气象杂志》。

1926 年，海军部在东沙岛设气象台，加强台风情报、预报和警报服务；厦门大学开设气象学课程，在理学院设立气象台，气象观测至 1937 年 4 月；9 月，竺可桢应南开大学校长张伯苓之邀，赴南开大学任教，教授地理和气象。

1927 年，国民政府定都南京，创立大学院（后改称中央研究院），内设观象台筹备委员会，分天文、气象两组，分别由高鲁、竺可桢负责；在东南大学基础上建立第四中山大学，初设九个学院，在自然科学院下设地学系（附矿物、气象）、物理学系（附天文）等七个系，聘定竺可桢主持地学系；国立东南大学地理气象测候出版的《南京气象月报》开始发行；中瑞西北科学考察团成立，5 月从北京出发，前往包头、新疆等地进行实地科学考察；7 月，陈一得在昆明创办了我国第二个私人测候所，取名“昆明私立一得测候所”，又称“昆明市代用气象测候所”；8 月，胡焕庸受聘为国立东南大学地理系主任，接替竺可桢的工作，并陆续增加了高空测风、航空观测、气象观测实习等课程。

1928 年，4 月，中央研究院气象研究所成立，于北极阁建气象台，竺可桢任首任所长；国立东南大学等江苏省 9 所专科以上学校合并为国立第四中山大学，当年更名江苏大学，同年定名国立中央大学。1937 年国立中央大学抗日战争全面爆发后西迁重庆，1946 年还址南京。在此期间，国立中央大学一直保持气象课程的开设；7 月，竺可桢发表文章《中央大学地理学之前途》，主张将地理学文理结合，也就是竺可桢的“地学一元论”观点；8 月，中央大学对院系进行调整，自然科学院改为理学院，将原来属于社会科学院的史地系分为史学系和地学系，分别划归到文学院和理学院。

1929 年，1 月，吉林省立大学理工学院设立测候所，现存记录为 1929 年 1 月至 1931 年 6 月；中央研究所气象研究所开始在南京为全国举办四届气象练习班，先后于 1929 年 3 月、1931 年 4 月、1934 年 10 月、1936 年 11 月开学，培养了大量气象人才。同年，中国气象学会理事会干事部由青岛移设南京北极阁；秋，清华大学地理学系正式成立，并设有气象学课程；10 月，武汉大学测候所成立，11 月 1 日武汉大学测候所开始观测；国民党政府的军政部成立了航空署，出现空中气象观测；中央研究院气象研究所发行《气象月刊》，1930 年开始试作天气预报。

1930 年，1 月，气象研究所南京北极阁气象台开始使用单经纬仪进行高空风探测；1 月，国立中央大学理学院的地学系改称为地质学系。原来地学系中的地理门独立，建成地理学系，下设气象科；无锡江苏省立教育学院在院内附设测候所，隶属于该院农场作物组，于元旦开始观测；4 月，气象研究所在南京召开首次全国气象会议，竺可桢任会议主席；竺可桢的《中国气候区域论》正式发表，这标志着中国现代气候区划研究工作的开始；第六届中国气象学会年会以后，竺可桢担任会长，学会会务中心逐渐由青岛转移至南京。

1931 年，1 月，气象研究所南京北极阁气象台开始太阳辐射观测；5 月，在黄厦千的筹建下，清华大学气象台建成。

1932 年，清华大学气象台元旦开始正式观测。清华大学地理学系更名为地学系。地学系采用三科并举的方式，分设地理、地质、气象三组，气象组有黄厦千、李宪之、涂长望、赵九章等;《国立清华大学气象季刊》开始发行；7 月，气象研究所正式开始了地震观测；国立四川大学理学院成立气象测候所，次月开始正式观测。

1933 年，从元旦起气象研究所建立的上海测候所开始观测，地址在上海中央研究院理工实验馆最高层，于 1937 年元旦撤销；清华大学气象台助理史镜清在施放风筝时触电身亡。竺可桢在悼词中说“气象学界因技术而牺牲的第一人”。

1934 年，竺可桢《东亚季风与中国之雨量》一文在《地理学报》创刊号上发表；刘衍维到清华兼职，讲授气象学；竺可桢致函国立中央大学，请求设立气象系；7 月，四川省立重庆大学理学院设立气象测候所，1942 年改称“沙坪坝测候所”。

1935 年，清华大学地学系设气象组，涂长望任教。气象研究所开始使用专业飞机，后又应用探空气球携带气象计探测高空压、温、湿等要素，并获得记录；气象研究所直属的拉萨测候所正式成立；刘衍淮赴杭州笕桥中央航空学校讲解航空气象学，并兼任该校气象台台长；9 月，竺可桢、涂长望、张宝堃编著《中国之雨量》，由国立中央研究院气象研究所编印出版。

1933—1935 年，清华大学举办了三届清华留美考试，赵九章是录取的第二届清华留美公费生。

1927—1935 年间，中瑞西北考察团在西北多处进行气象观测等活动。

1936 年，李宪之从德国归来，任教清华大学地学系，开设气象学、天气预报和理论气象学三门课程；4 月，竺可桢任国立浙江大学校长，推动了浙大气象学科的发展；5 月，浙江大学成立史地学系，分为史学、地学二组，其中共同必修课中有气象学课程可供选择，张其昀任系主任；竺可桢等编著的《中国之雨量》出版；气象研究所泰山日观峰气象台建成，这是我国第一个永久性高山气象台。

1937 年，抗战爆发，清华大学南迁，与南迁的北京大学、南开大学联合组成国立长沙临时大学，内设地质地理气象系，孙云铸任系主任；涂长望的论文《中国天气与世界大气的浪动及其长期预告中国夏季旱涝的应用》在《气象杂志》上发表，该文开创了我国气候灾害的短期气候预测；赵九章的论文《信风带主流间的热力学》在德国发表，这是我国最早将数学、物理和流体力学原理引进气象研究的论文；教育部颁布《战时动员计划》，指出“战时各级学校教育，均应力求切合战时需要，各级学校之课程与管理应实际情形，量予变更”，中央大学各院系结合本学院特点，如理学院开设航空气象。

1938 年，3 月，长沙临时大学南迁昆明，更名为国立西南联合大学，李宪之、赵九章、刘好治、谢光道、高仕功等人任教气象组。

1939 年，赵九章到西南联大任教，使得西南联大气象组师资得到极大增强。5 月，涂长望任浙江大学史地系教授，后为浙江大学史地研究所副所长。7 月，浙江大学成立了文科研究所史地学部（1947 年 1 月改为史地研究所）负责人张其昀，下设史学组、地形学组、气象学组和人文地理学组；8 月，浙江大学设立史地教育研究室；商务印书馆发行了胡焕庸编著的

《气候学》，成为我国最早出版的大学气候学教材。

1938—1939 年，在黄厦千的建议下，国立中央大学地理系又分地理组、气象组两部分，气象组除了气象学课程外，又增设测候学、天气预报、气候学、世界气候等课程。气象组的成立，为以后气象系的独立打下了基础。

1940 年，浙江大学成立史地系，内设气象组。国立编译馆出版、商务印刷馆发行黄厦千所著的《航空气象学》，这是我国最早的航空气象学著述；浙江大学设立史地研究所，开始招收研究生，成为中国近代第一个进行气象研究生培养的院校。

1941 年，南京国民政府中央气象局在重庆成立，后又随国民政府转至南京、广州、北京等地，从此，中国的气象事业有了统一管辖的行政机关。

1942 年，涂长望来中央大学地理系任教，在气象组教授中国气候、气候学、世界气候等课程。

1943 年，教育部令中央大学气象组独立建制为气象系，系主任朱炳海；叶桂馨、丘万镇、谢义炳、黄士松、程纯枢 5 人公费赴美留学；卢鋈所著的《天气学》一书出版，成为我国最早的天气学教科书；教育部举行了一届自费留学生考试，叶笃正是第一届自费留美的气象学留学生；中美合作所用美国的无线电探空仪首次在我国陕坝施放。

1944 年，涂长望本年与研究生黄士松合作完成了东亚季风活动规律的科学研究，发现季风跳跃现象，取得重大成果；美军观察组在延安举办气象培训班，我方派五人参加，由张乃召负责；8 月，中央大学迁址重庆，正式建立气象系，气象学科从地理系中独立出来，这也是我国高等学府中第一个专门培养气象人才的系，首任主任是黄厦千；12 月，教育部举办英美奖学金考试，徐尔灏通过这次考试赴英国留学。

1945 年，国立中央大学气象系已有第一届唯一的毕业生王鹏飞；中国共产党在延安建立第一个气象台，即延安气象台，隶属党中央军委三局，由张乃召负责。

1946 年，顾震潮成为教育部留瑞典公费生；清华大学北平复校后重建了地学系，包括地质、地理两组，另外单独组建了气象学系，李宪之任主任。

1947 年，浙江大学复员回到杭州；国立中央大学气象系回迁南京；清华大学复校，地学系分为地质、地理两组，单独成立气象学系，李宪之就任系主任；赵九章任中央研究院气象研究所所长；12 月，商务印刷馆出版朱炳海编著的《气象学》，成为我国国内第一本大学专用教材。

1948 年，高由禧的论文《东亚自由大气之运行》发表，开创性地论述了东亚低层大气环流的季节变化，首先提出我国有冬季风的新概念。

1949 年，中国气象学会第四十六次理事会上明确规定“本会会所设于南京气象研究所”；徐尔灏自英返国任中央大学气象系副教授，曾先后开设动力气象学、气象统计等课程；设立中央人民革命军事委员会气象局（军委气象局），涂长望任局长。

1950 年，在南京成立了华东空军干训大队气象训练队，归属华东空军干训大队，编为第 4 中队，负责培训空军气象台站的地面观测人员；李宪之邀请刚获得美国芝加哥大学博士学位的谢义炳任教，邀请中央气象局局长涂长望教授，联合天气分析预报中心顾震潮教授来清华兼教；3 月 1 日，中国科学院将气象、地磁和地震等部分科研机构合并组建成立中国科学院地球物理研究所；10 月 29 日，中国气象学会重庆分会成立；中国气象学会代表大会选出新一届理事会，竺可桢任理事长；军委气象局成立了中央观象台，在气象台内建立了联合天气分析预报中心，与中国科学院地球物理研究所（1949 年 11 月成立）、清华大学气象系（1951 年高等院校调整后，转为北京大学物理系气象专业）联合开展并进行与业务有关的天气预报业务和气象分析预报研究。

1949 年 12 月—1950 年 6 月，中国气象学会南京分会成立并开展活动。

1951 年，全国气象部门通过短期训练，共培养初级气象技术人员约 1 万多名，适应了中华人民共和国气象事业创建的急需；1 月，高校院系改革，叶企孙首先提出将气象学放入物理系由内物理武装气象，李宪之由清华大学气象系调入北京大学物理系气象专业，自此气象学科进入新纪元；西南军区气象处在成都举办中国人民解放军西南空军气象干部训练大队，主要为西南培训气象技术干部，并为西北、中南输送人才。

1952 年，6 月，徐尔灏于南京大学开设动力气象学课程，当时仅清华和南大设置气象系，能讲授这门课程的仅徐尔灏一人；军委总参谋部将北京气象干部训练班改为军委气象干部学校；院系调整，清华地学系和气象系并入北京大学，设有气象、大气物理等专业；浙江大学气象组，齐鲁大学天算系天文气象组合并入南京大学气象系，除原设气象专业外，还成立了气候专业，至此。南京大学气象系成立了我国第一个气候专业；院系调整后的南京大学，设有工程地质和水文地质、金属非金属矿物质、矿产分析、气象等四个专修科。

1953 年，浙江大学地理系（地质地理系）、四川大学地理系和金陵女子大学地理系部分师生并入南京大学地理系；山东大学物理系气象组调整到海洋系，建立海洋气象系；北京农业大学开始培养农业气象研究生。1956 年 7 月 14 日农学系设立农业气象专业。1958 年建立农业物理及农业气象系，设农业气象专业；北京气象专科学校成立，是我国第一所专门培养气象人才的高等学校，著名科学家、军委气象局局长涂长望兼任校长。

1954 年，北京大学、南京大学先后翻译了苏联有关气象专业的教科书。之后，南京大学、北京大学、山东海洋学院相继写了 12 本教材和教学参考书；中国人民解放军西南军区气象干部训练大队，改名为“中央气象局成都气象干部学校”，直属中央气象局领导；中国科学院地球物理研究所开始进行臭氧观测。

1955 年，8 月 27 日，中央气象局成立了气象技术革新及研究科学委员会，推动并指导气象技术革新和研究工作；国务院、国防部批示：“为适应军队建设需要，决定将北京气象专科学校划归军队建制”，更名为“中国人民解放军气象专科学校”；2 月 21 日，中央气象局撤销联合分析预报中心和联合资料室，成立中期预报组；中央气象局将 1 年制的北京气象学校改为 3 年制的正规中等专业学校，校名定为中央气象局北京气象学校，设气象、农业气象、高空气象 3 个专业。1960 年 4 月，扩建成为高等院校称为北京气象专科学校（原北京气象专业学校已转归军队建制，更名为“中国人民解放军气象专科学校”），同时保留中专部分，刘国璋为校长。

1956 年，5 月 31 日，北京大学聘请苏联专家阿基莫维奇来气象专业讲动力气象学课程；经高教部批准，中央气象局将成都气象学校改为中等专业学校，设气象、农业气象、气象通信 3 个专业；8 月 1 日，南京大学气象系建成北大山气象观测站，气象系在校生 618 人，全校本科秋季入学新生的修业年限由 4 年改为 5 年。

1955—1966 年，南京大学气象学系首次招收越南留学生，至 1966 年共培养越南留学生

64 人，还培养了 3 名朝鲜留学生。

1952—1956 年，南京大学气象系成立了大气物理专业。

1950—1956 年，军委气象局与清华大学气象系合办气象观测人员训练班。

1957 年，1 月，在中央气象台的基础上，成立中央气象科学研究所，兼有业务、科研双重任务。

1956—1957 年，原中央气象局副局长卢鋈于 1957 年 1 月兼任中央气象科学研究所所长。

1958 年，4 月 15 日，黄士松第二学期给南京大学气象专业四年级学生首次开设长期预告课程，共 78 学时；经高教部批准，中央气象局成立了湛江气象学校，设立气象、农业气象、海洋水文气象专业；中央气象科学研究所与中央气象局的业务管理部门合并，成立了气象科学研究所、观象台、通信总台、气候资料研究室 4 个业务、科研机构；南京大学新增大气物理专业；兰州大学地质地理系设立气候专门组；广西农学院设立农业气象系；以中国科学院地球物理研究所为主，由中央气象局和甘肃省气象局、北京大学、空军参加，在祁连山及兰州一带进行多次地面及飞机增雨试验；顾震潮等手算做出我国第一张数值预报图，开创了我国数值天气预报研究；吉林省人工影响降雨试验成功；中国科学技术大学建立，设立了应用地球物理系，下设天气控制专业、高层大气物理专业等，赵九章兼任系主任。

1958 年以后，甘肃农业大学、青海农牧学院、内蒙古农牧学院、南京农学院、河南农学院、浙江农业大学、昆明农林学院等在 1958 年以后相继设立农业气象专业；中央气象局与北京大学地球物理系联合开办气象大专函授，8 年连续招生 800 多人；同年在北京气象学校开办了气象中专函授。

1959 年，1 月，黄士松第二学期给南京大学气象专业四年级学生首次开设大气环流课程；北大地球物理学系正式成立。大气物理专业和天气动力学专业从物理系气象专业分了出来；中国科学院地球物理研究所与中国气象学会于北京联合召开国际大气环流学术会议，这是我国首次召开的国际气象大会；安徽农学院设立农业气象专业；中央气象局在河北省保定召开了第 1 次全国气象教育工作会议。

1953—1959 年，南京大学气象系共招收 5 届气象专修科。

1960 年，国务院批准以南京大学气象系为基础成立“南京气象学院”，下设天气与动力气象、大气物理、气象学和农业气象等 4 个专业，与南京大学气象系合并上课；浙江大学气象教研室成立并开始招收气象专业学生；中国科学院地球物理研究所兰州分所成立，高由禧任气象研究室主任，1974 年 4 月改为兰州高原大气物理研究所，高由禧任副所长；中国科学院地球物理研究所在湖南衡山建成南岳云雾站；杨鉴初、陶诗言、叶笃正等著的《西藏高原气象学》问世；朱岗昆等与有关单位合作开始我国高空火箭气象观测，在安徽广德建立气象火箭基地，取得了高空风与温压资料；教育部根据国家需要和专业布局，决定在中山大学增设气象学专业。6 月，徐尔灏正式出版由他主译的《微气象学》，在我国湍流扩散与大气环境学科研究开创的初期，起到了重要影响，当时国内尚无一本在这一领域正式出版的论著；杭州大学设立气象专业。

1961 年，中央气象局恢复中央气象台独立建制；6 月，黄士松任南大气象学系副主任；曾庆存提出求解大气运动原始方程组的半隐式差分格式；中国科学院地球物理研究所在河北杨村首次用雷达研究浓积云形成和发展过程；中山大学设立气象专业。

1958—1961 年，沈阳农学院设立农业气象专业。

1960—1961 年，南京大学新增高层大气物理等新专业。

1962 年，南京大学根据国家需要和自身发展，调整专业设置，全校共设 12 个系和 33 个专业。气象系：气象学（气候学专业并入）、大气物理（高层大气物理专业并入）专业；叶笃正、陶诗言等的《北半球阻塞形势研究》一书出版；中央气象局气象科学研究所、中国科学院地球物理研究所、南京大学等单位联合在上海进行中小尺度天气观测试验研究。

1963 年，3 月 18 日，教育部批准，南京大学气象学院独立建院，定名为“南京气象学院”，归中央气象局建制；徐尔灏先生综合国际上人工影响天气科学的发展动态，提出了人工降水随机试验的效果检查问题，再一次指明了学科前进的方向；中国科学院地球物理研究所建成高压实验室，顾震潮与周秀骥等开展大气电学研究。

1964 年，全国气象类高等教材编审委员会成立，由卢鋈任主任委员，徐尔灏和谢义炳任副主任委员。1 月 16 日—2 月 5 日在北京召开了气象类高等教材编审会议；顾震湖、周秀骥的《暖云降水微物理机制的研究》一书出版；陶诗言圆满完成在基地负责的核武器发射气象保障工作，荣立二等功；顾震潮任联合国世界气象组织大气科学委员会委员；赵九章写信致周恩来总理，建议将发射卫星正式列入国家计划，提出我国急需进一步准备发射侦察卫星、通信卫星、气象卫星等工作。

1965 年，开始使用准地转正压模式作短期天气业务预报；顾震潮出色完成首次核武器空中爆炸的气象保障工作，成绩卓著，荣立一等功。

1966 年，徐尔灏带领学生在吉林白城子地区成功实施了我国首次现场示踪物大气扩散实验；中国科学院决定气象研究室从地球物理所分出，成立大气物理研究所，下设五个研究室：雷电物理研究室，云物理研究室，中小尺度动力学研究室，大尺度大气动力学研究室和低纬度气象研究室。

1967 年，陶诗言圆满完成核武器发射气象保障工作，成绩卓著，荣立一等功。

1969 年，711 测雨雷达（波长 3cm）应用于气象探测。

1970 年，国家卫星气象中心成立；1 月，国务院、中央军委决定，将总参军事气象局与中央气象局合并，合并后仍称中央气象局。气象科学研究所仍作为中央气象局下设单位；极轨卫星低分辨率云图接收设备研制成功。

1971 年，兰州大学地理系创办气象学专业。

1972 年，南京大学，由天文、气象、物理、数学等系和仪器厂联合研制的卫星云图接收机和物理系的双扩散型 500 安培可控硅又获成功；9—12 月，中国在世界气象组织（WMO）中的合法席位得到恢复，WMO 承认中华人民共和国是唯一合法代表；竺可桢的《中国近五千年来气候变迁的初步研究》发表于《中国科学》；中国科学院大气物理研究所编辑出版《大气物理研究所集刊》，由陶诗言任主编，科学出版社出版。

1973 年，北大地球物理学系、中国科学院大气物理研究所和中央气象台三家联合成立了中国第一个卫星云图接收站。

1974 年，曾庆存的《大气红外遥测原理》一书出版。

1977年，南京大学，“文革”后的第一批外国留学生入学，接受外国人的专业有中国文学、中国历史、考古学、中国哲学史、政治经济学、气象学六个专业。

1978 年，中央气象局恢复国务院建制；《近五百年旱涝史料》出版；首次进行华南前汛期暴雨试验；气象出版社成立；同步气象卫星低分辨率和高分辨率云图接收设备研制成功；10 月，南京大学通过高考招生录取 1977 级四年制本科生 885 名，于 1978 年 1 月入学，黄士松任南京大学气象学系主任；2 月 27 日，南京气象学院气象学系成为国务院首批硕士学位招生点挂靠院系；4 月 27 日，国务院批准南京气象学院列入全国重点高校之一，实行中央气象局与江苏省双重领导，以中央气象局为主；5 月，全国科学大会上，大气所 18 项科研成果获全国科学大会奖；5 月，成都气象学校扩建为成都气象学院，设气象雷达、气象通信、高空气象、气象四个专业，规模 1200 人；11 月，成都气象学院气象通信、气象雷达 2 个专业开始招生 80 名；12 月 28 日，国家气象局再次召开高校气象教材编审会议，重新确定编写计划。北大地球物理学系编写了《天气学》《气象统计预报》《气象学》《云雾物理》《流体力学》等 7 本通用教材和《天气学原理和方法》《动力气象学》《天气统计预报》等教学参考书。

1979 年，3 月，在原中央气象局气象科学研究所和气象科学技术情报研究所的基础上，中央气象局成立了气象科学研究院；5—8 月，恢复北京气象专科学校，设天气预报、农业气象专业，实行中央气象局与北京市双重领导，以中央气象局领导为主；中国首次组织了大规模的青藏高原气象科学试验和理论分析研究；叶笃正、高由禧等编著的《青藏高原气象学》出版；曾庆存的《数值天气预报的数学物理基础（第一卷）》出版；

1980 年，国务院学位委员会批准成都气象学院为学士学位授予学校；空军气象学校经军委批准扩建为空军气象学院，主要为军事部门培养中高级以上气象科技人才，1985 年开始有天气动力学等 6 个学科招收硕士研究生；吉林大学气象专业调回中国科学技术大学，恢复为大气物理专业；程纯枢、叶笃正、谢义炳、陶诗言、高由禧和曾庆存当选为中国科学院地学部学部委员（院士）。

1981 年，北大地球物理学系又相继主编了《动力气象学》《数值天气预报》《中期天气预报》《长期天气预报基础》《大气物理学》《大气探测原理》《云物理学基础》《大气动力学》等教材；我国对南极的气象考察和南极气象研究开始起步；国家开始实行学位制度后，南京气象学院天气动力学、气候学、农业气象学、大气物理学、大气探测学 5 个专业经国务院批准有权授予硕士学位；中国气象局气象科学研究院出版《中国近五百年旱涝分布图集》。

1982 年，南京大学天气动力学专业和气候学专业，北京大学天气动力学专业称为第一批有权授予博士学位和硕士学位的专业。北京大学的大气物理专业，兰州大学的天气动力学专业，中山大学的天气动力学专业，北京农业大学的农业气象专业，山东海洋学院的海洋气象专业成为第 1 批有权授予硕士学位的单位和学科专业；首次派出一批中青年气象工作者参加友好国家的南极考察队进行南极大气科学考察；中国科学院高原大气物理研究所进行青藏高原热源观测试验，取得了一整年的观测资料。

1983 年，南京大学气象系气象学专业更名为天气动力学专业；叶笃正任国际大气物理和气象协会（IAMAP）执行委员。

1984 年，1 月召开全国气象工作会议，通过《气象现代化建设发展纲要》；南京大学气象系建立天气动力学、气候学两个博士点；成都气象学院气象系建系，下设天气动力学、高空气象两个本科专业（大气科学学院最早四个的本科专业之二）；经国务院学位委员会批准，第 2 批有权授予博士学位的单位和学科专业有：北京大学的大气物理学专业；山东海洋学院的海洋气象专业。第 2 批有权授予硕士学位的单位和学科专业有：南京大学的大气物理与大气环流专业。1986 年以后国家学位委员会批准的有权授予博士、硕士学位的单位和学科专业有：兰州大学天气动力学专业；杭州大学气象专业，兰州大学大气环境专业，中国科技大学大气物理专业，云南大学天气动力专业，沈阳农业大学应用气象学专业；中美合作研究热带海洋大气（TOGA）试验；在南极乔治王岛建立长城考察站开始气象观测；高空科学气球探测系统正式用于科学观测，飞行高度达 39km，飞行时间达 18h；成都气象学院专业设置调整为气象、大气探测技术、电子技术应用 3 个专业，同年又将电子应用技术调整为通信工程专业；2 月，曾庆存所长主持制定了“大气所办所方针和改革设想”，使全所的职工真正面向全国、面向世界、面向未来；北京气象专科学校扩建为北京气象学院，设气象和大气物理两个专业；中国气候研究委员会成立，叶笃正任主任；714 天气雷达（波长 10cm）研制成功；中国气象科学研究院中型云室通过鉴定，这是亚洲最大的云室（100m），可控制温、压、湿、上升气流、雾滴谱和背景气溶胶 6 个参数；

1985 年 ,7 月，召开全国气象科技教育会议，落实《中共中央关于教育体制改革的决定》和《气象系统贯彻中共中央关于教育体制改革的决定的方案》，北京气象学院初步改革了招生和分配制度。

1986 年，南京大学气象系更名为大气科学系，下设天气动力学、气候学、大气物理与大气环境专业；成都气象学院天气动力学专业更名为气象学专业，举办气象专业新疆民族班；浙江大学大气科学学科获硕士学位授予权；兰州大学设立大气物理学与大气环境专业，获批大气学科博士点授予单位。

1987 年，国家气象局局长邹竞蒙当选为世界气象组织（WMO）主席；国家气候委员会成立；叶笃正等的“东亚大气环流”获国家自然科学奖一等奖；叶笃正任国际地圈生物圈计划（GBP）科学委员会委员；叶笃正任国际大地测量和地球物理联合会（IUGG）执行局委员；兰州大学成立大气科学系，设气象学与大气物理大气环境学两个专业，招生规模不到 100 人。

1988 年，在国家“七五”科技攻关项目的支持下，完成了中尺度强对流天气和超短时预报科技攻关项目；南京大学“气象学”学科从 1988 年称为国家重点学科，在国家重点学科评选中排名国内同类学科第一；首次发射成功试验性极轨气象卫星风云一号；陶诗言任世界气象组织气象科学委员会委员。

1989 年，南京气象学院天气动力学被批准为国家气象局重点学科；以中国气象学会理事长陶诗言为团长的代表团一行 21 人参加在香港召开的首次“东亚及西太平洋气象与气候国际会议”。这次会议是时隔 40 年的海峡两岸气象学者得以进行大规模气象学术交流；科技部批准建立“大气科学和地球流体力学数值模拟国家重点实验室”。

1990 年，国家气象局在成都召开全国气象教育工作会议，提出《气象高校调整改革方案》，明确将北京气象学院定位为“以气象部门内以成人教育，特别是高层次继续教育为重点的高等院校”。

1991 年，6 月 25 日，南京大学大气科学系成立中尺度灾害性天气国家专业实验室；6 月，经国家人事部批准，国家气象局气象科学研究院更名为中国气象科学研究院；中期数值天气预报系统正式投入业务运行，预报时效达到 5 天；科技部批准建立“大气边界层物理和大气化学国家重点实验室”。

1993年，南京气象学院天气动力学专业获得博士学位授权；10月，国家科委正式批准台风、暴雨、灾害性天气监测、预报技术列入“八五”国家科技攻关计划。

1994年，9月17日，瓦里关山站正式投入使用，这是世界气象组织全球大气监视网计划在欧亚大陆设立的第一座大型大气化学监测站；以陶诗言为团长的中国气象学会代表团一行13人赴台北参加台湾地区气象学会举办的“大气科学发展暨海峡两岸天气气候学术研讨会”，这是大陆科学家首次组团访台。

1997年，南京气象学院天气动力学被批准有权授予博士学位，从而使学院完善了从专科到博士学位的办学层次。6月10日，首次发射成功静止气象卫星风云二号A星，我国成为继美国、俄罗斯之后，第三个同时拥有极轨和静止气象卫星的国家（地区）；7月，南京气象学院气候学被批准为中国气象局重点学科；9月14日，“世界气象组织区域气象培训中心”正式在南京气象学院挂牌成立。

1998年，经中编办批准，北京气象学院转建为中国气象局培训中心，以气象部门的继续教育和较高层次的岗位培训为中心工作，转建以后，年培训规模均在2000人以上；南京气象学院大气科学一级学科获博士学位授权。1999年获准设立大气科学一级学科博士后科研流动站；5—6月，中国气象局主持实施了海峡两岸及邻近地区暴雨科学试验，在中国粤、港、澳及闽南地区进行了两个月的暴雨综合观测试验；新地球科学系成立，原浙江大学地球科学系和原杭大地理、气象专业共同组成浙江大学理学院地球科学系，陈汉林教授任主任，翟国庆教授任党总支书记；中共中央、国务院和中央军委授予赵九章“两弹一星”功勋奖章。

2000年，成都气象学院由中国气象局划转四川省，为适应四川经济社会发展需要，更名为成都信息工程学院；南京气象学院由中国气象局管理划转为中国气象局与江苏省共建，以江苏省管理为主。

2001年，5月，成都气象学院气象学专业更名为大气科学专业。

2003年，北京大学物理学院成立，原地球物理系的大气科学专业改为物理学院的大气科学系；世界气象组织执行理事会第五十五届会议在日内瓦WMO总部通过投票表决，授予叶笃正第四十八届国际气象组织奖，这是中国科学家第一次获此殊荣。

2004年，5月10日，教育部同意南京气象学院更名为南京信息工程大学；兰州大学成立我国高校第一个大气科学学院；建立了我国第一代短期气候预测动力气候模式业务系统，并于2005年正式投入短期气候预测业务。

2003—2004年，成都气象学院获得气象学、环境科学两个二级学科硕士研究生学位授予权。

2005年，中国气象学会成立80周年，两岸气象学会商定每年在台湾举办一次“海峡两岸灾变性天气分析与预报研讨会”，在大陆举办一次“海峡两岸气象科学技术研讨会”；在第28次国际科学理事会全体大会上，符淙斌当选为国际科联执行局成员；我国首次承办国际AMAS（国际气象学和大气科学协会）科学大会；科技部批准建立“灾害性天气国家重点实验室”；叶笃正获国家最高科学技术奖。

2006年，在中国科学技术协会第七次全国代表大会上，符淙斌当选为中国科学技术协会第七届全国委员会副主席；地球系统科学联盟（ESP）第二次开放科学大会在北京国际会议中心隆重举行；“季风亚洲区域集成研究计划”（MAIRS）国际项目科学计划发布会在北京举行；

国家批准实施子午科学工程，开展对太阳活动和相关行星际空间、磁层、电离层—热层和中高层大气的多要素同时监测。

2007 年，由中国气象局立项，中国海洋大学和中国电子科技集团第十四研究所联合成功研制了中国第一部车载多普勒测风激光雷达；在第二十四届国际大地测量与地球物理学联合会上，吴国雄被推选为国际的主席；第二十一届太平洋科学大会上符淙斌当选太平洋科学协会新一届主席。

2008 年，中国气象局人工影响天气中心成立，开始启动国家级人工影响天气业务；成都信息工程学院增设应用气象学本科专业；南京大学成立大气科学学院，下设气象学系、大气物理系。杨修群任大气科学学院首任院长；新一代极轨气象卫星风云三号 A 星发射成功，风云二号 C、D、E 业务星的业务化运行，形成了我国静止气象卫星“双星运行、在轨备份”的业务格局；秦大河荣获第五十三届国际气象组织奖。

2011 年，风云三号 A、B 试验星，实现极轨气象卫星升级换代，我国气象卫星技术迈入世界先进行列。

2012 年，中国气象局印发《我国气象卫星及其应用发展规划（2011—2020 年）》。

2015 年，成都气象学院更名为成都信息工程大学；中国气象局关于印发《气象科技成果登记实施细则（修订版）》。

2016 年，风云四号 A 星发射成功，实现了我国静止气象卫星更新换代；曾庆存获第六十一届国际气象组织奖。

2017 年，中国《减灾行动白皮书》明确指出，中国减灾的主要任务之一是“建设卫星遥感灾害监测系统，构建自然灾害立体监测体系”；南京大学、兰州大学、南京信息工程大学三所高校“大气科学”学科入选“双一流建设学科名单”；中国科学技术史学会气象科技史委员会成立。

2018 年，习近平总书记的重要指示赋予了风云二号 H 星新的使命，成为肩负服务“一带一路”建设使命的“一带一路星”；中国气象局关于印发《中国气象局关于深化局校合作工作的意见》；中国气象局决定开展全国气象教学名师遴选工作。

2019 年，中国气象局关于印发《全国气象教学团队建设与管理办法》推进新时代气象教育发展。

2020 年，曾庆存获国家最高科学技术奖；中国气象局印发《高质量推进气象现代化建设行动计划（2021—2023 年）》。

2021 年，中国气象局地球系统数值预报中心成立。

2022 年，国务院发布《气象高质量发展纲要（2022—2035 年）》；国务院学位委员会、教育部印发的《研究生教育学科专业目录（2022 年）》“07 理学”门类下，新增“0751 气象”专业学位，可授硕士、博士专业学位。

2023 年，中国气象局局校合作工作会议在京召开，并成立全国气象科教融合创新联盟。

2024 年，成都气象学院获批大气科学博士学位授予单位；全国气象科技大会在京召开；中国气象学会成立一百周年纪念活动在青岛举行。

2025 年，5 月 28 日，中国气象局发布《气象科教融合创新行动方案（2025—2027 年）》；6 月 19 日，许健民获第七十届国际气象组织奖。